计算机组成原理

主　编　杨泽雪
副主编　曲天伟　邢传军
参　编　李　雅　李春辉　闵　莉

机械工业出版社

“计算机组成原理”是计算机专业的必修课程，在整个计算机类课程体系中处于承上启下的关键位置。本书主要介绍计算机的基本组成和内部工作原理，内容包括计算机系统概论、计算机中数的表示、运算单元设计、存储器系统、指令系统、CPU的结构与设计、系统总线和输入输出系统。另外，本书配有慕课课程，具有可读性高和适用性强的特点。

本书可作为高等学校计算机专业的教材，也可作为考研学生的参考资料，还适合计算机爱好者自学使用。

图书在版编目（CIP）数据

计算机组成原理/杨泽雪主编．—北京：机械工业出版社，2021.8（2023.8重印）

ISBN 978-7-111-68678-1

Ⅰ．①计…　Ⅱ．①杨…　Ⅲ．①计算机组成原理　Ⅳ．① TP301

中国版本图书馆 CIP 数据核字（2021）第 137710 号

机械工业出版社（北京市百万庄大街 22 号　邮政编码 100037）
策划编辑：张雁茹　责任编辑：张雁茹
责任校对：赵　燕　封面设计：张　静
责任印制：单爱军
北京虎彩文化传播有限公司印刷
2023 年 8 月第 1 版第 4 次印刷
184mm × 260mm · 16.75 印张 · 447 千字
标准书号：ISBN 978-7-111-68678-1
定价：45.00 元

电话服务　　网络服务
客服电话：010-88361066　机　工　官　网：www.cmpbook.com
　　　　　010-88379833　机　工　官　博：weibo.com/cmp1952
　　　　　010-68326294　金　书　网：www.golden-book.com
　机工教育服务网：www.cmpedu.com

前　言

“计算机组成原理”是计算机专业的核心必修课程，在整个计算机类课程体系中具有承上启下的作用。通过本课程的学习，学生可掌握计算机基本组成部件（包括运算器、控制器、存储器、输入/输出设备）的结构与工作原理、信息加工处理及控制过程的分析设计方法，培养硬件系统设计及开发应用能力。

本书最大的特点是与慕课资源相结合，为培养学生的自主学习能力提供了强大的资源和工具。慕课资源观看方式为：用计算机浏览器打开“智慧树”网址（https://www.zhihuishu.com）或手机下载“知到”APP，注册并登录账号，在搜索栏中输入主编姓名“杨泽雪”，即可获取相关课程资源。

笔者结合多年教学经验，将课程涉及的知识点以简单易懂的文字展现出来，并配有相应的例题，使学生能够由浅入深地掌握计算机组成原理。本书分为8章：第1章介绍计算机的发展及应用、计算机系统的组成和性能指标；第2章介绍计算机中数的表示方法；第3章介绍计算机的运算方法和运算器的组成；第4章介绍存储器（包括主存储器、高速缓冲存储器、虚拟存储器和辅助存储器）；第5章介绍指令系统和RISC技术；第6章介绍CPU的结构与设计方法；第7章介绍总线系统；第8章介绍输入输出系统的组成和数据输入输出的控制方式。附录中还简要介绍了与课程相关的数字电路基础知识。

本书可作为高等学校计算机专业的教材，也可作为考研学生的参考资料，还适合计算机爱好者自学使用。

本书由杨泽雪任主编，负责第3章、第5章、附录的编写以及最后的统稿工作，第1章、第6章由邢传军编写，第4章、第7章由曲天伟编写，第2章及第8章中的8.5、8.6节由李雅编写，第8章中的8.1～8.4节由李春辉编写，闵莉负责资料的收集和整理工作。在本书编写过程中，得到了作者单位和机械工业出版社的大力支持，同时参考了很多专家学者的文献资料，在此表示衷心感谢。

由于作者水平有限，书中难免存在不妥之处，恳请读者谅解并提出宝贵意见。

编　者

目录

第1章

计算机系统概论

从第一台通用计算机问世算起，到现在已有70余年，在人类科技史上还没有一个学科的发展速度可以与计算机相提并论。计算机作为一个整体，由软件和硬件两大部分组成，为简化设计分析的难度一般组织成一个层次结构，以一个硬件物理机为核心，根据需要设计实现必要的软件虚拟机，以实现和满足不同应用场景的需要。当前的计算机均遵循冯·诺依曼（Von Neumann）原理，即遵循二进制信息表示、程序存储原理、五大基本部件组成，各部件均服务于信息表示、存储、加工和运算。对于计算机系统，可以用不同的度量参数来评价和比较其性能指标。本章将介绍计算机的发展历程、计算机常见类型、计算机常见应用场景和发展趋势，以及计算机的基本组成和性能指标。

1.1 计算机发展简史

1.1.1 计算机的产生及发展

20世纪40年代，无线电技术和无线电工业的发展为电子计算机的研制准备了物质基础。1943～1946年，美国宾夕法尼亚大学研制的电子数字积分计算机ENIAC（E1ectronic Numerical Integrator And Computer）是世界上第一台电子计算机。当时第二次世界大战正在进行，为了进行新武器弹道问题中的许多复杂计算，美国国防部资助开展了这项研究工作。ENIAC于1945年年底完成，1946年2月正式交付使用，因为它是最早问世的一台电子数字计算机，所以一般认为它是现代计算机的始祖。

ENIAC共用18000多个电子管，1500个继电器，重达30t，占地170m^2，耗电140kW，每秒能计算5000次加法。领导研制ENIAC的是埃克特（J. P. Eckert）和莫克利（J. W. Mauchly）。ENIAC存在两个主要缺点：一是存储容量太小，只能存20个字长为10位（bit）的十进制数；二是用线路连接的方法来编排程序，因此每次解题都要依靠人工改接连线，准备时间大大超过实际计算时间。

在ENIAC研制的同时，冯·诺依曼与莫尔小组合作研制了计算机EDVAC，其采用了存储程序方案，其后开发的计算机都采用这种方式，称为冯·诺依曼计算机。

70多年来，随着技术的发展和新应用领域的开拓，人们对冯·诺依曼计算机进行了多次改革，使计算机系统结构有了很大的改进。例如，某些机器程序与数据分开存放在不同的存储器中，程序不允许修改，机器不再以运算器为中心，而是以存储器为中心等。虽然有以上这些突破，但原则上变化不大，习惯上仍称为冯·诺依曼计算机。

根据电子计算机所采用的物理器件的发展，一般把电子计算机的发展分成五代（相邻两代计算机之间在时间上有重叠）：

1）第一代，电子管计算机时代（从1946年第一台计算机研制成功到20世纪50年代后期）。其主要特点是采用电子管作为基本器件。在这一时期，主要为军事与国防尖端技术的需要而研制计算机，并进行有关的研究工作，为计算机技术的发展奠定了基础。其研究成果扩展到民用，又转为工业产品，形成了计算机工业。

20世纪50年代中期，美国IBM公司在计算机行业中崛起，1954年12月推出的IBM650（小型机）是第一代计算机中行销最广的机器，销售量超过1000台。1958年11月问世的IBM709（大型机）是IBM公司性能最高的最后一台电子管计算机产品。

2）第二代，晶体管计算机时代（从20世纪50年代中期到20世纪60年代后期）。这一时期计算机的主要器件逐步由电子管改为晶体管，因而缩小了体积，降低了功耗，提高了运算速度和可靠性，而且价格不断下降。后来又采用了磁芯存储器，运算速度得到进一步提高，不仅使计算机在军事与尖端技术上的应用范围进一步扩大，而且在气象、工程设计、数据处理以及其他科学研究等领域内也应用起来。这一时期人们开始重视计算机产品的继承性，形成了适应一定应用范围的计算机“族”（这是系列化思想的萌芽），从而缩短了新机器的研制周期，降低了生产成本，实现了程序兼容，方便了新机器的使用。

1960年，美国控制数据公司（CDC）开始研制高速大型计算机系统CDC6600，于1964年完成，取得了巨大成功，深受美国和西欧国家各原子能、航空与宇航、气象研究机构和大学的欢迎，使该公司在研究和生产科学计算高速大型机方面处于领先地位。1969年1月，水平更高的超大型机CDC7600研制成功，平均每秒可进行千万次浮点运算，成为20世纪60年代末、70年代初性能最高的计算机。

3）第三代，中小规模集成电路计算机时代（从20世纪60年代中期到20世纪70年代前期）。随着半导体工艺的发展，集成电路研制成功。集成电路成为这一时期的计算机所采用的基本器件，因为功耗、体积、价格等进一步下降，而运算速度及可靠性相应地提高，促使了计算机的应用范围进一步扩大。正是由于集成电路成本的迅速降低，产生了成本低而功能不是太强的小型计算机供应市场，占领了许多数据处理的应用领域。

IBM360系列是最早采用集成电路的通用计算机，也是影响力最大的第三代计算机。在1964年发布IBM360系列时就有大、中、小型等6个计算机型号，平均运算速度从每秒几千次到每秒一百万次。它的主要特点是通用化、系列化、标准化。

① 通用化：指令系统丰富，兼顾科学计算、数据处理、实时控制3个方面。

② 系列化：IBM360各档机器采用相同的系统结构，即在指令系统、数据格式、字符编码、中断系统、控制方式、输入输出操作方式等方面保持统一，从而保证了程序兼容。当用户更新机器时，原来在低档机上编写的程序可以不做修改就使用在高档机中。IBM360系列后来陆续增加的几种型号仍保持与前面的产品兼容；后来，西欧国家与日本的一些通用计算机也保持与IBM360系列兼容；苏联和东欧国家联合制造的“统一系统”也是与IBM360系列兼容的。

③ 标准化：采用标准的输入输出接口，因而各个机型的外部设备是通用的。采用积木式结构设计，除了各个型号的中央处理器（CPU）独立设计以外，存储器、外部设备都采用标准部件组装。

4）第四代，大规模和超大规模集成电路计算机时代（从20世纪70年代中期到20世纪90年代初）。随着集成电路集成度的进一步提高，大规模和超大规模集成电路（LSI、VLSI）广泛应用到计算机中。20世纪70年代初，半导体存储器问世，迅速取代了磁芯存储器，并不断向大容量、高速度发展。与此同时，并行技术、多机系统和分布式计算技术得到了发展，并出现了 RISC 指令集。

另外，巨型向量机、阵列机等高级计算机也得到了发展，如美国的 Cray-1、我国的“银河”等；同时，低档的微处理器开始出现，并进入家庭。

5）第五代，巨大规模集成电路计算机时代（1990 年至今）。从集成度来看，计算机使用的半导体芯片集成度接近了极限，出现了极大、甚大规模集成电路（ULSI、ELSI）。这一阶段出现了采用大规模并行计算和高性能机群计算技术的超级计算机。例如，IBM 公司的“深蓝”计算机是一台 RS/6000 SP2 超级并行计算机，有 256 块处理器芯片；我国的“银河 - Ⅲ”（大规模并行处理，有 128 个 CPU）、“银河 - Ⅳ”（机群技术）巨型机已达到国际领先水平；而在 1999 年，“神威 - Ⅰ”超级并行处理计算机的成功研制，使我国成为继美国和日本之后第三个具备研制高性能计算机能力的国家。

微处理器此时推出了 32 位、64 位芯片，如 Pentium 4、Itanium 2 等。我国也同时开始了处理器芯片的设计与研究，推出了“龙芯”芯片、“飞腾”芯片，还有华为海思的“麒麟”芯片。

从 1971 年内含 2300 个晶体管的 Intel 4004 芯片问世，到 1999 年包含了 750 万个晶体管的 Pentium 2 处理器，再到 2004 年的 Pentium 4 的核心集成了 5500 万个晶体管，芯片的集成度大体上每三年翻两番——这就是著名的摩尔定律。后来转述为微处理器的工作速度，在一定成本下，大体上也是每 18 个月翻一番。摩尔定律问世至今已近 60 年了，芯片上元件的几何尺寸不可能无限制地缩小下去，其发展的制约因素主要是在技术和经济两个方面：技术上，随着硅片上元件密度的增加，当增加到纳米级别时材料的物理、化学性能将发生质的变化，致使半导体器件不能正常工作；经济上，当线路缩小到 0.1μm 时，其生产线的建造价格将达到 100 亿美元，致使企业提高芯片集成度的积极性不高。但是人们对设备的高性能算力的追求却没有停止，由于摩尔定律的局限性，只靠提高单一 CPU 的性能已经无法满足计算机计算性能的提高，解决之道有两个：一是发现更好的材料，这样可以有效地克服在芯片集成度提高时可能会引发的物理或化学效应；二是改变简单依赖提高集成度和主频来提高单一 CPU 运算能力的思路，在芯片内部集成多个 CPU 核，通过在计算机芯片上安装多个 CPU，实现多个 CPU 并行工作，以此提高数据处理速度。例如，Intel 公司 2017 年发布的酷睿 i9 就提供了 18 内核。正如 CyberCash 的总裁丹 · 林启所说的“摩尔定律是关于人类创造力的定律，而不是物理学定律”，当人们相信某件事情一定能做到时，就会努力来实现它。

1.1.2　计算机的分类

随着大规模集成电路的迅速发展，计算机进入大发展时期，各种类型的计算机都得到了迅速发展。下面对各类计算机的情况进行简单介绍。

1. 大型机

大型机是反映各个时期先进计算技术的大型通用计算机，其中 IBM 公司的大型机系列影响最大。20 世纪 60 年代 ~ 20 世纪 80 年代，信息处理主要是以主机系统加终端为代表（即大型机）的集中式数据处理，20 世纪 60 年代的 IBM360 系列、20 世纪 70 年代和 80 年代的 IBM370 系列曾占领大型机的霸主地位。IBM 公司为开发 IBM360 系列的软件耗费了巨大的人力和财力，据估计，IBM 用户在应用程序和培训等方面耗费了 2 千亿美元，是硬件投资的 3 ~ 5 倍。如此丰富的软件不能抛弃，只能继承，这已成为用户与计算机厂家的共识，但也成为计算机发展的制约因素。因此，IBM370 系列在保持与 IBM360 系列兼容的前提下进行了改进与提高，其主流产品有 IBM303X 系列与 IBM4300 系列，后者是该系列中的低档产品。

进入 20 世纪 80 年代以后，随着微型机性能的极大提高和网络技术的普及，客户机 / 服务器（Client/Server）技术得以飞速发展并普及，曾一度使大型机的作用受到怀疑。

进入 20 世纪 90 年代后，随着企业规模的扩大与信息技术的发展，很多使用客户机 / 服务器的分布式运算模式的用户发现，这种系统的管理极为复杂，运算营运成本高，安全可靠性难以保证。企业需要一个开放的、安全的大型服务器作为计算平台，于是大型机获得了东山再起的机会，因为只有大型机才具有高可靠性、安全性、高吞吐能力、高可扩展性、防病毒以及防黑客的能力。与此同时，大型机的性能在不断提高，成本不断下降。20 世纪 90 年代，IBM 推出的大型机系列为 IBMS/390 系列，并不断推出新产品，ES/9000 即是 IBM S/390 系列中的知名产品之一，1997 年的主流产品是 9672 系列。1997 年 6 月，推出的 IBMS/390 第 4 代产品采用了 CMOS 工艺，从而减少了功耗，并提高了芯片的集成度。1998 年 5 月，IBM S/390 第 5 代产品问世，主机运算速度达到 10 亿次 /s。IBM S/390 不仅仍保持与 IBM360、IBM370 的兼容，还包含了许多新特点，如良好的开放性、并行计算环境等，被广泛用作企业服务器。

2010 年 7 月，IBM 宣布推出 zEnterprise 大型主机服务器和一个全新设计的系统。该系统能够允许大型主机、POWER7 和 System x 服务器上的工作负载共享资源，并作为一个单一的、虚拟的系统进行管理。

其他计算机厂家在发展新机种时也遵循兼容的原则。某些计算机厂家走上与 IBM 计算机兼容的道路，称之为 PCM，即 Plug Compatible Mainframe（插接兼容主机——硬件完全兼容）或 Program Compatible Mainframe（程序兼容主机——软件兼容），制造与 IBM 兼容的计算机。它们按 IBM 系列计算机的系统结构制造主机，并直接引用 IBM 计算机的软件，因而使产品的性能价格比优于 IBM 原装机，以争夺市场。

2. 巨型机（超级计算机）

现代科学技术，尤其是国防技术的发展，需要有很高运算速度、很大存储容量的计算机，而一般的大型通用计算机无法满足要求。集成电路的发展为制造巨型机（也称为超级计算机）提供了条件。巨型机具有很强的计算和处理数据的能力，主要特点表现为高速度和大容量，配有多种外部设备及丰富的、多功能的软件系统。

20 世纪 60 ~ 70 年代相继推出了一些巨型机，其中取得最高成绩的要推 Cray-1 计算机。针对天气预报、飞行器的设计和核物理研究中存在大量向量运算的特点，Cray-1 计算机的向量运算速度达 8000 万次 /s，并兼顾了一般的标量运算。1983 年研制成功的 Cray X-MP 机的向量运算速度达 4 亿次 /s。与此同时，CDC 公司的 CYBER203 和 CYBER205 先后完成，CYBER205 每秒可进行 4 亿次浮点运算。这些是 20 世纪 80 年代初期水平最高的巨型机。但是这些成就还不能满足一些复杂问题的需要，所以不少单位开展了性能更高的巨型机的研究工作。后来微处理器的发展为阵列结构的巨型机的发展带来了希望。例如，古德伊尔公司为美国国家航空航天局（NASA）研制了一台处理卫星图像的计算机系统 MPP，该机由 16384 个微处理器组成 128 × 128 方阵。这种采用并行处理技术的多处理器系统是巨型机发展的一个重要方面，称为小巨型机。

现代巨型机硬件大多采用流水线、多功能部件、阵列结构或多处理机等各种技术。流水线是把整个部件分成若干段，使众多数据能重叠地在各段操作，特别适合向量运算，性价比高，应用普遍。多功能部件可以同时进行不同的运算，每个部件内部又常采用流水线技术，既适合向量运算又适合标量运算。我国的“银河”机和日本的 VP/200、S810/20 机进一步将每个向量流水部件或向量处理机加倍，组成双向量阵列，又把向量运算速度提高了两倍。美国 CY-

BER205 机的向量处理机可按用户需要组成一、二或四条阵列式的流水线，技术上又有所发展。多处理机系统以多台处理机并行工作来提高系统的处理能力，各台处理机可以协作完成一个作业，也可以独立完成各自的作业。每台处理机内部也可采用各种适宜的并行处理技术。在任务的划分与分配、多处理机之间的同步与通信和互联网络的效益等方面，多处理机系统尚存在不少问题有待解决。

我国也在 20 世纪 80 年代开始了巨型机的研制。1983 年 12 月 22 日，中国第一台运算速度达 1 亿次 /s 以上的计算机“银河”在长沙研制成功。1992 年 11 月 19 日，“银河 - Ⅱ”（运算速度达 10 亿次 /s）巨型计算机在长沙通过国家鉴定。1999 年，由清华大学研制的“探索 108”大型群集计算机系统及高效能网络并行超级计算机 THNPSC-1 问世，其最高浮点运算速度达到 300 亿次 /s。2000 年 1 月 28 日，中国科学院计算技术研究所研制的 863 项目“曙光 2000- Ⅱ”超级服务器通过鉴定，其运算速度峰值达到 1100 亿次 /s，机群操作系统等技术进入国际领先行列。2011 年，我国以国产微处理器为基础制造出国内第一台超级计算机，名为“神威蓝光”。2016 年 6 月，在新一期的世界超级计算机 500 强榜单中，“神威·太湖之光”超级计算机和“天河二号”超级计算机位居前两位。

3. 小型机

小型机规模小、结构简单，所以设计试制周期短，便于及时采用先进工艺，生产量大，硬件成本低，同时由于软件比大型机简单，所以软件成本也低，再加上易操作、易维护和可靠性高等特点，使得管理机器和编制程序都比较简单，因而得以迅速推广，掀起一个计算机普及应用的浪潮。DEC 公司的 PDP-11 系列是 16 位小型机的代表；到 20 世纪 70 年代中期，32 位高档小型机开始兴起，DEC 公司的 VAX11/780 于 1978 年开始生产，应用极为广泛。VAX11 系列与 PDP-11 系列是兼容的。20 世纪 80 年代以后，精简指令集计算机（RISC）问世，导致小型机性能大幅度提高。

小型机的出现打开了在控制领域应用计算机的局面，许多大型分析仪器、测量仪器、医疗仪器都使用小型机进行数据采集、整理、分析、计算等。应用于工业生产上的小型机除了进行上述工作外，还可进行自动控制。

2000 年以前，小型机还广泛应用于工程设计、科学计算、信号处理、图像处理、企业管理以及在客户机 / 服务器结构中用作服务器等。但是小型机有以下缺点：

1）封闭性。小型机主要运营封闭的 Linux 系统，例如 IBM 的 AIX、HP 的 HP-UNIX、Sun 的 Solaris。这些系统都是非常封闭的，互相之间软件不能通用，导致应用类型不丰富，只能限定在某些专用业务场景下，进而使软件生态下降，发展缓慢。

2）复杂性。小型机的结构比较复杂，运行的系统也比较复杂，只有专业的技术工程师才能进行使用和维护，这就又大大减少了应用场景。

目前，X86-64 的服务器处理器从功能到性能均已优于传统的使用 RISC 处理器的小型机，同时高端 X86 服务器的可靠性已有了质的飞跃；而且 X86 服务器的价格在几万到十几万，与小型机几十万到近百万的价格相比也具有极大优势。更应当注意的是，随着虚拟化技术的发展，X86 服务器具有了卓越的性能，同时还实现了标准化管理、高可用性、硬件升级更为方便、集中管理、集中监控、提高运维效率等诸多优势，小型机逐渐被市场淘汰。

4. 微型机

微型机的出现与发展掀起了计算机大普及的浪潮。利用 4 位微处理器 Intel4004 组成的 MCS-4 是世界上第一台微型机，它于 1971 年问世。Intel8086 是最早开发成功的 16 位微处理器（1978 年）。1981 年，32 位微处理器 Intel80386 问世，与原来的产品相比，除了主频速度提高外，还将原属片外的有关电路集成到片内。

32 位微处理器采用过去大中型计算机中所采用的技术，因此用它构成的微型机系统的性能可以达到 20 世纪 70 年代大中型计算机的水平。

20 世纪 70 年代后期，兴起个人计算机（一种独立的微型机系统）热潮，最早出现的是 Apple 公司的 Apple Ⅱ型微型机（1977 年），此后各种型号的个人计算机纷纷出现。1981 年，一向以生产大中型通用机为主的 IBM 公司推出了 IBM PC 机。该机采用 Intel80 × 86（当时为 8086）微处理器和 Microsoft 公司的 MS-DOS 操作系统，IBM 公司还公布了 IBM PC 的总线结构，这些开放措施为微型机的大规模生产打下了基础。后来又推出扩充了性能的 IBM PC/XT、IBM PC/AT 以及 386、486 和 Pentium 等多种机型，由于具有设计先进、软件丰富、功能齐全、价格便宜和开放性等特点，很快成为微型机市场的主流。国内外有不少厂家相继生产了与 IBM 兼容的个人计算机及其配套的板级产品和外部设备。

个人计算机走向家庭，并向多媒体方向发展，这就是家用计算机和多媒体计算机。同时，微型机向小型化发展，出现了便携机（膝上型、笔记本型和掌上型），在 20 世纪 90 年代获得迅速发展。

进入 21 世纪之后，伴随电池技术、LED 显示技术、网络应用等技术进一步发展和成熟，便携式计算机的续航能力、重量与尺寸、数据传输能力等方面得到极大提升和改善，便携型计算机已经得到广泛应用，比较有代表性的企业或产品包括美国的苹果、戴尔，韩国的三星，中国的华为、小米、华硕等。

5. 工程工作站

工程工作站是 20 世纪 80 年代兴起的面向广大工程技术人员的计算机系统，一般具有高分辨率显示器、交互式的用户界面和功能齐全的图形软件，集中应用于各种工程方面的计算机辅助设计，如集成电路设计、机械设计、土木建筑设计等。1980 年成立的 Apollo 公司和 1982 年成立的 Sun 微系统公司主要从事工作站的研制与生产工作，开始都采用 Motorola 的微处理器芯片，后来改用 RISC 微处理器。

1987 年以后，工作站普遍采用 32 位或 64 位的 RISC 微处理器，不仅处理速度快，而且具有强大的图形处理功能和友好的窗口界面，后来又向多处理器系统和分布式处理系统发展。典型的产品有 Sun 公司的 SPARC 系列、DEC 公司的 Alpha 系列，以及 SGI 公司和 HP 公司的工作站系列。

工程工作站出现得比较晚，所以一般都带有网络接口，并采用开放式系统结构，即将机器的软硬件接口公开，以鼓励其他厂商、用户围绕工作站开发软硬件产品，同时尽量遵守国际工业界流行的标准。

6. 嵌入式计算机

嵌入式计算机是一种“专用”计算机，一般指非 PC 系统，是针对网络、通信、音频、视频、控制等某个特定的应用而存在的，由嵌入式微处理器、外部硬件设备、嵌入式操作系统以及用户的应用程序等部分组成；它的软硬件可裁剪，以适用于应用系统对功能、可靠性、成本、体积、功耗有严格要求的专用计算机系统。嵌入式计算机的应用软件与硬件集成于一体，类似于 PC 中 BIOS（基本输入输出系统）的工作方式，具有软件代码少、高度自动化、响应速度快等特点，特别适合要求实时和多任务的体系。嵌入式计算机应用于手机、数字电视、家用电器、网络设备、交通工具、工业控制、医疗设备等生产生活的各个领域。

SoC（System on Chip，片上系统）设计技术始于 20 世纪 90 年代中期。随着半导体工艺技术的发展，IC（集成电路）设计者能够将越来越复杂的功能集成到单个硅片上，SoC 正是在 IC 向集成系统（IS）转变的大方向下产生的。1994 年 Motorola 发布的 Flex Core 系统（用来制作基于 68000 和 PowerPC 的定制微处理器）和 1995 年 LSI Logic 公司为 Sony 公司设计的 SoC，可能是最早基于 IP（ Intellectual Property）核完成的 SoC 设计。

嵌入式计算机系统一般以 SoC 形式存在，它将系统上最为关键的部件集成在一块芯片上。从广义上来说，它是一个微小型系统，包括微处理器、模拟 IP 核、数字 IP 核和存储器（或片外存储控制接口）等部件，这意味着在单个芯片上，就能实现一个电子系统的功能。这种 SoC 通常具有鲜明的行业应用特征，以具体的客户需求为主导进行设计开发。SoC 有两个显著的特点：一是硬件规模庞大，通常基于半导体知识产权 IP 设计模式；二是软件比重大，需要进行软硬件协同设计。

当前，英国的 ARM（Advanced RISC Machines）公司是全球领先的 IP 提供商。ARM 的商业模式主要涉及 IP 的设计和许可，而非生产和销售实际的半导体芯片。ARM 向合作伙伴网络授予 IP 许可证。这些合作伙伴可利用 ARM 的 IP 设计创造和生产片上系统设计，但需要向 ARM 支付原始 IP 的许可费用并为生产的每块芯片或晶片交纳版税。苹果 iPhone 12 上所用的芯片 A14 以及华为的麒麟芯片均是基于 ARM 的 IP 设计开发的。

7. 联机系统和计算机网络

由于计算机技术和通信技术的迅速发展，为适应高度社会化生产和科技发展的需要，出现了由单个计算中心通过通信线路和若干个远程终端连接起来的联机系统（或称为面向终端的网络）。例如，库存管理系统、生产管理系统、银行业务系统、飞机订票系统、情报检索系统、气象观测系统等，使分散在各处的信息通过终端能很快集中于计算机中，同时各处的工作人员可通过终端进行查询、获取资料。

20 世纪 70 年代，能实现计算机之间的通信并共享资源的计算机网络迅速发展。著名的美国 ARPA 网诞生于 20 世纪 60 年代末，在 20 世纪 70 年代不断扩充网上结点，到 1975 年已连接 60 个以上的结点，100 多台主计算机，地理范围遍布全美并扩展到欧洲。与此同时，其他网络也相继建成。由于这些网络跨越的地理范围比较宽阔，因而称为广域计算机网。1983 年，在 ARPA 网上开发了安装在 UNIX 操作系统上的 TCP/IP（传输控制协议 / 网际协议），从而使该网络的应用和规模得到了进一步扩展。TCP/IP 适用于网间互联，因此 ARPA 网也由过去的单一网络发展成可连接多种不同网络的世界上最大的互联网——因特网（Internet）。同时一些主要计算机厂家为解决本公司生产的各种计算机之间和计算机与终端设备之间的联网问题，向用户提供相应的硬件（如通信接口板）和网络软件。

随着计算机的广泛应用，特别是小型机和微型机的普及，一个单位在一幢大楼或一个建筑群内安装多台计算机的情况日益普遍，将这些计算机连接在一起的网络称为局域网。伴随移动通信技术的发展，特别是 5G 通信系统的商用，将有更多计算机和移动设备接入到 Internet 中。

1.1.3　计算机的应用场景

计算机技术的高速发展，使计算机的应用迅速普及，已经渗透到国民经济生活的各行各业，极大地改变了人们的生活和工作方式。

计算机主要被应用到以下几个方面：

1. 科学计算

科学计算也称为数字计算，是指用于解决科学研究和工程技术中提出的数学问题的计算。

这类问题具有计算量大和数值变化范围大的特点，是人工无法解决的问题。70年来，许多尖端科学技术研究中的发展都是建立在科学计算基础上的，例如现代航天技术、石油勘探、人类基因组计划等。

2. 数据处理

数据处理也称为非数值计算或事务处理，是指对大量的事务数据进行存储、加工、分类、统计、分析、查询及制成报表等操作，具有数据量大、计算方法相对简单的特点，一般应用在政府公文，企业的财务、人事、物流等管理方面。数据处理主要体现在办公自动化和管理信息系统的应用领域，而且随着网络技术的发展，数据处理系统的工作形式发生了极大改变，一个好的数据处理系统甚至对企业的发展兴衰起到决定作用。

3. 工业控制

工业控制是指通过各种传感器获得各种物理信号，经转换后形成可测可控的数字信号，再经计算机运算，根据偏差，驱动执行机构进行调整，以最佳值对被控对象进行控制。例如，工业生产中对机床、流水线的控制，日常生活中对家居电器的控制，以及在某些危险环境下，人类对无法完成的任务的控制。

4. 人工智能

人工智能就是用计算机模拟人类的智能工作过程，进行机器的学习、推理、判断、理解、问题求解等工作，帮助人类完成决策。人工智能技术是近年来发展比较快的一个应用，现在在模式识别、语音识别、专家系统和机器人制作方面取得了很大成就。

5. 网络应用

1992年，美国政府提出了“国家信息基础设施计划”，标志着“网络时代”的开始，整个世界被因特网连接在一起。网络的迅速普及，促进了网络在社交生活、电子商务、网络教育、敏捷制造等方面的应用。可以断言，全球网络化不仅改变着经济、工业、科技的发展，还必将影响人们的工作、娱乐和生活，它正在改变整个世界。

6. 计算机辅助工程

在现代工业生产领域，计算机已经被广泛应用于工业产品设计、生产、制造的全过程之中，大幅提高了人们的工作效率和质量。

计算机辅助设计（CAD）技术将计算机的工程计算、逻辑判断、数据处理功能与人类的经验和判断能力相结合，形成一个专门的系统，用来进行各种图形设计和图形绘制，对设计的部件、构件或系统进行综合分析和模拟仿真。此类技术被广泛应用于汽车、飞机、船舶和集成电路的设计工作之中。

计算机辅助制造（CAM）技术是利用计算机对生产设备进行控制和管理，以实现无图纸的生产加工。现在还出现了计算机辅助工艺规划（CAPP）、计算机辅助工程（CAE）以及计算机辅助软件工程（CASE）等新应用。

计算机集成制造系统（CIMS）是利用信息技术和现代管理技术，在计算机网络和数据库技术的支持下，实现信息集成，进而使企业优化运行，达到优化物流、信息流、资金流的目的，提高企业市场竞争能力和应变能力。

7. 多媒体技术和虚拟现实

多媒体技术是计算机技术和视频、音频及通信等技术集成的产物。它是用来实现人和计算机交互地对各种媒体（如文字、图形、影像、音频、视频、动画等）进行采集、传输、转换、编辑、存储、管理，并由计算机转换成各种媒体的组合形式。多媒体技术现在已经被广泛应用于生产生活的各个方面。

虚拟现实技术是利用计算机生成的一种模拟环境，通过多种传感设备使用户"投入"到该环境中，实现用户与环境直接进行交互的目的。它是多媒体技术的高级应用，它所形成的模拟环境可以是现实世界的真实反映，也可以是纯粹构想出来的世界。虚拟现实技术已经在教育、训练、影视动画制作、军事等领域广泛应用。

1.1.4　计算机的发展趋势

生产、科研、应用的飞速发展，促使计算机的体系结构不断得到完善，形成了当代计算机的体系结构。70 多年来计算机体系结构的发展过程，是在冯·诺依曼型结构的基础上，围绕如何提高速度、扩大存储容量、降低成本、提高系统可靠性和方便用户使用的目的，不断开发新的硬件和软件的过程。就计算机系统本身而言，主要是指令系统、微程序设计、流水线结构、多级存储器体系结构、输入 / 输出体系结构、并行体系结构、分布式体系结构、多媒体体系结构、操作系统和数据库管理系统的形成和发展。

随着社会需求的不断增长和微电子技术的不断发展，计算机的系统结构仍将继续发展。其发展趋势包括以下几个方面：

1. 网络化

由于计算机网络和分布式计算机系统能为用户提供廉价的信息处理服务，使得分布在不同地点的用户共享系统中的软硬件资源，因此计算机系统进一步发展的最终目标是将有线电视网、数据通信网和电话网"三网合一"，进入以通信为中心的体系结构时代。现在发展迅速的网格技术，以提供无所不在的服务为目的，正是网络化的发展方向。

2. 智能化

最理想的信息处理和存储机构是人脑，它具有每秒 10^{15} 比特的计算速度和 10^{13} 字节的存储容量，以及自组织、自适应、自联想、自修复的智能特性。21 世纪计算机系统的发展目标是制造超级智能计算机，使各种知识库及人工智能技术逐渐普及，人们将用自然语言和机器对话。计算机从以数据计算为主过渡到以知识推理为主，从而使计算机进入知识处理的智能时代。

3. 并行化

在普及型计算机发展的同时，大型系统也将获得巨大发展，将由低价、通用的多处理机组成的机群系统来代替单一的大型系统。在机群系统中，每个计算机通过快捷的系统级网络和其他的计算机通信。机群系统可以扩展到上千个结点，整个机群系统可以像单机一样运转。机群对用户和应用来说是一个单一的系统，它可以提供低价高效的高效能环境和快速可靠的服务。一个具有几十个结点的 PC 机群系统，每天可执行 10 亿多次事务处理，比目前最大的大型机的吞吐量还大。

4. 虚拟化与云计算

借助于计算机层级结构模型中的语言层级的虚拟机思想，提出了计算机的虚拟化。虚拟化（Virtualization）是一种资源管理技术，是将计算机的各种实体资源，如服务器、网络、主存等，予以抽象、转换后呈现出来，打破实体结构间的不可切割的障碍，使用户可以比原本的组态更好的方式来应用这些资源。借助虚拟化技术，用户能以单个物理硬件系统为基础创建多个模拟环境或专用资源。这些资源的新虚拟部分是不受现有资源的架设方式、地域或物理组态所限制的。一般所指的虚拟化资源包括计算能力和资料存储。近几年来，很多大公司不断加入主机虚拟化软件市场，竞争异常激烈，微软、思杰、红帽、Oracle、Parallels 均提供了商业化的虚拟机软件产品，各公司的产品可以提供服务器虚拟化、网络虚拟化和桌面虚拟化服务。

云计算（Cloud Computing）是分布式计算的一种，指的是通过网络“云”将巨大的数据计算处理程序分解成无数个小程序，然后通过多个服务器组成的系统处理和分析这些小程序，得到结果并返回给用户。

云计算由多种规则和方法组合而成，可以跨任何网络向用户按需提供计算、网络和存储基础架构资源、服务、平台和应用，这些基础架构资源、服务和应用来源于云。简单来讲，“云”就是一系列管理及自动化软件编排而成的虚拟资源池，旨在帮助用户通过支持自动扩展和动态资源分配的自助服务门户，按需对这些资源进行访问。虚拟化技术是云计算的重要技术，主要用于物理资源的池化，从而可以弹性地分配给用户。云计算通过对服务能力进行虚拟化，多个用户群体可共用服务能力，但单个用户群体有类似独占的使用体验。即真正提供服务的是一个共用的数据服务中心，使用服务的可以是多个不同的用户群体，各用户群体互相隔离，单个用户群体在限定的范围内使用大数据的服务。鉴于当前海量信息处理的问题成为当前企事业应用的主流，数据服务中心往往需要大量的资金、人力的投入，为单个用户群体建立专用中心是不现实的，因此数据服务的云化在这些场景是很有价值的，也可能是必需的选择。

5. 高可信

随着信息网络的快速发展，有越来越多的设备接入互联网中，必须要保证计算机更加安全、更加不易被病毒和恶意软件侵害。高可信就是保证计算机和服务器提供比现有更高的计算机安全性。

可信计算技术通过在计算机中嵌入可信平台模块硬件设备，提供秘密信息硬件保护存储功能；通过在计算机运行过程中的各个执行阶段（BIOS、操作系统装载程序、操作系统运行等）加入完整性度量机制，建立系统的信任链传递机制；通过在操作系统中加入底层软件，提供给上层应用程序调用可信计算服务的接口；通过构建可信网络协议和设计可信网络设备，实现网络终端的可信接入问题。由此可见，可信计算技术是从计算机系统的各个层面进行安全增强，提供比以往任何安全技术更加完善的安全防护功能。可信计算这个概念的应用范畴包含从硬件到软件、从操作系统到应用程序、从单个芯片到整个网络、从设计过程到运行环境。

6. 体积小型化

人们在追求超级计算机的同时，也在关注着价格低廉、使用方便、体积更小、外形多变的处理器的应用。计算机的外形和尺寸将随着对象和环境的变化而变化，特别是在嵌入式应用中。嵌入式应用遍及汽车、建筑物、电器等应用场合，甚至可以被植入人体。它们可以通过红外传输方式，在公共场所服务器主机上接收所需的信息，可以随时随地保护用户的健康、安全，以及帮助用户在复杂的物理环境中工作。

1.2 计算机系统简介

1.2.1 软硬件系统

一个完整的计算机系统包括硬件系统和软件系统两个部分。所谓“硬件”是指计算机的实体部分，它由看得见摸得着的各种物理实体组成，如主机、外部设备等，它是计算机工作的基础。所谓“软件”，它是看不见摸不着的逻辑实体，主要是实现编制好的指挥计算机工作的各种程序和数据的集合，是计算机的灵魂，是控制和操作计算机工作的核心。

计算机系统以硬件为基础，通过配置软件扩充其功能，并采用执行程序的方式来体现其功能。一般来说，硬件只完成最基本的功能，复杂的功能往往通过软件来实现。但是硬件与软件之间的功能分配关系常常随着技术的发展而变化，哪些功能分配给硬件，哪些功能分配给软件是没有固定模式的。实际上，在计算机中，有许多功能既可以直接由硬件实现，也可以在硬件支持下依靠软件来实现，对用户而言在功能上是等价的，这种情况称为硬件、软件在功能上的逻辑等价。例如，乘法运算可以由硬件乘法器实现，也可以在加法器和移位器的支持下，通过执行乘法子程序实现。因而在用户看来，乘法器和乘法子程序在实现乘法运算功能上是没有区别的。那么，在设计一个计算机时，如何恰当地分配硬件、软件的功能？这既取决于所选定的设计目标、系统的性能价格比等因素，也与当时的技术水平有关。

早期曾采用“硬件软化”的技术策略。刚出现计算机时，各种基本功能均通过硬件来实现。随后为了降低造价，只让硬件完成较简单的指令操作，如传送、加法、减法、移位和基本逻辑运算，乘法、除法、浮点运算等较复杂的功能交给软件来实现。这导致了在当时条件下小型计算机的出现。“硬件软化”使小型机结构简单，又具有较强的功能，推动了计算机技术的普及与应用。

随着集成电路技术的飞速发展，人们可以将功能很强的模块集成在一块芯片上，于是出现了“软件硬化”的情况，即将原来依靠软件才能实现的一些功能改由大规模或超大规模集成电路直接实现，如浮点运算、存储管理等。这使系统具有更高的处理速度，在软件支持下有更强的功能。微程序控制技术的出现使计算机结构和硬件、软件功能分配发生了变化，对指令的解释和执行是通过运行微程序来实现的，因此出现了另一种技术策略——“软件固化”。利用程序设计技术和扩大微程序存储器的容量，可以使原来属于软件级的一些功能纳入微程序一级。微程序类似于软件，但被固化在只读存储器中，属于硬件 CPU 的范畴，称为固件。这种方式使 CPU 的结构得到简化。另外，人们也常采用“软件固化”的策略，将系统软件的核心部分（如操作系统的内核、常用软件中固定不变的部分）固化在存储芯片中。从用户的角度看，它们属于系统硬件（如主板）的一部分。例如，IBM-PC 系统将操作系统中的 BIOS 固化在主板上，Pentium 微处理器将存储管理功能集成于 CPU 芯片之内等。

如前所述，操作系统是软硬件的分界面。但是实质上，软硬件分界面的划分不是一成不变的。随着超大规模集成电路技术的不断发展，一部分软件功能将由硬件来实现，如目前操作系统已实现了部分固化等。

1.2.2 计算机层次结构

从计算机操作者的角度、程序员的角度和硬件工程师的角度，所看到的计算机系统具有完全不同的属性。为了更好地表达和分析这些属性，一般情况下将计算机划分成若干层次，以一种层次结构的观点来分析和表达计算机。

1. 虚拟机

作为通过执行编制好的程序中的指令来解决问题的机器，计算机真正能够直接识别的程序必须由机器语言（即由二进制代码 0 和 1 表示指令和数据的语言）编制。若使用机器语言来编制程序，要求程序员必须对计算机的硬件和指令系统十分熟悉。编写成功有效程序的难度很大，操作过程也比较容易出错。一般情况下，将执行机器语言程序的实际计算机称为物理机（M_0）。

与物理机相对应的虚拟机（Virtual Machine，VM）是一台抽象计算机，它是通过在物理机上配置相应的软件来实现的一台逻辑计算机。与实际计算机一样，虚拟机也具有一个指令集，并可以使用不同的存储区域。例如，一台机器上配置了 C 语言和其他高级语言的编译器或解释器，此时这台机器对于 C 语言用户来说就是以 C 语言为机器语言的虚拟机，对于其他高级语言用户来说就是以相应高级语言为机器语言的虚拟机。

2. 层次结构

根据虚拟机在计算机系统所处的位置，一般可分为操作系统虚拟机、汇编语言虚拟机、高级语言虚拟机和应用语言虚拟机。从语言角度显示的计算机系统层次结构如图 1-1 所示。

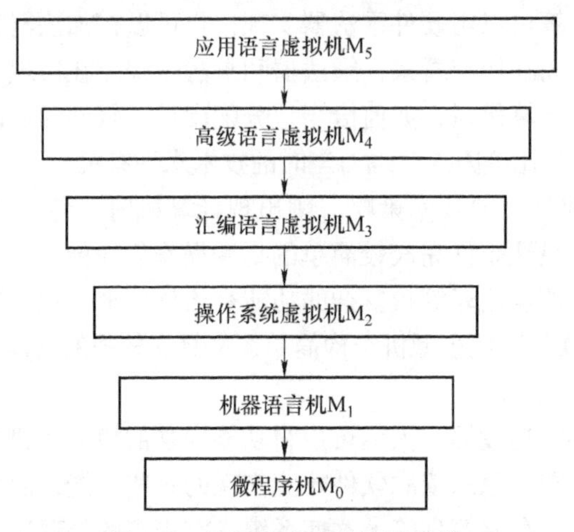

图 1-1 计算机系统的层次结构

操作系统虚拟机处于机器语言机和程序设计语言（汇编语言）虚拟机之间，它是由操作系统软件构成的。操作系统提供了在汇编语言和高级语言的使用和实现过程中所需的某些基本操作，还起到控制并管理系统硬件和软件全部资源的作用，为用户使用计算机系统提供了极为方便的条件。在计算机系统层次结构中，操作系统虚拟机处于软、硬件的分界面。实质上，操作系统虚拟机也提供了一种编程语言的形式供用户使用。例如，DOS（磁盘操作系统）中的批处理文件就是使用 DOS 命令编制的程序文件。

一旦程序员用高级语言和汇编语言编写了程序，该程序就必须被转换成机器代码。高级语言程序应进行编译，而汇编语言程序应进行汇编。从高层角度看这一过程，用高级语言写成的程序将输入给编译器，为了确保程序中的每个语句是正确的，编译器会进行语法检查（检查致命的语法错误）。当程序没有语法错误时，编译器完成程序的编译（即源代码），并且生成目标代码文件，目标代码文件等价于源代码的机器语言。此时程序已经编译成功，但还不能执行。一些程序除了用其自身的目标代码外，还要用到其他程序的目标代码。连接器将源程序编译成的目标代码和所需要的其他目标代码连接起来，这种连接后的代码作为可执行文件存储起来，它是计算机真正运行的代码。装载程序复制可执行文件到主存中，然后微处理器运行包含在该文件中的机器码。

高级语言的语句通常转换成机器码指令序列才可以运行，但高级语言是平台无关的，同一高级语言源程序代码经过编译可以在不同的微处理器和操作系统或者计算平台上运行。尽管理论上可以用一个单独的编译器产生适合不同平台的不同目标代码，但是实际上每个平台都有自己的编译器。此外，对于一条语句可能有多种有效的转换，这使得编译器的设计复杂化；但对于汇编语言却不存在这种情况，每条汇编语言指令都唯一对应一条机器码指令。由此可见，汇编程序比编译程序设计简单得多。

引入虚拟机的概念，推动了计算机体系结构的发展。由于各层次虚拟机均可以识别相应层次的计算机语言，从而摆脱了这些语言必须在同一台实际机器执行的状况，为多处理机系统、分布式处理系统、计算机网络系统、并行计算机系统等新的计算机体系结构的出现奠定了基础。

从计算机系统的多层结构来看，可以将硬件研究的主要对象归结为机器语言机 M_1 和微程

序机 M_0。软件的研究对象主要是操作系统级以上的各级虚拟机。

3. Java Applet——一种处理程序的不同方法

Java Applet 是用 Java 程序设计语言编写的计算机程序，与其他高级语言程序不同的是，其并不需要编译成被微处理器所执行的机器码。相反，其会被编译成一种称为字节码的格式。这种字节码被输入进 Java 虚拟机（也称为 JVM）中，由 JVM 来解释和执行这种代码。JVM 可以是一个硬件芯片，但它本身通常是一种程序，常常是 Web 浏览器的一部分，可以把字节码看成是 JVM 的机器码。

Java Applet 的编译过程如图 1-2 所示。标准的编译器一般只为特定的计算机系统生成目标代码，而 Java 编译器则不同，它生成与平台无关的字节码。每一种平台的 JVM 解释该字节码以使它可以运行在相应的平台上。这对于 Applet 能够进入万维网是很有用的，仅需要一套字节码可用就行了，服务器并不必对不同的平台提供不同的字节码。但是，在下载字节码的地方必须由 JVM 解释，并非由处理器直接执行，这就导致代码运行相当慢。现在也有即时编译器（just-in-time compiler）可以把字节码编译为可执行文件，但是增加了开销而且延迟了程序的初始运行。

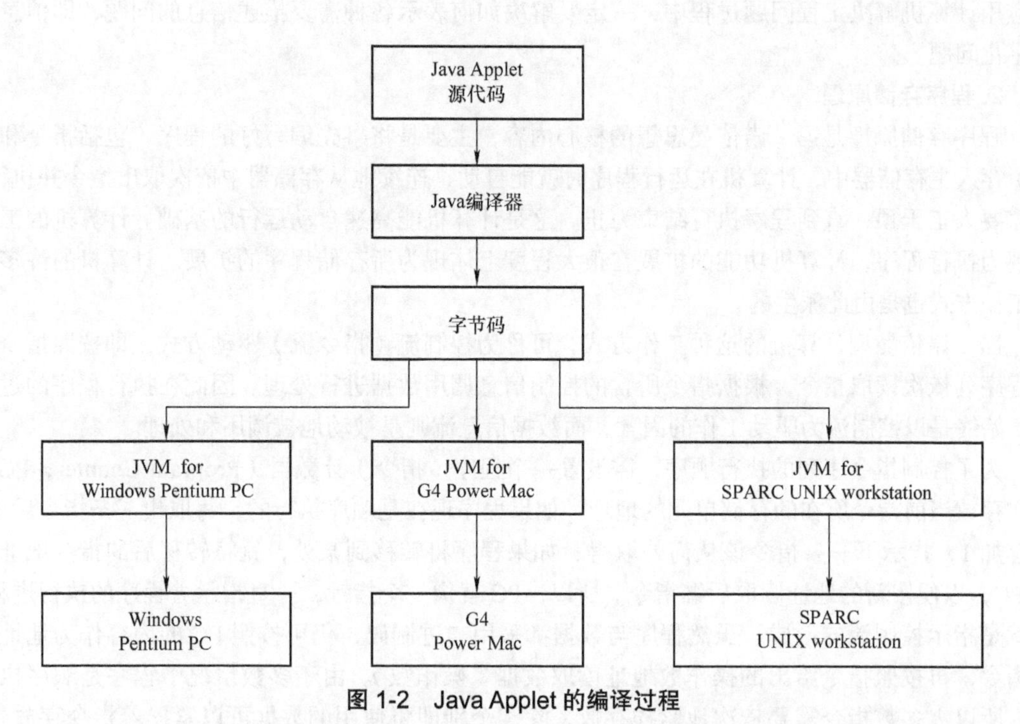

图 1-2　Java Applet 的编译过程

1.3　计算机系统的硬件组成

计算机作为一种高速、智能计算工具，它实际上是按照事先存储的程序，自动、高速地进行大量的数值计算和各种信息处理。

1.3.1　冯·诺依曼原理

作为由相关的一系列电子设备组成的计算工具，计算机的历史已经有 70 多年了，其发展经历了 5 个阶段，但是现在作为主流应用的计算机依然遵循着冯·诺依曼基本原理。

1946 年 6 月，美国杰出的数学家冯·诺依曼及其同事完成了关于电子计算装置逻辑结构设计的研究报告，具体介绍了制造电子计算机和程序设计的新思想，为现代计算机的研制奠定了基础。至今为止，大多数计算机采用的依然是冯·诺依曼型计算机的组织机构，只是在某些方面做了一些改动而已。因此，冯·诺依曼被人们誉为“现代计算机之父”。冯·诺依曼型计算机一般满足以下 3 个基本要求。

1. 二进制原理

计算机是通过执行程序对数据进行处理实现指定功能的，这一过程中涉及的信息有两大类：指令（执行的程序）和数据（指令的作用对象）。指令和数据能被计算机所识别和处理的前提是必须被数字化。信息（指令和数据）被数字化的含义是用数字编码表示各种信息；用相应形式的信号来表示数据编码。电子数字计算机中的主要部件是逻辑电路，采用二进制的形式可使信息数字化容易实现，也便于采用布尔代数进行处理。在冯·诺依曼型计算机中采用二进制码的形式表示指令和数据，指令和数据在代码的外形上并无区别，都是由 0 和 1 组成的代码序列，而且它们以相同的地位存储于存储器中，只是各自约定的含义不同而已。这样程序本身也可以作为被加工处理的对象，例如，对照程序进行编译，就是将源程序当作被加工处理的对象。在应用计算机解决工程问题过程中，一定要解决如何表示各种需要描述信息的问题，即信息的数字化问题。

2. 程序存储原理

程序存储原理是冯·诺依曼思想的核心内容，主要是将事先编写好的程序（包括指令和数据）存入主存储器中，计算机在运行程序时就能自动、连续地从存储器中依次取出指令并执行，不需要人工干预，直到程序执行结束为止。这是计算机能高速自动运行的基础。计算机的工作体现为执行程序，计算机功能的扩展在很大程度上体现为所存储程序的扩展。计算机的许多具体工作方式也是由此派生的。

冯·诺依曼型计算机的这种工作方式，可称为控制流（指令流）驱动方式，即按照指令的流程序列依次读取指令，根据指令所含的控制信息调用数据进行处理。因此在执行程序的过程中，始终是以控制流为驱动工作的因素，而数据信息流则是被动地被调用和处理。

为了控制指令序列的执行顺序，需设置一个程序（指令）计数器（Program Counter，PC），让它存放当前指令所在的存储单元的地址。如果程序现在是顺序执行的，每取出一条指令后 PC 内容加 1，指示下一条指令该从何处取得；如果程序将转移到某处，就将转移后的指令地址送到 PC，以便按新的地址读取后继指令。所以，PC 就像一个指针，一直指示着程序的执行进程，也就是指示控制流的形成。虽然程序与数据都采用二进制码，仍可按照 PC 的内容作为地址读取指令，再按照指令给出的操作数地址读取数据（操作数）。由于多数情况下程序是顺序执行的，所以大多数指令需要依次地紧挨存放，除了个别即将使用的数据可以紧挨着指令存放外，一般情况下将指令和数据分别存放在不同的区域。

3. 计算机由 5 个基本部件组成

冯·诺依曼型计算机都由运算器、控制器、存储器、输入设备和输出设备 5 个基本部件组成，并且 5 个基本部件由一定的数据通路连接到一起，同时规定了这 5 个部件的基本功能。

典型的冯·诺依曼型计算机是以运算器为中心的，如图 1-3 所示，图中实线为数据线，虚线为控制线和反馈线。图中各部件的功能如下：

1）运算器：用来完成算术运算和逻辑运算，并将运算的中间结果暂存在运算器中。

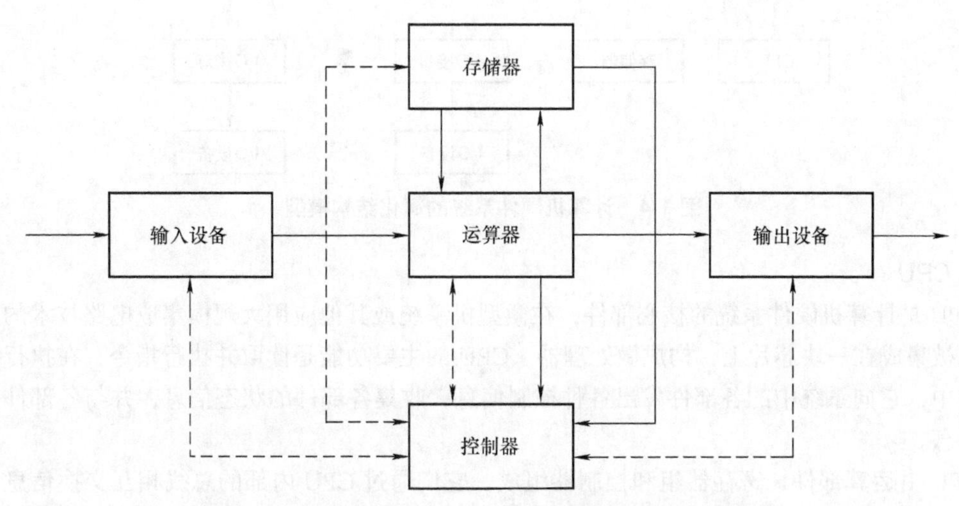

图 1-3　以运算器为中心的冯·诺依曼型计算机典型结构

2）存储器：用来存放数据和程序。

3）控制器：用来根据程序的设定控制、指挥各部件完成数据的输入，运行处理数据以及输出和显示运算结果。

4）输入设备：用来将人们熟悉的信息形式转换为机器能识别的信息形式。

5）输出设备：用来将机器运行结果转换成人们熟悉的信息形式。

根据计算机的工作过程可知，典型的冯·诺依曼型计算机采用串行顺序处理的工作机制，即使有关数据已经准备好，也必须逐条执行指令序列。而提高计算机性能的根本方向之一是并行处理，因此，近年来人们在谋求突破传统冯·诺依曼体制的束缚，这种努力被称为非冯·诺依曼化。一般在以下几个方面进行努力：

1）在冯·诺依曼体制范畴内，对传统冯·诺依曼机制进行改造。例如，采用多个处理部件形成流水处理机制，依靠时间上的重叠提高处理效率；组成阵列机结构，形成单指令流多数据流，提高处理速度。

2）用多个冯·诺依曼机组成多机系统，支持并行算法结构。

3）从根本上改变冯·诺依曼机的控制流驱动方式。例如，采用数据流驱动工作方式的数据流计算机，只要数据已经准备好，有关的指令就可以并行地执行。这是真正的非冯·诺依曼计算机，它为并行处理开辟了新的前景，但由于控制的复杂性，现在仍处于试验阶段，并未形成真正的商品化设备。

1.3.2　计算机的硬件组成

在冯·诺依曼体制中，计算机硬件系统是由运算器、控制器、存储器、输入设备和输出设备 5 个基本部件组成的。随着计算机技术的发展，计算机硬件系统的组织结构已发生了许多重大变化，例如，运算器和控制器已组合成一个整体，称为中央处理器（Central Processing Unit, CPU）；存储器已成为多级存储器体系，包含主存储器（简称主存）、高速缓冲存储器（简称高速缓存）和外存储器（又称辅助存储器，简称外存）三个层次。计算机硬件系统的简化结构模型如图 1-4 所示，其中包含 CPU、存储器、输入 / 输出（I/O）设备和接口等部件，各部件之间通过系统总线相连接。

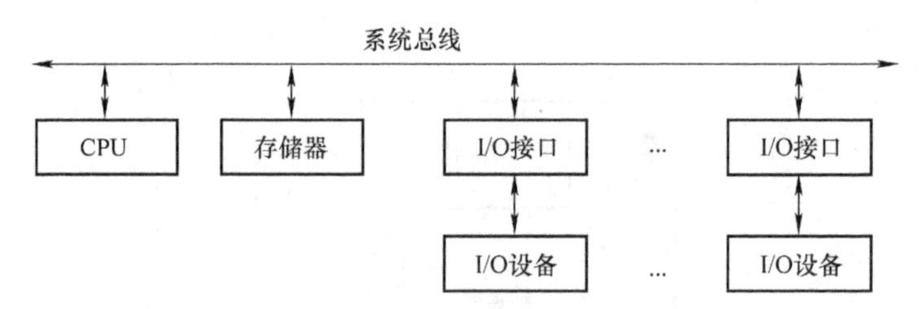

图 1-4 计算机硬件系统的简化结构模型

1. CPU

CPU 是计算机硬件系统的核心部件，在微型机系统或其他应用大规模集成电路技术的系统中，它被集成在一块芯片上，构成微处理器。CPU 的主要功能是读取并执行指令，在执行指令的过程中，它向系统中的各部件发出各种控制信息，收集各部件的状态信息，并与各部件交换数据信息。

CPU 由运算部件、寄存器组和控制器组成，它们通过 CPU 内部的总线相互交换信息。运算部件完成算术运算（定点运算、浮点运算）和逻辑运算。寄存器组用来存放数据信息和控制信息。控制器提供整个系统工作所需的各种微命令（控制信号），这些微命令可以通过组合逻辑电路产生，也可以通过执行微程序产生，分别被称为组合逻辑和微程序控制方式。

2. 存储器

存储器用来存储信息，包括程序、数据、文档等。存储器的存储容量越大、存取速度越快，那么系统的处理能力就越强，工作速度就越高。但是一个存储器很难同时满足大容量、高速度的要求，因此常将存储器分为主存、外存和高速缓存三级存储体系。

主存用来存放 CPU 需要使用的程序和数据。主存的每个存储单元都有固定的地址，CPU 可以按地址直接访问它们，因此，要求主存的存取速度很快。但目前因技术条件的限制，其容量有限，一般仅为几吉字节。主存通常由半导体材料构成。此外，通常将 CPU 和主存合称为主机，又因主存位于主机之内，故主存又常被称为内存。

外存位于主机之外，用来存放大量的需要联机保存但 CPU 暂不使用的程序和数据。需要时，CPU 并不直接按地址访问它们，而是按文件名将它们从外存调入主存。因此，外存的容量很大，但存取速度比主存慢，如磁盘、光盘和 U 盘等都是常用的外存。

高速缓存（Cache）是为了提高 CPU 的访存速度，在 CPU 和主存之间设置的存取速度很快的存储器，容量较小，用来存放 CPU 当前正在使用的程序和数据。Cache 的地址总是与主存某一区间的地址相映射，工作时 CPU 首先访问 Cache，如果未找到所需的内容，再访问主存。Cache 由高速的半导体存储器构成。在现代计算机中，缓存是集成在 CPU 内部的，一般集成了两级 Cache，高端芯片（如多核处理器）甚至集成了第三级 Cache。

3. 输入 / 输出设备

输入设备将各种形式的外部信息转换为计算机能够识别的代码形式送入主机。常见的输入设备有键盘、鼠标等。输出设备将计算机处理的结果转换为人们所能识别的形式输出。常见的输出设备有显示器、打印机等。

从信息传送的角度来看，输入设备和输出设备都是与主机传输数据，只是传输方向不同，因此常将输入设备和输出设备合称为输入 / 输出（Input/Output，I/O）设备。它们在逻辑划分上位于主机之外，因此又称为外围设备或外部设备，简称外设。磁盘、光盘等外存既可看成存储系统的一部分，也可看成具有存储能力的输入 / 输出设备。

4. 总线

总线是一组能为多个部件分时共享的信息传输线。现代计算机普遍采用总线结构，用一组系统总线将 CPU、存储器和 I/O 设备连接起来，各部件通过这组总线交换信息。注意，任意时刻只能允许一个部件或设备通过总线发送信息，否则会引起信息的碰撞；但允许多个部件同时从总线上接收信息。

根据系统总线上传送的信息类型，系统总线可分为地址总线、数据总线和控制总线。地址总线用来传输 CPU 或 I/O 设备发向主存的地址码。数据总线用来传输 CPU、主存以及 I/O 设备之间需要交换的数据。控制总线用来传输控制信号，如时钟信号、CPU 发向主存或 I/O 设备的读 / 写命令和 I/O 设备送往 CPU 的请求信号等。

5. 接口

为什么在系统总线与 I/O 设备之间设置了接口部件，如 USB 接口、SATA 接口和 PCI-E 接口等？这是因为计算机通常采用确定的总线标准，每种总线标准都规定了其地址线和数据线的位数、控制信号线的种类和数量等。但计算机系统连接的各种 I/O 设备并不是标准的，在种类与数量上都是可变的。因此，为了将标准的系统总线与各具特色的 I/O 设备连接起来，需要在系统总线与 I/O 设备之间设置一些接口部件，它们具有缓冲、转换、连接等功能，这些部件就被统称为 I/O 接口。

计算机的各种操作都可以归结为信息的传输。信息在计算机中沿着什么途径传输将直接影响硬件系统结构。我们将信息在计算机中的传送途径称为数据通路结构。因此，硬件系统结构的核心是数据通路结构。不同类型的计算机，如传统的微型机、小型机、中型机和大型机，其功能侧重点不同，因而它们的数据通路结构是有区别的。

1.4　计算机系统的性能指标

计算机系统的性能受很多因素的影响，而且不同用途的计算机其侧重点也不尽相同。下面简要介绍计算机系统的性能指标：

1. 机器字长

机器字长是指 CPU 一次能处理数据的二进制位数，它标志着计算机的计算精度。位数越多，精度越高，但硬件成本也越高，因为它决定着寄存器、运算部件、数据总线等的位数。为适应不同需要，应该较好地协调计算精度与成本的关系。

机器字长和数据字长之间虽无绝对的关系，但也有一定程度的对应关系，大多数计算机允许采用变字长运算，即允许硬件实现以字节为单位的运算以及基本机器字长运算、双字长运算或多字长运算。指令字长与机器字长之间也有一定的关系，基本字长较长的计算机，其指令的位数可能也较多，读取指令的速度和处理指令的效率要高些，指令系统的功能相应比较强。

目前微型机的机器字长有 8 位、16 位、32 位、64 位等几个档次。注意，由于一个字符是以 8 位代码（字节）表示，为了灵活处理字符数据，大部分的计算机可以按全字长处理数据，也可以按字节为单位处理数据。

2. 存储容量

存储容量包含主存容量和外存容量。存储容量表示存储器中存放二进制代码的总数，具体有两种表示方法：

（1）字节数（B，即 byte）　每个存储单元的位数是 8 位，称为 1 个字节，相应地用字节数来表示存储容量的大小。在微型机中，常用字节数来衡量存储器容量。

（2）二进制位数（bit） 在某些计算机中，主存储器按字编址，即每个单元存放一个字。在表示存储容量时，标明这个存储器有多少个单元，每个单元有多少位，此时存储容量 = 单元数 × 单元位数。

3. 运算速度

CPU 的运算速度是计算机的一项重要性能指标，计算机追求的目标之一就是提高运算速度。计算机执行不同的运算所花费的时间可能不同，如定点运算所需的时间较短，而浮点运算所用的时间较长。CPU 的综合性能取决于诸多因素，常通过基准程序进行评估，如 SPEC 等。

（1）CPU 的主频 CPU 的主频（f）是指 CPU 内核的工作频率，通常所说的某款 CPU 是多少吉赫兹，就是指 CPU 的主频，有时也叫 CPU 的时钟频率（$T = 1/f$）。CPU 主频 = 外频 × 倍频系数，外频和倍频系数可以分别进行设定，从而实现 CPU 主频的设定。

CPU 主频的高低是决定计算机工作速度的重要因素，但两者之间并没有正比关系。在 CPU 时钟频率中，相邻两个时钟脉冲之间的间隔即一个时钟周期，它与 CPU 完成一步微操作所需的时间是相对应的。例如，Pentium 系列的时钟频率高达 300MHz、500MHz、1GHz，甚至更高。CPU 执行某种运算所需的总时间 t = 时钟周期数 m × 时钟周期宽度 T，即 $t = mT$。

（2）平均每秒执行的指令数（IPS） CPU 平均每秒执行的指令数（Instructions Per Second，IPS）也常用更大的单位 MIPS 或 GIPS 来表示，这个指标适合评价标量运算，不适合评价向量运算。虽然计算机的指令类型很多，各指令执行的时间和出现的频度都不会完全相同，但计算机在运行过程中执行的大部分指令都是简单指令，因此用平均每秒执行的指令数作为 CPU 的速度指标，在一定程度上可反映出计算机的运算速度。特别是 RISC 型的 CPU，其指令几乎全是简单指令，更适合用 IPS 来衡量其速度。例如，Intel 80486 CPU 的运算速度达到了 20MIPS，Pentium 超过了 100MIPS，ALPHA（RISC 微处理器）则高达 400MIPS。

（3）每条指令的平均时钟周期数（CPI） CPU 执行程序时，每条指令所需的平均时钟周期数（Clock cycles Per Instruction，CPI）也常用来衡量 CPU 的综合性能。

CPI 是一个基于标准测试程序的统计意义上的平均数概念，它的物理含义可以理解为 CPU 在执行一个程序时所需的时钟周期总数与这个程序对应的指令总数的比值，可以表示成 $CPI = m_c/n_i$，这里的 m_c 代表这个程序的时钟周期总数，n_i 则代表这个程序的指令总数。

（4）每秒执行定点 / 浮点运算的次数 CPU 每秒能够完成的定点或者浮点运算次数（非指令数），也可以用来刻画计算机的综合运算速度。对于早期的计算机，常用定点运算次数来表示其计算速度，如 DJS-1 计算机的运算速度就常被表示为平均每秒可完成 1800 次 32 位定点数的运算。

高性能计算机主要是进行浮点向量运算，一般用每秒能完成的浮点运算次数（Floating-point Operations Per Second，FLOPS）来表示计算机的计算能力。例如，“天河二号”的计算速度常被表示成 33.86 PFLOPS。

（5）CPU 的功耗 当今低碳环保理念已经深入人心，且伴随着设备移动化的需求，人们对计算机运行过程中的能量消耗越来越关注。计算机运行过程中主要是 CPU、显卡、主板、外存、显示器以及 I/O 设备等部件消耗能量。

我们只讨论 CPU 的功耗问题。CPU 都是基于半导体超大规模集成电路工艺实现的。CPU 在运行过程中也存在一定的功耗（P，也称为功率），包括动态功耗和静态功耗，这两类功耗主要是晶体管开关过程中产生的功耗和晶体管电荷静态泄漏过程（挥发）中产生的功耗。

功耗也是评价 CPU 综合性能的一个重要指标，动态功耗取决于晶体管的负载电容 C、工作

电压 U 和开关频率 f，即 $P = CUf$。这里的 f 实际上就是 CPU 的时钟频率，而 C 与处理器内部集成的晶体管总数、集成电路的半导体材料和制作工艺密切相关。

4. 数据通路宽度与数据传输率

数据通路宽度与数据传输率主要用来衡量计算机及其部件的数据传输能力（即 I/O 吞吐率）。

（1）数据通路宽度　数据通路宽度是指数据总线一次能并行传输的数据位数，它会直接影响计算机的性能。数据通路宽度一般可分为 CPU 内部和 CPU 外部两种情况。CPU 的内部数据通路宽度一般与 CPU 的基本字长相同，也等于 CPU 内总线的位宽；CPU 的外部数据通路宽度则等于系统数据总线的位宽。有的 CPU 内部和外部的数据通路宽度一样，有的则不同。例如，Intel 8088 处理器的 CPU 内部数据通路宽度是 16 位，外部数据通路宽度却只有 8 位；Intel 80386/80486 处理器的 CPU 内部和外部数据通路宽度相同，两者都是 32 位。

（2）数据传输率（Data Transfer Rate，DTR）　数据传输率也叫比特率，是指单位时间内信道的数据传输量，它的基本单位是 bit/s。在计算机或网络学科中，也常常借用带宽（Bandwidth）一词来表示数据传输率，显然这里的"带宽"已与其原始含义不同，已经发生了习惯性转义。数据传输率与传输信道的数据通路宽度都和最大的工作频率有关，其通常的简化计算规则如下。

$$\mathrm{DTR} = D/T = Wf \tag{1-1}$$

其中，DTR 表示数据传输率，D 是数据的传输量，T 是相应的数据传输时间，W 是数据通路的宽度，f 是工作频率。例如，若 PCI 总线的位宽是 32 位，总线频率为 33.33MHz，则总线的数据传输率（总线带宽）约为 133Mbit/s。实际上，对于目前主流的 PCI-E 总线，在计算带宽时还需要考虑通道数、传输模式、编码方式等因素。

对计算机而言，所有硬件部件都会涉及位宽和带宽的概念。例如，Intel 平台的 FSB（Front Side Bus，前端总线）、AMD 平台的 HT（Hyper Transport）总线，甚至主存、网络设备等都存在带宽的概念。不论对何种硬件部件，在理解其带宽概念时，只需紧紧把握住单位时间内传输的数据量这一本质特性即可。

1.5　习题

1. 解释下列术语：计算机、存储程序、虚拟机、机器字长。

2. 什么是计算机系统？什么是硬件？什么是软件？软件和硬件在什么情况下等价，在什么情况下不等价？

3. 如何理解计算机组成和计算机结构？

4. 冯・诺依曼计算机的特点是什么？

5. 画出计算机硬件组成框图，说明各部件的功能和性能指标。

6. 计算机系统的层次结构是如何划分的？这样划分的意义是什么？

7. 说明高级语言、汇编语言和机器语言的差别和联系。

8. 指令和数据都存在主存中，计算机是如何区分它们的？

第 2 章

计算机中数的表示

计算机加工和处理的对象是数据信息，其表示方法将直接影响计算机的结构和性能。本章主要讲述数值数据的表示法、数的定点和浮点表示法、非数值数据（字符、汉字、逻辑数据）的表示法，以及数据信息的校验方法。对于数值数据信息，除了要将数值转换成二进制数外，还必须使用二进制数来表示符号和小数点，因此就产生了数据的机器码（包括原码、补码等）表示形式，以及数据的定点和浮点表示法。对于非数值数据信息，我们需要考虑如何使用 0 和 1 对其进行编码的问题。本章内容是学习本书后续内容的必要准备。

2.1 进位计数制及进制转换

计算机中的数据信息往往是以数字、字符、符号、表达式等方式出现的，它们应以怎样的形式与计算机的电子元器件状态相对应，并被识别和处理呢？ 1940 年，现代著名的数学家、控制论学者诺伯特 · 维纳（Norbert Wiener）首先倡导使用二进制编码形式，解决了数据在计算机中的表示方法，确保了计算机的可靠性、稳定性及高速性。

人们常用若干位数表示某种信息，例如，“100028”这串数字表示北京市某街道的邮政编码，这是一种十进制代码。一个代码可以表示某种对应的信息。在计算机内部，一切信息的存放、处理和传输都采用二进制代码。计算机在进行数值计算或其他数据处理时，如果要处理的对象是十进制数表示的实数或者是字母、符号等，在计算机内部都要首先转换为二进制数。在现代数学的现代分析中已经证明，正像在初等数学中讨论到的实数与数轴上的点一一对应一样，二进制数与十进制数也一一对应。因而，只在二进制数上进行操作（通过计算机硬件），就可完成由十进制数构成的数值计算或由字母、符号等构成的数据信息的处理，并将得到的二进制结果转换成十进制数或字母、符号进行输出。

在日常生活中，会遇到各种进位的计数制，例如，逢 10（向高位）进 1 的十进制，逢 60 进 1（如 60s 进为 1min，60min 进为 1h）的六十进制，中国老秤 16 市两进为 1 市斤的十六进制。计算机普遍采用的是二进位计数制，简称二进制。二进制的特点是每一位上只能出现数字 0 或 1，逢 2 就向高数位进 1。0 和 1 这两个数字用来表示两种状态，用 0、1 表示的电磁状态的对立两面，在技术实现上是最恰当的；但是二进制表示不够直观，并且表示同一个数时位数较多，人们使用起来不方便。在实际使用时，常用的有十进制、八进制、十六进制等数制。

任意一个 R 进制数 $(N)_R$ 可以表示为：

$$
\begin{aligned}
(N)_R &= (x_{n-1}x_{n-2}\cdots x_1x_0.x_{-1}x_{-2}\cdots x_{-m})_R \\
&= x_{n-1}R^{n-1}+x_{n-2}R^{n-2}+\cdots+x_1R^1+x_0R^0+x_{-1}R^{-1}+x_{-2}R^{-2}+\cdots+x_{-m}R^{-m} \\
&= \sum_{i=-m}^{n-1} x_iR^i
\end{aligned} \tag{2-1}
$$

式（2-1）表示一个有 n 位整数及 m 位小数的 R 进制数，R 也称为进制的基数。其中，x_i 的取值范围为 0～（R−1），逢 R 进一。R^i 通常称为位权值。通常使用上述 $(N)_R$ 的形式表示 R 进制数，或者在数字的后面加上相应的后缀。二进制数的后缀是 B；八进制数的后缀是 O 或者 Q；十进制数的后缀是 D；十六进制数的后缀是 H。例如当 $R = 8$ 时，表示八进制数，各位数的取值范围是 0～7，计数规则是逢八进一，$(123.45)_8$ = 123.45Q 或者 123.45O。

计算机内部常采用二进制表示和处理数据，但是人们日常习惯使用十进制，编程时又常用八进制数或十六进制数表示地址码，因此需要在不同的数制之间进行转换。

1. *R* 进制转换为十进制

将 R 进制数的各位数码与它们的权值相乘，再把乘积相加，即可得到相应的十进制数。

【例 2-1】 将 123H、234O 和 11001B 转换为十进制数。

解： 123H = $(1\times16^2+2\times16^1+3\times16^0)_{10}$ = 291D

234O = $(2\times8^2+3\times8^1+4\times8^0)_{10}$ = 156D

11001B = $(1\times2^4+1\times2^3+0\times2^2+0\times2^1+1\times2^0)_{10}$ = 25D

2. 十进制转换为 *R* 进制

任何一个十进制的有理数可以分为整数部分和小数部分两部分。将一个十进制数转换成 R 进制数，需要将整数部分和小数部分分别进行转换。整数部分采用的是“除 R 取余”法，小数部分采用的是“乘 R 取整”法。“除 R 取余”法即将十进制整数部分连续地除以 R 取余数，直到商为 0，余数从右到左排列，首次取得的余数排在最右边。“乘 R 取整”法即将十进制小数不断乘以 R 取整数，直到小数部分为 0 或达到要求的精度为止（当小数部分永远不会达到 0 时），所得的整数从小数点之后自左往右排列，取有效精度，首次取得的整数排在最左边。将这两个排列放在一起即为十进制数对应的 R 进制数。

【例 2-2】 将 110.125D 转换为二进制数。

解： 首先，利用“除 R 取余”法进行整数部分的转换：110D = 1101110B；其次，利用“乘 R 取整”法进行小数部分的转换：0.125D = 0.001B。

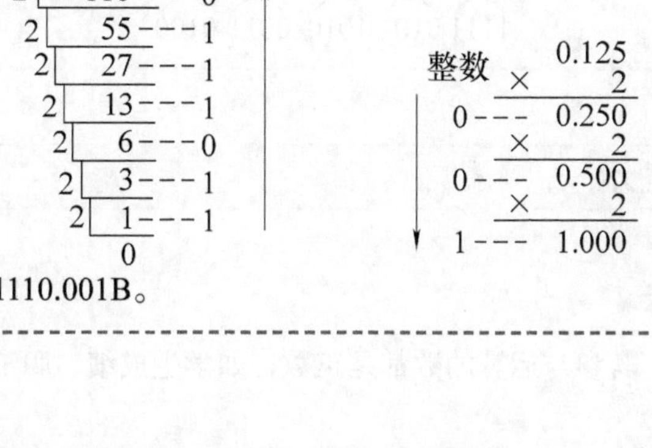

```
          余数
2 |110 --- 0   ↑
 2 | 55 --- 1  |
  2| 27 --- 1  |                 整数      0.125
  2| 13 --- 1  |                        ×     2
   2| 6 --- 0  |                 0 ---   0.250
   2| 3 --- 1  |                        ×     2
    2| 1 --- 1 |                 0 ---   0.500
        0                               ×     2
                                 1 ---   1.000   ↓
```

因此，110.125D = 1101110.001B。

3. 二进制数与八、十六进制数之间的转换

由于 $2^3 = 8$，$2^4 = 16$，因此二进制数与八、十六进制数之间可以通过它们之间的对应关系进行转换。不同进制数对照见表 2-1，在进行转换时可通过查表获得。

表 2-1 不同码制机器数移位后的添补规则

二进制	八进制	十六进制	二进制	八进制	十六进制
0000	00	0	1000	10	8
0001	01	1	1001	11	9
0010	02	2	1010	12	A
0011	03	3	1011	13	B
0100	04	4	1100	14	C
0101	05	5	1101	15	D
0110	06	6	1110	16	E
0111	07	7	1111	17	F

【例 2-3】 将 1101110.110101B 转换为八进制数和十六进制数。

解：二进制转八进制，以小数点为中心向左右两边分组，每 3 位为一组，两头不足补 0，可得：1101110.110101B = 156.65O。

001 101 110 . 110 101

1 5 6 . 6 5

二进制转十六进制，以小数点为中心向左右两边分组，每 4 位为一组，两头不足补 0，可得：1101110.110101B = 6E.D4H。

0110 1110 . 1101 0100

6 E . D 4

【例 2-4】 分别将 356.21O 和 F5A.34H 转换为二进制数。

解：八进制转二进制，则需将八进制的每一位数用对应的 3 位二进制数表示，可得：356.21O = 11101110.010001B。

3 5 6 . 2 1

011 101 110 . 010 001

十六进制转二进制，则需将十六进制的每一位数用对应的 4 位二进制数表示，可得：F5A.34H = 111101011010.001101B。

F 5 A . 3 4

1111 0101 1010 . 0011 0100

2.2 数的符号表示

2.2.1 无符号数表示

在处理某些问题时，若参与运算的数都是正数，如学生成绩、职工工资、字符编码、主存

地址等，则存放这些数时再保留符号位已没有实际意义，并且会造成资源浪费。一个数的最高位不再是符号位而是值的一部分了，这样的数称为无符号数。无符号数可以认为是正数，相同字长的无符号数比有符号数所表示的正数范围要大。例如，8 位字长的无符号数其数值范围是 0 ~ 255；32 位字长的无符号数其数值范围是 0 ~ 4294967295。

计算机部件只知道寄存器的内容是一串包含 0、1 的代码，也就是说，只有程序员才能决定一个数的物理意义。假设一个 8 位寄存器的内容是 11111111B，若它是无符号数，则其值等于 255；若它是补码数，则其真值等于 −1；若它是反码数，则其真值等于 −0。

2.2.2　有符号数表示

在计算机中表示一个有符号数的最常用的方法是把二进制数的最高一位定义为符号位，符号位为 0 表示正数，符号位为 1 表示负数，这样就把符号“数值化”了。有符号数的运算，其符号位上的 0 或 1 也被看作数值的一部分参加运算。

- 真值：把用“+”“−”表示的数称为真值，例如 −56、+123 等。
- 机器数：机器数是指一个数及其符号在机器中的数值化表示。符号位上的 0、1 分别表示正、负，其值称为机器数的真值。例如，−56 用机器数表示为 −56D = 10111000B，+56 用机器数表示为 +56D = 00111000B。

机器数可以用不同的方法来表示，常用的有原码、反码、补码和移码表示法。

1. 原码

正数的符号为 0，负数的符号为 1，其他位的值按一般的方法表示数的绝对值，用这种方法得到的数码就是该数的原码。

$$[x]_{原}=\begin{cases}x,\ 0\leqslant x\leqslant 2^{n-1}-1\\ 2^{n-1}+|x|,\ -(2^{n-1}-1)\leqslant x\leqslant 0\end{cases}$$

即

$$[x]_{原}=\begin{cases}0x,\ x\geqslant 0\\ 1|x|,\ x\leqslant 0\end{cases}$$

式中，x 为真值，n 为数据的位数。

【例 2-5】 $x=+105$，则 $[x]_{原}=01101001$。
$x=-105$，则 $[x]_{原}=11101001$。

对于 8 位二进制数，其有 1 位符号位，7 位数值，最大值为（2^7-1），最小值为 −（2^7-1），其数值范围为 −127 ~ +127，而 0 有 +0、−0 两种表示。

原码简单易懂，但用这种码进行两个异号数相加或两个同号数相减时都不方便。

2. 反码

正数的反码与原码相同，负数的反码为其原码除符号位外的各位按位取反（0 变 1，而 1 变 0）。

$$[x]_{反}=\begin{cases}x,\ 0\leqslant x\leqslant 2^{n-1}-1\\ (2^{n}-1)-|x|,\ -(2^{n-1}-1)\leqslant x\leqslant 0\end{cases}$$

即

$$[x]_{反}=\begin{cases}0x, & x\geqslant 0\\ 1|\overline{x}|, & x\leqslant 0\end{cases}$$

式中，x 为真值，n 为数据的位数。

【例 2-6】 $x=+105$，则 $[x]_{反}=[x]_{原}=01101001$。
$x=-105$，则 $[x]_{反}=10010110$。
$x=+127$，则 $[x]_{反}=[x]_{原}=01111111$。
$x=-127$，则 $[x]_{反}=10000000$。

对于 8 位反码，其数值范围为 −127 ~ +127，而 0 有 +0、−0 两种表示。

3. 补码

正数的补码与其原码相同，负数的补码为其反码在其最低位加 1，即

$$[x]_{补}=\begin{cases}0x, & x\geqslant 0\\ 1|\overline{x}|+1, & x\leqslant 0\end{cases}$$

也就是说：

1）对于正数，原码 = 反码 = 补码。

2）对于负数，补码 = 反码 +1。

3）引入补码后，使减法统一为加法。

【例 2-7】 $x=+105$，则 $[x]_{补}=[x]_{原}=01101001$。
$x=-105$，则 $[x]_{补}=10010111$。
$x=+127$，则 $[x]_{补}=[x]_{原}=01111111$。
$x=-127$，则 $[x]_{补}=10000001$。

对于 8 位补码，其数值范围为 −128 ~ +127，而 0 仅有一种表示，即 00000000。

由于在计算机内部的算术运算采用的是补码运算，为此我们引进几个概念：

• 模。模是计量器的最大容量。一个 4 位寄存器能够存放 0000 ~ 1111 共计 16 个数，因此它的模为 2^4。一个 8 位寄存器能够存放 00000000 ~ 11111111 共计 256 个数，因此它的模为 2^8。依此类推，32 位寄存器的模是 2^{32}。

• 有模运算。凡是用器件进行的运算都是有模运算。例如，利用 32 位的运算器进行运算，当运算结果大于或等于 2^{32} 时，超出的部分会被运算器自动“丢弃”（保存在进位标志寄存器中）。

• 求补运算。以下是一个由真值求补码的例子，机器字长 $n=8$。设 $x=+75$，则 $[x]_{补}=01001011$；设 $x=-75$，则 $[x]_{补}=10110101$，即：对 $[+x]_{补}$按位取反末位加 1，就得到 $[-x]_{补}$；对 $[-x]_{补}$按位取反末位加 1，就得到 $[+x]_{补}$。

因此，求补运算就是指对一补码机器码进行“按位取反，末位加 1”的操作。通过求补运算，可以得到该数负真值的补码。

鉴于补码数具有这样的特征，用补码表示有符号数，减法运算就可以用加法运算来替代，

因此，在计算机中只需设置加法运算器就可以了。

综上所述，可得出以下结论：

1）机器数比真值数多一个符号位。

2）正数的原码、反码、补码与真值数相同。

3）负数原码的数值部分与真值相同；负数反码的数值部分为真值数按位取反；负数补码的数值部分为真值数按位取反末位加 1。

4）没有 −0 的补码，或者说 −0 的补码和 +0 的补码相同。

5）由于补码表示的机器数更适合运算，为此，计算机系统中负数一律用补码表示。

6）机器字长为 n 位的原码数，其真值范围是 $-(2^{n-1}-1)\sim+(2^{n-1}-1)$；机器字长为 n 位的反码数，其真值范围是 $-(2^{n-1}-1)\sim+(2^{n-1}-1)$；机器字长为 n 位的补码数，其真值范围是 $-(2^{n-1})\sim+(2^{n-1}-1)$。

4. 移码

设整数为 $\pm x_1x_2\cdots x_n$，其移码表示为 $x_0,x_1x_2\cdots x_n$，共（$n+1$）位字长，用机器数的最高（最左）一位 x_0 表示符号位，则移码的定义为

$$[x]_{移}=2^n+x,\ -2^n\leqslant x<2^n$$

将这一定义与整数补码的定义相比较：

$$[x]_{补}=\begin{cases}x,\ 0\leqslant x<2^n\\2^{n+1}+x,\ -2^n\leqslant x\leqslant 0\end{cases}$$

就可以找出移码与补码之间的对应关系：

当 $0\leqslant x<2^n$ 时，$[x]_{移}=2^n+x=2^n+[x]_{补}$；当 $-2^n\leqslant x\leqslant 0$ 时，$[x]_{移}=2^n+x=(2^{n+1}+x)-2^n=[x]_{补}-2^n$。由此可以得出，由 $[x]_{补}$ 得到 $[x]_{移}$ 的方法是将 $[x]_{补}$ 的符号位变反。

例如：$x=+1010101$，$[x]_{补}=0，1010101$，则 $[x]_{移}=1，1010101$。

$x=-1010101$，$[x]_{补}=1，0101011$，则 $[x]_{移}=0，0101011$。

整数的移码、补码和真值之间的关系见表 2-2。

表 2-2　整数的移码、补码和真值之间的关系

真值 x（十进制）	真值 x（二进制）	$[x]_{补}$	$[x]_{移}$
−128	−10000000	1，0000000	0，0000000
−127	−1111111	1，0000001	0，0000001
⋮	⋮	⋮	⋮
−1	−0000001	1，1111111	0，1111111
0	0000000	0，0000000	1，0000000
1	0000001	0，0000001	1，0000001
⋮	⋮	⋮	⋮
127	1111111	0，1111111	1，1111111

从表 2-2 可以看出移码具有以下特点：

1）在移码中，最高位为 0 表示负数，最高位为 1 表示正数，这与原码、补码、反码的号位取值正好相反。

2）移码全为 0 时，它所对应的真值最小；移码全为 1 时，它所对应的真值最大。因移码的大小直观地反映了真值的大小，这将有助于两个浮点数据进行阶码的大小比较。

3）真值 0 在移码中的表示形式是唯一的，即 $[+0]_{移}=[-0]_{移}=1, 00\cdots00$。

4）移码把真值映射到一个正数域，所以可将移码视为无符号数，直接按无符号数规则比较大小。

5）同一数值的移码和补码除符号位相反外，其他各位相同。

【例 2-8】 写出下列各数的原码、反码、补码、移码（用 8 位二进制数表示），其中最高位是符号位。如果是纯小数，小数点在最高位之后；如果是整数，小数点在最低位之后。

① −27/64 ② 27/64 ③ −127

④用小数表示 −1 ⑤用整数表示 −1 ⑥用整数表示 −128

解： ①～⑥的机器数见表 2-3。

表 2-3 【例 2-8】的机器数

十进制数	二进制数真值	原码	反码	补码	移码
−27/64	−0.011011	1.0110110	1.1001001	1.1001010	—
27/64	0.011011	0.0110110	0.0110110	0.0110110	—
−127	−1111111	1, 1111111	1, 0000000	1, 0000001	0, 0000001
用小数表示 −1	−1.0	—	—	1.0000000	—
用整数表示 −1	−1	1, 0000001	1, 1111110	1, 1111111	0, 1111111
用整数表示 −128	−10000000	—	—	1, 0000000	0, 0000000

注：“—”表示当前机器数不能表示。

2.2.3 BCD 码

人们通常习惯使用十进制数，而计算机内部多采用二进制表示和处理数值数据，因此在计算机输入和输出数据时，就要进行由十进制到二进制的转换处理。把十进制数的每一位分别写成二进制形式的编码，称为二进制编码的十进制数，即二到十进制编码或 BCD（Binary-Coded Decimal）编码。

BCD 码的编码方法很多，通常采用 8421 编码，这种编码方法最自然简单。8421 编码方法是使用 4 位二进制数表示 1 位十进制数，从左到右每一位对应的权分别是 2^3、2^2、2^1、2^0，即 8、4、2、1。例如，十进制数 1975 的 8421 码可以这样得出：$1975D = 0001\ 1001\ 0111\ 0101_{(BCD)}$。

用 4 位二进制数表示 1 位十进制数会多出 6 种状态，这些多余状态码称为 BCD 码中的非法码。BCD 码与二进制数之间的转换不是直接进行的，当需要将 BCD 码转换成二进制数时，要先将 BCD 码转换成十进制数，然后再转换成二进制数；当需要将二进制数转换成 BCD 码时，要先将二进制数转换成十进制数，然后再转换成 BCD 码。

4 位二进制数共有 16 种组合，可从中任取 10 种组合来表示 0～9 这 10 个数。根据不同的选取方法，可以编制出很多种 BCD 码。这里只介绍常用的几种：

1. 十进制有权码

有权码是指表示一个十进制数的 4 位二进制数中的每一位都有一个确定的权值。用得最普遍的是 8421 码，4 位二进制数中的每一位从左到右的权分别为 8、4、2、1。根据这种权的定义，数字 0～9 的 8421 码为 0000，0001，…，1001。这种编码的优点是它与 ASCII 码之间的变换非常容易，只要取 ASCII 码的低 4 位，即为该数字字符所对应的二进制数，也就是这个数字的 8421 码。

一个十进制数转换成 8421 码非常方便，就是把每一位十进制数用对应的 8421 码表示。例如，十进制数 259 所对应的 8421 码为 001001011001。另外还有几种常用的有权码，它们分别是 2421 码、5211 码、84-2-1 码。几种常用的 4 位有权码的编码见表 2-4，其中 84-2-1 码每位的权是 8、4、−2、−1。

表 2-4　几种常用的 4 位有权码

十进制	8421 码	2421 码	5211 码	84-2-1 码
0	0000	0000	0000	0000
1	0001	0001	0001	0111
2	0010	0010	0011	0110
3	0011	0011	0101	0101
4	0100	0100	0111	0100
5	0101	1011	1000	1011
6	0110	1100	1010	1010
7	0111	1101	1100	1001
8	1000	1110	1110	1000
9	1001	1111	1111	1111

【例 2-9】把十进制数 368 分别用 8421 码、2421 码、5211 码和 84-2-1 码表示出来。

解：

十进制数	3	6	8
8421 码	0011	0110	1000
2421 码	0011	1100	1110
5211 码	0101	1010	1110
84-2-1 码	0101	1010	1000

2. 十进制无权码

无权码是指表示一个十进制数的 4 位二进制数中的每一位都没有确定的权值。常用的无权码有余 3 码（Excess-3 Code）和格雷码（Gray Code）。余 3 码是一种 BCD 码，它是由 8421 码加上二进制数 0011 得到的。格雷码的编码规则是使相邻两代码之间只有一位是不同的，这就使得代码变换是连续的。另外，由于最大数与最小数之间也仅有一位数不同，即“首尾相连”，因此格雷码又称循环码，常用于计数器译码，在产生各种控制信号时特别有用。常见的 4 位无权码见表 2-5。

表 2-5　常见的 4 位无权码

十进制数	余 3 码	格雷码（1）	格雷码（2）
0	0011	0000	0000
1	0100	0001	0100
2	0101	0011	0110
3	0110	0010	0010
4	0111	0110	1010
5	1000	1110	1011
6	1001	1010	0011
7	1010	1000	0001
8	1011	1100	1001
9	1100	0100	1000

2.2.4 字符数据表示

字符型信息包括数字、字母、符号和汉字，它们在计算机中都是用二进制数编码的形式来表示的，并为此制定了国际或国家标准。

1. 西文字符编码

ASCII 码是美国信息交换标准码（American Standard Code for Information Interchange），它已被世界所公认，并成为在世界范围内通用的字符编码。ASCII 码由 7 位二进制数（$b_7b_6b_5b_4b_3b_2b_1$）组成，因此定义了 128 种符号，其中有 33 种是起控制作用的“功能码”，95 种分别对应键盘上可输入，并可以显示和打印的 95 个字符（包括大、小各 26 个英文字母，0 ~ 9 共 10 个数字，还有 33 个通用运算符和标点符号等）。例如，字母“A”的 ASCII 码为 1000001（十进制为 65），加号“+”的 ASCII 码为 0101011（十进制为 43）。一般字符及其 ASCII 码的对照见表 2-6。

表 2-6 ASCII 字符编码表

$b_4b_3b_2b_1$	$b_7b_6b_5$							
	000	001	010	011	100	101	110	111
0000	NUL	DLE	SP	0	@	P	、	p
0001	SOH	DC1	!	1	A	Q	a	q
0010	STX	DC2	″	2	B	R	b	r
0011	ETX	DC3	#	3	C	S	c	s
0100	EOT	DC4	$	4	D	T	d	t
0101	ENQ	NAK	%	5	E	U	e	u
0110	ACK	SYN	&	6	F	V	f	v
0111	BEL	ETB	′	7	G	W	g	w
1000	BS	CAN	(	8	H	X	h	x
1001	HT	EM	)	9	I	Y	i	y
1010	LF	SUB	*	:	J	Z	j	z
1011	VT	ESC	+	;	K	[	k	{
1100	FF	FS	,	<	L	/	l	|
1101	CR	GS	-	=	M	}	m	}
1110	SO	RS	·	>	N	↑	n	~
1111	SI	VS	/	?	O	–	o	DEL

虽然 ASCII 码只用了 7 位二进制代码，但由于计算机的基本存储单位是一个包含 8 个二进制位的字节，所以每个 ASCII 码也用一个字节表示，最高二进制位为 0。

2. 汉字的编码

汉字处理技术是我国计算机推广应用工作中必须要解决的问题。汉字数量大，字形复杂，读音多变，常用汉字有 7000 个左右。与西文相比，汉字处理的主要困难在于汉字的输入、输出和汉字在计算机内部的表示。

汉字信息处理大致可分为 3 个步骤：

• 汉字信息输入。通过输入设备把汉字信息输入计算机，并转换为汉字编码。目前使用的输入方法有键盘输入、语音输入和字形输入。在键盘输入方面，最常用的方法是使用组合键来录入汉字（即通过几个键的组合来录入一个汉字）。

• 汉字信息的加工处理。根据应用的需要，把汉字编码进行必要的加工处理。从某种意义上说，汉字的处理过程实际上就是对汉字编码的转换过程。

• 汉字信息输出。把处理后的代码转换为汉字信息，再通过输出设备输出。汉字输出的主要方式是显示输出、打印输出和语音输出等。

汉字的各种编码之间的关系如下：

$$\xrightarrow{\text{汉字输入}} \text{输入码} \rightarrow \text{国标码} \rightarrow \text{内码} \rightarrow \text{字形码} \xrightarrow{\text{汉字输出}}$$

（1）汉字输入码 汉字输入码一般分为顺序码（流水码）、音码、形码、音形码等。也可分成音码和形码两大类，音码又分为全拼、双拼、微软拼音、自然码和智能 ABC 等，而形码又分为五笔字型法、郑码输入法等。当然还有其他不同的分类。

（2）区位码和国标码 1980 年，我国制定了《信息交换用汉字编码字符集 基本集》，标准号为 GB 2312—1980。其中，一共收录了汉字和图形符号 7445 个，包括 6763 个常用汉字和 682 个图形符号。根据使用的频率，常用汉字又分为两个等级，第一级汉字使用频率最高，包括 3755 个汉字，它覆盖了常用字数的 99%；第二级汉字有 3008 个，一、二级合起来的使用覆盖率可达 99.99%。也就是说，只要具备这 6000 多个汉字就能满足一般应用的需要。第一级汉字按汉语拼音字母顺序排列，第二级汉字则按部首排列。

按照国家标准规定，图形字符代码表有 94 行、94 列，其行号 01 ~ 94 称为区号，列号 01 ~ 94 称为位号。一个汉字所在的区号和位号简单地组合在一起就构成了这个汉字的区位码，其中高两位为区号，低两位为位号，都采用十进制表示。区位码可以唯一确定某一个汉字或符号，例如汉字“啊”的区位码为 1601（该汉字处于 16 区的 01 位）。

国标码又称交换码，它是在不同汉字处理系统间进行汉字交换时所使用的编码。国标码采用两个字节来表示，它与区位码的关系是（H 表示十六进制）：

$$\text{国标码高位字节} = (\text{区号})_{16} + 20\text{H}$$
$$\text{国标码低位字节} = (\text{位号})_{16} + 20\text{H}$$

例如，汉字“啊”的区位码为 1601，转换成十六进制数为 1001H（区号和位号分别转换），则国标码为 3021H。

（3）汉字内码 汉字内码是汉字在设备或信息处理系统内部最基本的表达形式。每个汉字占两个字节，每个字节的最高位为 1。

【例 2-10】 汉字“中”和“华”的国标码和汉字内码分别为：

汉字	国标码	汉字内码
中	8680（$01010110\ 01010000)_B$	$(11010110\ 11010000)_B$
华	5942（$00111011\ 00101010)_B$	$(10111011\ 10101010)_B$

（4）汉字字形码 汉字字形的字模数据，以点阵或矢量函数表示，所以汉字字形码通常有点阵和矢量两种表示方式。

用点阵表示字形时，汉字字形码指的是这个汉字字形点阵的代码。输出汉字的要求不同，点阵的多少也不同，有 16 × 16 点阵、24 × 24 点阵、32 × 32 点阵、48 × 48 点阵等。16 × 16 的汉字点阵及其编码如图 2-1 所示。

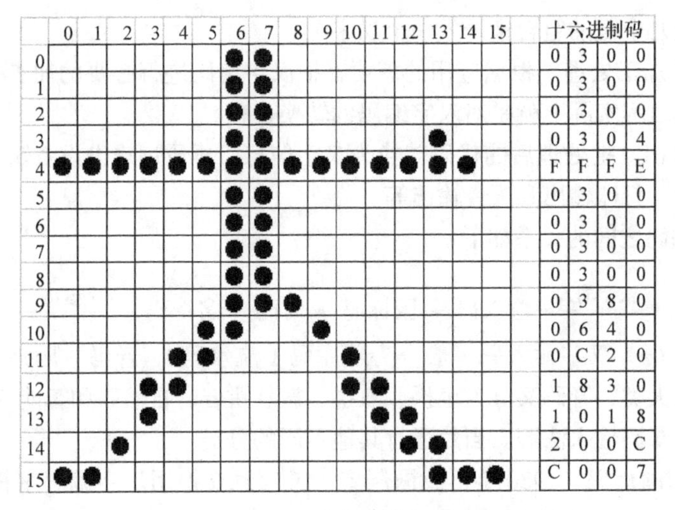

图 2-1　16×16 的汉字点阵及其编码

矢量表示方式存储的是描述汉字字形的轮廓特征，也就是把每个汉字按照笔画分解成各种直线和曲线，记下这些直线和曲线的参数，显示的时候画出这些线条。Windows 中使用的 TrueType 技术就是汉字的矢量表示方式。

点阵和矢量表示方式的区别为：点阵表示方式的存储方式简单，无须转换直接输出，但字形放大后产生的效果差，而且同一种字体不同的点阵需要不同的字库；矢量表示方式则正好与前者相反，矢量化字形描述与最终文字显示的大小、分辨率无关，因此可以产生高质量的汉字输出。

（5）汉字地址码　汉字地址码指的是每个汉字字形码在汉字字库中的相对位移地址。地址码和内码要有简明的对应转换关系。

（6）其他汉字编码　其他汉字编码有 UCS 码、Unicode 码、GBK 码、BIG5 码等。

1）UCS 码。通用多八位编码字符集（Universal Multiple-Octet Coded Character Set，UCS）是世界各种文字的统一的编码方案，1 个字符占 4 个字节，分为组、平面、行、字位。基本多文种平面（Basic Multilingual Plane，BMP）有 0 组 0 平面，包含字母、音节及表意文字等。

例如："A"　　41H（ASCII）　　00000041H（UCS）

　　　"大"　　3473H（GB2312）　　0005927H（UCS）

2）Unicode 码。Unicode 码采用双字节编码统一地表示世界上的主要文字。其字符集内容与 UCS 的 BMP 相同。

3）GBK 码。GBK 等同于 UCS 的新的中文编码扩展国家标准，2 个字节表示一个汉字。第一字节范围为 81H～FEH，最高位为 1；第二字节范围为 40H～FEH，最高位不一定是 1。

4）BIG5 码。BIG5 码是中国台湾、中国香港普遍使用的一种繁体汉字的编码标准，包括 440 个符号、5401 个一级汉字、7652 个二级汉字。

2.3　数的定点表示和浮点表示

计算机在处理数据时，要考虑到小数点的位置。根据小数点的位置是否固定，计算机采用了两种不同的数据表示格式：定点表示和浮点表示。

2.3.1　定点表示

如果将小数点固定在某一位置，则称为定点表示法。通常，把小数点固定在有效数位的最前面或末尾，这就形成了两类定点数：定点小数和定点整数，如图 2-2 所示。

数符
数值
x_n
$x_{n-1}\ x_{n-2}\ \cdots\ x_1\ x_0$
小数点位置
数符
数值
x_n
$x_{n-1}\ x_{n-2}\ \cdots\ x_1\ x_0$
小数点位置

a) 定点小数　　b) 定点整数

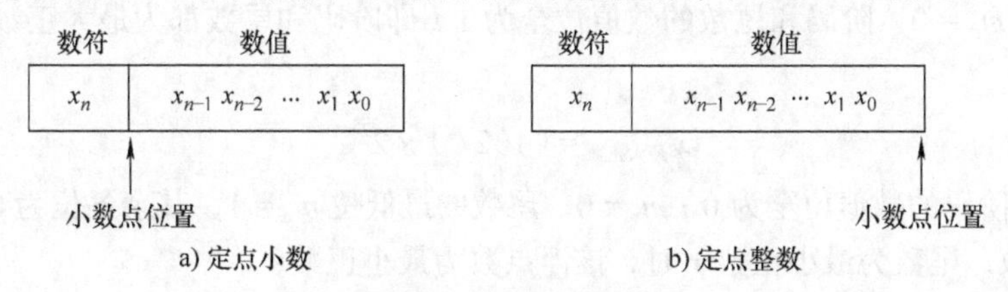

图 2-2　定点数的表示

在定点表示法中，参加运算的数以及运算的结果都必须保证落在该定点数所能表示的数值范围内。若机器数采用字长为 $n+1$ 的原码，则小数定点机中数的表示范围是 $-(1-2^{-n})\sim(1-2^{-n})$，整数定点机中数的表示范围是 $-(2^n-1)\sim(2^n-1)$。若用补码表示 32 位字长的定点小数，则数的表示范围为 $-1\leqslant x\leqslant(1-2^{-31})$；若用补码表示 32 位字长的定点整数，则数的表示范围为 $-2^{31}\leqslant x\leqslant(2^{31}-1)$。

2.3.2　浮点表示

在科学计算中，常常会遇到非常大或非常小的数值，如果用同样的比例因子来处理，很难兼顾数值范围和运算精度的要求。为了协调这两方面的关系，让小数点的位置根据需要而浮动，在计算机中引入了浮点数。浮点数是指小数点在数据中的位置可以左、右移动的数。一个数 N 要用浮点数表示，可以写成：

$$N=M\times R^E$$

这里 M 表示浮点数的尾数，E 表示浮点数的指数或阶码，R 指的是在这个指数下的基数。计算机中一般规定 R 的取值是一个常数，通常为 2、8 或 16 等。一旦机器的浮点部件设计好了，基数 R 的大小也就确定了，不能再改变了。因此基数 R 在浮点数表示中不出现，是隐含的。如果要表示一个浮点数，一是要给出尾数 M 的位数，二是要给出阶码 E 的位数，三是要给出浮点数的符号位。

1. 常用的浮点数格式

浮点数的尾数 M（尾符 m_s 为 1 位，尾值 m 为 n 位）用定点小数表示，小数点在尾数最高数值位之前，是默认的。尾值 m 用于表示浮点数的有效位数，其位数 n 的大小反映了此浮点数的精度；尾符 m_s 表示浮点数的正负。浮点数的阶码 E（阶符 e_s 为 1 位，阶值 e 为 k 位）用定点整数表示。阶码用于表示小数点在该浮点数中的位置，其位数的多少反映了此浮点数所能表示的数的范围，如图 2-3 所示。

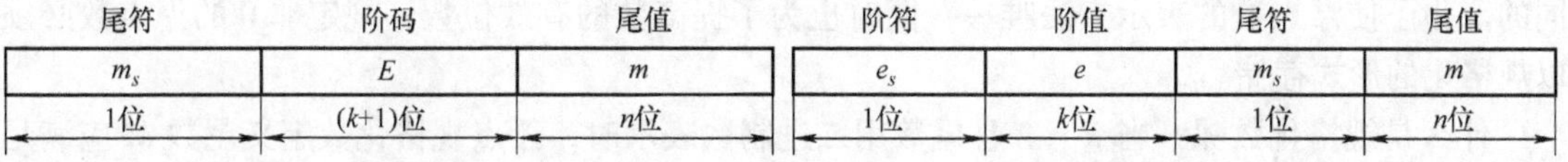

尾符
阶码
尾值
m_s
E
m
1位
$(k+1)$位
n位
阶符
阶值
尾符
尾值
e_s
e
m_s
m
1位
k位
1位
n位

a) 第一种浮点数格式　　b) 第二种浮点数格式

图 2-3　浮点数格式

2. 浮点数的表示范围

设某浮点数采用图 2-3b 所示的第二种浮点数格式，k 和 n 分别表示阶码和尾数的位数（不包括符号位），阶码和尾数均用补码表示，基数 $R=2$，则

当 $e_s=0$，$m_s=0$，阶码和尾数的数值位全为 1（即阶码和尾数都为最大正数）时，该浮点数为最大正数：

$$x_{最大正数}=(1-2^{-n})\times 2^{2^k-1}$$

当 $e_s=1$，阶码的数值位全为 0；$m_s=0$，尾数的最低位 $m_n=1$，其余各位为 0（即阶码为绝对值最大的负数，尾数为最小正数）时，该浮点数为最小正数：

$$x_{最小正数}=2^{-n}\times 2^{-2^k}$$

当 $e_s=0$，阶码的数值位全为 1；$m_s=1$，尾数的数值位全为 0（即阶码为最大正数，尾数为绝对值最大负数）时，该浮点数为绝对值最大负数：

$$x_{绝对值最大负数}=-1\times 2^{2^k-1}$$

用相同的位数表示浮点数，采用的基数不同，所能表示的数的范围也不同。

【例 2-11】 一个 17 位的浮点数，阶码用 4 位表示，尾数用 13 位（包括 1 位符号位）表示。基数为 2，阶码用补码表示，尾数用原码表示，求其浮点数的表示范围。

解： 阶码最大为 $(2^3-1)=7$，阶码最小为 $-2^3=-8$。尾数最大为 $(1-2^{-12})$，尾数最小为 $-(1-2^{-12})$。

所以浮点数的表示范围为：最大正数为 $(1-2^{-12})\times 2^7$，最小负数为 $-(1-2^{-12})\times 2^7$。所能表示的最小绝对值数为 $2^{-12}\times 2^{-8}=2^{-20}$（$2^{-12}$ 为绝对值最小尾数，2^{-8} 为最小阶码）。

3. 浮点数的规格化

如果不对浮点数的表示做出统一规定，那么同一个数的浮点数表示就不是唯一的。例如 0.101B 可以表示成 0.101×2^0、0.0101×2^1 等多种情况。为了提高数据的表示精度，规定计算机内浮点数的尾数部分用纯小数形式给出，而且当尾数的值不为 0 时，其绝对值应在下列范围内：

$$1/R\leqslant |M|<1$$

如果 $R=2$，有 $1/2\leqslant |M|<1$，则该浮点数为规格化浮点数。所谓规格化操作，就是通过相应地调整一个规格化浮点数的尾数和阶码的大小，使非 0 的浮点数在尾数的最高位上是一个有效值。

从规格化操作可以看出，一个浮点数的表示方法不是唯一的。如果阶码的基数为 2，尾数用二进制数表示，则尾数右移 1 位、阶码加 1，与尾数左移 1 位、阶码减 1 所表示的数的大小是相同的。如果浮点数阶码的基数为 16，尾数就要用十六进制数表示，则尾数（十六进制）右移 1 位（即二进制数右移 4 位）、阶码加 1，与尾数左移 1 位、阶码减 1 所表示的数的大小是相同的。为了使浮点数的表示方法唯一，同时也为了提高数的有效位数，规定非 0 的浮点数必须以规格化的形式存储。

什么是规格化数呢？当 $R=2$ 且尾数用二进制数表示时，浮点规格化数定义尾数 M 应满足以下关系：

1）对于正数，无论尾数用原码表示还是用补码表示，尾数 M 都应大于等于 1/2，小于 1，即 $1/2\leqslant M<1$，用二进制数表示为 $M=0.1\Phi\Phi\cdots\Phi$（Φ 为 0 或 1）。

2）对于负数，尾数用原码或补码表示，其规格化数的定义略有不同。

• 如果尾数用原码表示，则 $-1/2 \geqslant M > -1$，用二进制数表示为 $M = 1.1\varPhi\varPhi\cdots\varPhi$（$\varPhi$ 为 0 或 1）。

• 如果尾数用补码表示，则 $-1/2 > M \geqslant -1$，用二进制数表示为 $M = 1.0\varPhi\varPhi\cdots\varPhi$（$\varPhi$ 为 0 或 1）。

综上所述，用原码表示尾数，规格化的尾数应满足 $1/2 \leqslant |M| < 1$，即尾数的最高位一定为 1，这也是判别此浮点数是否为规格化数的方法。用补码表示尾数时，如果是正数，规格化数与原码表示方法相同；如果是负数，规格化数的尾数应满足 $-1/2 > M \geqslant -1$。这样用补码表示的尾数规格化数的特征为尾数最高位与符号位相反，这也是判别此浮点数是否为规格化数的方法。当基数为 2 时，如果尾数用原码表示，则规格化数的尾数最高位一定为 1。

为了扩大尾数的表示范围，有些机器在存储时会把尾数最高数值位隐含起来。当一个浮点数的尾数为 0，或阶码小于等于最小数时，机器中一般规定把该数当作 0 处理，称作机器零。这时，要把该浮点数的阶码和尾数全置成 0，以保证 0 这个数的唯一性。这也就是为什么阶码常用移码表示的原因，因为阶码最小，用移码表示为全 0。

【例 2-12】 将下列十进制数表示成浮点规格化数，阶码 3 位，分别用补码和移码表示；尾数 9 位，用补码表示，基数 $R = 2$。阶码用补码表示时采用第二种浮点数格式，阶码用移码表示时采用第一种浮点数格式。

1）27/64　2）–27/64

解： 1）$27/64 = 11011 \times 2^{-6} = 0.11011 \times 2^{-1}$。其阶码用补码表示为 111 011011000，其阶码用移码表示为 0 011 11011000。

2）$-27/64 = -11011 \times 2^{-6} = -0.11011 \times 2^{-1}$，其阶码用补码表示为 111 100101000，其阶码用移码表示为 1 011 00101000。

规格化浮点数的表示范围要小于非规格化浮点数的表示范围，如图 2-4 所示。

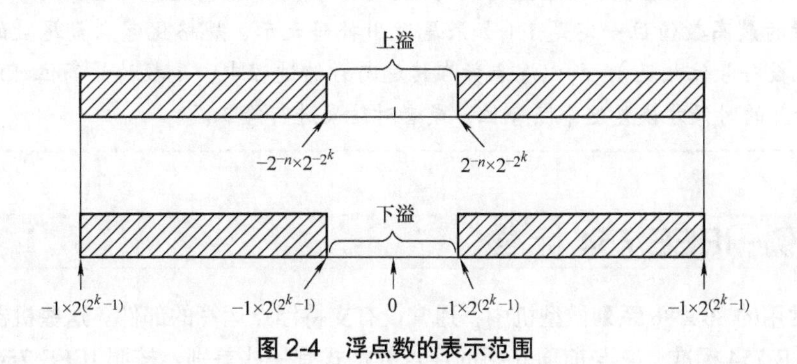

图 2-4　浮点数的表示范围

图 2-4 所示阴影部分是数的表示范围（阶码和尾数均用补码表示），浮点数超出图中的上限或下限就会发生“溢出”，需要进行溢出处理。当浮点数的绝对值小于最小允许值发生下溢时，当作机器数 0 处理，此时机器仍然可以继续运算。表 2-7 列出了浮点数的几个典型值，设阶码和尾数均用补码表示，阶码共 $k + 1$ 位（含 1 位阶符），尾数共 $n + 1$ 位（含 1 位尾符），基数 $R = 2$。

表 2-7 浮点数的典型值

典型的浮点数	浮点数代码		真值
	阶码	尾数	
最大正数	0，1⋯1	0.11⋯11	$2^{2^k-1}\times(1-2^{-n})$
绝对值最大负数	0，1⋯1	1.00⋯00	$2^{2^k-1}\times(-1)$
最小正数	1，0⋯0	0.00⋯01	$2^{-2^k}\times2^{-n}$
规格化的最小正数	1，0⋯0	0.10⋯00	$2^{-2^k}\times2^{-1}$
绝对值最小负数	1，0⋯0	1.11⋯11	$2^{-2^k}\times2^{-n}$
规格化的绝对值最小负数	1，0⋯0	1.01⋯11	$2^{-2^k}\times(-2^{-1}-2^{-n})$

【例 2-13】 规格化浮点数的表示形式是阶码用 4 位移码、尾数用 12 位原码（含数的符号），尾数采用隐含位：

1）写出上述格式定义的规格化浮点数所能表示的绝对值最大和最小正数，以及绝对值最大和最小负数。

2）说明上述格式定义的浮点数的机器零。

3）说明浮点数中隐含位的含义与用法。

解： 1）由于移码用 4 位表示，所以阶码 E 的范围是 $-2^3\sim2^3-1$，即 $-8\sim7$；尾数 M 用 12 位原码表示（隐含 1 位），所以尾数 M 的范围是 $-(1-2^{-12})\sim(1-2^{-12})$。

故最大正数为 $(1-2^{-12})\times2^7$；最小正数为 $2^{-1}\times2^{-8}$。最大负数为 $-2^{-1}\times2^{-8}$；最小负数为 $-(1-2^{-12})\times2^7$。

2）由于阶码采用移码表示，所以此浮点格式的机器零与浮点零相同，即 16 位全 0。

3）所谓隐含位就是浮点数尾数的最高数值位。当浮点数的尾数的基数为 2 时，规格化浮点数尾数的最高数值位一定是 1（如果尾数用补码表示，规格化浮点数尾数的最高数值位一定与尾数符号位相反），所以浮点数在传送与存储过程中，尾数的最高位可以不表示出来，只在计算的时候才恢复这个隐含位，或者对结果进行修正。

2.4 实例：IEEE 754 标准

在目前常用的 80×86 系列微型机中，通常设有支持浮点运算的部件。这些机器中的浮点数一般采用 IEEE 754 标准，它与前面介绍的浮点数格式有一些差别。按照 IEEE 754 标准，常用的浮点数的格式如图 2-5 所示。

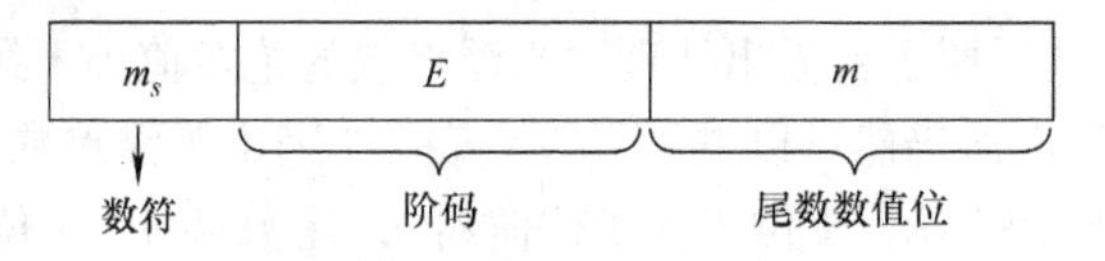

图 2-5 IEEE 754 标准的浮点数格式

IEEE 754 标准中有 3 种形式的浮点数，它们的具体格式见表 2-8。

表 2-8　IEEE 754 标准中的 3 种浮点数

类型	数符	阶码	尾数数值位	总位数	偏置值	
					十六进制	十进制
短浮点数	1	8	23	32	7FH	127
长浮点数	1	11	52	64	3FFH	1023
临时浮点数	1	15	64	80	3FFFH	16383

短浮点数又称为单精度浮点数，长浮点数又称为双精度浮点数，它们都采用隐含尾数最高数位的方法，这样，无形中又增加了一位尾数。临时浮点数又称为扩展精度浮点数，它没有隐含位。下面以 32 位的短浮点数为例，讨论浮点代码与其真值之间的关系：

32 位短浮点数的最高位为数符位；其后是 8 位阶码，以 2 为底，用移码表示，阶码的偏置值为 127；其余 23 位是尾数数值位。对于规格化的二进制浮点数，数值的最高位总是 1，为了能使尾数多表示一位有效值，可将这个 1 隐含，因此尾数数值位实际上是 24 位（1 位隐含位 +23 位小数位）。注意，隐含的 1 是一位整数（即位权为 20）。

在浮点格式中表示出来的 23 位尾数是纯小数，用原码表示。例如 12D = 1100B，将它规格化后结果为 1.1×2^3，其中整数部分的 1 将不存储在 23 位尾数内。阶码是以移码形式存储的。对于短浮点数，偏置值为 127（7FH）；对于长浮点数，偏置值为 1023（3FFH）。存储浮点数阶码部分之前，偏置值要先加到阶码真值上。上述例子中，阶码真值为 3，故在短浮点数中，移码表示的阶码为 127+3 = 130（82H）；在长浮点数中，移码表示的阶码为 1023+3 = 1026（402H）。

【例 2-14】 将 100.25D 转换成短浮点数格式。

解：1）把十进制数转换成二进制数：100.25D = 1100100.01B。

2）规格化二进制数：$1100100.01B = 1.10010001\times2^6$。

3）计算出阶码的移码（偏置值 + 阶码真值）：1111111 +110 = 10000101。

4）以短浮点数格式存储该数：

因为，符号位 = 0

阶码 = 10000101

尾数 = 10010001000000000000000

所以，短浮点数代码为：

0；10000101；10010001000000000000000

表示为十六进制的代码为：42C88000H。

【例 2-15】 把短浮点数 C1C90000H 转换成十进制数。

解：1）将十六进制代码写成二进制形式，并分离出符号位、阶码和尾数。

因为，C1C90000H = 11000001110010010000000000000000

所以，符号位 = 1

阶码 = 10000011

尾数 = 10010010000000000000000

2）计算出阶码真值（移码 − 偏置值）：10000011−1111111 = 100

3）以规格化二进制数形式写出此数：1.1001001×2^4

4）写成非规格化二进制数形式：11001.001

5）转换成十进制数，并加上符号位：11001.001B = 25.125D

所以，该浮点数为 –25.125D。

通常，将 IEEE 754 短浮点数规格化的数值 v 表示为：

$$v=(-1)^S \times (1.f) \times 2^{E-127}$$

其中，S 代表符号位，$S=0$ 表示正数，$S=1$ 表示负数；E 为用移码表示的阶码；f 是尾数的小数部分。

为了表示 ∞ 和一些特殊的数值，E 的最小值 0 和最大值 255 将留作他用。因此，对于规格化浮点数，E 的范围变为 1 ~ 254，所以短浮点数的阶码真值的取值范围为 −126 ~ 127。当 E 和 m 均为全 0 时，表示机器零；当 E 为全 1，m 为全 0 时，表示 ± ∞。

2.5 数据校验

数据在计算机系统内加工、存取和传送的过程中会受到各种干扰的影响，如脉冲干扰、随机噪声干扰和人为干扰等，从而可能产生错误。为减少和避免这类错误，一方面要精心选择各种电路，改进生产工艺与测试手段，尽量提高计算机硬件本身的可靠性；另一方面要在数据编码上找出路，即采用带有某种特征能力的编码方法，通过少量的附加电路，使之能发现某些错误，甚至能准确地确定出错位置，进而提供自动纠正错误的能力。

数据校验码就是一种常用的带有发现某些错误的能力，甚至带有一定自动改错能力的数据编码方法。它的实现原理是在合法的数据编码之间加进一些不允许出现的（非法的）编码，使合法数据编码出现某些错误时就成为非法编码。这样，就可以通过检查编码的合法性来达到发现错误的目的。通过合理地设计编码规则，安排合法、不合法的编码数量，就可以得到发现错误的能力，甚至达到自动改正错误的目的。这里涉及一个叫作码距（最小码距）的概念。

码距是指任意两个合法码之间至少有几个二进制位不相同，仅有 1 位不同时称其（最小）码距为 1。例如，用 4 个二进制位表示 16 种状态，则 16 种编码都用到了，此时码距为 1。就是说，任何一个编码状态的 4 位码中的 1 位或几位出错，都会变成另一个合法码，此时无检错能力。若用 4 个二进制位表示 8 种合法状态，就可以只用其中的 8 个编码来表示，而把另外 8 种编码作为非法编码，此时可使合法码的码距为 2。

一般说来，合理地增大编码的码距就能提高发现错误的能力，但表示一定数量的合法码所使用的二进制位数会变多，增加了电子线路的复杂性和数据存储、数据传送的数量。在确定与使用数据校验码的时候，通常要考虑在不过多增加硬件开销的情况下，尽可能地发现较多的错误，甚至能自动改正某些最常出现的错误。常用的数据校验码有奇偶校验码、海明校验码和循环冗余校验码（Cyclic Redundancy Check，CRC）。

2.5.1 奇偶校验码

奇偶校验码是一种最简单的数据校验码，可以检测出一位错误（或奇数位错误），但不能确定出错的位置，也不能检测出偶数位错误。事实上，一位出错的概率比多位同时出现错误的概率要高得多，所以虽然奇偶校验码的检错能力很低，但仍是一种很有效的校验方法，常用于存储器读、写检查或 ASCII 字符传送过程中的检查。

奇偶校验的实现方法是：由 n 位有效信息（如 1 个字节）再加上一个二进制位（校验位）组成校验码，然后根据校验码的奇偶性质进行校验。校验位的取值（0 或 1）将使整个校验码中 1 的个数为奇数或偶数，所以有两种可供选择的校验规律：

1）奇校验。约定整个校验码（包括有效信息位和校验位）中 1 的个数为奇数。

2）偶校验。约定整个校验码（包括有效信息位和校验位）中 1 的个数为偶数。

下面以两个例子说明奇偶校验的编码方法。这两例校验码中最右边一位为校验位。

【例 2-16】 设有效信息为 1011001，则偶校验码为 10110010，奇校验码为 10110011。

【例 2-17】 设有效信息为 1011110，则偶校验码为 10111101，奇校验码为 10111100。

设有效信息为 $D_7D_6D_5D_4D_3D_2D_1D_0$，则校验位可由有效信息位的异或来实现。其中：

$$\text{偶校验位 } D_{\text{校}} = D_7 \oplus D_6 \oplus D_5 \oplus D_4 \oplus D_3 \oplus D_2 \oplus D_1 \oplus D_0$$

$$\text{奇校验位 } D_{\text{校}} = \overline{D_7 \oplus D_6 \oplus D_5 \oplus D_4 \oplus D_3 \oplus D_2 \oplus D_1 \oplus D_0}$$

采用奇偶校验的系统，只需在发送端将其带有校验位的码字发出去，到接收端从接收到的码字中数一下 1 的个数，即可发现是否产生了奇偶错误。奇偶校验只有校验一位或奇数位出错的能力，不具有自动纠正错误的能力。

2.5.2　海明校验码

海明校验码是由 Richard Hamming 于 1950 年提出的，目前还被广泛采用的一种很有效的校验方法。海明校验码只需增加少数几个校验位，就能检测出两位同时出错，也能检测出一位出错并能自动恢复该出错位的正确值。后者被称为自动纠错。

1. 海明校验码的实现原理

海明校验码是在 m 个数据位之外加上 k 个校验位，从而形成一个 $m+k$ 位的新码字，使新码字的码距比较均匀地拉大。把数据的每一个二进制位分配在几个不同的偶校验位的组合中，当某一位出错后，就会引起相关的几个校验位的值发生变化，这不但可以发现出错，还能指出是哪一位出错，为进一步自动纠错提供了依据。

推导并使用长度为 m 位的码字的海明码，所需步骤如下：

1）确定最小的校验位数 k，将它们记成 D_1、D_2……D_k，每个校验位符合不同的奇偶测试规定。

2）原有信息和 k 个校验位一起编成长为 $m+k$ 位的新码字。选择 k 校验位（0 或 1）以满足必要的奇偶条件。

3）对所接收的信息进行所需的 k 个奇偶检查。

4）如果所有的奇偶检查结果均为正确的，则认为信息无错误；如果发现有一个或多个错了，则错误的位由这些检查的结果来唯一地确定。

2. 校验位的位数

在获取海明码时的一项基本考虑是确定所需的最少的校验位数 k。考虑长度为 m 位的信息，若附加了 k 个校验位，则所发送的总长度为 $m+k$。在接收器中要进行 k 个奇偶检查，每个检查结果或是真或是伪。这个奇偶检查的结果可以表示成一个 k 位的二进制字，它可以确定最多 2^k 种不同状态。这些状态中必有一个其所有奇偶测试都是真的，它便是判定信息正确的条件。于是剩下的 2^k-1 种状态可以用来判定误码的位置。于是导出以下关系：

$$2^k-1 \geqslant m+k$$

3. 码字格式

从理论上讲，校验位可放在任何位置，但习惯上校验位被安排在 1、2、4、8……的位置上。当 $m=4$，$k=3$ 时，校验位和信息位的分布情况见表 2-9。

表 2-9 校验位和信息位的分布情况

码字位置	B_1	B_2	B_3	B_4	B_5	B_6	B_7
校验位	x	x		x			
信息位			x		x	x	x
复合码字	P_1	P_2	D_1	P_3	D_2	D_3	D_4

4. 校验位的确定

k 个校验位是通过对 $m+k$ 位复合码字进行奇偶校验而确定的。其中，P_1 位负责校验海明码的第 1、3、5、7……（P_1、D_1、D_2、D_4……）位（包括 P_1 自己）；P_2 位负责校验海明码的第 2、3、6、7……（P_2、D_1、D_3、D_4……）位（包括 P_2 自己）；P_3 位负责校验海明码的第 4、5、6、7……（P_3、D_2、D_3、D_4……）位（包括 P_3 自己）。若 $m=4$，$k=3$，以偶校验为例，这些测试（以 A、B、C 表示）在表 2-10 所列各位的位置上进行。

表 2-10 奇偶校验位置

奇偶条件	码字位置						
	1	2	3	4	5	6	7
A	x		x		x		x
B		x	x			x	x
C				x	x	x	x

因此可得到 3 个校验方程及确定校验位的 3 个公式：

$$A=B_1 \oplus B_3 \oplus B_5 \oplus B_7=0 \text{ 得 } P_1=D_1 \oplus D_2 \oplus D_4$$

$$B=B_2 \oplus B_3 \oplus B_6 \oplus B_7=0 \text{ 得 } P_2=D_1 \oplus D_3 \oplus D_4$$

$$C=B_4 \oplus B_5 \oplus B_6 \oplus B_7=0 \text{ 得 } P_3=D_2 \oplus D_3 \oplus D_4$$

若 4 位信息码为 1001，利用这 3 个公式可求得 3 个校验位 P_1、P_2、P_3 的值和海明码。信息码为 1001 时的海明码编码的全部情况见表 2-11。全部 16 种信息（$D_1D_2D_3D_4=0000 \sim 1111$）的海明码见表 2-12。

表 2-11 信息码为 1001 时的海明码编码

码字位置	B_1	B_2	B_3	B_4	B_5	B_6	B_7
码位类型	P_1	P_2	D_1	P_3	D_2	D_3	D_4
信息码	—	—	1	—	0	0	1
校验位	0	0	—	1	—	—	—
编码后的海明码	0	0	1	1	0	0	1

表 2-12　未编码信息的海明码

P_1	P_2	D_1	P_3	D_2	D_3	D_4
0	0	0	0	0	0	0
1	1	0	1	0	0	1
0	1	0	1	0	1	0
1	0	0	0	0	1	1
1	0	0	1	1	0	0
0	1	0	0	1	0	1
1	1	0	0	1	1	0
0	0	0	1	1	1	1
1	1	1	0	0	0	0
0	0	1	1	0	0	1
1	0	1	1	0	1	0
0	1	1	0	0	1	1
0	1	1	1	1	0	0
1	0	1	0	1	0	1
0	0	1	0	1	1	0
1	1	1	1	1	1	1

上面是发送方的处理，对于接收方，也可根据这 3 个校验方程对接收到的信息进行同样的奇偶测试：

$$A = B_1 \oplus B_3 \oplus B_5 \oplus B_7 = 0$$
$$B = B_2 \oplus B_3 \oplus B_6 \oplus B_7 = 0$$
$$C = B_4 \oplus B_5 \oplus B_5 \oplus B_7 = 0$$

若 3 个校验方程都成立，即方程式右边都等于 0，则说明没有错；若不成立，即方程式右边不等于 0，则说明有错。从 3 个方程式右边的值可以判断哪一位出错。例如，如果第 3 位数字反了，则 $C = 0$（此方程没有 B_3），$A = B = 1$（这两个方程有 B_3）。可构成二进制数 CBA，以 A 为最低有效位，则错误位置就可简单地用二进制数 $CBA = 011$ 指出。

同样，若 3 个方程式右边的值为 001，则说明第 1 位出错；若三个方程式右边的值为 100，则说明第 4 位出错。

2.5.3　循环冗余校验码

循环冗余校验码简称循环码（即 CRC 码），是一种纠错码。由于其编码电路与译码电路简单，得到了广泛应用。CRC 码是在 k 位被校数据位后边再加上 r 位校验码而形成的编码。这种编码能够被生成多项式整除，若其余式为 0，表示传送正确；若余式不为 0，表示传送发生错误，且余式与出错位有对应关系，因而可以发现和纠正一位错。CRC 码有以下特性：其中一个合法码字向右循环一位或向左循环一位后，得到的仍然是一个合法码字。循环移位是指将代码的每一位数据向右边或者左边移动一个位置，将移出的最低位移入最高位，或者将移出的最高位移入最低位。

1.CRC 码生成方法

1）被校验数据 $M = C_{n-1}C_{n-2}\cdots C_1C_0$ 是一个 n 位二进制数据，可用一个 n-1 阶的二进制多项式来表示：$M(x) = C_{n-1}x^{n-1} + C_{n-2}x^{n-2} + \cdots + C_1x^1 + C_0$。多项式的系数是一位二进制数，且与被校数据 C_i 一一对应。

2）校验位若取 k 位二进制数，并且放在被校数据右边，可将被校数据左移 k 位，得到 $M(x)x^k$，其 $n+k$ 位代码是 $C_{n-1+k}C_{n-2+k}\cdots C_{1+k}C_k00\cdots0$。

3）用 $k+1$ 位的生成多项式 $G(x)$ 对 $M(x)x^k$ 作模 2 除法，得到商式 $Q(x)$ 和余式 $R(x)$，则 $M(x)x^k=Q(x)G(x)+R(x)$。模 2 运算是按位运算，位间没有进位关系。模 2 加减法是异或运算，且加减结果相同。模 2 除法是每求一位商，余数减少一位；且当余数最高位为 1 时商 1，余数最高位为 0 时商 0。

4）当余数 $R(x)$ 为 k 位时，除法停止；把余数 $R(x)$ 放在 $M(x)x^k$ 右边 k 位，得到被校验数据的 CRC 码。

2. 校验原理

$$M(x)x^k+R(x)=M(x)x^k-R(x)=Q(x)G(x)$$

显然，当不出错时，CRC 码应能被 $G(x)$ 整除，余数 = 0；若余数 ≠ 0，表示被校数据出错，且其余数与出错位有一定对应关系。如果对余数末位补 0，继续作模 2 除法，则余数按一定规律循环出现。

3. 生成多项式

生成多项式 $G(x)$ 不是任意指定的，必须是按照要求特选出来的。$G(x)$ 必须具备的条件如下：

1）CRC 码中任何一位出错，使余数 ≠ 0。

2）CRC 码中不同数位出错，余数不同，且有一一对应关系。可根据不同余数找到出错位。

3）余数继续作模 2 运算，应使余数循环。

对使用者来说，可从有关资料查到不同被校数据的生成多项式 $G(x)$，见表 2-13。

表 2-13 常用生成多项式

CRC 码位数	被校数据位数	校验位数	生成多项式 $G(x)$	$G(x)$ 二进制码
7	4	3	x^3+x+1	1011
15	11	4	x^4+x+1	10011
31	26	5	x^5+x^2+1	100101
63	57	6	x^6+x+1	1000011
1040	1024	16	$x^{16}+x^{15}+x^2+1$	11000000000000101

【例 2-18】 对 4 位二进制数据 1100 生成 CRC 码。

解： $M(x)=1100=x^3+x^2$

$G(x)=1011=x^3+x+1$，校验位 3 位

$M(x)x^3=x^6+x^5=1100000$，$M(x)$ 左移 3 位

用模 2 除法求 $R(x)$，得：

$M(x)x^3\div G(x)=1100000\div 1011=1110+010/1011$

得到 1100 的 CRC 码为 1100010。如果传送正确，CRC 码可被 $G(x)=1011$ 整除，余数 $R(x)=0$。

4. CRC 码校验特性

1）任何一个 CRC 码循环右移一位或循环左移一位，产生的新码仍是一个 CRC 码，校验位仍在右边指定的位上。

2）任何两个 CRC 码按位异或，所得结果仍是一个 CRC 码，可被 $G(x)$ 整除。

3）任何一个 CRC 码可被其生成多项式 $G(x)$ 整除。即当 CRC 码传送时，在接收端对得到的编码用其生成多项式作模 2 除法，余数应为 0，说明传送正确无误。

4）任何一个 CRC 码在接收端不能被其生成多项式整除时，说明传送有误；且不同余数对应不同数据出错位，因而可纠正一位错。

例如，被校数据 1100 对 $G(x)=1011$ 的 CRC 码是 1100010，当出错时，其余数与出错位的对应关系见表 2-14。

表 2-14　CRC 校验余数与出错位的关系

$C_7C_6C_5C_4C_3C_2C_1$	$G(x)$ 除后余数	出错位	$C_7C_6C_5C_4C_3C_2C_1$	$G(x)$ 除后余数	出错位
1100010	000	没有出错	1101010	011	4
1100011	001	1	1110010	110	5
1100000	010	2	1000010	111	6
1100110	100	3	0100010	101	7

在进行验算时，如传送的 CRC 码是 1100010，在接收端得到的编码是 1110010，用 $G(x)=1011$ 去除该编码，此处有除式：

```
           1100
1011 ) 1110010
       1011
       ----
        1010
        1011
        ----
         0011
         0000
         ----
          0110
          0000
          ----
           110
```

余数 $R=110$，查表 2-14 可知 C_5 出错，将 C_5 求反，即得到正确编码 1100010，其中后 3 位为校验码，前 4 位为传送的正确数据 1100。

2.6　习题

1. 完成下列不同进制数之间的转换。

（1）11011011B =（　　）O =（　　）D =（　　）H

（2）167.56O =（　　）B =（　　）D =（　　）H

（3）356D =（　　）B =（　　）O =（　　）H

（4）ABH =（　　）B =（　　）O =（　　）D

2. 设机器字长为 8 位（含 1 位符号位），分别写出下列各二进制数的原码、补码和反码。

0，−0，0.1000，−0.1000，0.1111，−0.1111，1101，−1101

3. 写出下列各数的原码、补码和反码。

5/16，4/16，1/16，±0，−1/16，−4/16，−5/16

4. 已知下列数的原码表示，分别写出它们的补码表示。

$[X]_{原}=0.10100$，$[X]_{原}=1.10111$

5. 已知下列数的补码表示，分别写出它们的真值。

$[X]_{补}=0.10100$，$[X]_{补}=1.10111$

6. 设一个二进制小数 $X \geqslant 0$，表示成 $X=0.A_1A_2A_3A_4A_5A_6$，其中 $A_1 \sim A_6$ 取“1”或“0”：

（1）若要 $X > 1/2$，$A_1 \sim A_6$ 需满足什么条件？

（2）若要 $X \geqslant 1/8$，$A_1 \sim A_6$ 需满足什么条件？

（3）若要 $1/4 \geqslant X > 1/16$，$A_1 \sim A_6$ 需满足什么条件？

7. 设 $[X]_{原}=1.A_1A_2A_3A_4A_5A_6$：

（1）若要 $X > -1/2$，$A_1 \sim A_6$ 需满足什么条件？

（2）若要 $-1/8 \geqslant X \geqslant -1/4$，$A_1 \sim A_6$ 需满足什么条件？

8. 由 3 个“1”和 5 个“0”组成的 8 位二进制补码，能表示的最小整数是多少？

9. 定点表示和浮点表示的区别有哪些？

10. 一个 n 位字长的二进制定点整数，其中 1 位为符号位，分别写出在补码和反码两种情况下的下列各数：

（1）模数。

（2）最大的正数。

（3）最小的负数。

（4）符号位的权。

11. 某机器字长 16 位。简述下列几种情况下所能表示的数值的范围：

（1）无符号整数。

（2）用原码表示定点小数。

（3）用补码表示定点小数。

（4）用原码表示定点整数。

（5）用补码表示定点整数。

12. 某机器字长 32 位，分别写出无符号整数和带符号整数（补码）的表示范围（用十进制数表示）。

13. 某浮点数字长 12 位，其中阶符 1 位，阶码数值 3 位，数符 1 位，尾数数值 7 位，阶码以 2 为底，阶码和尾数均用补码表示。它所能表示的最大正数是多少？最小规格化正数是多少？绝对值最大的负数是多少？

14. 某浮点数的阶码部分为 p 位，尾数部分为 q 位，各包含 1 位符号位，均用补码表示；尾数基数 $r=2$，该浮点数格式所能表示的数的上限、下限及非 0 的最小正数是多少？写出表达式。

15. 某浮点数字长 32 位，格式如图 2-6 所示。其中阶码部分 8 位，以 2 为底，用移码表示；尾数部分一共 24 位（含 1 位数符），用补码表示。现有一浮点代码为（8C5A3E00）$_{16}$，试写出它所表示的十进制真值。

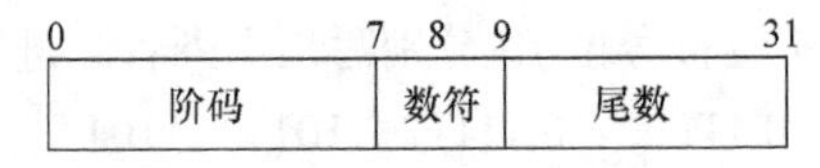

图 2-6 某 32 位浮点数的格式

16. 试将 −0.1101B 用 IEEE 短浮点数格式表示出来。

17. 将下列十进制数转换为 IEEE 短浮点数。

28.75，624，−0.625，+0.0，−1000.5

18. 将下列 IEEE 短浮点数转换为十进制数。

（1）11000000 11110000 00000000 00000000

（2）00111111 00010000 00000000 00000000

（3）01000011 10011001 00000000 00000000

（4）01000000 00000000 00000000 00000000

（5）01000001 00100000 00000000 00000000

（6）00000000 00000000 00000000 00000000

19. 对下列 ASCII 码进行译码。

1001001，0100001，1100001，1110111

1000101，1010000，1010111，0100100

20. 以下列形式表示 5382D。

（1）8421 码。

（2）余 3 码。

（3）2421 码。

（4）二进制数。

21. 填写下列代码的奇偶校验位，现设为奇校验。

1 0 0 1 1 0 1

1 0 1 0 1 1 1

22. 已知以下数据块约定：横向校验、纵向校验均为奇校验，指出至少有多少位出错。

	A_7	A_6	A_5	A_4	A_3	A_2	A_1	A_0	校验位
	1	0	0	1	1	0	1	1	→ 0
	0	0	1	1	0	1	0	1	→ 1
	1	1	0	1	0	0	0	0	→ 0
	1	1	1	0	0	0	0	0	→ 0
	0	1	0	0	1	1	1	1	→ 0
	↓	↓	↓	↓	↓	↓	↓	↓	
校验位	1	0	1	0	1	1	1	1	

23. 设计算机准备传送的信息是 101001，生成多项式是 X^3+X^2+1，计算校验位，写出 CRC 码。

第3章

运算单元设计

第 2 章已经讲述了计算机中数的表示方法，包括原码、补码和反码，并将用这些码制表示的数称为机器数。那么，计算机是如何完成这些机器数的运算的呢？计算机的运算主要包括算术运算及逻辑运算。本章将讨论算术运算和逻辑运算的基本规则及其硬件实现。

3.1 逻辑运算和移位运算

逻辑运算是对两个或一个逻辑数进行的运算。所谓逻辑数，是指不带符号的二进制数。逻辑值要么是真要么是假，不允许存在“可能”的情况。在数字逻辑中，通常用“1”表示真，用“0”表示假。利用逻辑运算可以进行两个数的比较，或者从某个数中选取某几位等操作。例如，利用计算机进行过程控制时，可以利用逻辑运算对一组输入的开关做出判断，以确定哪些开关是闭合的，哪些开关是断开的。总之，在非数值应用的广大领域中，逻辑运算是非常有用的。本节将介绍基本的逻辑运算和移位运算。

3.1.1 基本逻辑运算

基本的逻辑运算有 4 种：“与”“或”“非”和“异或”。

1. 逻辑与

对两数进行逻辑与运算，就是按位求它们的“与”。逻辑与又称“逻辑乘”，常用“·”来表示。

一位二进制数的逻辑与运算规则为：当且仅当两数均为“1”时，其逻辑乘才为“1”，否则为“0”。

设有两数 $x = x_1x_2\cdots x_n$，$y = y_1y_2\cdots y_n$

$$x \cdot y = z = z_1z_2\cdots z_n$$

则 $z_i = x_i \cdot y_i$（$i = 1, 2, \cdots, n$）

例如，$x = 10101100$，$y = 01011101$，则 $x \cdot y = 00001100$。

2. 逻辑或

对两数进行逻辑或运算，就是按位求它们的“加”。逻辑或又称“逻辑加”，常用“+”来表示。

一位二进制数的逻辑或运算规则为：只要两数任一（或者同时）为“1”时，其逻辑加即为“1”，否则为“0”。

设有两数 $x=x_1x_2\cdots x_n$，$y=y_1y_2\cdots y_n$

$$x+y=z=z_1z_2\cdots z_n$$

则 $z_i=x_i+y_i$ （$i=1, 2, \cdots, n$）

例如，$x=10101100$，$y=01011101$，则 $x+y=11111101$。

3. 逻辑非

逻辑非也称“求反”，对某数进行逻辑非运算，就是按位求它的反，常用 $\overline{x}$ 来表示。

一位二进制数的逻辑非运算规则为：若 $x=1$，则 $\overline{x}=0$；若 $x=0$，则 $\overline{x}=1$。

设有一数 $x=x_1x_2\cdots x_n$

$$\overline{x}=z=z_1z_2\cdots z_n$$

则 $z_i=\overline{x_i}$（$i=1, 2, \cdots, n$）

例如，$x=10101100$，则 $\overline{x}=01010011$。

4. 逻辑异或

对两数进行逻辑异或运算，就是按位求它们的模 2 和，所以逻辑异或又称“按位加”，常用“⊕”来表示。

一位二进制数的逻辑异或运算规则为：若两数相同（即同为“1”或同为“0”），其逻辑异或即为“0”，否则为“1”。

设有两数 $x=x_1x_2\cdots x_n$，$y=y_1y_2\cdots y_n$

$$x\oplus y=z=z_1z_2\cdots z_n$$

则 $z_i=x_i\oplus y_i$（$i=1, 2, \cdots, n$）

例如，$x=10101100$，$y=01011101$，则 $x\oplus y=11110001$。

任何复杂的逻辑运算都可通过基本逻辑操作“与”“或”“非”来实现。实现这 3 种基本逻辑操作的电路是 3 种基本逻辑门电路：“与”门、“或”门、“非”门（反相门）。把这 3 种基本逻辑门串联组合，可形成实现“与非”“或非”“与或非”“异或”“同或”功能的与非门、或非门、与或非门、异或门、同或门。这些逻辑门电路的图形符号见附录 A。

3.1.2　移位运算

移位运算是算术运算与逻辑运算的一种基本操作，移位运算可以看作数相对于小数点的移动。例如，在十进制中，12m = 1200cm，只看数字部分，数字 1200 相当于数字 12 相对于小数点左移了两位，并在小数点前边加上两个 0。同样的道理，数字 12 相当于数字 1200 相对于小数点右移了两位，并删掉了小数点后的两个 0。由此可见，若十进制数相对于小数点左移 n 位，移位后得到的数就等于原来的数乘以 10 的 n 次幂；若十进制数相对于小数点右移 n 位，移位后得到的数就等于原来的数除以 10 的 n 次幂。

计算机中使用二进制数，而且计算机中小数点的位置是事先约定的，因此，二进制数表示的机器数左移 n 位即数相对于小数点左移 n 位，移位后得到的数就等于原来的数乘以 2 的 n 次幂；右移 n 位即数相对于小数点右移 n 位，移位后得到的数就等于原来的数除以 2 的 n 次幂。

移位运算是计算机中的一种基本运算，具有很大的实用价值。例如，在后面将要讲到的乘法运算就是用移位和加法运算相结合来实现的。

计算机中机器数的字长基本都是固定的，当机器数左移 n 位或右移 n 位时，就会使其 n 位低位或 n 位高位出现空位。那么，空出的空位应该添上 0 还是添上 1 来补齐呢？这与机器数是采用有符号数还是无符号数有关。按照机器数采用有符号数和无符号数，通常将移位分为算术移位和逻辑移位。算术移位就是对有符号数的移位，而逻辑移位就是对无符号数的移位。下面介绍两种移位运算的移位规则。

1. 算术移位

算术移位是对有符号数的移位。算术移位首先要保证符号位不变，即正数移位后仍为正数，负数移位后仍为负数。也就是说，符号位不参与移位。机器数的表示方法有原码、补码和反码，表示方法不同，移位的规则也不同。由于移位应该是对真值进行移位，也就是说对真值进行移位时，空位添 0，所以移位规则也要取决于用各种表示方法所表示的机器数与真值的关系。当机器数与真值相同时空位添 0，当机器数与真值相反时空位添 1。对于正数来说，采用原码、反码和补码表示都是相同的，即 $[x]_{原}=[x]_{反}=[x]_{补}=$ 真值，所以移位后出现的空位用 0 添补。对于负数来说，原码、反码和补码表示的形式各不相同，所以对机器数进行移位时，对其空位的添补规则也不相同。下面分情况概括如下：

1）对于原码，由于负数的原码其数值部分与真值相同，所以移位时只需使符号位不变，其空位添 0。

2）对于反码，由于负数的反码除符号位外其数值部分与负数的原码正好相反，所以移位后空位所添的代码应与原码相反，即全部添 1。

3）对于补码，分析任意负数的补码可以发现，当对其从低位向高位找到第一个“1”的时候，在这个“1”左边的各位均与对应的反码相同，而在这个“1”右边的各位（包括此“1”在内）均与对应的原码相同。所以负数的补码左移时，空位出现在低位，所添的代码应与原码相同，即添 0；右移时，空位出现在高位，所添的代码应与反码相同，即添 1。

不同码制机器数移位后的添补规则见表 3-1。

表 3-1 不同码制机器数移位后的添补规则

真值	码制	添补代码
正数	原码、反码、补码	0
负数	原码	0
	补码	左移添 0
		右移添 1
	反码	1

【例 3-1】设机器数字长为 8 位（含 1 位符号位），若 $x=\pm 58$，试用 3 种码制表示，并求对 x 左移、右移 1 位和 2 位后的机器数和真值，同时分析其结果的正确性。

解： 1）$x=+58D=+0111010B$

$[x]_{原}=[x]_{反}=[x]_{补}=0,0111010$

移位后结果见表 3-2。

表 3-2 对 $x=+58$ 移位后的结果

移位操作	机器数	对应的真值
移位前	0，0111010	+58
左移 1 位	0，1110100	+116
左移 2 位	0，1101000	+104
右移 1 位	0，0011101	+29
右移 2 位	0，0001110	+14

由表 3-2 可见，对于正数，3 种机器数移位后符号位不变，左移时最高位丢 1，结果出错；右移时最低位丢 1，影响精度。

2）$x = -58D = -0111010B$

$[x]_{原} = 1，0111010$，$[x]_{反} = 1，1000101$，$[x]_{补} = 1，1000110$

移位后结果见表 3-3。

表 3-3　对 $x = -58$ 移位后的结果

移位操作	机器数		对应的真值
移位前	原码	1，0111010	−58
左移 1 位		1，1110100	−116
左移 2 位		1，1101000	−104
右移 1 位		1，0011101	−29
右移 2 位		1，0001110	−14
移位前	反码	1，1000101	−58
左移 1 位		1，0001011	−116
左移 2 位		1，0010111	−104
右移 1 位		1，1100010	−29
右移 2 位		1，1110001	−14
移位前	补码	1，1000110	−58
左移 1 位		1，0001100	−116
左移 1 位		1，0011000	−104
右移 1 位		1，1100011	−29
右移 2 位		1，1110001	−15

由表 3-3 可见，对于负数，3 种机器数移位后符号位均不变。负数的原码左移时，高位丢 1，结果出错；右移时，低位丢 1，影响精度。负数的反码左移时，高位丢 0，结果出错；右移时，低位丢 0，影响精度。负数的补码左移时，高位丢 0，结果出错；右移时，低位丢 1，影响精度。

2. 逻辑移位

逻辑移位是对无符号数的移位。在逻辑移位中，将数字代码当成纯逻辑代码，没有数值含义，因此没有符号位与数值位的区别。逻辑移位可分为循环左移、循环右移、非循环左移和非循环右移。非循环移位的规则是：非循环左移时，高位移出，低位添 0；非循环右移时，低位移出，高位添 0。例如，对于 10010110，非循环左移 1 位的结果是 00101100，非循环左移 2 位的结果是 01011000；非循环右移 1 位的结果是 01001011，非循环右移 2 位的结果是 00100101。

循环移位的规则是：循环左移时，将移出的高位放在该数的低位；循环右移时，将移出的低位放到该书的高位。如果对 10010110 进行循环移位，则循环左移 1 位的结果是 00101101，循环左移 2 位的结果是 01011010；循环右移 1 位的结果是 01001011，循环右移 2 位的结果是 10100101。

移位运算的实现可采用硬件方法，例如移位寄存器。

3.2 定点运算

定点运算包括加减法运算、乘法运算和除法运算。本节将介绍这几种运算的规则及实现这些运算的硬件框图。

3.2.1 加减法运算

加减法运算是计算机中最基本的运算，包括原码加减法运算、反码加减法运算和补码加减法运算。计算机中基本采用补码加减法运算，因为其比较简单。这里只介绍补码加减法运算。

1. 补码加法

补码加法的公式是：

$$[x]_{补}+[y]_{补}=[x+y]_{补}\ (\bmod M) \tag{3-1}$$

式（3-1）中，如果 x、y 是定点整数，则 $M=2^{n+1}$，n 为定点整数的位数；如果 x、y 是定点小数，则 $M=2$。

现分 4 种情况来证明。假定 $|x|<1$，$|y|<1$，$|x+y|<1$：

1）$0\leqslant x<1$，$0\leqslant y<1$，则 $0\leqslant x+y<2$。

得 $\quad x+y=[x+y]_{补}$

由补码定义可得：

$$x=[x]_{补},\ y=[y]_{补}$$

故 $\quad [x]_{补}+[y]_{补}=x+y=[x+y]_{补}\ (\bmod 2)$

2）$0\leqslant x<1$，$-1\leqslant y<0$。由补码定义可得：

$$[x]_{补}=x,\ [y]_{补}=2+y$$

故 $\quad [x]_{补}+[y]_{补}=2+x+y$

- 若 $0\leqslant x+y<1$，则 $[x]_{补}+[y]_{补}=2+(x+y)=x+y=[x+y]_{补}\ (\bmod 2)$
- 若 $-1\leqslant x+y<0$，则 $[x]_{补}+[y]_{补}=2+(x+y)=[x+y]_{补}\ (\bmod 2)$

3）$-1\leqslant x<0$，$0\leqslant y<1$。这种情况与第 2 种情况一样，把 x 和 y 的位置对调即可证明。

4）$-1\leqslant x<0$，$-1\leqslant y<0$，则 $-2\leqslant x+y<0$。由补码定义可得：

$$[x]_{补}=2+x,\ [y]_{补}=2+y$$

故 $\quad [x]_{补}+[y]_{补}=2+x+2+y=2+(x+y)=[x+y]_{补}\ (\bmod 2)$

至此证明，在模 2 的定义下，任意两数的补码之和等于该两数之和的补码。

【例 3-2】 已知 $x=0.1001$，$y=0.0101$，求 $x+y$。

解： $[x]_{补}=0.1001$，$[y]_{补}=0.0101$

$$\begin{aligned}[x+y]_{补}&=[x]_{补}+[y]_{补}\\&=0.1001\\&\ \ \underline{+\,0.0101}\\&\ \ \ \ 0.1110\end{aligned}$$

所以 $x+y=0.1110$

【例 3-3】 已知 $x = 0.1011$，$y = -0.0101$，求 $x+y$。

解： $[x]_{补} = 0.1011$，$[y]_{补} = 1.1011$

$[x + y]_{补} = [x]_{补} + [y]_{补}$

$$
\begin{array}{r}
= 0.1011 \\
+1.1011 \\
\hline
10.0110
\end{array}
$$

所以 $x + y = 0.0110$，按模 2 的意义，最左边的 1 丢掉。

由以上两例可以看出补码加法的特点：一是符号位要作为数的一部分一起参加运算；二是要在模 2 的意义下相加，超过 2 的进位要丢掉。

2. 补码减法

负数的加法要利用补码转化为加法来做，减法运算当然也要设法转化为加法来做。之所以使用这种方法而不直接使用减法，是因为它可以和常规的加法运算使用同一加法器电路，从而简化了计算机的设计。

负数用补码表示时，减法运算的公式为

$$[x - y]_{补} = [x]_{补} - [y]_{补} = [x]_{补} + [-y]_{补} \pmod M \tag{3-2}$$

式（3-2）中，如果 x、y 是定点整数，则 $M = 2^{n+1}$，n 为定点整数的位数；如果 x、y 是定点小数，则 $M = 2$。

只要证明 $[-y]_{补} = -[y]_{补}$，式（3-2）即得证。现证明如下：

因为
$$[x + y]_{补} = [x]_{补} + [y]_{补} \pmod 2$$

所以
$$[y]_{补} = [x+y]_{补} - [x]_{补} \tag{3-3}$$

又因为
$$[x - y]_{补} = [x + (-y)]_{补} = [x]_{补} + [-y]_{补}$$

所以
$$[-y]_{补} = [x - y]_{补} - [x]_{补} \tag{3-4}$$

将式（3-3）与式（3-4）相加，得

$$
\begin{aligned}
[y]_{补} + [-y]_{补} &= [x + y]_{补} - [x]_{补} + [x - y]_{补} - [x]_{补} \\
&= [x + y + x - y]_{补} - [x]_{补} - [x]_{补} \\
&= [x + x]_{补} - [x]_{补} - [x]_{补} = 0
\end{aligned}
$$

故
$$[-y]_{补} = -[y]_{补} \tag{3-5}$$

从 $[y]_{补}$ 求 $[-y]_{补}$ 的法则是：对 $[y]_{补}$ 包括符号位在内“求反且最末位加 1”，即可得到 $[-y]_{补}$。

【例 3-4】 已知 $x = +0.1101$，$y = +0.0110$，求 $x - y$。

解： $[x]_{补} = 0.1101$，$[y]_{补} = 0.0110$，$[-y]_{补} = 1.1010$

$[x - y]_{补} = [x]_{补} - [y]_{补}$

$= [x]_{补} + [-y]_{补}$

$$
\begin{array}{r}
=0.1101 \\
+1.1010 \\
\hline
10.0111
\end{array}
$$

所以 $[x-y]_{补}=0.0111$，按模 2 的意义，最左边的 1 丢掉。

即 $x-y=0.0111$

3. 溢出的概念与检测方法

（1）溢出的概念　在定点小数机器中，数的表示范围为 $|x|<1$，在运算过程中如出现大于 1 的现象则为“溢出”。也就是说，当运算结果超出机器数所能表示的范围时，称为“溢出”。显然，两个异号数相加或两个同号数相减，其结果是不会溢出的；仅当两个同号数相加或者两个异号数相减时，才有可能发生溢出的情况。一旦溢出，运算结果就不正确了，因此必须将溢出的情况检查出来。在定点机中，正常情况下是不允许溢出的。

【例 3-5】 已知 $x=+0.1011$，$y=+0.1100$，求 $x+y$。

解： $[x]_{补}=0.1011$，$[y]_{补}=0.1100$

$[x+y]_{补}=[x]_{补}+[y]_{补}$

$$
\begin{array}{r}
=0.1011 \\
+0.1100 \\
\hline
1.0111
\end{array}
$$

所以 $[x+y]_{补}=1.0111$

即 $x+y=-0.1001$

两个正数相加的结果是负数，这显然是错的。

【例 3-6】 已知 $x=-0.1011$，$y=-0.1101$，求 $x+y$。

解： $[x]_{补}=1.0101$，$[y]_{补}=1.0011$

$[x+y]_{补}=[x]_{补}+[y]_{补}$

$$
\begin{array}{r}
=1.0101 \\
+1.0011 \\
\hline
10.1000
\end{array}
$$

所以 $[x+y]_{补}=0.1000$，按模 2 的意义，最左边的 1 丢掉。

即 $x+y=0.1000$

两个负数相加的结果是正数，这显然也是错的。

之所以发生错误，是因为运算结果产生了溢出。两个正数相加，结果大于机器所能表示的最大正数，称为“上溢”；而两个负数相加，结果小于机器所能表示的最小负数，称为“下溢”。

（2）溢出的检测方法　为了判断“溢出”是否发生，可采用两种检测方法。

1）双符号位判断溢出方法。双符号位补码称为“变形补码”或“模 4 补码”，从而可使模 2 补码所能表示的数的范围扩大一倍。数的变形补码定义为

$$[x]_{补}=\begin{cases}x & (0\leqslant x<2)\\ 4+x & (-2\leqslant x<0)\end{cases} \tag{3-6}$$

为了得到两数变形补码之和等于两数和的变形补码的结果，同样必须：两个符号位都像数码一样参加运算；两数进行以 4 为模的加法，即最高符号位上产生的进位要丢掉。

采用变形补码后，公式 $[x+y]_{补}=[x]_{补}+[y]_{补}\ (\mathrm{mod}\ 4)$ 同样成立。采用变形补码后，任何小于1的正数，两个符号位都是“0”，即 $00.x_1x_2\cdots x_n$。任何大于−1的负数，两个符号位都是“1”，即 $11.x_1x_2\cdots x_n$。如果两个数相加后，其结果的符号位出现“01”或“10”两种组合，则表示发生溢出。这是因为两个绝对值小于1的数相加，其结果不会大于或等于 2，所以最高符号位永远表示结果的正确符号。

【例 3-7】 已知 $x=+0.1100$，$y=+0.1000$，求 $x+y$。

解： $[x]_{补}=00.1100$，$[y]_{补}=00.1000$

$$[x+y]_{补}=[x]_{补}+[y]_{补}$$

$$\begin{array}{r} =00.1100\\ +00.1000\\ \hline 01.0100\end{array}$$

所以 $[x+y]_{补}=01.0100$

两个符号位出现“01”，表示已溢出，即结果大于+1。

【例 3-8】 已知 $x=-0.1100$，$y=-0.1000$，求 $x+y$。

解： $[x]_{补}=11.0100$，$[y]_{补}=11.1000$

$$[x+y]_{补}=[x]_{补}+[y]_{补}$$

$$\begin{array}{r} =11.0100\\ +11.1000\\ \hline 10.1100\end{array}$$

所以 $[x+y]_{补}=10.1100$

两个符号位出现“10”表示已溢出，即结果小于−1。

由此，可以得到以下结论：

• 当以模 4 补码运算，运算结果的两符号位相异时，表示溢出；相同时，表示未溢出。故溢出逻辑表达式为 $V=c_f\oplus c_o$，其中 c_f 和 c_o 分别为最高符号位和第二符号位。此逻辑表达式可用异或门实现。

• 模 4 补码相加的结果，不论溢出与否，最高符号位始终指示正确的符号。

2）单符号位判断溢出方法。当符号相同的两数相加时，如果结果的符号与加数（或被加数）符号不相同，则为溢出。

【例 3-9】 已知 $x=0.1001$，$y=0.1101$，求 $x+y$。

解：$[x]_{补}=0.1001$，$[y]_{补}=0.1101$

$$[x+y]_{补}=[x]_{补}+[y]_{补}$$

$$\begin{array}{r} =0.1001 \\ +0.1101 \\ \hline 1.0110 \end{array}$$

所以 $x+y=1.0110$

本例中，x、y 均为正数，符号位都为 0，但结果符号位为 1，故为溢出。

在计算机中判断溢出的逻辑电路如图 3-1 所示。

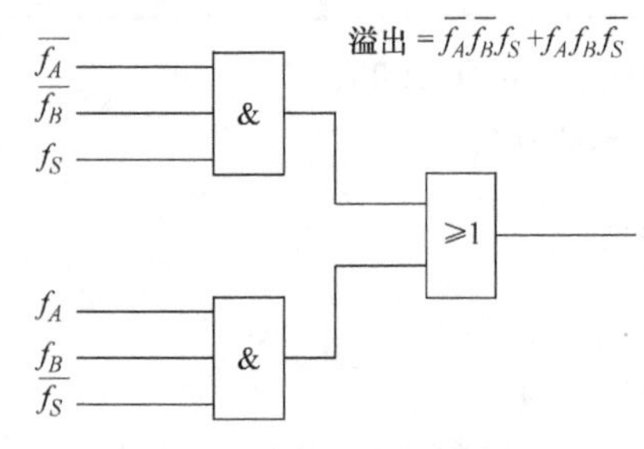

图 3-1 判断溢出的逻辑电路

在定点机中，当运算结果发生溢出时，机器通过逻辑电路自动检查出这种溢出，并进行中断处理。

4. 加减法硬件配置

图 3-2 所示为实现加法和减法运算所需的数据路径和硬件配置。中心元件是一个二进制加法器，它对提交的两个数进行相加，得到两数相加的和及一个上溢标志。二进制加法器将两个数看作无符号数。对于加法，提交给加法器的两个数来自于寄存器，在图 3-2 中是 A 寄存器和 B 寄存器。结果通常是存于这些寄存器中的某一个而不是第三个寄存器。上溢标志存于一个 1 位的上溢标志（Overflow Flag，OF = 0 时无上溢，OF = 1 时上溢）中。对于减法，则减数寄存器（B 寄存器）要通过一个求补器，得到它的 2 的补码，然后被提交给加法器。

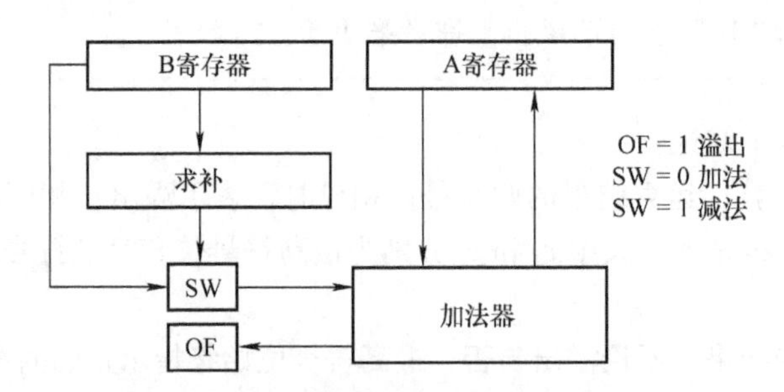

图 3-2 加减法运算数据路径和硬件配制

3.2.2 乘法运算

与加法和减法运算相比，乘法运算无论是用硬件还是软件来完成，都是一个复杂的操作。常见的乘法运算包括原码乘法、补码乘法和反码乘法，其中每种乘法运算又包含多种不同算法。

本节将介绍几种计算机实现乘法运算的算法，主要包括原码一位乘、原码两位乘、补码一位乘和补码两位乘。

1. 原码一位乘

在进行原码一位乘之前，先分析一下二进制数的笔算乘法。

设 $x = 0.1011$，$y = 0.1101$，先用习惯方法求其乘积，其过程如下：

$$
\begin{array}{r}
0.1011 \\
\times 0.1101 \\
\hline
1011 \\
0000 \\
1011 \\
1011 \\
\hline
0.10001111
\end{array}
$$

运算的过程与十进制乘法类似：从乘数 y 的最低位开始，若这一位为“1”，则将被乘数 x 写下；若这一位为“0”，则写下全 0。然后再对乘数 y 的高一位进行乘法运算，其规则同上，不过这一位乘数的权与最低位乘数的权不一样，因此被乘数 x 要左移 1 位。以此类推，直到乘数各位乘完为止，最后将它们加起来，便得到最后乘积 xy。

分析以上过程可得到以下结论：

1）乘法涉及部分积的生成，乘数的每一位对应一个部分积。然后，部分积相加得到最后的乘积。

2）部分积是容易确定的。乘数为 0，其部分积也为 0；乘数为 1，其部分积为被乘数。

3）部分积通过求和而得到最后乘积。为此，后面的部分积总要比它前面的部分积左移 1 个位置。

但是习惯的笔算算法对机器并不完全适用。原因在于两个 n 位数相乘，乘积可能为 $2n$ 位，用这种被乘数左移的方法，则需要 $2n$ 位长的加法器，不仅不适于定点机的形式，而且还必须设法将 n 个位积一次相加起来。为了简化结构，机器通常只有 n 位长，并且只有两个操作数相加的加法器。为此，必须修改上述乘法的实现方法，将 xy 改写成适于如下定点机的形式：

$$
\begin{array}{ll}
0.1011 & \\
\times 0.1101 & \\
\hline
0.00001011 & x\text{共4次右移} \\
0.00000000 & x\text{共3次右移} \\
0.001011 & x\text{共2次右移} \\
0.01011 & x\text{共1次右移} \\
\hline
0.10001111 &
\end{array}
$$

为了适合于两个操作数相加的加法器，将 xy 进一步改写如下：

$$
\begin{aligned}
xy &= x(0.1101) \\
&= 0.1x + 0.01x + 0.000x + 0.0001x \\
&= 0.1x + 0.01x + 0.001(0x + 0.1x) \\
&= 0.1x + 0.01[x + 0.1(0x + 0.1x)] \\
&= 0.1\{x + 0.1[x + 0.1(0x + 0.1x)]\} \\
&= 2^{-1}\{x + 2^{-1}[x + 2^{-1}(0x + 2^{-1}x)]\}
\end{aligned}
\tag{3-7}
$$

根据式（3-7）可知，两数相乘的过程可视为加法和移位（乘 2^{-1} 相当于做一位右移）两种运算，这对计算机来说是很容易实现的。

一般而言，设被乘数 x、乘数 y 都是小于 1 的 n 位定点正数。令 $x = 0.x_1x_2\cdots x_n$，$y = 0.y_1y_2\cdots y_n$，其乘积 xy 为

$$
\begin{aligned}
xy &= x(0.y_1y_2\cdots y_n)\\
&= x(y_1 2^{-1}+y_2 2^{-2}+\cdots+y_n 2^{-n})\\
&= 2^{-1}(y_1x+2^{-1}(y_2x+2^{-1}(\cdots+2^{-1}(y_{n-1}x+2^{-1}(y_nx+0))\cdots)))
\end{aligned}
\tag{3-8}
$$

令 z_i 表示第 i 次部分积，则式（3-8）可写成如下递推公式：

$$
\begin{aligned}
z_0 &= 0\\
z_1 &= 2^{-1}(y_nx+z_0)\\
z_2 &= 2^{-1}(y_{n-1}x+z_1)\\
&\vdots\\
z_i &= 2^{-1}(y_{n-i+1}x+z_{i-1})\\
&\vdots\\
z_n &= 2^{-1}(y_1x+z_{n-1})
\end{aligned}
\tag{3-9}
$$

显然，欲求 xy，则需设置一个保存部分积的累加器。乘法开始时，令部分积的初值 $z_0 = 0$，然后将 y_nx 加上 z_0，右移 1 位得第 1 个部分积 z_1；又将 $y_{n-1}x$ 加上 z_1，再右移 1 位得第 2 个部分积 z_2。以此类推，直到求得 y_1x 加上 z_{n-1}，并右移 1 位得最后部分积 z_n，即得乘积 $xy = z_n$。显然，两个 n 位数相乘，需重复进行 n 次“加”及“右移”操作，才能得到最后乘积。由此可得到实现原码一位乘的规则。

在定点计算机中，完成两个原码表示的数的相乘时，由于原码表示与真值极为相似，只差一个符号位，而乘积的符号又可由两数的符号逻辑异或得到，乘积的数值部分则是两个正数相乘之积，即两个数的绝对值的乘积，所以原码一位乘的运算过程可归纳如下：

1）符号位单独运算，由两数的符号逻辑异或得到。

2）数值部分就是两个数绝对值的乘积。

3）由乘数的末位值确定被乘数是否与原部分积相加，然后右移 1 位，形成新的部分积；同时乘数也右移 1 位，由次低位作为新的末位，空出最高位放部分积的最低位。

4）每次做加法时，被乘数仅与原部分积的高位相加，其低位被移至乘数所空出的高位。

【例 3-10】 已知 $x = -0.1110$，$y = 0.1101$，求 xy。

解： $[x]_{原} = 1.1110$，$[y]_{原} = 0.1101$，$|x| = 0.1110$，$|y| = 0.1101$

按原码一位乘规则，结果符号为 $1 \oplus 0 = 1$，其数值部分的运算见表 3-4。

表 3-4 用原码一位乘求 xy

部分积	乘数	说明
0.0000		部分积为 0
+0.1110	1 1 0 $\underline{1}$	乘数为 1，加上 $\|x\|$
0.1110		右移 1 位得新的部分积
0.0111	0 1 1 $\underline{0}$	乘数右移 1 位
+0.0000		乘数为 0，加上 0
0.0111		右移 1 位得新的部分积
0.0011	1 0 1 $\underline{1}$	乘数右移 1 位
+0.1110		乘数为 1，加上 $\|x\|$
1.0001		右移 1 位得新的部分积
0.1000	1 0	乘数右移 1 位
+0.1110	1 1 0 $\underline{1}$	乘数为 1，加上 $\|x\|$
1.0110	1 1 0	右移 1 位得新的部分积
0.1011	0 1 1 0	乘数已全部移出

故 $[xy]_{原} = 1.10110110$，$xy = -0.10110110$。

实现原码一位乘的硬件逻辑原理如图 3-3 所示。

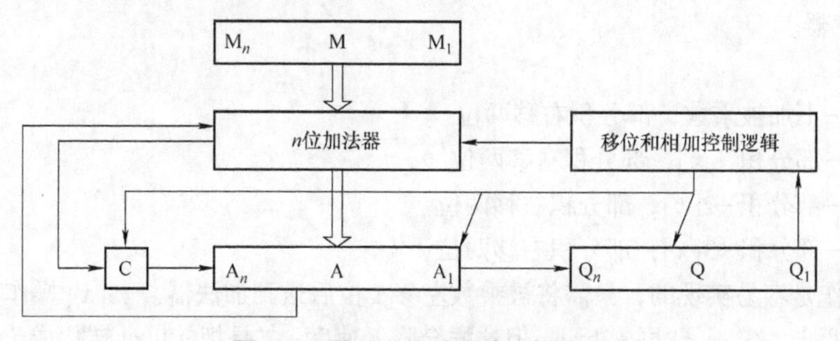

图 3-3 原码一位乘硬件逻辑原理

图 3-3 中，被乘数（绝对值）和乘数（绝对值）分别装入两个寄存器（M 和 Q）中。另外，还需一个寄存器 A（初始值为 0）以及一个 1 位寄存器 C（初始值为 0），用于保存加法可能产生的进位。运算时，控制逻辑每次读乘数的一位。若 q_1 为 1，则被乘数与 A 寄存器相加并将结果存于 A 寄存器。然后，C、A 和 Q 各寄存器的所有位向右移 1 位，于是 C 位进入 A_n，A_1 进入 q_n，而 q_1 丢失。若 q_1 为 0，则只需移位，没有加法需要完成。对原始的乘数的每一位重复上述过程，产生的 $2n$ 位寄存于 A 和 Q 寄存器。其操作流程如图 3-4 所示。

乘法运算前 A 寄存器清 0，被乘数（绝对值）存放在 M 寄存器，乘数（绝对值）存放在 Q 寄存器，计数器 Count 中存放乘数的位数 n。乘法开始时，由乘数末位决定部分积是否加上被乘数，再逻辑右移 1 位，重复 n 次，即得运算结果。

2. 原码两位乘

以上讨论的是一位乘法器，即每次根据乘数的一个码位来判断是否将被乘数加到部分积中去。为了提高乘法的速度，可采用两位乘法，即每次同时处理两位乘数，根据两位乘数的组合来判断本次做什么操作，从而求得本次与两位乘数相对应的部分积，这样 n 位相乘只要 $n/2$ 次循环。两位乘法包括原码两位乘和补码两位乘，先来介绍原码两位乘。原码两位乘运算规则与原码一位乘相似，即符号位单独运算，由两数符号逻辑异或得到；数值部分是两数绝对值的乘积。只是两者的判断规则有差异，原码两位乘的判断规则如下：

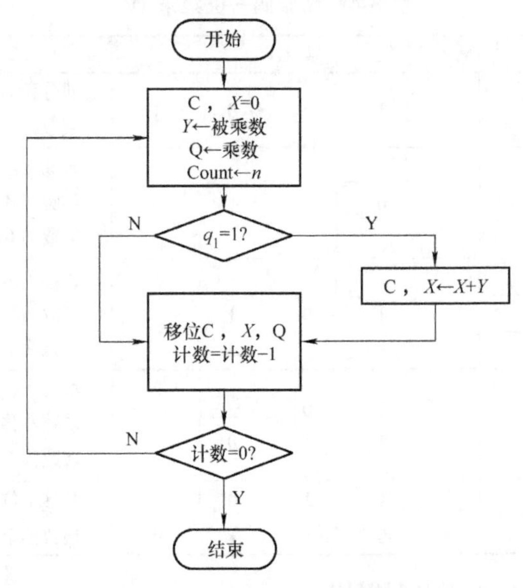

图 3-4 原码一位乘操作流程

设被乘数的绝对值 $|x| = 0.x_1x_2\cdots x_n$，乘数的绝对值 $|y| = 0.y_1y_2\cdots y_n$，乘数在 Q 寄存器，被乘数在 M 寄存器。

y_{n-1} y_n

0 0——不加被乘数，部分积右移两位

0 1——部分积 $+|x|$，部分积右移两位

1 0——部分积 $+2|x|$，部分积右移两位

1 1——部分积 $+3|x|$，部分积右移两位

$+2|x|$ 操作是容易实现的，只需将被乘数左移 1 位后送到加法器。$+3|x|$ 操作有两种实现方法：一是分成两步，先 $+|x|$ 再 $+2|x|$，但这样会降低速度；二是把 $+3|x|$ 转化成（$+4|x|-|x|$）。粗看起来，第二种方法似乎也要分两步做，其实不然。本次只做 $-|x|$，然后部分积照样右移 2 位，把 $+4|x|$ 留到下一节拍去做。由于在本次部分积已经右移过 2 位，在下一个节拍部分积 $+|x|$ 与本次部分积 $+4|x|$ 是等效的。所以当判断位为 11 时，一方面执行“部分积 $-|x|$”和“右移 2 位”的操作，另一方面需记下一个“欠账”，以便在下一个节拍中补加一次 $|x|$。因此，判断位除了乘数的 y_{n-1} 和 y_n 两位外，还需附加一个校正位 CEK，这样就得到原码两位乘的规则，见表 3-5。

表 3-5 原码两位乘的规则

y_{n-1}	y_n	CEK	操作内容
0	0	0	不 $+|x|$，CEK 清 0，部分积、乘数右移 2 位
0	1	0	$+|x|$，CEK 清 0，部分积、乘数右移 2 位
1	0	0	$+2|x|$，CEK 清 0，部分积、乘数右移 2 位
1	1	0	$-|x|$，CEK 置 1，部分积、乘数右移 2 位
0	0	1	$+|x|$，CEK 清 0，部分积、乘数右移 2 位
0	1	1	$+2|x|$，CEK 清 0，部分积、乘数右移 2 位
1	0	1	$-|x|$，CEK 置 1，部分积、乘数右移 2 位
1	1	1	不 $+|x|$，CEK 置 1，部分积、乘数右移 2 位

原码两位乘的算法是容易理解的，但考虑具体硬件实现时，几个细节问题不能忽略：

1）并行加法器的位数必须是偶数。如果被乘数与乘数为奇数位，则必须分别扩展一位。整数时扩展高位，小数时扩展低位。

2）部分积应取3位符号位。这是因为，根据上述原码两位乘算法可知，乘法过程中有 $+|x|$、$+2|x|$、$-|x|$ 和 +0 四种操作（原码一位乘中只有 $+|x|$、+0 两种操作）。为实现 $+2|x|$ 需要一位附加位；为保留 $+2|x|$ 后可能产生的进位，要再附加一位；又因为存在 $-|x|$ 操作，因此运算过程中部分积有可能出现“负”值，需要附加一位，以指示部分积的正负。因此，总共需要3位符号位。

3）在乘数的最高位前加两个0。这是为了使乘法运算的节拍数统一，否则，最后一次的运算要根据上次是否有“欠账”而定。如果没有“欠账”，则少执行一节拍；如果最后有“欠账”，需要多做一个节拍。加上两个0后，可确保最后一次运算肯定不会有“欠账”。

4）当做 $-|x|$ 运算时，一般都采用 $+[-x]_补$ 来实现。这样参与原码两位乘运算的操作数是绝对值的补码，因此运算中右移2位的操作也要按照补码右移的规则来完成。

下面举例说明原码两位乘的运算过程。

【例3-11】 *已知 $x=0.111111$，$y=-0.111001$，用原码两位乘求 xy。*

解：$[x]_原=0.111111$，$[y]_原=1.111001$，$|x|=0.111111$，$|y|=0.111001$

$[-x]_补=1.000001$，$2|x|=1.111110$

按原码两位乘规则，结果符号为 $1\oplus 0=1$。其数值部分的运算见表3-6。

表3-6 用原码两位乘求 xy

部分积	乘 数	CEK	说 明
000.000000 +000.111111	00 11 10 01	0	部分积为0，CEK=0 $y_{n-1}y_n$CEK为010 $+\|x\|$，CEK=0
000.111111 000.001111 +001.111110	11 00 11 10	0	右移2位得新的部分积 乘数右移2位 根据100，$+2\|x\|$，CEK=0
010.001101 000.100011 +111.000001	11 01 11 00 11	0	右移2位得新的部分积 乘数右移2位 根据110，$-\|x\|$，CEK=1
111.100100 111.111001 +000.111111	01 11 00 01 11 00	1	右移2位得新的部分积 乘数右移2位 根据001，$+\|x\|$，CEK=0
000.111000	00 01 11		形成最终结果

故 $[xy]_原=1.111000000111$，$xy=-0.111000000111$。

当乘数为偶数位时，需做 $n/2$ 次移位，最多做 $n/2+1$ 次加法。当乘数为奇数位时，乘数最高位前可只增加一个0，此时需做 $n/2+1$ 次加法，$n/2+1$ 次移位（最后一步不移位）。

3. 补码一位乘

通常来说，加减运算一般采用补码比较方便，而乘法运算采用原码比较方便。如果同一运算部件对加减运算采用补码算法，而对乘法运算采用原码算法，这样的运算器设计麻烦，使用不方便。所以有很多机器直接采用补码乘法，这样就减少了很多设计的麻烦。补码乘法的一般规则是操作数与结果均以补码表示，连同符号位一起，按相应的算法进行运算。补码乘法也包括一位乘和两位乘，补码一位乘的算法包括校正法和比较法。

（1）校正法　校正法是先按原码乘法那样直接乘，再根据乘数符号进行校正。

设被乘数 $[x]_{补}=x_0.x_1x_2\cdots x_n$，乘数 $[y]_{补}=y_0.y_1y_2\cdots y_n$，则有：

$$[xy]_{补}=[x]_{补}\cdot 0.y_1y_2\cdots y_n-[x]_{补}y_0 \tag{3-10}$$

证明如下：

1）x 正负任意，y 为正数。

- 若 x 为正数，则其补码与原码完全相同，所以其补码乘法运算过程与原码乘法相同。
- 若 x 为负数，则根据补码定义及模 2 运算性质，有

$$[x]_{补}=2+x=2^{n+1}+x,\ [y]_{补}=y\quad(\text{mod } 2)$$

则

$$[x]_{补}[y]_{补}=2^{n+1}y+xy=2+xy\quad(\text{mod } 2)$$

即

$$[x]_{补}[y]_{补}=[xy]_{补}\quad(\text{mod}2) \tag{3-11}$$

所以

$$[xy]_{补}=[x]_{补}[y]_{补}=[x]_{补}y$$

$$=[x]_{补}\cdot 0.y_1y_2\cdots y_n \tag{3-12}$$

比较式（3-12）与式（3-8），可以看出只差用 $[x]_{补}$代替了 x。因此在 y 为正数的情况下，补码乘法的运算方法与原码乘法的运算方法是极为相似的，只是相加和移位按补码的规则进行。

2）x 正负任意，y 为负数。

$$[x]_{补}=x,\ [y]_{补}=1.y_1y_2\cdots y_n=2+y\quad(\text{mod } 2)$$

得 $y=[y]_{补}-2=1.y_1y_2\cdots y_n-2=1+0.y_1y_2\cdots y_n-2=0.y_1y_2\cdots y_n-1$

所以

$$xy=x\cdot 0.y_1y_2\cdots y_n-x$$

$$[xy]_{补}=[x\cdot 0.y_1y_2\cdots y_n]_{补}+[-x]_{补}$$

$$=[x]_{补}\cdot 0.y_1y_2\cdots y_n+[-x]_{补} \tag{3-13}$$

比较式（3-12）与式（3-13）可以发现，在 y 为负数的情况下，只需将 $[y]_{补}$的符号位由 1 改为 0，再与 $[x]_{补}$相乘，最后再加上 $[-x]_{补}$即可。

将上述两种情况综合起来，即可得到式（3-10）。式（3-10）可将校正法算法归纳如下：不管被乘数是正数还是负数，只要乘数为正数，则可按照原码乘法算法进行运算，结果不需要校正；如果乘数为负数，则先按原码乘法进行运算，结果再加 $[-x]_{补}$进行校正。

【例 3-12】 已知 $x=-0.1010$，$y=0.1101$，用校正法求 $[xy]_{补}$。

解： $[x]_{补}=11.0110$，$[y]_{补}=00.1101$

其数值部分的运算见表 3-7。

表 3-7　例 3-12 数值部分的运算

部分积	乘　数	说　明
00.0000 +11.0110	1　1　0　1	部分积为 0 乘数为 1，$+[x]_{补}$
11.0110 11.1011 +00.0000	0　1　1　0	右移 1 位得新的部分积 乘数右移 1 位 乘数为 0，+0
11.1011 11.1101 +11.0110	1　0　1　1	右移 1 位得新的部分积 乘数右移 1 位 乘数为 1，$+[x]_{补}$
11.0011 11.1001 +11.0110	1　0 1　1　0　1	右移 1 位得新的部分积 乘数右移 1 位 乘数为 1，$+[x]_{补}$
10.1111 11.0111	1　1　0 1　1　1　0	右移 1 位得新的部分积 乘数已全部移出

故 $[xy]_{补}$ = 11.01111110

【例 3-13】 已知 $x = 0.0101$，$y = -0.1101$，用校正法求 $[xy]_{补}$。

解： $[x]_{补}$=00.0101，$[y]_{补}$ = 11.0011，$[-x]_{补}$ = 11.1011

其数值部分的运算见表 3-8。

表 3-8　例 3-13 数值部分的运算

部分积	乘　数	说　明
00.0000 +00.0101	0　0　1　1	部分积为 0 乘数为 1，$+[x]_{补}$
00.0101 00.0010 +00.0101	1　0　0　1	右移 1 位得新的部分积 乘数右移 1 位 乘数为 1，$+[x]_{补}$
00.0111 00.0011 +00.0000	1　1　0　0	右移 1 位得新的部分积 乘数右移 1 位 乘数为 0，+0
00.0011 00.0001 +00.0000	1　1 1　1　1　0	右移 1 位得新的部分积 乘数右移 1 位 乘数为 0，+0
00.0001 00.0000 +11.1011	1　1　1 1　1　1　1	右移 1 位得新的部分积 乘数已全部移出 $+[-x]_{补}$，进行校正
11.1011	1　1　1　1	得最后结果

故 $[xy]_{补}$ = 11.10111111

（2）比较法　比较法是将上述补码乘法公式（3-10）进行变换得到的，由于最初是由布斯（Booth）夫妇提出的，所以又称为“布斯公式”。

根据式（3-10）有

$$
\begin{aligned}
[xy]_{补} &= [x]_{补} \cdot 0.y_1y_2\cdots y_n - [x]_{补}y_0 \\
&= [x]_{补}(y_1 2^{-1} + y_2 2^{-2} + \cdots + y_n 2^{-n}) - [x]_{补}y_0 \\
&= [x]_{补}[-y_0 + (y_1 - y_1 2^{-1}) + (y_2 2^{-1} - y_2 2^{-2}) + \cdots + (y_n 2^{-(n-1)} - y_n 2^{-n})] \\
&= [x]_{补}[(y_1 - y_0) + (y_2 - y_1)2^{-1} + \cdots + (y_n - y_{n-1})2^{-(n-1)} + (0 - y_n)2^{-n}] \\
&= [x]_{补}[(y_1 - y_0) + (y_2 - y_1)2^{-1} + \cdots + (y_{n+1} - y_n)2^{-n}]
\end{aligned}
\tag{3-14}
$$

其中 $y_{n+1} = 0$

由此可得以下递推关系：

$$
\begin{aligned}
&[z_0]_{补} = 0 \\
&[z_1]_{补} = 2^{-1}((y_{n+1} - y_n)[x]_{补} + [z_0]_{补}) \\
&[z_2]_{补} = 2^{-1}((y_n - y_{n-1})[x]_{补} + [z_1]_{补}) \\
&\quad\vdots \\
&[z_i]_{补} = 2^{-1}((y_{n-i+2} - y_{n-i+1})[x]_{补} + [z_{i-1}]_{补}) \\
&\quad\vdots \\
&[z_n]_{补} = 2^{-1}((y_2 - y_1)[x]_{补} + [z_{n-1}]_{补}) \\
&[xy]_{补} = [z_{n+1}]_{补} = (y_1 - y_0)[x]_{补} + [z_n]_{补}
\end{aligned}
\tag{3-15}
$$

开始时，部分积为 0，然后在上一步的部分积上加（$y_{i+1} - y_i$）$[x]_{补}$，再右移 1 位，得到新的部分积。如此重复 $n+1$ 步，最后一次不移位，得到 $[xy]_{补}$。

由于每一步由（$y_{i+1} - y_i$）的差来决定做什么运算，而 y_{i+1} 与 y_i 为相邻两位，又因为（$y_{i+1} - y_i$）有 0、1 和 −1 三种情况，如果差为 0，则部分积直接右移 1 位；如果差为 1，则部分积加上 $[x]_{补}$，再右移 1 位；如果差为 −1，则部分积加上 $[-x]_{补}$，再右移 1 位。其运算规则见表 3-9。

表 3-9 布斯算法的运算规则

y_i y_{i+1}	$y_{i+1} - y_i$	操作
0 0	0	部分积右移 1 位
0 1	1	部分积 $+[x]_{补}$，再右移 1 位
1 0	−1	部分积 $+[-x]_{补}$，再右移 1 位
1 1	0	部分积右移 1 位

【例 3-14】 已知 $x = -0.1011$，$y = 0.1101$，用比较法求 $[xy]_{补}$。

解： $[x]_{补} = 11.0101$，$[y]_{补} = 0.1101$，$[-x]_{补} = 00.1011$，其数值部分的运算见表 3-10。

表 3-10　例 3-14 数值部分的运算

部分积	乘　数	y_{n+1}	说　明
00.0000			部分积为 0
+00.1011	0　1　1　0　1	0	$y_n y_{n+1}$ 为 10，$+[-x]_补$
00.1011			右移 1 位得新的部分积
00.0101	1　0　1　1　0	1	乘数右移 1 位
+11.0101			$y_n y_{n+1}$ 为 01，$+[x]_补$
11.1010			右移 1 位得新的部分积
11.1101	0　1　0　1　1	0	乘数右移 1 位
+00.1011			$y_n y_{n+1}$ 为 10，$+[-x]_补$
00.1000			右移 1 位得新的部分积
00.0100	0　1　0		乘数右移 1 位
00.0010	0　0　1　0　1	1	$y_n y_{n+1}$ 为 11，部分积右移 1 位
+11.0101	0　0　0　1　0	1	$y_n y_{n+1}$ 为 01，$+[x]_补$
11.0111	0　0　0　1		最后一步不移位，得出结果

故 $[xy]_补 = 11.01110001$

【例 3-15】 已知 $x = 0.0101$，$y = -0.1011$，用比较法求 $[xy]_补$。

解：$[x]_补 = 00.0101$，$[y]_补 = 1.0101$，$[-x]_补 = 11.1011$，其数值部分的运算见表 3-11。

表 3-11　例 3-15 数值部分的运算

部分积	乘　数	y_{n+1}	说　明
00.0000			部分积为 0
+11.1011	1　0　1　0　1	0	$y_n y_{n+1}$ 为 10，$+[-x]_补$
11.1011			右移 1 位得新的部分积
11.1101	1　1　0　1　0	1	乘数右移 1 位
+00.0101			$y_n y_{n+1}$ 为 01，$+[x]_补$
00.0010			右移 1 位得新的部分积
00.0001	0　1　1　0　1	0	乘数右移 1 位
+11.1011			$y_n y_{n+1}$ 为 10，$+[-x]_补$
11.1100			右移 1 位得新的部分积
11.1110	0　0　1　1　0	1	乘数右移 1 位
+00.0101			$y_n y_{n+1}$ 为 01，$+[x]_补$
00.0011			右移 1 位得新的部分积
00.0001	1　0　0　1　1	0	乘数右移 1 位
+11.1011			$y_n y_{n+1}$ 为 10，$+[-x]_补$
11.1100	1　0　0　1		最后一步不移位，得出结果

故 $[xy]_补 = 11.11001001$

从例 3-14 和例 3-15 的运算，总结补码一位乘的特点如下：

1）符号位连同数值部分一起参与运算，结果符号在运算中自然形成。

2）部分积取两位符号位，即部分积取 $n+2$ 位。

3）乘数以补码形式参与运算，符号位取 1 位。

4）对于两个 n 位数来说，加法做 $n+1$ 次，移位做 n 次。

图 3-5 所示为补码一位乘布斯算法的流程。A、M、Q 均为 $n+2$ 位寄存器，其中 M 中存放

被乘数的补码（含2位符号），Q存放乘数的补码（含最高一位符号位和最低一位附加位）。乘法运算前A清零，存放初始部分积；Q_{n+1}清零，作为附加位的初态。乘法开始后，根据Q_nQ_{n+1}的状态决定部分积做哪种运算，或加或减或不加不减，然后按照补码规则进行算术右移，这样重复n次。最后根据Q_nQ_{n+1}状态进行最后一次判断，或加或减或不加不减，但不必移位，得到最后结果。

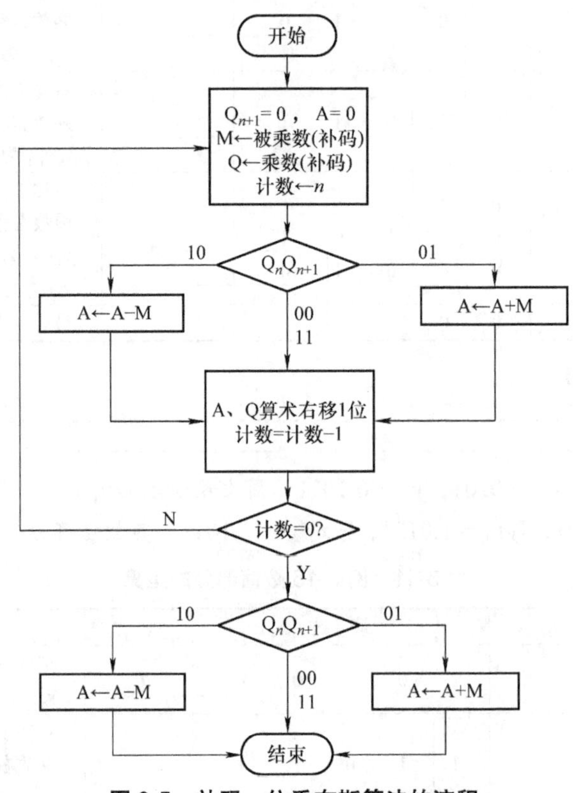

图3-5 补码一位乘布斯算法的流程

4. 补码两位乘

补码两位乘运算就是将补码一位乘与两位乘的思想结合起来，将补码一位乘的两步操作综合为一步两位乘操作，即将判断y_ny_{n+1}的状态应执行的操作与判断$y_{n-1}y_n$的状态应执行的操作合成一步来完成。例如，若$y_{n-1}y_ny_{n+1}=101$，则先由$y_ny_{n+1}=01$得到部分积$[z_i]_补$，加$[x]_补$，再右移1位，即做（$[z_i]_补+[x]_补$）2^{-1}操作，然后再由$y_{n-1}y_n=10$得到部分积$[z_i]_补$，加$[-x]_补$，再右移1位，即做（$[z_i]_补+[-x]_补$）2^{-1}的操作，将两步合在一起，得到做（（$[z_i]_补+[x]_补$）$2^{-1}+[-x]_补$）2^{-1}=（$[z_i]_补+[x]_补$）2^{-2}的操作，即$[z_i]_补+[x]_补$，再右移2位。其他情况以此类推。可得到以下规则，见表3-12。

表3-12 补码两位乘运算规则

y_{n-1}	y_n	y_{n+1}	操作内容
0	0	0	部分积右移2位
0	1	0	部分积$+[x]_补$，再右移2位
1	0	0	部分积$+2[-x]_补$，再右移2位
1	1	0	部分积$+[-x]_补$，再右移2位
0	0	1	部分积$+[x]_补$，再右移2位
0	1	1	部分积$+2[x]_补$，再右移2位
1	0	1	部分积$+[-x]_补$，再右移2位
1	1	1	部分积右移2位

【例 3-16】 已知 $x=0.010111$，$y=-0.101010$，用补码两位乘求 $[xy]_{补}$。

解：$[x]_{补}=000.010111$，$[y]_{补}=11.010110$，$[-x]_{补}=111.101001$

$2[-x]_{补}=111.010010$，$2[x]_{补}=000.101110$

其数值部分的运算见表 3-13。

表 3-13　例 3-16 数值部分的运算

部分积	乘　数	y_{n+1}	说　明
000.000000 +111.010010	11　01　01　10	0	部分积为 0 $y_{n-1}y_ny_{n+1}$ 为 100 $+2[-x]_{补}$
111.010010 111.110100 +000.101110	10　11　01　01	1	右移 2 位得新的部分积 乘数右移 2 位 根据 011，$+2[x]_{补}$
000.100010 000.001000 +000.010111	10 10　10　11　01	0	右移 2 位得新的部分积 乘数右移 2 位 根据 010，$+[x]_{补}$
000.011111 000.000111 +111.101001	10　10 11　10　10　11	0	右移 2 位得新的部分积 乘数右移 2 位 根据 110，$+[-x]_{补}$
111.110000	11　10　10		形成最终结果

故 $[xy]_{补}=111.110000111010$

3.2.3　除法运算

除法要比乘法更复杂一些，但也有同样的运算规则。除法运算也包括原码除法、补码除法和反码除法。本节将介绍计算机实现除法运算的算法，主要包括原码恢复余数除、原码加减交替除、补码恢复余数除和补码加减交替除。

1. 原码除法

原码除法与原码乘法一样，数值部分采用两数的绝对值相除，符号由两数的符号异或得到。

在进行原码除法运算之前，先分析一下二进制数的笔算除法。

设 $x=0.1001$，$y=0.1101$，让我们先用习惯方法求其商，其过程如下：

```
              0.1011
0.1101 ) 0.10010
        -0.01101
         0.001010
         0.001101
         0.0010100
        -0.0001101
         0.00001110
        -0.00001101
         0.00000001
```

得到商 0.1011，余数 0.00000001。

其运算过程可总结如下：

• 比较被除数 x 与除数 y 的大小。因 $x < y$，故得到商的整数部分为 0，然后被除数末尾补 0，得到余数 $r_0 = 0.10010$。

• 将除数右移 1 位，得到 $2^{-1}y = 0.01101$，比较 r_0 与 $2^{-1}y$，因 $r_0 > 2^{-1}y$，表示够减，小数点后第一位上商 1，用 r_0 减去 $2^{-1}y$，得余数 $r_1 = 0.001010$。

• 将除数再右移 1 位，得到 $2^{-2}y = 0.001101$，比较 r_1 与 $2^{-2}y$，因 $r_1 < 2^{-2}y$，表示不够减，小数点后第二位上商 0，不做减法，余数 $r_2 = r_1 = 0.0010100$。

• 将除数再右移 1 位，得到 $2^{-3}y = 0.0001101$，比较 r_2 与 $2^{-3}y$，因 $r_2 > 2^{-3}y$，表示够减，小数点后第三位上商 1，用 r_2 减去 $2^{-3}y$，得余数 $r_3 = 0.00001110$。

• 将除数再右移 1 位，得到 $2^{-4}y = 0.00001101$，比较 r_3 与 $2^{-4}y$，因 $r_3 > 2^{-4}y$，表示够减，小数点后第四位上商 1，用 r_3 减去 $2^{-4}y$，得余数 $r_4 = 0.00000001$。

上述过程是通过作差（余数减去除数）和除数右移得到商和最终余数的。在计算机中，小数点的位置是固定不变的，为便于计算机的实现，可将除数的小数点位置固定不变，而将上述过程的除数右移改为余数（或被除数）的左移，其结果是一样的。另外，是通过比较余数（或被除数）与除数的大小来决定上商的，若余数（或被除数）大于除数，则表示够减，上商 1；若余数（或被除数）小于除数，则表示不够减，上商 0。

（1）恢复余数法　在笔算过程中，是通过心算来确定够减与不够减的，而这在计算机中却不适用。在计算机中，先做余数（或被除数）与除数的减法，若余数为正，说明够减，上商为 1；若余数为负，说明不够减，上商为 0，而这时本不该减却减了，所以要把余数再加上去，恢复成原来的余数。这就是所谓的恢复余数法这个名字的由来。

【例 3-17】 已知 $x = 0.1001$，$y = 0.1101$，用恢复余数法求 x/y。

解： $[x]_{原} = 0.1001$，$[y]_{原} = 0.1101$，$[y]_{补} = 0.1101$，$[-y]_{补} = 1.0011$

结果符号为 $0 \oplus 0 = 0$，其数值部分的运算见表 3-14。

表 3-14　例 3-17 数值部分的运算

被除数（余数）	商	说　明
00.1001 +11.0011	0.　0　0　0　0	减去除数，$+[-y]_{补}$
11.1100 +00.1101	0	除数为负，上商 0 恢复余数，$+[y]_{补}$
00.1001 01.0010 +11.0011	0	被恢复的被除数 左移 1 位 $+[-y]_{补}$
00.0101 00.1010 +11.0011	0　1 0　1	余数为正，上商 1 左移 1 位 $+[-y]_{补}$
11.1101 +00.1101	0　1　0	余数为负，上商 0 恢复余数，$+[y]_{补}$
00.1010 01.0100 +11.0011	0　1　0	被恢复的余数 左移 1 位 $+[-y]_{补}$
00.0111 00.1110 +11.0011	0　1　0　1 0　1　0　1	余数为正，上商 1 左移 1 位 $+[-y]_{补}$
00.0001	0　1　0　1　1	余数为正，上商 1

故 $[x/y]_{原} = 0.1011$，所以 $x/y = 0.1011$。

在此例中，第一次先用被除数减去除数，得到第一个余数，以后每次都是用余数减去除数，再得到新的余数。每次上商都是由余数的正负决定的，若余数为正，则上商为 1，余数和商左移 1 位，再减去除数；若余数为负，则上商为 0，此时恢复余数，加上除数。

由此例可见，共上商 5 次，第一次上商在商的整数位上，这可用于小数除法的溢出判断。即当该位为 1 时，表示此除法溢出，不能继续进行，由机器进行处理；当该位为 0 时，表示除法可以继续向下进行。

（2）加减交替法 在恢复余数法中，商 0 还是商 1 不能预先确定，故所需运算步骤也不能预先确定，这样就会使硬件线路复杂化。加减交替法可克服这些缺点。

加减交替法的运算规则可由恢复余数法得出。在恢复余数法中：

- 当余数 $r_i > 0$ 时，上商 1，再对 r_i 左移 1 位后减去除数，即 $2r_i - |y|$。
- 当余数 $r_i < 0$ 时，上商 0，然后先做 $r_i + |y|$，进行恢复余数运算，再做 $2(r_i + |y|) - |y|$，即 $2r_i + |y|$。

由此得到加减交替法的运算规则为：

- 当余数 $r_i > 0$ 时，上商 1，再做 $2r_i - |y|$ 的运算。
- 当余数 $r_i < 0$ 时，上商 0，再做 $2r_i + |y|$ 的运算。

【例 3-18】 已知 $x = 0.1001$，$y = 0.1101$，用加减交替法求 x/y。

解： $[x]_原 = 0.1001$，$[y]_原 = 0.1101$，$[y]_补 = 0.1101$，$[-y]_补 = 1.0011$

结果符号为 $0 \oplus 0 = 0$，其数值部分的运算见表 3-15。

表 3-15 例 3-18 数值部分的运算

被除数（余数）	商	说 明
00.1001 +11.0011	0. 0 0 0 0	减去除数，$+[-y]_补$
11.1100 11.1000 +00.1101	0 0	余数为负，上商 0 左移 1 位 $+[y]_补$
00.0101 00.1010 +11.0011	0 1 0 1	余数为正，上商 1 左移 1 位 $+[-y]_补$
11.1101 11.1010 +00.1101	0 1 0 0 1 0	余数为负，上商 0 左移 1 位 $+[y]_补$
00.0111 00.1110 +11.0011	0 1 0 1 0 1 0 1	余数为正，上商 1 左移 1 位 $+[-y]_补$
00.0001	0 1 0 1 1	余数为正，上商 1

故 $[x/y]_原 = 0.1011$，$x/y = 0.1011$。

在此例中，第一次先用被除数减去除数，得到第一个余数，以后每次都是用余数减去除数，再得到新的余数。每次上商都是由余数的正负决定的，若余数为正，则上商为 1，余数和商左移 1 位，再减去除数；若余数为负，则上商为 0，余数和商左移 1 位，再加上除数。

由此例可见，n 位小数的除法共上商 $n + 1$ 次，第一次上商用来判断是否溢出。如果结果不溢出，则第一次上商一定是 0，否则即为溢出。

（3）原码加减交替法的控制流程 图 3-6 所示为原码加减交替法的控制流程。

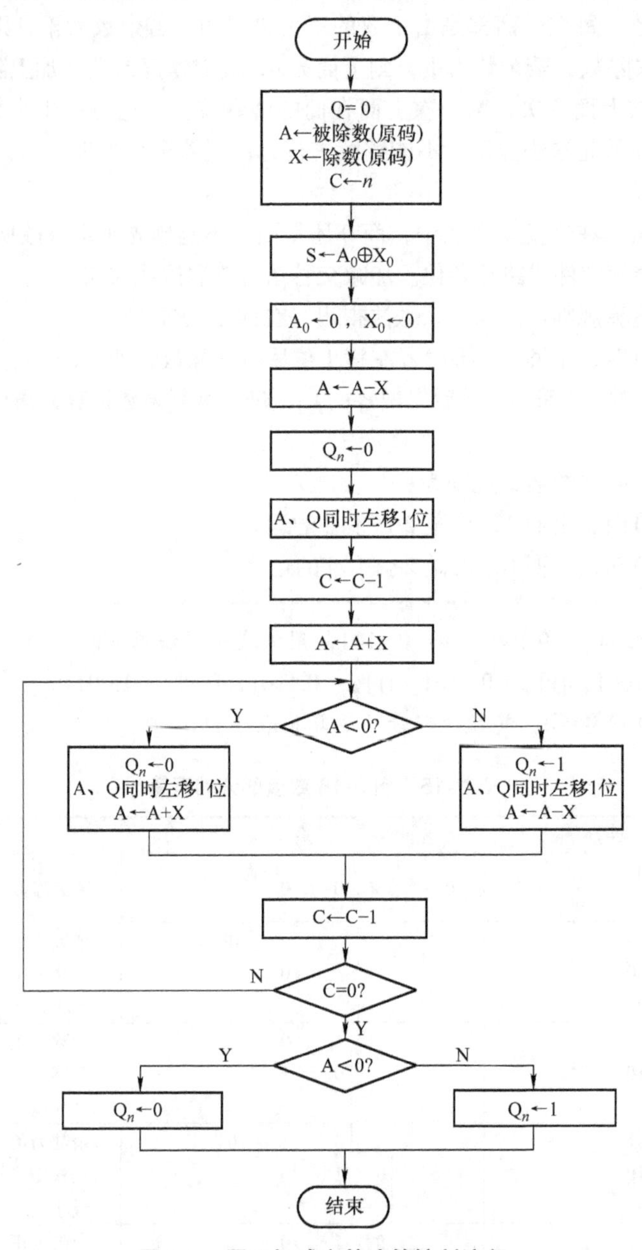

图 3-6 原码加减交替法的控制流程

图 3-6 中，A、X、Q 均为 $n+1$ 位的寄存器，其中 A 存放被除数的原码，X 存放除数的原码，S 为商符。除法开始前，Q 寄存器被清零，准备存放商，计数器 C 中存放除数的位数 n。除法开始后，首先通过异或运算求出商符，并存于 S 中。接着将被除数和除数变为绝对值，开始上商，然后 A、Q 同时左移 1 位，再根据商值的状态决定加或减除数。这样重复 n 次后，再上最后一次商，即得最后结果。

2. 补码除法

补码除法是指被除数、除数所得的商、余数都用补码表示，连同符号一起运算。与原码除法相比，补码除法需要解决一些新的问题，即如何根据操作数的符号决定实际操作？如何判断够减与不够减？如何确定商值？由于数符可正可负，这些问题的解决要比原码除法相对复杂一些。补码除法也包括恢复余数法和加减交替法，这里只介绍用得较多的加减交替法。

（1）补码加减交替法的运算规则　随着除法运算的进行，应使余数的绝对值越除越小。因此当被除数与除数同号时，两数应当相减；当两数异号时，两数应当相加。

下面通过几个例子说明操作与数符之间的关系：

①

$$\begin{array}{r} 1 \\ 3\,\overline{)\;\;5} \\ -3 \\ \hline 2 \end{array}$$

②

$$\begin{array}{r} 0 \\ 5\,\overline{)\;\;3} \\ -5 \\ \hline -2 \end{array}$$

③

$$\begin{array}{r} 1 \\ 3\,\overline{)\;-5} \\ +3 \\ \hline -2 \end{array}$$

④

$$\begin{array}{r} 0 \\ 5\,\overline{)\;-3} \\ +5 \\ \hline 2 \end{array}$$

如何判断够减与不够减本应该由被除数与余数进行数符比较，如在①和③中，被除数与余数同号，表示够减；在②和④中，被除数与余数异号，表示不够减。但运算后被除数将被新的余数取代，不再保留，而除数一直保持不变，所以我们该用除数与余数进行数符比较。在同号相除中，若除数与余数同号，表示够减，如①；若除数与余数异号，表示不够减，如②。在异号相除中，若除数与余数同号，表示不够减，如④；若除数与余数异号，表示够减，如③。

1）确定商值。若被除数与除数同号，商为正，够减商 1，不够减商 0。若被除数与除数异号，如果对商采用“末位恒置 1”的舍入方法，则负数补码与正数之间将变为一种简单的对应关系，即除去恒为 1 的末位外，尾数的其他各位相反。因此当商为负数补码时，够减商 0，不够减商 1。与判断够减的方法相结合，得到：余数与除数同号时商 1，余数与除数异号时商 0。

2）商符的形成。在补码除法中，商符是在求商的过程中自动形成的。

在小数定点除法中，被除数的绝对值必须小于除数的绝对值，否则商大于 1 而溢出。因此，同号相除时，余数必与除数异号，上商 0，恰好与商的符号一致（同号相除商为正）；异号相除时，余数必与除数同号，上商 1，这也与商的符号一致（异号相除商为负）。由此可见，商符是在求商的过程中自动形成的。

此外，还可以用商的符号来判断是否溢出。例如，同号相除时，若余数与除数同号，上商 1，即溢出；异号相除时，若余数与除数异号，上商 0，即溢出。

3）新余数的获得。当余数与除数同号时，上商 1，新余数 $= 2[r_i]_{补} - [y]_{补} = 2[r_i]_{补} + [-y]_{补}$；当余数与除数异号时，上商 0，新余数 $= 2[r_i]_{补} + [y]_{补}$。

综合以上，可得到补码加减交替除的规则，见表 3-16。

表 3-16　补码加减交替除的规则

被除数 $[x]_{补}$ 与除数 $[y]_{补}$	商符	第一步操作	余数 $[r_i]_{补}$ 与除数 $[y]_{补}$	商	下一步操作
同号	0	减法	同号够减	1	$2[r_i]_{补} + [-y]_{补}$
			异号不够减	0	$2[r_i]_{补} + [y]_{补}$
异号	1	加法	同号不够减	1	$2[r_i]_{补} + [-y]_{补}$
			异号够减	0	$2[r_i]_{补} + [y]_{补}$

【例 3-19】 已知 $x=0.1001$，$y=0.1101$，用补码加减交替法求 $[x/y]_补$。

解：$[x]_补=0.1001$，$[y]_补=0.1101$，$[-y]_补=1.0011$

其运算过程见表 3-17。

表 3-17 例 3-19 的运算过程

被除数（余数）	商	说明
00.1001 +11.0011	0. 0 0 0 0	$[x]_补$与$[y]_补$同号，$+[-y]_补$
11.1100 11.1000 +00.1101	0 0	$[r]_补$与$[y]_补$异号，上商 0 左移 1 位 $+[y]_补$
00.0101 00.1010 +11.0011	0 1 0 1	$[r]_补$与$[y]_补$同号，上商 1 左移 1 位 $+[-y]_补$
11.1101 11.1010 +00.1101	0 1 0 0 1 0	$[r]_补$与$[y]_补$异号，上商 0 左移 1 位 $+[y]_补$
00.0111 00.1110	0 1 0 1 0 1 0 1 1	$[r]_补$与$[y]_补$同号，上商 1 左移 1 位，末位商恒置 1

故 $[x/y]_补=0.1011$

【例 3-20】 已知 $x=-0.1001$，$y=0.1101$，用补码加减交替法求 $[x/y]_补$。

解：$[x]_补=1.0111$，$[y]_补=0.1101$，$[-y]_补=1.0011$

其运算过程见表 3-18。

表 3-18 例 3-20 的运算过程

被除数（余数）	商	说明
11.0111 +00.1101	0. 0 0 0 0	$[x]_补$与$[y]_补$异号，$+[y]_补$
00.0100 00.1000 +11.0011	1 1	$[r]_补$与$[y]_补$同号，上商 1 左移 1 位 $+[-y]_补$
11.1011 11.0110 +00.1101	1 0 1 0	$[r]_补$与$[y]_补$异号，上商 0 左移 1 位 $+[y]_补$
00.0011 00.0110 +11.0011	1 0 1 1 0 1	$[r]_补$与$[y]_补$异号，上商 1 左移 1 位 $+[-y]_补$
11.1001 11.0010	1 0 1 0 1 0 1 0 1	$[r]_补$与$[y]_补$异号，上商 0 左移 1 位，末位商恒置 1

故 $[x/y]_补=1.0101$

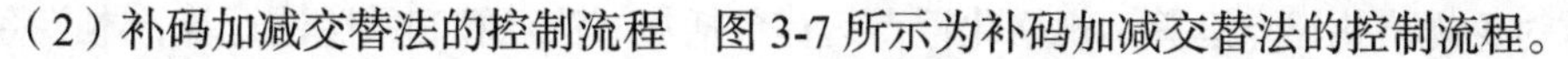

（2）补码加减交替法的控制流程 图 3-7 所示为补码加减交替法的控制流程。

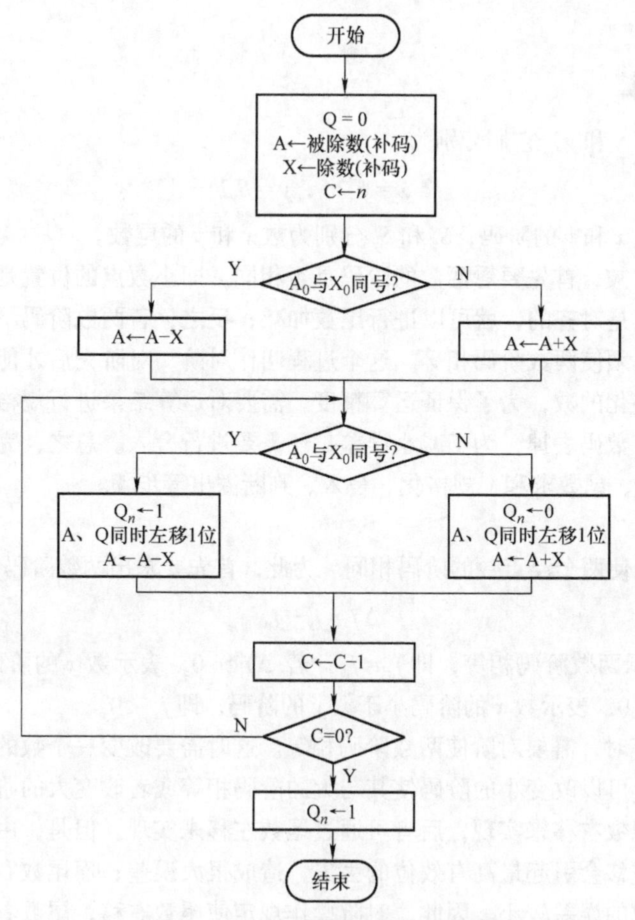

图 3-7 补码加减交替法的控制流程

图 3-7 中，A、X、Q 均为 $n+1$ 位的寄存器，其中 A 存放被除数的补码，X 存放除数的补码。除法开始前，Q 寄存器被清零，准备存放商，计数器 C 中存放除数的位数 n。除法开始后，首先根据两操作数的符号确定是做加法还是减法，加减操作后，上第一次商，得到商符，然后 A、Q 同时左移 1 位，再根据商值的状态决定加或减除数。这样重复 n 次后，最后采取恒置 1 法上末位商，即得最后结果。

3.3 浮点运算

浮点数比定点数的表示范围宽，有效精度高，更适合于科学与工程计算的需要。但它的处理比较复杂，硬件代价往往比定点运算高一倍以上，运算速度也慢。浮点运算可分为规格化符点运算与非规格化符点运算两类，有的机器只能执行其中的一种，有的机器则允许进行选择。

规格化浮点运算中所有操作数与结果都用规格化浮点数表示，它的优点是尾数具有最长的有效数值，舍入误差小。

非规格化浮点运算不要求规格化，运算步骤少些。两个非规格化浮点数相乘或相除，乘积或商的有效数值个数与有效数值较少的那个操作数大致相同，所以非规格化浮点运算有时被称为有效数位纳浮点运算。

下面着重讨论规格化浮点运算。规格化浮点运算包括加减法运算和乘除法运算，本节将介绍这几种运算的规则。

3.3.1 加减法运算

设有两个浮点数 x 和 y，它们分别为

$$x = S_x 2^{j_x}, \quad y = S_y 2^{j_y}$$

其中 j_x 和 j_y 分别为数 x 和 y 的阶码，S_x 和 S_y 分别为数 x 和 y 的尾数。

两浮点数进行加减，首先要看两数的阶码是否相同，即小数点的位置是否对齐。若两数阶码相等，表示小数点是对齐的，就可以进行尾数加减；反之，若两数阶码不等，表示小数点位置没有对齐，此时必须使两数阶码相等，这个过程叫作对阶，对阶完后才能做尾数的加减。运算结果可能不是规格化的数，为了保证运算精度，需要对运算结果进行规格化。而在对阶和规格化的过程中可能有数码去掉，为了减小误差，还需要进行舍入。总之，完成浮点加法或减法运算，需要进行对阶、尾数求和、规格化、舍入、判断溢出等步骤。

1. 对阶

所谓对阶，就是使两个浮点数的阶码相同。为此，首先要求出两数阶码 j_x 和 j_y 之差，即

$$\Delta j = j_x - j_y$$

若 $\Delta j = 0$，表示两数阶码相等，即 $j_x = j_y$；若 $\Delta j > 0$，表示数 x 的阶码大于数 y 的阶码，即 $j_x > j_y$；若 $\Delta j < 0$，表示数 x 的阶码小于数 y 的阶码，即 $j_x < j_y$。

当两数阶码不等时，需要对阶使两数阶码相等。这时需要改变一个数的阶码使其阶码与另一个数的阶码相等。可以改变小的阶码使其与大的阶码相等或者改变大的阶码使其与小的阶码相等，前者可通过尾数右移来实现，后者可通过尾数左移来实现。但是，由于浮点表示的数多是规格化的，尾数左移会引起最高有效位的丢失，造成很大误差；而尾数右移虽会引起最低有效位的丢失，但造成的误差较小。因此，对阶操作规定使尾数右移，尾数右移后使阶码做相应增加，其数值保持不变。很显然，一个增加后的阶码与另一个阶码相等，所增加的阶码一定是小阶。因此在对阶时，总是使小阶向大阶看齐，即小阶的尾数向右移位，每右移 1 位，其阶码加 1，直到两数的阶码相等为止，右移的位数等于阶差 Δj。

【例 3-21】 设两浮点数 $x = 0.1011 \times 2^3$，$y = 0.0001 \times 2^4$，求 $x+y$。

解： 假设两数在计算机中以补码表示，并采用双符号位，即

$[x]_补 = 00，011；00.1011$，$[y]_补 = 00，100；00.0001$

第 1 步对阶，先求阶差：

$[\Delta j]_补 = [j_x]_补 - [j_y]_补 = [j_x]_补 + [-j_y]_补 = 00，011+11，100 = 11，111$

所以 $\Delta j = -1$，表示 x 的阶码比 y 的阶码小 1，因此将 x 的尾数右移 1 位。

右移 1 位，得 $[x]_补 = 00，100；00.0101$。

至此，两数的阶码相等，表示对阶完毕。

2. 尾数求和

对阶后可进行尾数求和，即将两数尾数相加。

例 3-21 中，对阶后

$$[x]_{补} = 00，100；00.0101$$

$$[y]_{补} = 00，100；00.0001$$

$$\begin{array}{r} 00.0101 \\ +00.0001 \\ \hline 00.0110 \end{array}$$

3. 规格化

求和之后得到的数可能不是规格化的数，为了增加有效数字的位数，提高运算精度，必须将求和的结果规格化。

当尾数用二进制表示时，浮点规格化的定义是尾数 S 应满足

$$1/2 \leqslant |S| < 1$$

由于采取补码进行运算，因此要进行补码规格化。

对于正数，浮点数规格化补码形式为 $[S]_{补} = 00.1\times\times\cdots\times$；对于负数，浮点数规格化补码形式为 $[S]_{补} = 11.0\times\times\cdots\times$。有两个特殊的数，当 $S = -1/2$ 时，其补码形式为 11.10⋯0，虽然满足 $1/2 \leqslant |S| < 1$，但不满足以上两种形式中的任一种，所以不是规格化的数；当 $S = -1$ 时，其补码形式为 11.00⋯0，虽然不满足 $1/2 \leqslant |S| < 1$，但满足以上两种形式中的 $11.0\times\times\cdots\times$，所以是规格化的数。这样，当进行补码浮点加减运算时，只需对运算结果的符号位和小数点后的第一位进行比较：如果它们不等，即为 $00.1\times\times\cdots\times$ 或 $11.0\times\times\cdots\times$，就是规格化的数；如果它们相等，即为 $00.0\times\times\cdots\times$ 或 $11.1\times\times\cdots\times$，就不是规格化的数。在这种情况下需要尾数左移以实现规格化的过程，叫作向左规格化，即左规，规则是尾数左移 1 位，阶码减 1。

例 3-21 中尾数求和的结果是

$$[x+y]_{补} = 00，100；00.0110$$

由于符号位和第一位数相等，不是规格化数，需左规，得到规格化后结果：

$$[x+y]_{补} = 00，011；00.1100$$

在浮点加减运算时，尾数求和的结果也可能得到 $01.\times\times\cdots\times$ 或 $10.\times\times\cdots\times$ 的形式，即两符号位不相等。这在定点加减运算中称为溢出，是不允许的。但在浮点运算中，它表明尾数求和结果的绝对值大于 1。向左破坏了规格化，此时将尾数运算结果右移以实现规格化表示，称为向右规格化，即右规，规则是尾数右移 1 位，阶码加 1。

4. 舍入

在对阶或右规时，尾数要向右移位，尾数末位被移丢，从而造成一定误差，因此要进行舍入处理。常用的舍入方法有两种：一种是“0 舍 1 入”法，即当右移时，被丢掉数位的最高位为 0，则舍去，反之，被丢掉数位的最高位为 1，则将尾数的末位加 1；另一种是“末位恒置 1”法，即只要数位被移丢，就在尾数的末位恒置 1。

5. 判断溢出

浮点数的溢出是以其阶码溢出表现出来的。在加减运算真正结束前，要检查是否产生溢出。在加减运算过程中，都采用补码加减法运算，并用两位符号位判断溢出。若阶码正常（即符号位为 00 或 11 时），加减运算正常结束，没有溢出；若阶码异常（即符号位为 01 或 10 时），则为溢出。若为下溢，将运算结果置为浮点形式的机器零；若为上溢，则置溢出标志。

【例 3-22】 设两浮点数 $x = 0.100110\times 2^3$，$y = -0.100111\times 2^5$，求 $x+y$。

解： 假设两数在计算机中以补码表示，并采用双符号位，即

$$[x]_{补}=00,011;00.100110,\ [y]_{补}=00,101;11.011001$$

1）对阶。先求阶差：

$$[\Delta j]_{补}=[j_x]_{补}-[j_y]_{补}=[j_x]_{补}+[-j_y]_{补}=00,011+11,011=11,110$$

所以 $\Delta j=-2$，表示 x 的阶码比 y 的阶码小 2，因此将 x 的尾数右移两位。

右移一位，得 $[x]_{补}=00,100;00.010011$（0 舍 1 入）。再右移一位，得 $[x]_{补}=00,101;00.001001$（末位恒置 1）。至此，两数的阶码相等，表示对阶完毕。

2）尾数求和。对阶后可进行尾数求和，即将两数尾数相加。

$$[x]_{补}=00,101;00.001001$$

$$[y]_{补}=00,101;11.011001$$

求和

```
  00.001001 (10)
 +11.011001
 ----------
  11.100010
```

故得 $[x+y]_{补}=00,101;11.100010$

3）规格化。由于尾数运算结果的符号位与最高数值为同号，所以需左规。

左规后得

$$[x+y]_{补}=00,100;11.000100$$

4）舍入。在对阶中采取“0 舍 1 入”法和末位置 1 法，得到

$$[x+y]_{补}=00,100;11.000100$$

5）判断溢出。阶码符号位为 00，无溢出，故得最终结果为

$$x+y=-0.111100\times 2^4$$

3.3.2 乘除法运算

设有两个浮点数 x 和 y，它们分别为

$$x=S_x\cdot 2^{j_x},\ y=S_y\cdot 2^{j_y}$$

其中 j_x 和 j_y 分别为数 x 和 y 的阶码，S_x 和 S_y 分别为数 x 和 y 的尾数。

浮点数乘法运算规则为：

$$x\cdot y=S_x\cdot S_y\cdot 2^{j_x+j_y}$$

即两浮点数相乘，其乘积的阶码为相乘两数阶码之和，其尾数为相乘两数的尾数之积。

浮点数除法运算规则为：

$$x/y=(S_x/S_y)\cdot 2^{j_x-j_y}$$

即两个浮点数相除，商的阶码为被除数的阶码减去除数的阶码得到的差，尾数为被除数的尾数除以除数的尾数所得的商。

参加运算的两个数都为规格化浮点数。乘除运算都可能出现结果不满足规格化要求的问题，因此也必须进行规格化、舍入和判断溢出等操作。规格化时要修改阶码。

1. 浮点数的阶码运算

阶码有 +1、−1、两阶码求和以及两阶码求差四种运算，还要检查结果是否溢出。在计算机中，阶码通常用补码或移码形式表示。补码运算规则和判定溢出的方法已在 3.3.1 小节中说明，这里讨论移码的运算规则和判定溢出的方法。

当阶码由 1 位符号位和 n 位数值组成时，其移码的定义为：

$$[j_x]_{移}=2^n+j_x \quad -2^n \leqslant j_x < 2^n$$

$$[j_y]_{移}=2^n+j_y \quad -2^n \leqslant j_y \leqslant 2^n$$

按此定义，有

$$\begin{aligned}[j_x]_{移}+[j_y]_{移}&=(2^n+j_x)+(2^n+j_y)\\&=2^n+(2^n+j_x+j_y)\\&=2^n+[j_x+j_y]_{移}\end{aligned}$$

即直接用移码求阶码之和时，结果的最高位多加了个 1，要得到移码形式的结果，需对结果的符号取反。

根据补码定义 $[j_y]_{补}=2^{n+1}+j_y \pmod{2^{n+1}}$

对于同一个数值，移码和补码的数值位完全相同，而符号位正好相反。因此求阶码和（用移码表示）可用下式完成：

$$\begin{aligned}[j_x]_{移}+[j_y]_{补}&=(2^n+j_x)+(2^{n+1}+j_y)\\&=2^{n+1}+(2^n+j_x+j_y)\\&=2^{n+1}+[j_x+j_y]_{移}\\&=[j_x+j_y]_{移} \pmod{2^{n+1}}\end{aligned}$$

同理有

$$[j_x]_{移}+[-j_y]_{补}=[j_x-j_y]_{移}$$

以上表明执行移码加或减时，可取加数或减数符号位的反码进行运算。

如果阶码运算的结果溢出，上述条件则不成立。此时，使用双符号位的阶码加法器，并规定移码的第二个符号位，即最高符号位恒用 0 参加加减运算，则溢出条件是结果的最高符号位为 1。此时，当低位符号位为 0 时，表明结果上溢；低位符号位为 1 时，表明结果下溢。当最高符号位为 0 时，表明没有溢出。此时，当低位符号位为 1 时，表明结果为正；低位符号位为 0 时，表明结果为负。

例如，假定阶码用四位表示，则其表示范围为 −8 ~ +7。讨论以下 4 种情况：

当 $j_x=+011$，$j_y=+110$ 时，则有

$[j_x]_{移}=01011$，$[j_y]_{补}=00110$，$[-j_y]_{补}=11010$

1）$[j_x+j_y]_{移}=[j_x]_{移}+[j_y]_{补}=10001$，结果上溢。

2）$[j_x-j_y]_{移}=[j_x]_{移}+[-j_y]_{补}=00101$，结果正确，为 −3。

当 $j_x=-011$，$j_y=-110$ 时，则有

$[j_x]_{移}=00101$，$[j_y]_{补}=11010$，$[-j_y]_{补}=00110$

3）$[j_x+j_y]_{移}=[j_x]_{移}+[j_y]_{补}=11111$，结果下溢。

4）$[j_x-j_y]_{移}=[j_x]_{移}+[-j_y]_{补}=01011$，结果正确，为 +3。

阶码用移码表示的优点是：

1）尾数的符号位在浮点数表示的最高位，比较两个浮点数的大小时，符号非常重要，正数一定大于负数。阶码的位置在机器数表示中处在符号位和尾数位之间，阶码值大的，其移码形式的机器数也大，便于比较浮点数的大小。

2）移码的最小值为各位均为 0，它被用来表示机器零。即当阶码的值小于或等于移码所能

表示的最小值时，认为浮点数的值为0，此时的机器零为阶码和尾数均为0的形式，给硬件的判零带来很大方便。

2. 浮点数的尾数处理

在计算机中，浮点数的尾数总是用确定的位数来表示的，但浮点数的运算结果却常常超过给定的位数。加减运算过程中的对阶和右规处理，会使尾数低位部分的一位或多位的值丢失，乘除运算也可有更多位数的结果。怎样处理多出来的这些位上的值呢？第一种方法是无条件地丢掉正常尾数最低位之后的全部数值。这种方法的好处是处理简单，缺点是影响结果的精度。第二种方法是运算过程中保留右移中移出的若干高位的值，最后再按某种规则用这些位上的值修正尾数。这种处理方法被称为舍入处理。

当尾数用原码表示时，舍入规则比较简单。较简便的方法是只要尾数最低位为1，或移出的几位中有为1的数值位，就使最低位的值为1。另一种方法是"0舍1入"法，即当丢失的最高位的值为1时，把这个1加到最低数值位上进行修正，否则舍去丢失的各位的值。

当尾数用补码表示时，所用的舍入规则应该与用原码表示时产生相同的处理效果。具体规则是：当丢失的各位均为0时，不必舍入；当丢失的最高位为0、以下各位不全为0时，或者丢失的最高位为1、以下各位均为0时，则舍去丢失位上的值；当丢失的最高位为1、以下各位不全为0时，则执行在尾数最低位入1的修正操作。

【例3-23】 设 $[x]_{补}=11.10110000$，$[y]_{补}=11.10100010$，$[m]_{补}=11.10101000$，$[n]_{补}=11.01111001$，对以上4个补码进行只保留小数点后4位有效数字的舍入操作。

解：执行舍入操作后，其结果值分别为：

$[x]_{补}=11.1011$（不舍不入），$[y]_{补}=11.1010$（舍），$[m]_{补}=11.1010$（舍），$[n]_{补}=11.1000$（入）

【例3-24】 设两浮点数 $x=0.100110\times 2^{3}$，$y=-0.100111\times 2^{-5}$，阶码用4位移码表示，尾数（含符号位）用8位补码表示，求 xy。要求直接用补码完成尾数乘法运算，运算结果尾数仍保留8位（含符号位），并用尾数之后的4位值处理舍入操作。

解：移码采用双符号位，尾数补码采用三符号位，则有

$[S_x]_{补}=000.1001100$，$[-S_x]_{补}=111.0110100$，$[S_y]_{补}=111.0110010$

$[j_x]_{移}=01, 011$，$[j_y]_{移}=00, 011$，$[j_y]_{补}=11, 011$

$[x]_{补}=01, 011; 000.1001100$，$[y]_{补}=00, 011; 111.0110010$

1）求阶码和。

$[j_x+j_y]_{移}=[j_x]_{移}+[j_y]_{补}=01, 011+11, 011=00, 110$，值为移码形式 -2。

2）尾数采用补码两位乘实现，即假设两数在计算机中以补码表示，并采用双符号位，即

$$[S_x]_{补}=000.1001100,\ [-S_x]_{补}=111.0110100,\ [S_y]_{补}=1.0110010$$

$$2[S_x]_{补}=001.0011000,\ 2[-S_x]_{补}=110.1101000$$

其数值部分运算见表3-19。

故 $[S_xS_y]_{补}=111.10100011011000$

3）规格化。由于尾数运算结果的符号位与最高数值为同号，需左规。左规后得

$[xy]_补 = 11，101；111.01000110110000$

表 3-19　用补码两位乘求 $[S_xS_y]_补$

部分积	乘　数	y_{n+1}	说　明
000.0000000 +110.1101000	10　11　00　10	0	部分积为 0 $y_{n-1}y_ny_{n+1}$ 为 100 $+2[-S_x]_补$
110.1101000 111.1011010 +000.1001100	00　10　11　00	1	右移 2 位得新的部分积 乘数右移 2 位 根据 001，$+[S_x]_补$
000.0100110 000.0001001 +111.0110100	00 10　00　10　11	0	右移 2 位得新的部分积 乘数右移 2 位 根据 110，$+[-S_x]_补$
111.0111101 111.1101111 +111.0110100	10　00 01　10　00　10	1	右移 2 位得新的部分积 乘数右移 2 位 根据 101，$+[-S_x]_补$
111.0100011 111.1010001	01　10　00 10　11　00　0		右移 1 位，形成最终结果

4）舍入处理。尾数为负数，按舍入规则，尾数低位之后的 4 位为 0110，应进行"舍"处理，故尾数为 111.0100011。

故得最终结果为 $[xy]_补 = 11，101；111.0100011$。

其真值为 $xy = -0.1011101 \times 2^{-3}$。

执行浮点乘法的运算步骤，也可用在浮点除法的计算中。

3.4　算术逻辑单元（ALU）

运算器是数据的加工处理部件，是中央处理器的重要组成部分，运算器的核心部件是算术逻辑单元（ALU）。ALU 利用集成电路技术，将若干位全加器、并行进位链、输入选择门三部分集成在一块芯片上，可完成多种算术运算和逻辑运算，例如加法、减法、逻辑与、逻辑异或、加 1、减 1、求补等运算。

3.4.1　并行加法器与快速进位链

如果每步只求一位和，计算 n 位加法需将 n 位加分成 n 步实现，这种加法器称为串行加法器。它只需一位全加器，由移位寄存器从低位到高位串行地提供操作数进行相加，并用一位触发器记下每次的进位，作为下一位的输入之一。串行加法器所需元器件较少，但速度太慢。

如果用 n 位全加器一步实现 n 位相加，就是 n 位同时相加，这种加法器称为并行加法器。计算机的运算基本上都采用并行加法器。所用全加器的次数与操作数位数相同。虽然操作数的各位是同时提供的，但存在进位信号的传递问题，低位运算所产生的进位将会影响高位的运算结果。由于进位传递所经过的门电路级数通常超过各位全加器的门电路级数，进位传递延迟大于全加器本身的延迟，因此加法器的运算速度不仅与全加器速度有关，更取决于进位传递速度。

1. 进位信号的基本逻辑

由全加器的逻辑表达式可知：

和 $S_i = \overline{A_i}\,\overline{B_i}\,C_{i-1} + \overline{A_i}\,B_i\,\overline{C}_{i-1} + A_i\,\overline{B_i}\,\overline{C}_{i-1} + A_iB_iC_{i-1}$

进位 $C_i=\overline{A_i}B_iC_{i-1}+A_i\overline{B_i}C_{i-1}+A_iB_i\overline{C}_{i-1}+A_iB_iC_{i-1}$

$=A_iB_i+(A_i+B_i)C_{i-1}$

其中，进位 C_i 由两部分组成：本地进位 A_iB_i，可记作 d_i，与低位无关；传递进位（A_i+B_i）C_{i-1}，与低位有关，可称 A_i+B_i 为传递条件，记作 t_i，则

$$C_i=d_i+t_iC_{i-1}$$

2. 串行进位链

串行进位链是指并行加法器中的进位信号采用串行传递，如图 3-8 所示就是一个典型的串行进位加法器。

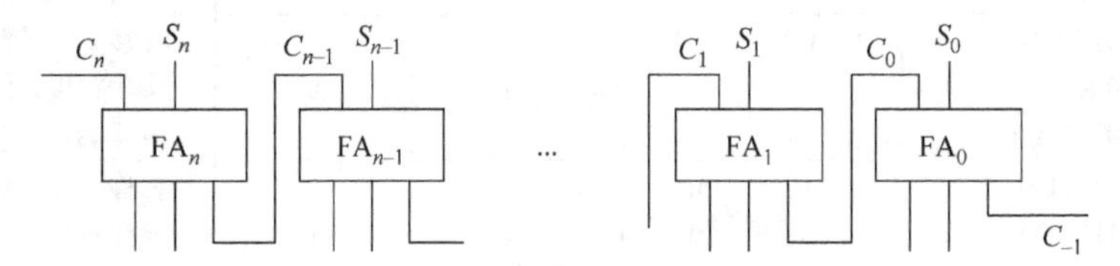

图 3-8　串行进位加法器

以四位并行加法器为例，每一位的进位表达式为：

$$\left.\begin{aligned}C_0&=d_0+t_0C_{-1}\\C_1&=d_1+t_1C_0\\C_2&=d_2+t_2C_1\\C_3&=d_3+t_3C_2\end{aligned}\right\}\qquad(3\text{-}16)$$

由式（3-16）可见，用与非门电路可实现串行进位，如图 3-9 所示。假设与非门的级延迟时间为 T，那么当 d_i、t_i 形成后，共需 $8T$ 便可产生最高位的进位。实际上每增加一位全加器，进位时间就会增加 $2T$。n 位全加器的最长进位时间为 $2nT$。

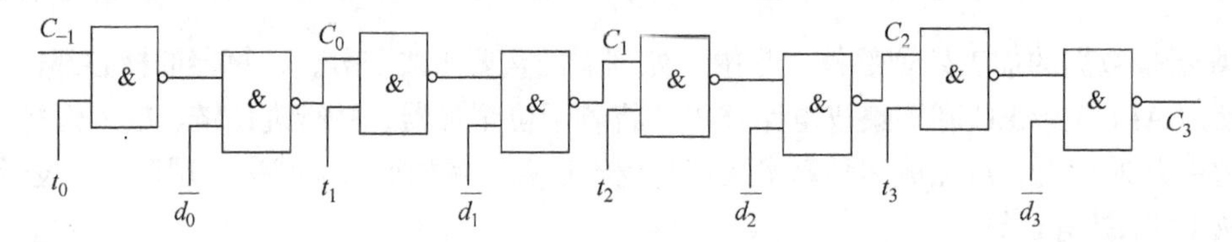

图 3-9　四位串行进位链

3. 并行进位链

为了提高运算速度，现在广泛采用并行进位结构，即并行地形成各级进位。并行进位链是指并行加法器中的进位信号是同时产生的，又称先行进位、跳跃进位等。理想的并行进位链是 n 位全加器的 n 位进位同时产生，但实际实现有困难。通常并行进位链分为单重分组和双重分组两种实现方案。

（1）单重分组跳跃进位　单重分组跳跃进位是指将 n 位全加器分成若干小组，小组内的进位同时产生，小组与小组之间的进位串行产生，这种进位又称为组内并行进位、组间串行进位。

以四位并行加法器为例，将式（3-16）变换为如下表达式：

$$\left.\begin{aligned}C_0&=d_0+t_0C_{-1}\\C_1&=d_1+t_1C_0=d_1+t_1d_0+t_1t_0C_{-1}\\C_2&=d_2+t_2C_1=d_2+t_2d_1+t_2t_1d_0+t_2t_1t_0C_{-1}\\C_3&=d_3+t_3C_2=d_3+t_3d_2+t_3t_2d_1+t_3t_2t_1d_0+t_3t_2t_1t_0C_{-1}\end{aligned}\right\}\qquad(3\text{-}17)$$

式（3-17）对应的逻辑图如图 3-10 所示。

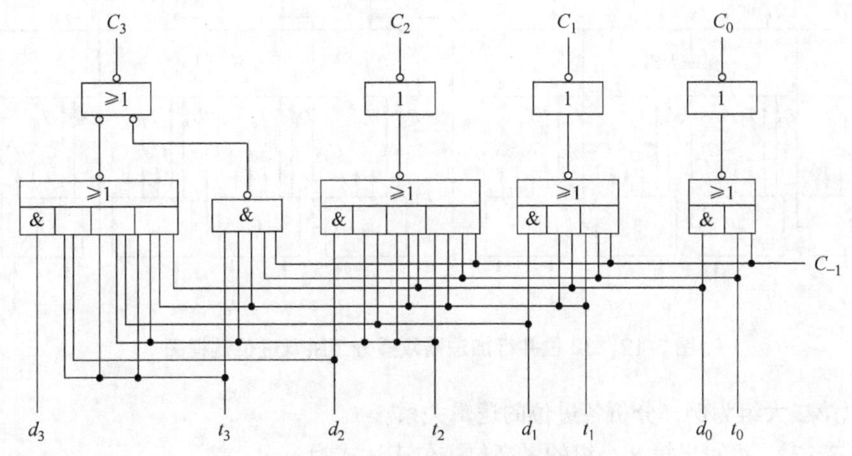

图 3-10　四位一组并行进位链

设与或非门的级延迟时间为 1.5*T*，与非门的级延迟时间为 1*T*，则 d_i、t_i 形成后，只需 2.5*T* 就可产生全部进位。

若将 16 位的全加器按 4 位一组分组，便可得单重分组跳跃进位链框图，如图 3-11 所示。

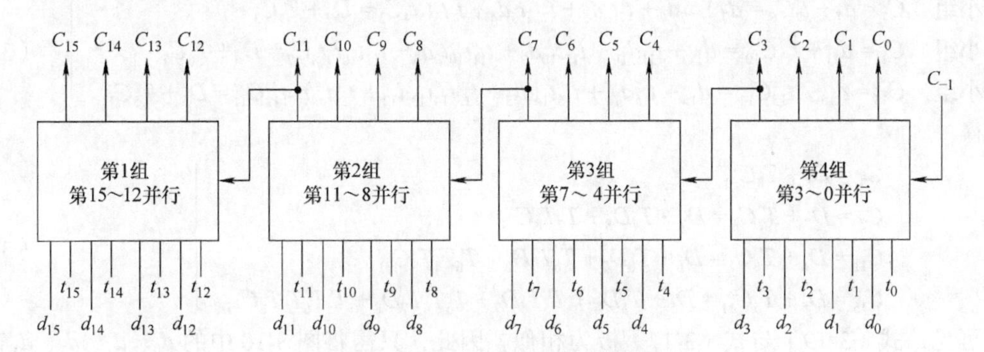

图 3-11　单重分组跳跃进位链框图

在 d_i、t_i 形成后，经过 2.5*T* 就可产生 C_3、C_2、C_1、C_0 4 个进位信息，经过 10*T* 就可产生全部进位，而 16 位串行进位链的全部进位时间为 32*T*，可见单重分组跳跃进位时间仅为串行进位链的 1/3。但随着 *n* 的增大，其优势便很快减弱。如当 $n = 64$ 时，按 4 位分组，共分为 16 组，组间有 16 位串行进位，在 d_i、t_i 形成后，还需经过 40*T* 才能产生全部进位，显然进位时间太长。如果能使组间进位也同时产生，必然会更大地提高进位速度，这就是组内、组间并行的进位链。

（2）双重分组跳跃进位　双重分组跳跃进位就是将 *n* 位全加器分成几个大组，每个大组又包含几个小组，而每个大组内包含的各个小组的最高位进位是同时形成的，各个小组除最高位进位外的其他进位也是同时产生的，大组与大组间采用串行进位，故双重分组跳跃进位又称为组内并行进位、组间并行进位。图 3-12 所示是一个 32 位并行加法器双重分组跳跃进位链的框图。

图 3-12 中共分 2 个大组，每个大组又包含 4 个小组，第一大组内的 4 个小组的最高位进位 C_{31}、C_{27}、C_{23}、C_{19} 是同时形成的；第二大组内 4 个小组的最高进位 C_{15}、C_{11}、C_7、C_3 是同时形成的，而第二大组向第一大组的进位 C_{15} 采用串行进位方式。

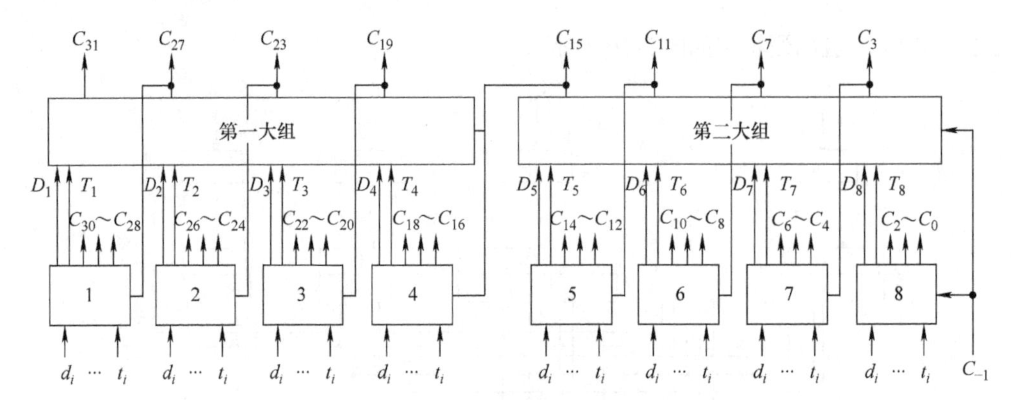

图 3-12　32 位并行加法器双重分组跳跃进位链框图

下面以第二大组为例，分析各进位的逻辑关系。

由式（3-17），可写出第 8 小组的最高位进位表达式为：

$$C_3 = d_3 + t_3C_2 = d_3 + t_3d_2 + t_3t_2d_1 + t_3t_2t_1d_0 + t_3t_2t_1t_0C_{-1} = D_8 + T_8C_{-1}$$

式中，$D_8 = d_3 + t_3d_2 + t_3t_2d_1 + t_3t_2t_1d_0$ 仅与本小组内的 d_i、t_i 有关，不依赖外来的进位 C_{-1}，故称 D_8 为第 8 小组的本地进位；$T_8 = t_3t_2t_1t_0$ 是将低位进位 C_{-1} 传到高位小组的条件，故称 T_8 为第 8 小组的传送条件。同理可写出第 5、6、7 小组的最高位进位表达式：

$$\left.\begin{aligned}
&\text{第 7 小组}\quad C_7 = d_7 + t_7C_6 = d_7 + t_7d_6 + t_7t_6d_5 + t_7t_6t_5d_4 + t_7t_6t_5t_4C_3 = D_7 + T_7C_3\\
&\text{第 6 小组}\quad C_{11} = d_{11} + t_{11}C_{10} = d_{11} + t_{11}d_{10} + t_{11}t_{10}d_9 + t_{11}t_{10}t_9d_8 + t_{11}t_{10}t_9t_8C_7 = D_6 + T_6C_7\\
&\text{第 5 小组}\quad C_{15} = d_{15} + t_{15}C_{14} = d_{15} + t_{15}d_{14} + t_{15}t_{14}d_{13} + t_{15}t_{14}t_{13}d_{12} + t_{15}t_{14}t_{13}t_{12}C_{11} = D_5 + T_5C_{11}
\end{aligned}\right\}\quad (3\text{-}18)$$

展开得

$$\left.\begin{aligned}
&C_3 = D_8 + T_8C_{-1}\\
&C_7 = D_7 + T_7C_3 = D_7 + T_7D_8 + T_7T_8C_{-1}\\
&C_{11} = D_6 + T_6C_7 = D_6 + T_6D_7 + T_6T_7D_8 + T_6T_7T_8C_{-1}\\
&C_{15} = D_5 + T_5C_{11} = D_5 + T_5D_6 + T_5T_6D_7 + T_5T_6T_7D_8 + T_5T_6T_7T_8C_{-1}
\end{aligned}\right\}\quad (3\text{-}19)$$

可见，式（3-19）与式（3-17）极为相似，因此，只需将图 3-10 中的 d_0、d_1、d_2、d_3 改为 D_8、D_7、D_6、D_5，又将 t_0、t_1、t_2、t_3 改为 T_8、T_7、T_6、T_5，便可构成第二重跳跃进位链，即大组跳跃进位链，如图 3-13 所示。

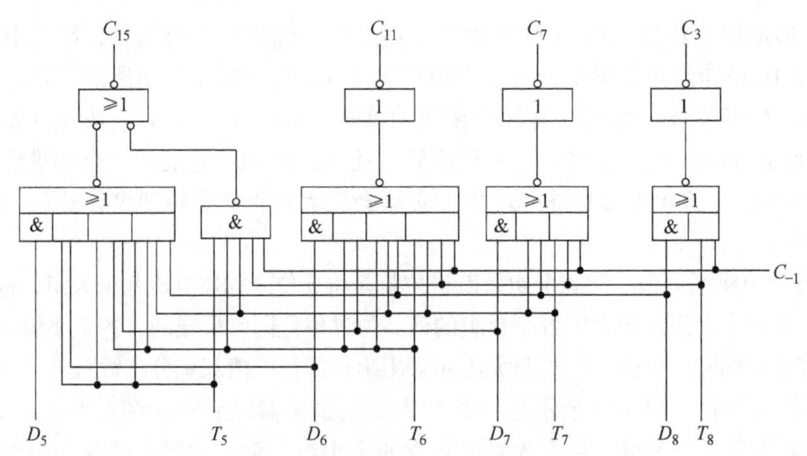

图 3-13　双重分组跳跃进位链的大组进位线路

可见，当 D_i、T_i（$i=5\sim8$）及外来进位 C_{-1} 形成后，再经过 $2.5T$，便可产生 C_{15}、C_{11}、C_7、C_3。至于 D_i 和 T_i 可由式（3-18）求得，它们都是由小组产生的，按其逻辑表达式可画出相应的电路，如图 3-14 所示。

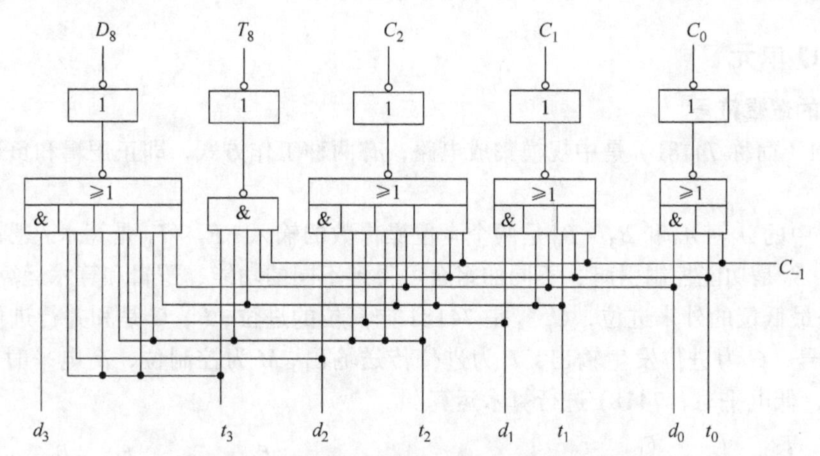

图 3-14 双重分组跳跃进位链的小组进位线路

可见，每小组可产生本小组的本地进位 D_i 和传送条件 T_i 及组内的各低位进位，但不能产生组内最高位进位，即第 5 组形成 D_5、T_5、C_{14}、C_{13}、C_{12}，不产生 C_{15}；第 6 组形成 D_6、T_6、C_{10}、C_9、C_8，不产生 C_{11}；第 7 组形成 D_7、T_7、C_6、C_5、C_4，不产生 C_7；第 8 组形成 D_8、T_8、C_2、C_1、C_0，不产生 C_3。

图 3-13 和图 3-14 两种类型的线路可构成 16 位并行加法器的双重分组跳跃进位链框图，如图 3-15 所示。

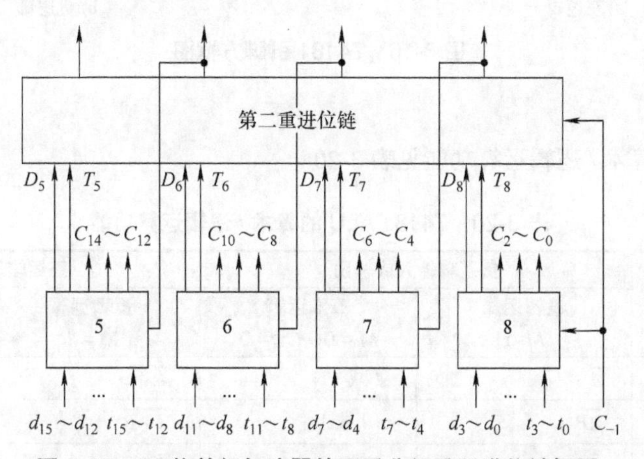

图 3-15 16 位并行加法器的双重分组跳跃进位链框图

由图 3-13~ 图 3-15 可计算出从 d_i、t_i 及外来进位 C_{-1} 形成后，经 $2.5T$ 形成 C_2、C_1、C_0 和所有 D_i、T_i；再经 $2.5T$ 形成大组内的 4 个进位 C_{15}、C_{11}、C_7、C_3；再经 $2.5T$ 形成第 5、6、7 小组的其余进位 C_{14}、C_{13}、C_{12}、C_{10}、C_9、C_8、C_6、C_5、C_4。可见，按双重分组设计 $n=16$ 的进位链，最长的进位时间为 $7.5T$，比单重分组进位链又节省了 $2.5T$。

由图 3-12 所示的 32 位并行加法器的双重分组进位链，可得从 d_i、t_i 及外来进位 C_{-1} 形成后，经 $2.5T$ 形成 C_2、C_1、C_0 和所有 D_i、T_i；再经 $2.5T$ 形成大组内的 4 个进位 C_{15}、C_{11}、C_7、C_3；再经 $2.5T$ 形成 C_{18}、C_{17}、C_{16}、C_{14}、C_{13}、C_{12}、C_{10}、C_9、C_8、C_6、C_5、C_4 和 C_{31}、C_{27}、C_{23}、C_{19}；

最后再经 2.5T 形成 C_{30}、C_{29}、C_{28}、C_{26}、C_{25}、C_{24}、C_{22}、C_{21}、C_{20}。可见产生全部进位的时间为 10T。若采用单重分组进位链，仍以 4 位为一组分组，则产生全部进位的时间为 20T，比双重分组多一倍。显然，n 的值越大，双重分组的优越性越突出。

3.4.2　ALU 单元

1. ALU 的逻辑符号

SN74181（简称 74181）是中规模集成电路，有两种工作方式，即正逻辑和负逻辑，如图 3-16 所示。

图 3-16 中的 $A_3 \sim A_0$ 和 $B_3 \sim B_0$ 是两个 4 位操作数的输入；$F_3 \sim F_0$ 是算术 / 逻辑运算结果的输出；$S_3 \sim S_0$ 是功能控制引脚，不同的组合可得到不同的功能，逻辑和算术运算各有 16 种功能；C_{-1} 是最低位的外来进位，C_{n+4} 是 74181 向高位的进位；P、G 是和并行进位链电路连接的输出信号，G 为进位发生输出，P 为进位传送输出；M 为控制位，高电平时，74181 进行逻辑运算，低电平时，74181 进行算术运算。

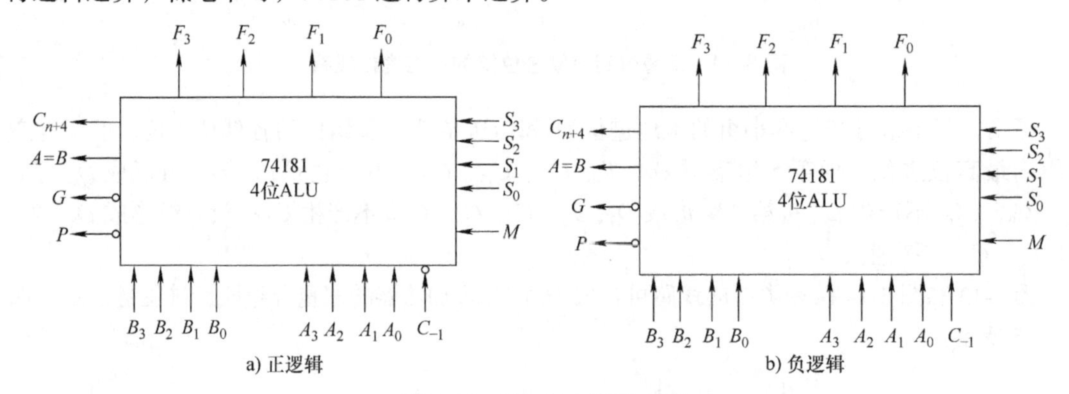

图 3-16　74181 引脚方框图

2. ALU 的功能

74181 ALU 的算术 / 逻辑运算功能见表 3-20。

表 3-20　74181 ALU 的算术 / 逻辑运算功能

功能选择 输入 $S_3S_2S_1S_0$	负逻辑输入或输出		正逻辑输入或输出	
	逻辑运算 M=1	算术运算 $M=0$，$C_{-1}=0$	逻辑运算 $M=1$	算术运算 $M=0$，$C_{-1}=1$
0000	$\overline{A}$	A 减 1	$\overline{A}$	A
0001	$\overline{AB}$	AB 减 1	$\overline{A+B}$	$A+B$
0010	$\overline{A}+B$	$A\overline{B}$减 1	$\overline{A}B$	$A+\overline{B}$
0011	逻辑 1	减 1	逻辑 0	减 1
0100	$\overline{A+B}$	A 加（$A+\overline{B}$）	$\overline{AB}$	A 加 $A\overline{B}$
0101	$\overline{B}$	AB 加（$A+\overline{B}$）	$\overline{B}$	（$A+B$）加 $A\overline{B}$
0110	$\overline{A\oplus B}$	A 减 B 减 1	$A\oplus B$	A 减 B 减 1
0111	$A+\overline{B}$	$A+\overline{B}$	$A\overline{B}$	$A\overline{B}$减 1
1000	$\overline{A}B$	A 加（$A+B$）	$\overline{A}+B$	A 加 AB
1001	$A\oplus B$	A 加 B	$\overline{A\oplus B}$	A 加 B

（续）

功能选择输入 $S_3S_2S_1S_0$	负逻辑输入或输出		正逻辑输入或输出	
	逻辑运算 $M=1$	算术运算 $M=0$，$C_{-1}=0$	逻辑运算 $M=1$	算术运算 $M=0$，$C_{-1}=1$
1010	B	$A\overline{B}$加（$A+B$）	B	（$A+\overline{B}$）加 AB
1011	$A+B$	$A+B$	AB	AB 减 1
1100	逻辑 0	0	逻辑 1	0
1101	$A\overline{B}$	AB 加 A	$A+\overline{B}$	$A+B$ 加 A
1110	AB	$A\overline{B}$加 A	$A+B$	$A+\overline{B}$加 A
1111	A	A	A	A 减 1

以正逻辑为例，当 $M=1$，$S_3\sim S_0=0111$ 时，74181 做逻辑运算 $A\overline{B}$；当 $M=0$，$S_3\sim S_0=0111$ 时，74181 做算术运算，且当 $C_{-1}=1$ 时，完成 $A\overline{B}$减 1 的操作。

3.5　习题

1. 解释下列名词术语：逻辑运算，逻辑与，逻辑或，逻辑非，逻辑异或，算术移位，逻辑移位，串行加法器，并行加法器，进位链，串行进位，并行进位，单重分组跳跃进位，多重分组跳跃进位，对阶，左规，右规。

2. 已知 x 和 y，求出 xy，$x+y$，$x\oplus y$，$\overline{x}$，$\overline{y}$。

（1）$x=01010101B$，$y=10101010B$　　（2）$x=00001111B$，$y=10011001B$

（3）$x=74O$，$y=26O$　　（4）$x=35O$，$y=10O$

（5）$x=56D$，$y=43D$　　（6）$x=28D$，$y=94D$

（7）$x=B4H$，$y=5DH$　　（8）$x=3EH$，$y=9AH$

3. 设机器数字长为 8 位（含 1 位符号位），对下列各机器数进行算术左移 1 位、2 位和算术右移 1 位、2 位，并讨论结果是否正确。

$[x]_{原}=0.0011010$；$[x]_{补}=0.1010100$；$[x]_{反}=1.0101111$；

$[x]_{原}=1.1101000$；$[x]_{补}=1.1101000$；$[x]_{反}=1.1101000$；

$[x]_{原}=1.0011001$；$[x]_{补}=1.0011001$；$[x]_{反}=1.0011001$。

4. 试比较逻辑移位和算术移位。

5. 在定点机中如何判断补码加减法运算是否溢出？有几种方案？

6. 已知两个数 x 和 y，用变形补码求 $x+y$ 和 $x-y$，同时指出运算结果是否溢出。

（1）$x=9/64$，$y=-13/32$

（2）$x=19/32$，$y=-17/128$

（3）$x=0.11011$，$y=-0.10101$

7. 已知 $[x]_{补}=1.1001$，$[y]_{补}=1.1110$，用变形补码求 $2[x]_{补}+1/2[y]_{补}$，同时指出运算结果是否溢出。

8. 已知 $[x]_{补}$和 $[y]_{补}$，计算下列各题。

（1）$[x]_{补}=0.11011$，$[y]_{补}=1.01011$，求 $[x+y]_{补}$和 $[x-y]_{补}$。

（2）$[x]_{补}=1.01010$，$[y]_{补}=1.00100$，求 $[x+y]_{补}$和 $[x-y]_{补}$。

9. 设机器数字长为 8 位（含 1 位符号位），用补码运算规则计算下列各题。

（1）$A=-42$，$B=102$，求 $A+B$。

（2）$A = 115$，$B = -24$，求 $A - B$。

10. 通常，计算机中的减法运算是用加法器来完成的。设被减数为 $[x]_{补}$，减数为 $[y]_{补}$，如何利用加法器来求 $[x - y]_{补}$？

（1）写出补码减法的计算公式。

（2）指出这时减数需要做什么样的处理，并以定点整数为例证明这种处理。

11. 用原码一位乘计算 xy。

（1）$x = 0.1001$，$y = -0.1110$

（2）$x = 19$，$y = 35$

12. 已知 $x = -0.1101$，$y = -0.0110$，用原码两位乘计算 xy。

13. 用补码一位乘计算 xy。

（1）$x = -0.1101$，$y = 0.1011$

（2）$x = 13/32$，$y = -27/32$

14. 已知 $x = -0.1001$，$y = -0.1011$，用原码加减交替法计算 x/y。

15. 已知 $x = -0.1001$，$y = 0.1011$，用原码恢复余数法计算 x/y。

16. 已知 $x = 0.1000$，$y = -0.1010$，用补码加减交替法计算 x/y。

17. 已知 $[x]_{补} = 1.0111$，$[y]_{补} = 0.1101$，用加减交替法计算 $[x]_{补}/[y]_{补}$。

18. 什么情况下会出现浮点运算溢出？出现浮点运算溢出后如何处理？

19. 浮点加减运算时，为什么要进行对阶？说明对阶的方法和理由。

20. 试述浮点数规格化的目的和方法。

21. 已知 $x = -0.1000101 \times 2^{-111}$，$y = +0.0001010 \times 2^{-100}$。

（1）用补码求 $x + y$，并判定是否产生溢出。

（2）用补码求 $x - y$，并判定是否产生溢出。

22. 已知 $x = -0.00101100$，$y = -0.00011110$。

（1）采用变形补码求 $[x]_{补} + [y]_{补}$。

（2）将运算结果表示成浮点规格化数。其中阶码 3 位，尾数 8 位（均不含符号位）。

23. 已知某计算机浮点数格式如下：阶码 3 位，尾数 7 位（均不含符号位），有两个十进制数，$x = 105.3$，$y = 33.5$。

（1）请将 x 和 y 转换成二进制浮点数。

（2）按计算机浮点运算操作步骤，求 $x + y$ 的二进制值。

24. 设浮点数的阶码为 4 位（含 1 位阶符），尾数为 8 位（含 1 位尾符），按机器补码运算步骤，完成下列 $[x \pm y]_{补}$运算。

$$x = 5\frac{18}{32},\quad y = 12\frac{8}{16}$$

25. 设阶码取 3 位，尾数取 6 位（均不含符号位），计算下列各题。

（1）$[2^3 \times 13/16] \times [2^4 \times (-9/16)]$

（2）$[2^6 \times (-11/16)] \div [2^3 \times (-15/16)]$

（3）$[2^3 \times (-1)] \times [3^{-2} \times 57/64]$

（4）$[3^{-6} \times (-1)] \div [2^7 \times (-1/2)]$

26. 设浮点数阶码取 3 位，尾数取 6 位（均不含符号位），要求阶码用移码运算，尾数用补码运算，计算 xy，且结果保留 1 倍字长。

（1）$x = 3^{-100} \times 0.101101$，$y = 3^{-011} \times (-0.110101)$

（2）$x = 3^{-011} \times (-0.100111)$，$y = 2^{101} \times (-0.101011)$

27. 机器数格式同题 26，要求阶码用移码运算，尾数用补码运算，计算 x/y。

（1）$x = 2^{101} \times 0.100111$，$y = 2^{011} \times (-0.101011)$

（2）$x = 2^{110} \times (-0.101101)$，$y = 2^{011} \times (-0.111100)$

28. 串行加法器和并行加法器有什么不同？影响并行加法器的关键因素是什么？设低位来的进位信号为 C_0，请分别按下述两种方式写出 C_4、C_3、C_2、C_1 的逻辑表达式。

（1）串行进位方式。

（2）并行进位方式。

29. 浮点数的阶码为什么通常采用移码？

30. 什么是规格化数？如何判断一个数是否是规格化数？

第4章 存储器系统

存储器是计算机信息存储的核心，是计算机最重要的部件之一。如何设计容量大、速度快、价格低的存储器，一直是计算机发展的一个重要问题。本章以这个问题为主线，重点介绍了主存储器的分类、工作原理、组成方式以及与其他部件的联系。另外，本章还介绍了高速缓冲存储器、虚拟存储器的基本组成和工作原理以及常见的辅助存储器。

4.1 存储器的分类及层次结构

4.1.1 存储器的分类

存储器是用来存储程序和各种数据信息的记忆部件，是计算机硬件系统的重要组成部分。有了存储器，计算机才具有“记忆”功能，才能把程序及数据的信息保存起来。计算机就是按照存放在存储器中的程序自动连续地进行工作而实现信息处理功能的。

随着计算机的发展，存储器在系统中的地位越来越重要。超大规模集成电路的制作技术使CPU的速度变得非常快，而存储器的存取速度很难与之匹配，这就使计算机系统的运行速度在很大程度上受到存储器存取速度的制约。另外，I/O设备不断增多，出现了I/O与存储器的直接存取方式（DMA方式），使存储器的地位更为突出。在多处理机系统中，各处理机本身都需要与其主存交换信息，而且各处理机间也需共享存放在存储器中的数据。因此，存储器的地位就更为重要，从某种意义上说，存储器的性能已成为计算机系统的核心。

构成存储器的存储介质，目前主要采用半导体器件和磁性材料。一个双稳态半导体电路或一个CMOS晶体管或磁性材料的存储元，均可以存储一位二进制代码。这个二进制代码位是存储器中最小的存储单位，称为一个存储位或存储元。由若干个存储元组成一个存储单元，然后再由许多存储单元组成一个存储器。

根据存储材料的性能及使用方法的不同，存储器有各种不同的分类方法。

1. 按存储介质分类

作为存储介质的基本要求，必须有两个明显区别的物理状态，分别用来表示二进制的代码0和1，而且存储器的存取速度又取决于这种物理状态的改变速度。按照使用的存储介质，存储器主要分为3类：一是以半导体器件为存储介质，用半导体器件构成的存储器称为半导体存储器，如主存储器、U盘等；二是以磁性材料为存储介质，用磁性材料做成的存储器称为磁表面存储器，如磁盘存储器和磁带存储器；三是以光信息为存储介质，用光信息做成的存储器称为光电存储器，如光盘存储器等。

2. 按存取方式分类

按照存取方式一般可以分为两大类：一类是与存取时间和地址无关的（也称随机访问），包括随机存储器（Random Access Memory，RAM）、只读存储器（Read Only Memory，ROM）；另一类是与存取时间和地址有关的（也称串行访问），包括顺序存储器（Sequential Access Memory，SAM）、直接存储器（Direct Access Memory，DAM）。

RAM 中任何单元的内容都能按照其地址随机进行读取或写入，存取时间与单元物理位置无关。一般主存储器都是由 RAM 组成的，如高速缓存。

ROM 正常工作时，存储体中的数据只能读取不能被改写，通常用来存放长期不需要改变的程序和数据，如主板上的 ROM-BIOS 和显卡上的字符发生器。

SAM 中所存信息的排列、寻址和读 / 写操作均是按照顺序进行的，并且存取时间与信息在存储器中的物理位置有关，存储信息按照存储顺序进行访问，如磁带。

DAM 既不像 RAM 那样能随机地访问任何存储单元，也不像 SAM 那样完全按照顺序存取，而是兼有 RAM 和 SAM 的特征，在寻找扇区的过程中是随机存取的，在扇区内存取数据时是顺序存取的，如磁盘。

3. 按存储器的读写功能分类

按照读写功能可把存储器分为 RAM 和 ROM。RAM 存储的内容既能写入又能读出，称为随机存储器，又称读写存储器。ROM 存储的内容是固定不变的，在计算机系统的运行过程中，只能对其进行读操作，而不能进行写操作，因此这种存储器称为只读存储器。

按照存放信息原理的不同，RAM 又可分为静态 RAM 和动态 RAM 两种。静态 RAM 是以双稳态元件作为基本的存储单元来保存信息的，因此，其保存的信息在不断电的情况下是不会被破坏的；而动态 RAM 是靠电容的充、放电原理来存放信息的，由于保存在电容上的电荷会随着时间而泄漏，因而会使这种器件中存放的信息丢失，必须定时进行刷新。

随着半导体技术的发展，ROM 也出现了不同的种类，如可编程只读存储器（Programmable ROM，PROM）、可擦除可编程只读存储器（Erasable Programmable ROM，EPROM）、电擦除可编程只读存储器（Electric ally-Erasable Programmable ROM，EEPROM）以及掩模型只读存储器（Masked ROM，MROM）等。近年来发展起来的闪速存储器（Flash Memory）具有 EEPROM 的特点。

4. 按信息的可保存性分类

断电后信息就消失的存储器，称为非永久记忆的存储器。断电后仍能保存信息的存储器，称为永久性记忆的存储器。磁性材料做成的存储器是永久性存储器，半导体读写存储器 RAM 是非永久性存储器。

5. 按在计算机系统中的作用分类

按照存储器在计算机系统中的作用不同，可将其分为主存储器（主存）、辅助存储器（外存储器）、高速缓冲存储器（高速缓存）等，如图 4-1 所示。主存储器又称为系统的主存或者内存，位于系统主机的内部，CPU 可以直接对其中的单元进行读 / 写操作。辅助存储器又称外存储器（简称外存），位于系统主机的外部，CPU 对其进行的存 / 取操作必须通过主存才能进行。高速缓冲存储器又称高速缓存，位于主存与 CPU 之间，其存取速度非常快，但存储容量更小，可用来解决存取速度与存储容量之间的矛盾，提高整个系统的运行速度。

4.1.2 存储器的层次结构

1. 问题的提出

存储器的主要性能指标是速度、容量和每位价格（又称位价）。

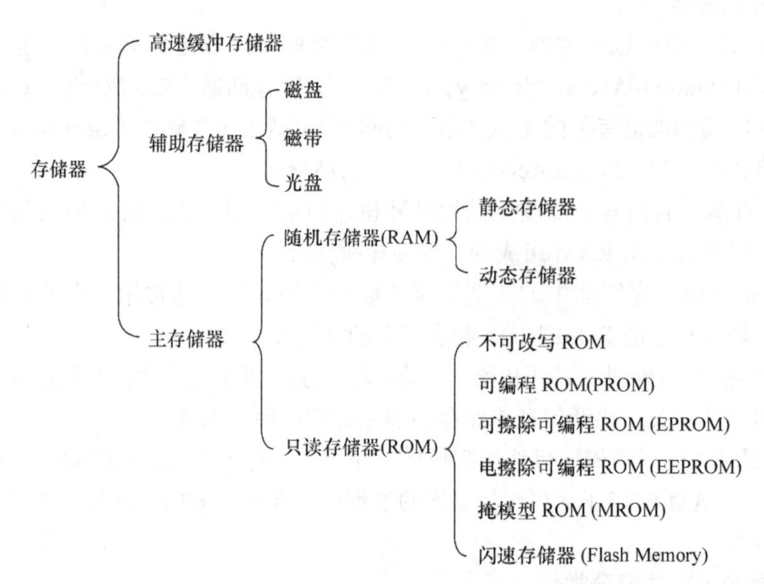

图 4-1　存储器按在计算机系统中的作用分类

用户对存储器的要求是容量大、速度快、位价低。对容量的要求是存储器能够存放用户足够大、足够复杂的应用程序。对速度的要求是能跟上 CPU 速度，足够快速地向 CPU 提供指令和数据。但是近年 CPU 速度提高得很快，因此对存储器速度的要求也越来越高。对价格的要求是存储器价格越低越好。

但是，在一个存储器中要求同时兼顾这三方面是很困难的。三者之间的矛盾是速度越快，位价越高；容量越大，位价越低；容量越大，速度越慢。

2. 问题的解决

人们为了解决存储器容量和速度之间的矛盾，应用了访问局部性原理，把存储体系设计成为层次化的结构（Memory Hierarchy）以满足使用要求。在这个层次化存储系统中，一般由寄存器、高速缓存（Cache）、主存（内存）、外存（硬盘等）组成，而不只是依赖单一的存储部件或技术。图 4-2 所示为一个通用的存储器层次结构，图中存储器类别从上至下出现下列情况：位价降低，容量增大，存取时间增长，处理器访问存储器的频度降低。

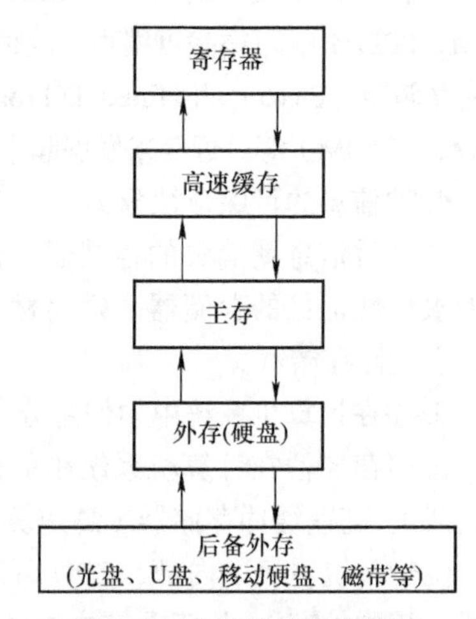

图 4-2　存储器的层次结构

在多级层次结构中寄存器是最高层次的存储部件，容量最小，速度最快，按寄存器名进行访问，其存取速度可以满足 CPU 的要求。

下面一层是高速缓冲存储器，简称高速缓存（Cache），它是计算机系统中的一个高速小容量半导体存储器。在计算机中，为了提高计算机的处理速度，利用高速缓存来高速存取指令和数据，和下一层的主存储器（主存）相比，它的存取速度快，但存储容量小。

再往下是主存储器（主存），是计算机系统的主要存储器，用来存放计算机运行期间的大量程序和数据。它能和高速缓存交换数据和指令。主存由 MOS 半导体存储器组成。

再往下是外存储器（外存），它是大容量辅助存储器。目前主要使用硬盘存储器、U 盘存储器、移动硬盘存储器、磁带存储器和光盘存储器。外存储器的特点是存储容量大、位价低，通常用来存放系统程序和大型数据文件及数据库。

各级存储器的用途和特点见表 4-1。

表 4-1　各级存储器的用途和特点

名称	简称	用途	特点
高速缓冲存储器	Cache	高速存取指令和数据	存取速度快，但存储容量小
主存储器	主存	存放计算机运行期间的大量程序和数据	存取速度较快，存储容量不大
外存储器	外存	存放系统程序和大型数据文件及数据库	存储容量大，位价低

上述存储器的存储层次思想形成了计算机的多级存储管理，各级存储器所承担的职能各不相同。“Cache- 主存”和“主存 - 外存”层次结构是当代计算机普遍采用的两种存储层次，也称为“Cache- 主存 - 外存”三层结构。

1）“Cache- 主存”层次。由于 CPU 和主存之间的性能差距越来越大，为了解决 CPU 和主存速度不匹配的问题，在 CPU 与主存之间加入了 Cache 层。Cache 速度快、容量小、位价高，目的是弥补主存速度的不足。Cache 和主存都能与 CPU 直接交换信息，它们之间的数据调动是由硬件自动完成的，对所有程序员均是不可见的。

2）“主存 - 外存”层次。用户对计算机存储容量的要求逐渐提高，为解决存储系统的容量问题，在主存外加了一个容量更大、位价更低、速度更慢的外存作为辅助存储器，目的是弥补主存容量的不足。外存要通过主存与 CPU 交换信息；主存和外存之间的数据调动则是由硬件和操作系统共同完成的，对应用程序员是不可见的。

图 4-3 所示为存储速度、容量、位价在不同层次的存储器上表现的特点。

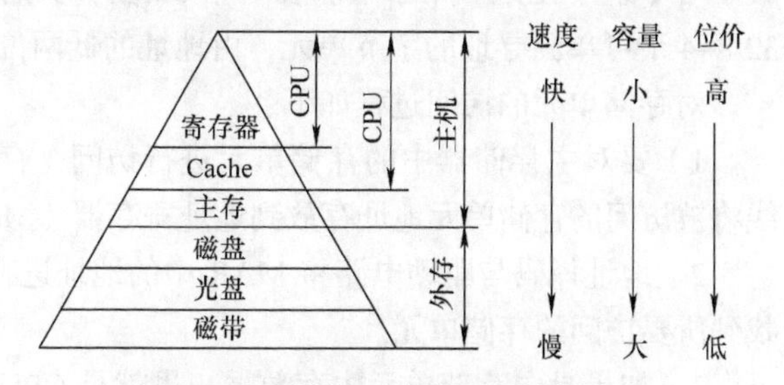

图 4-3　存储器 3 个主要特性的关系

4.2　主存储器

在早期的计算机中，主存储器（简称主存）中的随机存储器最通用的形式是采用一组环形的铁磁体圈，称为磁芯。因此，主存储器通常称为核，这个术语一直沿用到今天。从磁芯存储器消失至今，微电子技术已经出现了很久，优势日渐明显。目前几乎所有的主存储器都采用半导体芯片。

计算机系统的规模、应用场合不同，对存储器系统的容量、类型的要求也不相同。一般情况下，需要用不同类型、不同规格的存储器芯片，通过适当的硬件连接来构成所需要的存储器系统。

4.2.1　概述

1. 主存储器的组成和基本操作

图 4-4 所示为主存储器的基本组成框图。其中，存储阵列是存储器的核心部分，它是存储二进制信息的主体，也称为存储体。存储体是由大量的存储单元构成的，为了区分各个存储单

元，把它们进行统一编号，这个编号称为地址。因为是用二进制进行编码的，所以又称地址码。地址码与存储单元是一一对应的，每个存储单元都有自己唯一的地址，因此要对每个存储单元进行存取操作，必须先给出该存储单元的地址。

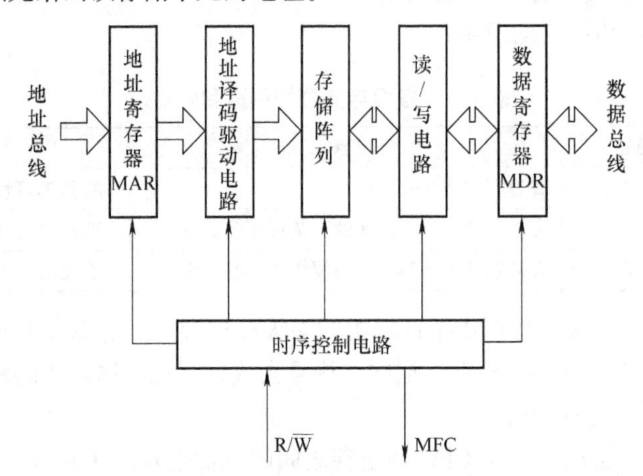

图 4-4 主存储器的基本组成框图

主存可寻址的最小单位称为编址单位。有些计算机是按字进行编址的，最小可寻址单元是一个机器字，连续的存储器地址对应于连续的机器字。目前，多数计算机是按字节编址的，最小可寻址单元是一个字节。在一个 32 位字长的按字节寻址的计算机中，一个存储器字包含 32/8=4 个可单独寻址的字节单元，由地址的低两位来区分。

对存储单元的访问过程如下：

1）要对主存储器中的存储单元进行访问（存取）操作，必须先给出其地址，通过地址总线将被访问的存储单元地址存放到地址寄存器（Memory Address Register，MAR）中。

2）地址译码与驱动电路将 MAR 中的地址进行译码，通过对应的地址选择线到存储阵列中找到所要访问的存储单元。

3）如果是向存储单元中存数据，也就是 CPU 把要存入的信息写入上面地址选择线找到的存储单元，那么先将要写入的信息经数据总线送入数据寄存器（Memory Data Register，MDR），再经过读 / 写电路写入已经找到的存储单元；如果是从存储单元中取数据，也就是把上面地址选择线找到的存储单元的内容取出来，那么就要把存储单元的内容通过读 / 写电路写入 MDR，再通过数据总线送给 CPU 或 I/O 系统。

4）时序控制电路用于接收 CPU 的读 / 写控制信号，产生存储器操作所需的各种时序控制信号，控制存储器完成指定操作。如果存储器采用异步控制方式，当一个存取操作完成时，该控制电路还应给出操作完成信号（MFC）。在上述过程中，MDR 是存储器与计算机其他功能部件联系的桥梁。

主存储器用于存放 CPU 正在运行的程序和数据，它和 CPU 的关系最密切。主存储器与 CPU 之间的连接是由总线支持的，连接形式如图 4-5 所示。

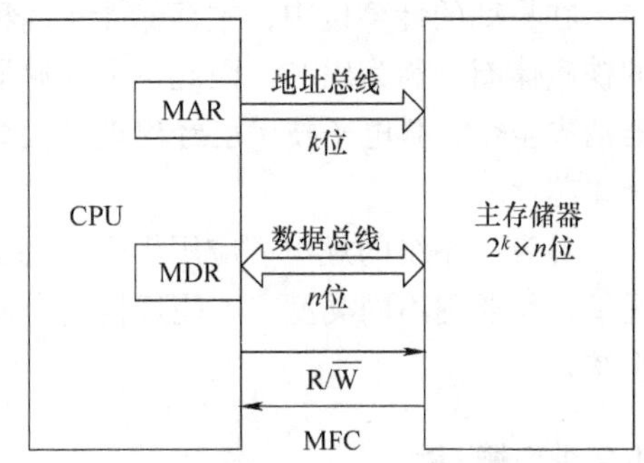

图 4-5 主存储器与 CPU 的连接

2. 主存储器的技术指标

主存储器的主要技术指标是存储容量、存取时间、存储周期和存储器带宽，见表 4-2。

表4-2 主存储器的主要技术指标

指标	含义	表现	单位
存储容量	一个存储器中可以容纳的二进制代码总位数	存储空间的大小	字，B
存取时间	启动到完成一次存储器操作所经历的时间	主存的速度	ns
存储周期	连续启动两次操作所需间隔的最小时间	主存的速度	ns
存储器带宽	单位时间里存储器所存取的信息量	数据传输速率技术指标	bit/s，B/s

（1）存储容量　存放一个机器字的存储单元，通常称为字存储单元，相应的单元地址称为字地址。而存放一个字节的单元，称为字节存储单元，相应的单元地址称为字节地址。如果计算机中可编址的最小单位是字存储单元，则该计算机称为按字寻址的计算机。如果计算机中可编址的最小单位是字节，则该计算机称为按字节寻址的计算机。

一个存储器中可以容纳的存储单元总数通常称为该存储器的存储容量。存储容量是存储器系统的首要技术指标，因为存储容量越大，系统能够保存的信息量就越多，相应计算机系统的功能就越强。存储容量常用字数或字节（B）数表示，如32K字、512KB、64MB。外存中为了表示更大的存储容量，通常还采用GB（1GB=2^{10}MB）、TB（1TB=2^{10}GB）等单位。其中B表示字节，1个字节定义为8个二进制位，所以计算机中1个字的字长通常是8的倍数。

（2）存储速度　存储器的存取速度直接决定了整个计算机系统的运行速度，因此，存取速度也是存储器系统的重要技术指标，可分别用存取时间、存储周期、存储器带宽来描述。

1）存取时间又称为存储器访问时间，是指从启动一次存储器操作到完成该操作所经历的时间。具体地讲，从一次存取操作（读或写）命令发出到该操作完成，将数据读出或写入数据缓冲寄存器为止所经历的时间就是存储器存取时间。

2）存储周期是指连续启动两次存取操作（读或写）所需间隔的最小时间。通常，存储周期要略大于存取时间，其时间单位为ns。

3）存储器带宽是单位时间里存储器所存取的信息量，通常以bit/s或B/s或字/s做度量单位。存储器带宽是衡量数据传输速率的重要技术指标。

（3）价格　存储器的成本也是存储器系统的重要技术指标，分为总价格和每位价格。其中，每位价格≈总价格/存储容量。

（4）其他

1）功耗反映了存储器耗电的多少，同时也反映了其发热的程度。

2）可靠性一般指存储器对外界电磁场及温度等变化的抗干扰能力。存储器的可靠性用平均故障间隔时间（Mean Time Between Failure，MTBF）来衡量。MTBF可以理解为两次故障之间的平均时间间隔。MTBF越长，可靠性越高，存储器正常工作能力越强。

3）集成度指在一块存储芯片内能集成多少个基本存储电路，每个基本存储电路存放1位二进制信息，所以集成度常用bit/片来表示。

4）性能/价格比（简称性价比）是衡量存储器经济性能好坏的综合指标，它关系到存储器的实用价值。其中性能包括前述的各项指标，而价格是指存储单元本身和外围电路的总价格。

3. 计算机内部存储部件

（1）半导体存储器的分类　从应用角度可将半导体存储器分为随机存储器（RAM）和只读存储器（ROM）两大类。RAM是可读、可写的存储器，CPU可以对RAM的内容随机地进行读写访问，RAM中的信息断电后即丢失。ROM的内容只能随机读出而不能写入，断电后信息不会丢失，常用来存放不需要改变的信息（如某些系统程序），信息一旦写入就固定不变了。

根据制造工艺的不同，RAM 主要有双极型和 MOS 型两类。双极型存储器具有存取速度快、集成度较低、功耗较大、成本较高等特点，适用于对速度要求较高的高速缓冲存储器。MOS 型存储器具有集成度高、功耗低、价格便宜等特点，适用于主存储器。

MOS 型存储器按信息存放方式又可分为静态 RAM（Static RAM，SRAM）和动态 RAM（Dynamic RAM，DRAM）。SRAM 存储电路以双稳态触发器为基础，状态稳定，只要不掉电，信息就不会丢失。其优点是不需要刷新，控制电路简单；缺点是集成度较低，适用于不需要大存储容量的计算机系统。DRAM 存储单元以电容为基础，优点是电路简单，集成度高；缺点是电容中的电荷由于漏电会逐渐丢失，故 DRAM 需要定时刷新，适用于大存储容量的计算机系统。

使用 ROM 时，只能读出存储的信息而不能用通常的方法将信息写入存储器。目前常见的 ROM 有：掩模型 ROM（MROM），用户不可对其编程，其内容已由厂家设定好，不能更改；可编程 ROM（PROM），用户只能对其进行一次编程，写入后不能更改；可擦除的 PROM（EPROM），其内容可用紫外线擦除，用户可对其进行多次编程；电擦除的 PROM（EEPROM 或 E^2PROM），能以字节为单位擦除和改写。

半导体存储器的分类如图 4-6 所示。

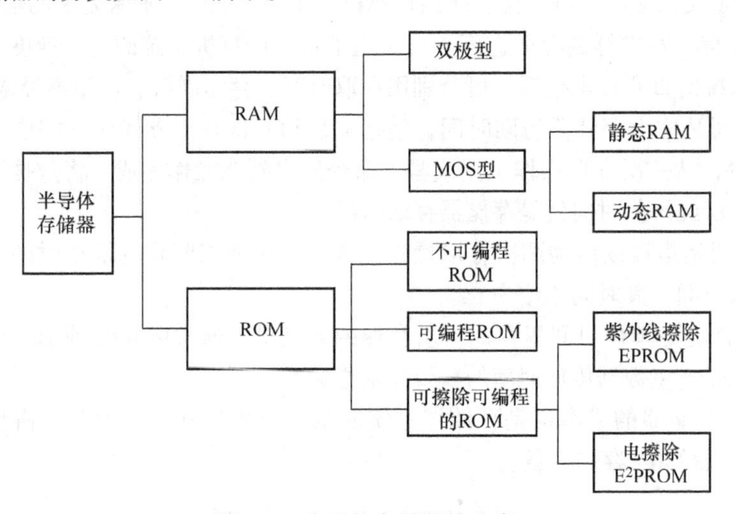

图 4-6 半导体存储器的分类

（2）半导体存储芯片的基本结构

1）存储体。存储体是存储器中存储信息的部分，由大量的基本存储电路组成。每个基本存储电路存放 1 位二进制信息，这些基本存储电路有规则地组织起来（一般为矩阵结构）就构成了存储体（存储矩阵）。不同存取方式的芯片，采用的基本存储电路也不相同。

图 4-7 所示为半导体存储器组成框图。在存储体中，可以由 N 个基本存储电路构成一个并行存取 N 位二进制代码的存储单元（N 的取值一般为 1、4、8 等）。为了便于信息的存取，给同一存储体内的每个存储单元赋予一个唯一的编号，该编号就是存储单元的地址。这样，对于容量为 2^n 个存储单元的存储体，需要 n 条地址线来对其进行编址，若每个单元存放 N 位信息，则需要 N 条数据线传送数据，芯片的存储容量就可以表示为 $2^n \times N$ 位。图 4-7 中 $A_0 \sim A_n$ 对应为 n 条地址线，$D_0 \sim D_N$ 对应为 N 条数据线。

2）外围电路。外围电路主要包括地址译码电路（地址译码器）和由三态数据缓冲器、控制逻辑两部分组成的读 / 写控制电路。

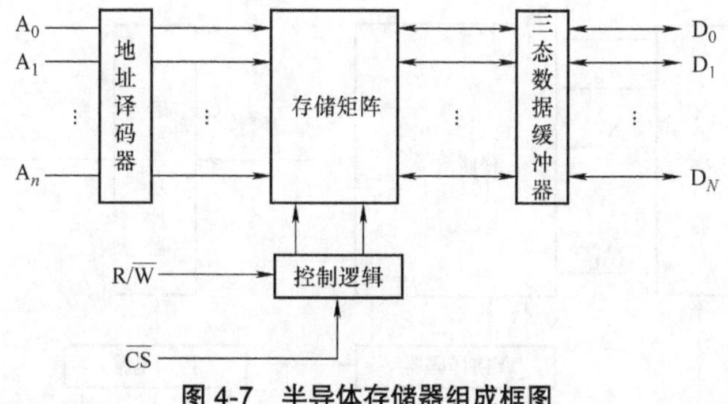

图 4-7 半导体存储器组成框图

• 地址译码电路：存储芯片中的地址译码电路对 CPU 从地址总线发来的 n 位地址信号进行译码，经译码产生的选择信号可以唯一地选中片内某一存储单元，在读 / 写控制电路的控制下可对该单元进行读 / 写操作。

• 读 / 写控制电路：读 / 写控制电路接收 CPU 发来的相关控制信号，以控制数据的输入 / 输出。三态数据缓冲器是数据输入 / 输出的通道，数据传输的方向取决于控制逻辑对三态门的控制。CPU 发往存储芯片的控制信号主要有读 / 写信号（R/W）、片选信号（CS）等。值得注意的是，不同性质的半导体存储芯片其外围电路部分也各有不同，如在动态 RAM 中还要有预充、刷新等方面的控制电路，而对于 ROM 芯片，在正常工作状态下只有输出控制逻辑等。

3）地址译码方式。芯片内部的地址译码主要有两种方式，即单译码方式和双译码方式。单译码方式适用于小容量的存储芯片，对于容量较大的存储芯片则应采用双译码方式。

• 单译码方式：单译码方式只用一个译码电路对所有地址信息进行译码，译码输出的选择线直接选中对应的存储单元。一根译码输出选择线对应一个存储单元，故在存储容量较大、存储单元较多的情况下，这种方法就不适用了。

以一个简单的 16 字 ×4 位的存储芯片为例，如图 4-8 所示，将所有基本存储电路排成 16 行 ×4 列（图中未详细画出列），每一行对应一个字，每一列对应其中的一位。每一行的选择线和每一列的数据线是公共的。$A_0 \sim A_3$ 4 根地址线经译码输出 16 根选择线，用于选择 16 个单元。例如，当 $A_3A_2A_1A_0$=0000，而片选信号为 CS=0，WR=1 时，将 0 号单元中的信息读出。

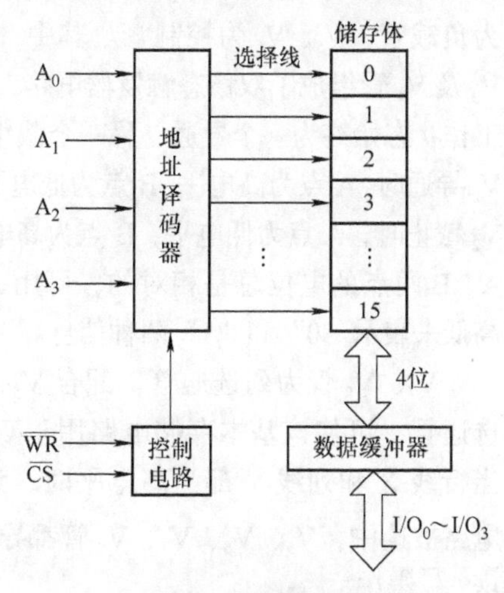

图 4-8 单译码方式

• 双译码方式：双译码方式把 n 位地址线分成两部分，分别进行译码，产生一组行选择线 X 和一组列选择线 Y，每一根 X 线选中存储矩阵中位于同一行的所有单元，每一根 Y 线选中存储矩阵中位于同一列的所有单元，当某一单元的 X 线和 Y 线同时有效时，相应的存储单元被选中。

图 4-9 所示为一个容量为 1K×1 位的存储芯片的双译码电路。1K（1024）个基本存储电路排成 32×32 的矩阵，10 根地址线分成 $A_0 \sim A_4$ 和 $A_5 \sim A_9$ 两组。$A_0 \sim A_4$ 经 X 译码输出 32 条行选择线，A5 ~ A9 经 Y 译码输出 32 条列选择线。行、列选择线组合可以方便地找到 1024 个存储单元中的任何一个。例如，当 $A_4A_3A_2A_1A_0$=00000，$A_9A_8A_7A_6A_5$=00000 时，第 0 号单元被选中，通过数据线 I/O 实现数据的输入或输出。图 4-9 中，X 和 Y 译码器的输出线各有 32 根，总输出线数仅为 64 根。若采用单译码方式，将有 1024 根译码输出线。

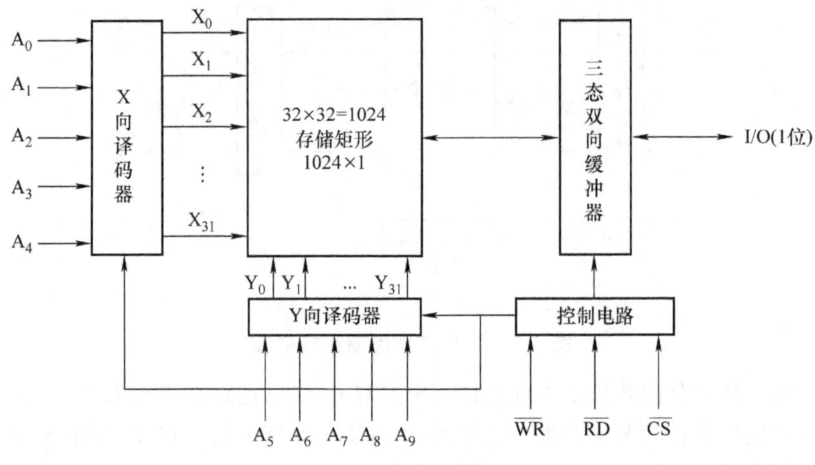

图 4-9 双译码方式

4.2.2 随机存储器（RAM）

随机存储器按其存储信息原理的不同，可分为静态 RAM 和动态 RAM 两类。

1. 静态 RAM（Static RAM，SRAM）

（1）静态 RAM 的基本存储电路 静态 RAM 的基本存储电路通常由 6 个 MOS 管组成，如图 4-10 所示。电路中 V_1、V_2 为工作管，V_3、V_4 为负载管，V_5、V_6 为控制管。其中，由 V_1、V_2、V_3 及 V_4 管组成了双稳态触发器电路，V_1 和 V_2 的工作状态始终为一个导通，另一个截止。V_1 截止、V_2 导通时，A 点为高电平，B 点为低电平；V_1 导通、V_2 截止时，A 点为低电平，B 点为高电平。所以，A、B 两点的电位总是相对的，可用 A 点电平的高低来表示“0”和“1”两种信息。

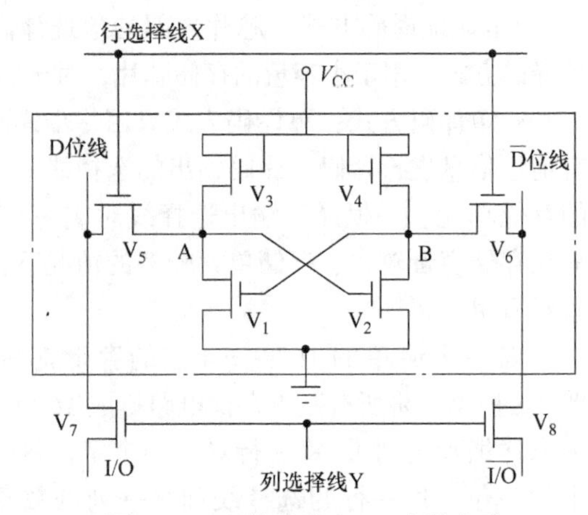

图 4-10 六管静态 RAM 存储电路

V_7、V_8 管为列选通管，配合 V_5、V_6 两个行选通管，可使该基本存储电路用于双译码电路。当行线 X 和列线 Y 都为高电平时，该基本存储电路被选中，V_5、V_6、V_7、V_8 管都导通，于是 A、B 两点与 I/O、$\overline{I/O}$分别连通，从而可以进行读 / 写操作。

写操作时，如果要写入“1”，则在 I/O 线上加上高电平，在$\overline{I/O}$线上加上低电平，并通过导通的 V_5、V_6、V_7、V_8 这 4 个晶体管，把高、低电平分别加在 A、B 点，即 A=“1”，B=“0”，使 V_1 管截止，V_2 管导通。当输入信号和地址选择信号（即行、列选通信号）消失以后，V_5、V_6、V_7、V_8 管都截止，V_1 和 V_2 管就保持被强迫写入的状态不变，从而将“1”写入存储电路。此时，各种干扰信号不能进入 V_1 和 V_2 管。所以，只要不掉电，写入的信息就不会丢失。写入“0”的操作与写入“1”的操作类似，只是在 I/O 线上加上低电平，在$\overline{I/O}$线上加上高电平，打开 V_5、V_6、V_7、V_8 这 4 个晶体管，把低、高电平分别加在 A、B 点，即 A=“0”，B=“1”，从而使 V_1 管导通，V_2 管截止，于是“0”信息写入了存储单元。

读操作时，若该基本存储电路被选中，则 V_5、V_6、V_7、V_8 管均导通，于是 A、B 两点与位线 D 和$\overline{D}$相连，存储的信息被送到 I/O 与$\overline{I/O}$线上，从其电流方向可以判知所存信息是“1”还是“0”。也可以只用一个输出端接到外部，看其有无电流通过，来判知所存信息是“1”还是“0”。读出信息后，原存储信息不会被改变。

由于静态 RAM 的基本存储电路中管子数目较多，故集成度较低。此外，V_1 和 V_2 管始终有一个处于导通状态，使得静态 RAM 的功耗比较大。但是静态 RAM 不需要刷新电路，所以简化了外围电路。

（2）Intel 2114 静态 RAM 芯片　Intel 2114 静态 RAM 芯片的容量为 1K × 4 位，18 脚封装，+5V 电源，芯片内部结构及芯片引脚和逻辑符号分别如图 4-11 和图 4-12 所示。

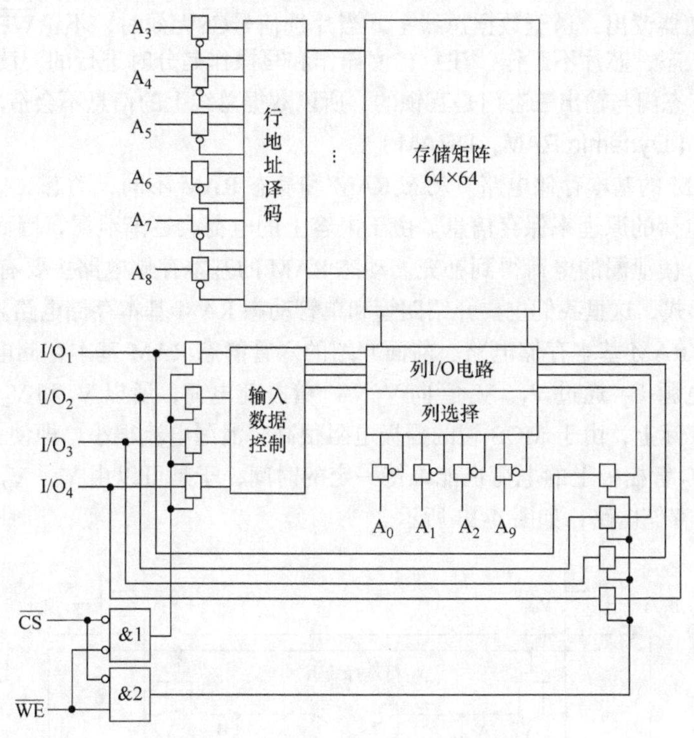

图 4-11　Intel 2114 芯片内部结构

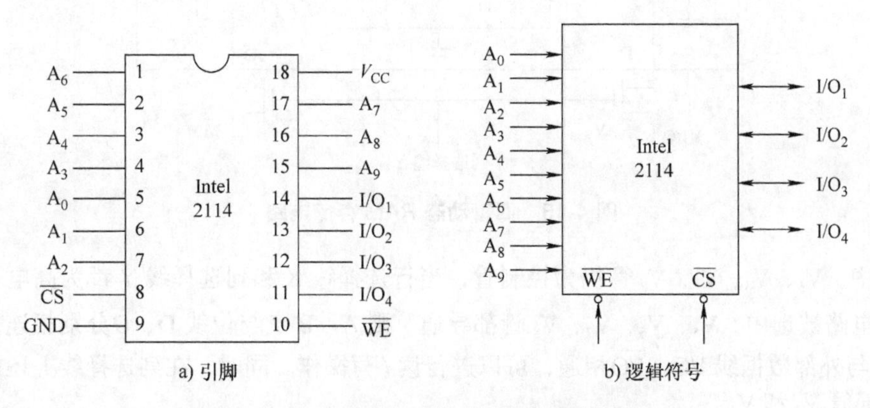

图 4-12　Intel 2114 芯片引脚和逻辑符号

由于 1K × 4 ＝ 4096，所以 Intel 2114 静态 RAM 芯片有 4096 个基本存储电路。将 4096 个基本存储电路排成 64 行 × 64 列的存储矩阵，每根列选择线同时连接 4 位列线，对应于并行的

4 位（位于同一行的 4 位应作为同一单元的内容被同时选中），从而构成了 64 行 ×16 列 =1K 个存储单元，每个单元有 4 位。1K 个存储单元应有 $A_0 \sim A_9$ 共 10 个地址输入端，2114 片内地址译码采用双译码方式，$A_3 \sim A_8$ 这 6 根用于行地址译码输入，经行译码产生 64 根行选择线，A_0、A_1、A_2 和 A_9 这 4 根用于列地址译码输入，经过列译码产生 16 根列选择线。

由图 4-12 可知，存储器的内部数据通过 I/O 电路以及输入三态门和输出三态门同数据总线 $I/O_1 \sim I/O_4$ 相连。由片选信号$\overline{CS}$和写允许信号$\overline{WE}$一起控制这些三态门。在片选信号$\overline{CS}$有效（低电平）的情况下，如果写命令$\overline{WE}$有效（低电平），则输入三态门打开，数据总线上的数据信息便写入存储器；如果写命令$\overline{WE}$无效（高电平），则意味着从存储器读出数据，此时输出三态门打开，数据从存储器读出，送至数据总线上。当片选信号$\overline{CS}$无效时，不论$\overline{WE}$为何种状态，各三态门均为高阻状态，芯片不工作。注意，读操作和写操作是分时进行的，读时不写，写时不读，因此，输入三态门与输出三态门是互锁的，所以数据总线上的信息不会造成混乱。

2. 动态 RAM（Dynamic RAM，DRAM）

（1）动态 RAM 的基本存储电路　动态 RAM 和静态 RAM 不同，动态 RAM 的基本存储电路利用电容存储电荷的原理来保存信息。由于电容上的电荷会逐渐泄漏，因而对动态 RAM 必须定时进行刷新，使泄漏的电荷得到补充。动态 RAM 的基本存储电路主要有六管、四管、三管和单管等几种形式，这里我们主要介绍四管和单管动态 RAM 基本存储电路。

1）四管动态 RAM 基本存储电路。前面介绍的六管静态 RAM 基本存储电路依靠 V_1 和 V_2 管来存储信息，电源 V_{CC} 通过 V_3、V_4 管向 V_1、V_2 管补充电荷，所以 V_1 和 V_2 管上存储的信息可以保持不变。实际上，由于 MOS 管的栅极电阻很高，泄漏电流很小，即使去掉 V_3、V_4 管和电源 V_{CC}，V_1 和 V_2 管栅极上的电荷也能维持一定的时间，于是可以由 V_1、V_2、V_5、V_6 构成四管动态 RAM 基本存储电路，如图 4-13 所示。

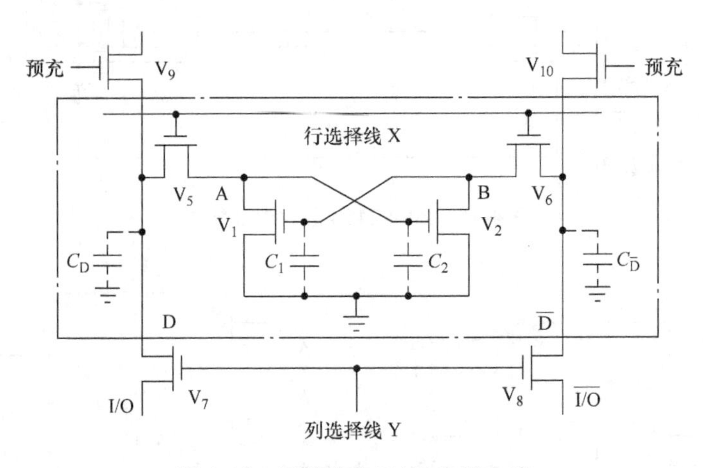

图 4-13　四管动态 RAM 存储电路

电路中，V_5、V_6、V_7、V_8 管仍为控制管，当行选择线 X 和列选择线 Y 都为高电平时，该基本存储电路被选中，V_5、V_6、V_7、V_8 管都导通，则 A、B 点与位线 D、$\overline{D}$分别相连，再通过 V_7、V_8 管与外部数据线 I/O、$\overline{I/O}$相通，可以进行读 / 写操作。同时，在列选择线上还接有两个公共的预充管 V_9 和 V_{10}。

写操作时，如果要写入“1”，则在 I/O 线上加上高电平，在$\overline{I/O}$线上加上低电平，并通过导通的 V_5、V_6、V_7、V_8 4 个晶体管，把高、低电平分别加在 A、B 点，将信息存储在 V_1 和 V_2 管栅极电容上。行、列选通信号消失以后，V_5、V_6 截止，靠 V_1 和 V_2 管栅极电容的存储作用，在一定时间内可保留所写入的信息。

读操作时，先给出预充信号使 V_9 和 V_{10} 导通，由电源对电容 C_D 和 $\overline{C_D}$ 进行预充电，使它们达到电源电压。行、列选择线上为高电平，使 V_5、V_6、V_7、V_8 导通，存储在 V_1 和 V_2 上的信息经 A、B 点向 I/O、$\overline{\text{I/O}}$线输出。若原来的信息为“1”，即电容 C_2 上存有电荷，V_2 导通，V_1 截止，则电容$\overline{C_D}$上的预充电荷通过 V_6 经 V_2 泄漏，于是，I/O 线输出 0，$\overline{\text{I/O}}$线输出 1。同时，电容 C_D 上的电荷通过 V_5 向 C_2 补充电荷，所以，读出过程也是刷新的过程。

刷新操作时，由于存储的信息电荷终究是有泄漏的，电荷数不能像六管电路那样有电源经负载管来不断补充，时间一长，就会丢失信息。因此，必须设法由外界按一定规律不断给栅极进行充电，补足栅极的信息电荷，这就是所谓的“再生”或“刷新”。四管存储元的刷新过程比较简单，在字选择线上加一个脉冲就能自动刷新正确的存储信息。设原存信息为“1”，V_2 管导通，V_1 管截止。若经过一段时间，V_2 管栅极上的脉冲使 V_5、V_6 管开启后，A 端与位线 D 相连，就被充电到满值电压，从而刷新原存信息“1”。显而易见，只要定时给全部存储元电路执行一遍读操作，而信息不向外输出，就可以实现信息再生或刷新。

2）单管动态 RAM 基本存储电路。单管动态 RAM 基本存储电路只有 1 个电容和 1 个 MOS 管，是最简单的存储元件结构，它可以进一步缩小存储器的体积，提高它们的集成度，如图 4-14 所示。在这样一个基本存储电路中，存放的信息到底是“1”还是“0”，取决于电容中有没有电荷。在保持状态下，行选择线为低电平，V 管截止，使电容 C 基本没有放电回路（当然还有一定的泄漏），其上的电荷可暂存数毫秒或者维持无电荷的“0”状态。

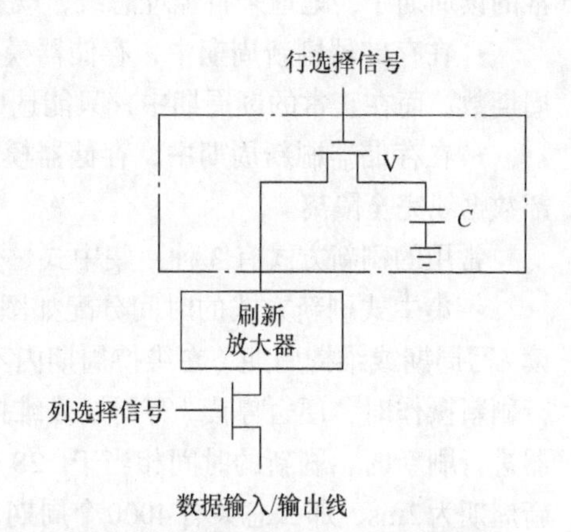

图 4-14 单管动态 RAM 存储电路

对由这样的基本存储电路组成的存储矩阵进行读操作时，若某一行选择为高电平，则位于同一行的所有基本存储电路 V 管都导通，于是刷新放大器读取对应电容 C 上的电压值，但只有列选择信号有效的基本存储电路才受到驱动，所以可以输出信息。刷新放大器的灵敏度很高，放大倍数很大，并且能将读得的电容上的电压值转换为逻辑的“0”或逻辑的“1”。在读出过程中，选中行上的所有基本存储电路中的电容都受到了影响，为了能在读出信息之后仍能保持原有的信息，刷新放大器在读取这些电容上的电压值之后，又立即进行重写。

在写操作时，行选择信号使 V 管处于导通状态。如果列选择信号也为“1”，则此基本存储电路被选中，于是由数据输入 / 输出线送来的信息通过刷新放大器和 V 管送到电容 C。

3）动态 RAM 的刷新。动态 RAM 是利用电容 C 上充积的电荷来存储信息的。当电容 C 有电荷时，为逻辑“1”，没有电荷时，为逻辑“0”。但由于任何电容都存在漏电，因此，当电容 C 存有电荷时，过一段时间由于电容的放电过程会导致电荷流失，信息也就丢失。因此，需要周期性地对电容进行充电，以补充泄漏的电荷。随着器件工作温度的增高，放电速度会变快。刷新时间间隔一般要求为 1 ~ 100ms。工作温度为 70℃时，典型的刷新时间间隔为 2ms，因此 2ms 内必须对存储的信息刷新一遍。尽管对各个基本存储电路在读出或写入时都进行了刷新，但对存储器中各单元的访问具有随机性，无法保证一个存储器中的每一个存储单元都能在 2ms 内进行一次刷新，所以需要系统地对存储器进行定时刷新。在动态 RAM 中，从上一次对整个存储器刷新结束到下一次对整个存储器全部刷新一遍为止，这一段时间间隔称为刷新周期，一般为 2ms、4ms 或 8ms。

对整个存储器系统来说，各存储器芯片可以同时刷新。对每块动态 RAM 芯片来说，则是按行刷新，每次刷新一行，所需时间为一个刷新周期。如果某存储器有若干个动态 RAM 芯片，其中容量最大的一块的行数为 128，则在 2ms 之中应至少安排 128 个刷新周期。

在存储器刷新周期中，将一个刷新地址计数器提供的行地址发送给存储器，然后执行一次读操作，便可完成对选中行的各基本存储电路的刷新。每刷新一行，计数器加 1，所以它可以顺序提供所有的行地址。因为每一行中各个基本存储电路的刷新是同时进行的，故不需要列地址，此时芯片内各基本存储电路的数据线为高阻状态，与外部数据总线完全隔离，所以，尽管刷新进行的是读操作，但读出数据不会送到数据总线上。

刷新周期和正常的存储器读周期的不同之处主要有以下几点：

• 在刷新周期中输入至存储器器件的地址一般并不来自地址总线，而是由一个以计数方式工作的寄存器提供。每经过一次（即一行）存储器刷新，该计数器加 1，所以它可以顺序提供所有的行地址。每一行中各个基本存储电路的刷新是同时进行的，所以不需要列地址。而在正常的读周期中，地址来自地址总线，既有行地址，又有列地址。

• 在存储器刷新周期中，存储器模块中每块芯片的刷新是同时进行的，这样可以减少刷新周期数。而在正常的读周期中，只能选中一行存储器芯片。

• 在存储器刷新周期中，存储器模块中各芯片的数据输出呈高阻状态，即片内数据线与外部数据线完全隔离。

常用的刷新方式有 3 种：集中式、分散式和异步式。

• 集中式刷新方式的时间分配如图 4-15a 所示。在整个刷新间隔内，前一段时间重复进行读 / 写周期或维持周期（在维持周期内不进行读写，存储单元保持原有存储内容），等到需要进行刷新操作时，便暂停读 / 写周期或维持周期，而逐行进行刷新。例如，对 128 × 128 矩阵存储器进行刷新时，刷新的时间相当于 128 个读周期。在这种情况下，假如读 / 写周期为 0.5μs，刷新周期为 2ms，那么总共有 4000 个周期。其中 3872 个周期（共 1936μs）用来读/写或维持信息；当第 3871 个周期结束，便开始进行 64μs 的刷新操作。由于在这 64μs 时间内不能进行读 / 写操作，因此称其为“死时间”。

采用这种方式的整个存储器的平均读 / 写周期与单个存储器片的读 / 写工作所需的周期相差不多，所以这种刷新方式较适用于高速缓冲存储器。

• 分散式刷新方式的时间分配如图 4-15b 所示。其中把一个存储系统周期 t_c 分为两半，周期前半段时间 t_M 用来读 / 写操作或维持信息，周期后半段时间 t_R 作为刷新操作时间。这样，每经过 128 个系统周期时间，整个存储器便全部刷新一遍。假如单个存储器片的读 / 写周期为 0.5μs，则该片存储器系统周期为 1μs。在这种情况下，只需 128μs 就可将全部存储单元刷新一遍，这比允许的间隔 2ms 要短得多，而且不存在停止读 / 写操作的死时间。但是，这会影响单个存储片的读写效率，整个系统的速度降低了。

• 异步式刷新方式是前两种方式的结合，如图 4-15c 所示。例如，2ms 内分散地把 128 行刷新一遍，即每隔 15.6μs 2000μs/128≈15.6μs 刷新一行。

四管和单管动态 RAM 基本存储电路各有优缺点。四管动态 RAM 基本存储电路的优点是外围电路比较简单，读出过程就是刷新过程，因此在刷新时不需要另加外部逻辑；缺点是管子数量多，占用的芯片面积较大。单管动态 RAM 基本存储电路的优点是元件数量少，集成度高；缺点是读“1”和“0”时，数据线上的电平差别较小，需要有较高鉴别能力的读出放大器配合工作，外围电路比较复杂。

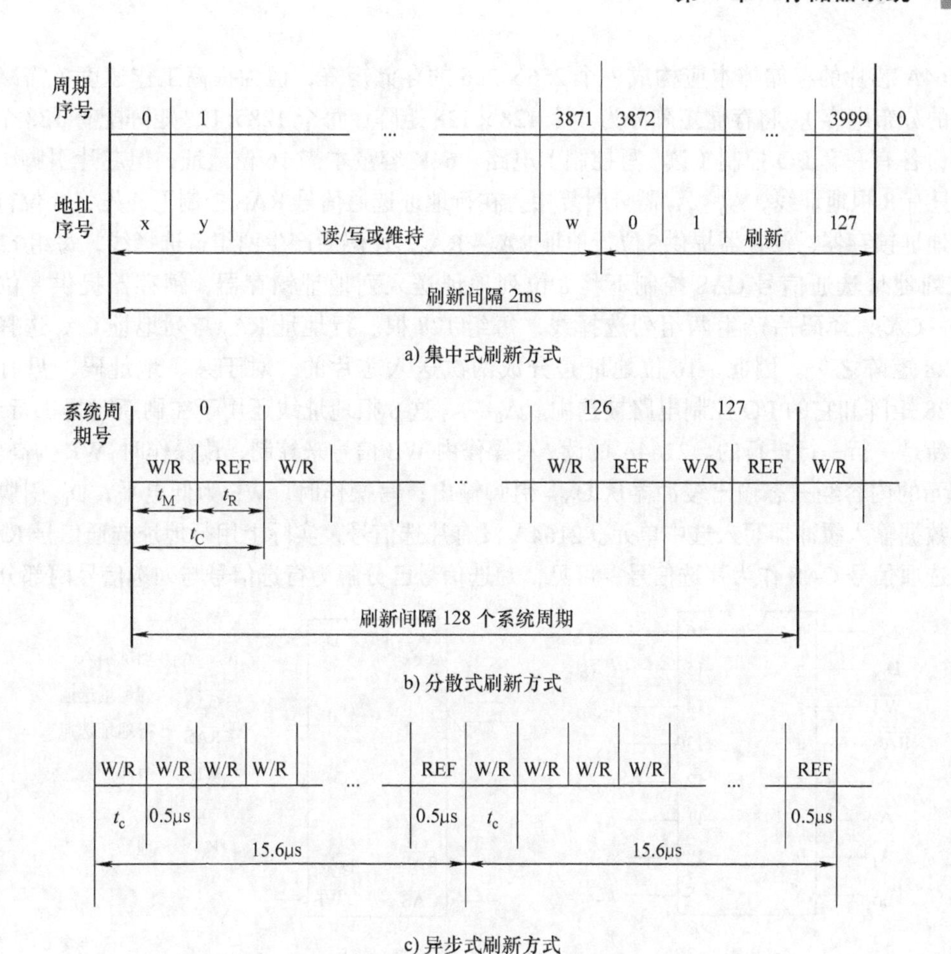

图 4-15　3 种刷新方式的时间分配

（2）Intel 2164A 动态 RAM 芯片　Intel 2164A 芯片的存储容量为 64K × 1 位，采用单管动态基本存储电路，每个单元只有一位数据，其内部结构如图 4-16 所示。

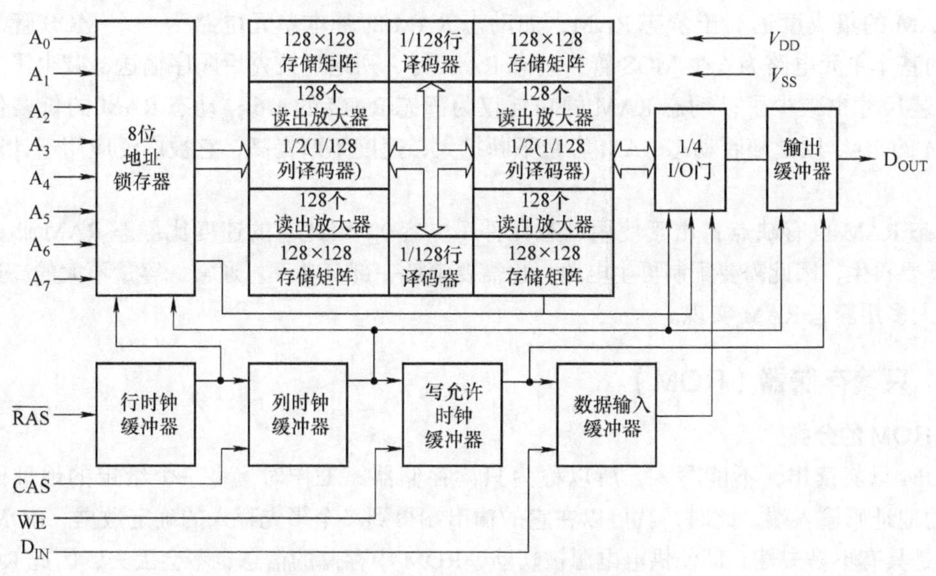

图 4-16　Intel 2164A 内部结构示意图

2164A 芯片的存储体本应构成一个 256×256 的存储矩阵，但为提高工作速度（需减少行列线上的分布电容），将存储矩阵分为 4 个 128×128 矩阵，每个 128×128 矩阵配有 128 个读出放大器，各有一套 I/O 控制（读 / 写控制）电路。64K 容量本需 16 位地址，但芯片引脚（见图 4-17）只有 8 根地址线，A_0～A_7 需分时复用。在行地址选通信号 RAS 控制下，先将 8 位行地址送入行地址锁存器，锁存器提供 8 位行地址 RA_7～RA_0，译码后产生两组行选择线，每组 128 根。然后在列地址选通信号 CAS 控制下将 8 位列地址送入列地址锁存器，锁存器提供 8 位列地址 CA_7～CA_0，译码后产生两组列选择线，每组 128 根。行地址 RA_7 与列地址 CA_7 选择 4 个 128×128 矩阵之一。因此，16 位地址是分成两次送入芯片的，对于某一地址码，只有一个 128×128 矩阵和它的 I/O 控制电路被选中。A_0～A_7 这 8 根地址线还用于在刷新时提供行地址，因为刷新是一行一行进行的。2164A 的读 / 写操作由 WE 信号来控制，读操作时，WE 为高电平，选中单元的内容经三态输出缓冲器从 D_{OUT} 引脚输出；写操作时，WE 为低电平，D_{IN} 引脚上的信息经数据输入缓冲器写入选中单元。2164A 没有片选信号，实际上用行地址选通信号 RAS 和列地址选通信号 CAS 作为片选信号，可见，片选信号已分解为行选信号与列选信号两部分。

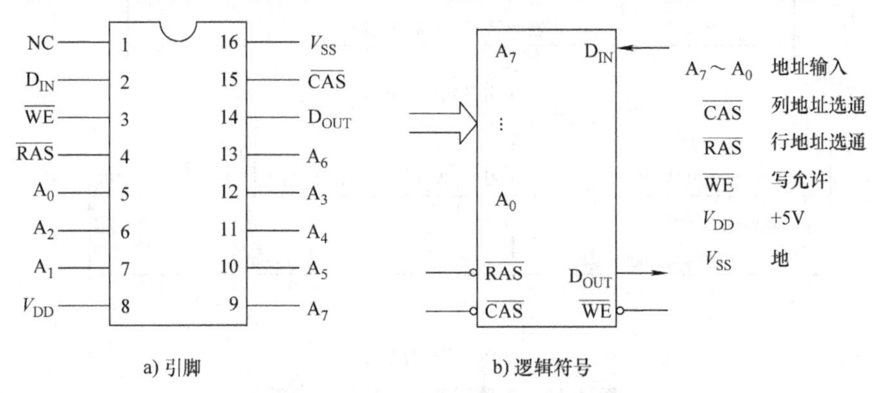

图 4-17 Intel 2164A 引脚与逻辑符号

3. 静态 RAM 与动态 RAM 的比较

目前，动态 RAM 比静态 RAM 的应用要广泛得多。主要原因是：在同样大小的芯片中，动态 RAM 的集成度远高于静态 RAM，如动态 RAM 的基本单元电路为一个 MOS 管，静态 RAM 的基本单元电路为 6 个 MOS 管；动态 RAM 行、列地址按先后顺序输送，减少了芯片引脚，封装尺寸也减少了；动态 RAM 的功耗仅为静态 RAM 的 1/6；动态 RAM 的价格仅为静态 RAM 的 1/4。因此随着动态 RAM 容量不断扩大，速度不断提高，它被广泛应用于计算机的主存。

动态 RAM 也有缺点：由于使用动态元件（电容），因此它的速度比静态 RAM 低；动态 RAM 需要再生，因此需要配制再生电路，也需要消耗一部分功率。通常，容量不大的高速缓冲存储器大多用静态 RAM 实现。

4.2.3 只读存储器（ROM）

1. ROM 的分类

ROM 只能读出，不能写入，所以称为只读存储器。工作时，将一个给定的地址码加到 ROM 的地址码输入端，此时，就可以在它的输出端得到一个事先存入的确定数据。ROM 的最大优点是具有不易失性，即使供电电源被切断，ROM 中存储的信息也不会丢失，因此 ROM 获得了广泛的应用。ROM 存入数据的过程，称为对 ROM 进行编程。根据编程方法的不同，ROM

通常可分为以下 3 类：

（1）MROM　这类 ROM 的数据在芯片制造过程中就确定了，所以使用时只能读出，不能再进行任何改变。MROM 的优点是可靠性高，集成度高，价格便宜，适宜于大批量生产；缺点是不能重写。显然，MROM 这种器件只能专用，用户一般向生产厂家定做。

（2）PROM　PROM 在产品出厂时，所有存储元都被制成“0”（或都被制成“1”），用户可根据需要自行将其中的某些存储元改为“1”（或改为“0”）。PROM 只能进行一次性改写，一旦改写完毕，其内容便是永久性的，无法再进行更改。由于 PROM 的可靠性差，再加上只能一次性进行编程，因此目前已基本淘汰。

（3）多次编程 ROM　这类 ROM 有 EPROM 和 EEPROM。这两类器件可以分别用紫外线照射或电的方法擦除原来写入的数据，然后再用紫外线照射或电的方法重新写入新的数据。除了这两类外，又出现了电改写的 EAROM。目前，用于改写的编程设备已比较便宜，编程方法也比较简单，所以这几类 ROM 得到了广泛的应用。

2. ROM 的存储原理及典型代表芯片

（1）MROM　MROM 的内容是由生产厂家按用户要求在芯片的生产过程中直接写入的，写入后不能修改。首先制作一个掩模板，然后通过掩模板曝光在硅片上刻出图形。掩模板的制作工艺较复杂，生产周期长。MROM 采用二次光刻掩模工艺制成，制作第一片 MROM 的费用很高，而复制同样的 MROM 就很便宜了，所以适合于大批量生产，不适用于科学研究。MROM 有双极型、MOS 型等几种电路形式。

图 4-18 所示是一个简单的 4K×4 位 MOS 管 MROM，采用单译码结构，两位地址线 A_1、A_0 译码后可有 4 种状态，输出 4 条选择线，分别选中 4 个单元，每个单元有 4 位输出。在此矩阵中，行和列的交点处有的连有管子，表示存储“0”信息；有的没有管子，表示存储“1”信息。若地址线 A_1A_0 = 00，则选中 0 号单元，即字线 0 为高电平，若有管子与其相连（如位线 2 和 0），其相应的 MOS 管导通，则位线输出为 0，而位线 1 和 3 没有管子与字线相连，则输出为 1。因此，单元 0 输出为 1010，单元 1 输出为 1101，单元 2 输出为 0101，单元 3 输出为 0110。

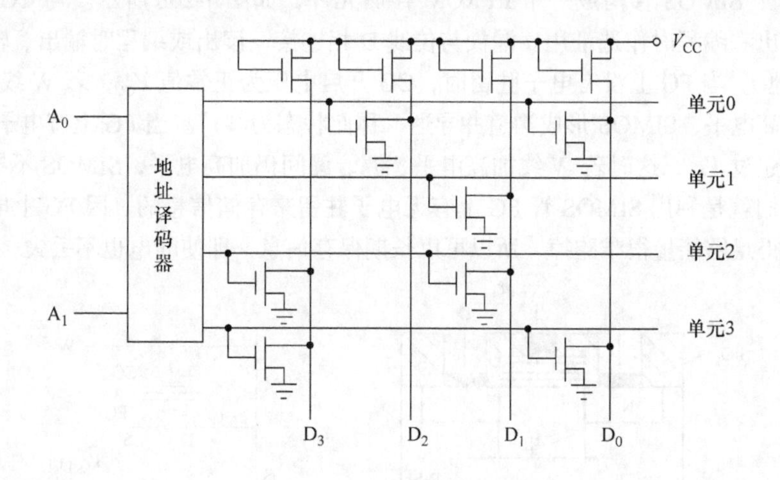

图 4-18　MROM 示意

（2）PROM　PROM 出厂时各单元内容全为 0，用户可用专门的 PROM 写入器将信息写入。这种写入是破坏性的，即某个存储位一旦写入 1，就不能再变为 0，因此对这种存储器只能进行一次编程。根据写入原理，PROM 可分为结破坏型和熔丝型两类。

图4-19所示是熔丝型PROM的存储电路示意。基本存储电路由1个晶体管和1根熔丝组成，可存储1位信息。出厂时，每一根熔丝都与位线相连，存储的都是“0”信息。如果用户在使用前根据程序的需要，利用编程写入器对选中的基本存储电路通以20～50mA的电流，将熔丝烧断，则该存储元将存储信息“1”。由于熔丝烧断后无法再接通，因而PROM只能一次编程，编程后不能再修改。

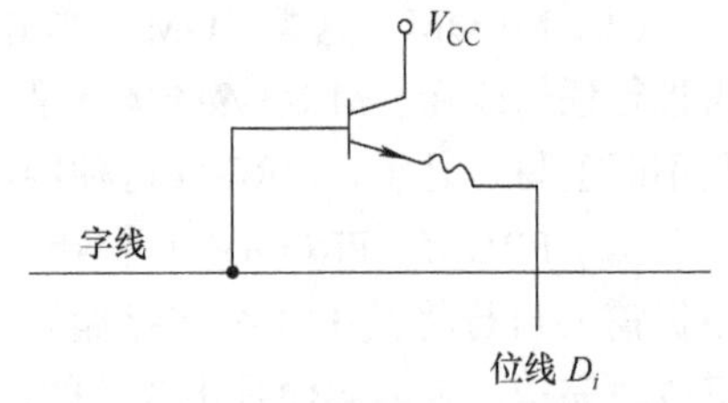

图4-19 熔丝型PROM存储电路示意

写入时，按给定地址译码后，选通字线，根据要写入信息的不同，在位线上加不同的电位。若D_i位要写“0”，则对应位线D_i悬空（或接较大电阻），使流经被选中基本存储电路的电流很小，不足以烧断熔丝，该位仍保持“0”状态；若要写“1”，则位线D_i加负电位（−2V），使瞬间通过被选中基本存储电路的电流很大，致使熔丝烧断，即改写为“1”。在正常只读状态工作时，加到字线上的是比较低的脉冲电位，但足以开通存储元中的晶体管。这样，被选中单元的信息就一并读出了。读出信息是“0”，则对应位线有电流；读出信息是“1”，则对应位线无电流。在只读状态下，工作电流将很小，不会造成熔丝烧断，即不会破坏原存信息。

（3）可擦除可编程的ROM　虽然PROM可供用户进行一次编程，但仍有局限性。可擦除可编程的ROM在实际中得到了广泛应用，这种存储器利用编程器写入信息，此后便可作为ROM来使用。

目前，根据擦除芯片内已存信息的方法的不同，可擦除可编程ROM可分为EPROM和EEPROM两种类型。

1）EPROM和EEPROM简介。初期的EPROM元件用的是浮栅雪崩注入MOS，记为FAMOS。它的集成度低，用户使用不方便，速度慢，因此很快被性能和结构更好的叠栅注入MOS（即SIMOS）取代。SIMOS管结构如图4-20a所示，它属于NMOS。与普通NMOS不同的是它有两个栅极，一个是控制栅CG，另一个是浮栅FG。FG在CG的下面，被SiO_2所包围，与四周绝缘。单个SIMOS管构成一个EPROM存储元件，如图4-20b所示。与CG连接的线W称为字线，读出和编程时作选址用。漏极与位线D相连接，读出或编程时输出、输入信息。源极接V_{SS}（接地）。当FG上没有电子驻留时，CG开启电压为正常值V_{CC}，若W线上加高电平，源、漏间也加高电平，SIMOS形成沟道并导通，称此状态为“1”。当FG上有电子驻留时，CG开启电压升高超过V_{CC}，这时若W线加高电平，源、漏间仍加高电平，SIMOS不导通，称此状态为“0”。人们就是利用SIMOS管FG上有无电子驻留来存储信息的。因FG上电子被绝缘材料包围，不获得足够能量很难跑掉，所以可以长期保存信息，即使断电也不丢失。

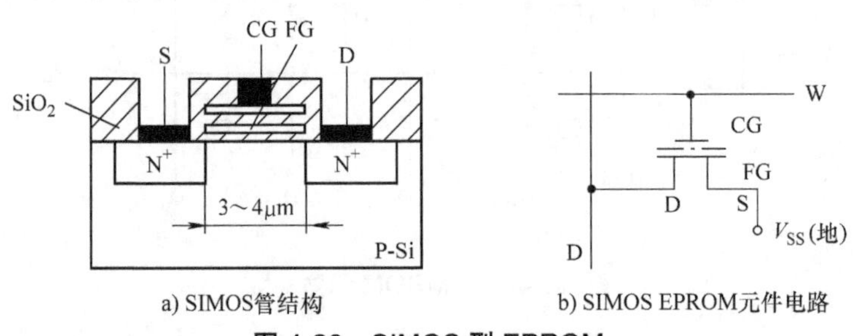

a) SIMOS管结构　　b) SIMOS EPROM元件电路

图4-20 SIMOS型EPROM

SIMOS型EPROM芯片出厂时FG上是没有电子的，即都是“1”信息。对它编程，就是在CG和漏极都加高电压，向某些元件的FG注入一定数量的电子，把它们写为“0”。EPROM

封装方法与一般集成电路不同，需要有一个能通过紫外线的石英窗口。擦除时，将芯片放入擦除器的小盒中，用紫外灯照射约 20min，若读出各单元内容均为 FFH，说明原信息已被全部擦除，恢复到出厂状态。写好信息的 EPROM 为了防止因光线长期照射而引起的信息破坏，常用遮光胶纸贴于石英窗口上。

EPROM 的擦除是对整个芯片进行的，不能只擦除个别单元或个别位，擦除时间较长，且擦写均需离线操作，使用起来不方便，因此，能够在线擦写的 EEPROM 芯片近年来得到广泛应用。

EEPROM 是一种采用金属 - 氮 - 氧化硅（MNOS）工艺生产的可擦除可编程的只读存储器。擦除时只需加高压使指定单元产生电流，形成“电子隧道”，将该单元信息擦除，其他未通电流的单元内容保持不变。EEPROM 具有对单个存储单元在线擦除与编程的能力，而且芯片封装简单，对硬件线路没有特殊要求，操作简便，信息存储时间长，因此，EEPROM 给需要经常修改程序和参数的应用领域带来了极大的方便。但与 EPROM 相比，EEPROM 具有集成度低，存取速度较慢，完成程序在线改写需要较复杂的设备等缺点。

2）Intel 2716 EPROM 芯片。EPROM 芯片有多种型号，常用的有 2716（2K × 8 位）、2732（4K × 8 位）、2764（8K × 8 位）、27128（16K × 8 位）、27256（32K × 8 位）等。

2716 EPROM 芯片采用 NMOS 工艺制造，使用双列直插式 24 引脚封装。其引脚、逻辑符号及内部结构如图 4-21 所示。

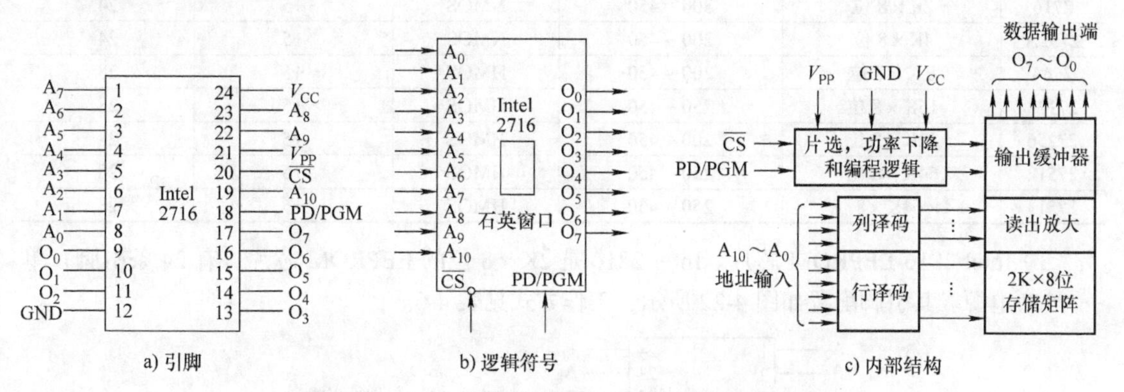

图 4-21　Intel 2716 的引脚、逻辑符号及内部结构

- A_0~A_{10}：11 条地址输入线。其中 7 条用于行译码，4 条用于列译码。
- O_0~O_7：8 位数据线。编程写入时是输入线，正常读出时是输出线。
- $\overline{CS}$：片选信号。当 $\overline{CS}$ = 0 时，允许 2716 读出。
- PD/PGM：待机 / 编程控制信号，输入。
- V_{PP}：编程电源。在编程写入时，V_{PP} = +25V；正常读出时，V_{PP} = +5V。
- V_{CC}：工作电源，为 +5V。

2716 的工作方式见表 4-3。

- 读出方式：当 $\overline{CS}$ =0 时，可以将选中存储单元的内容读出。
- 未选中：当 $\overline{CS}$ =1 时，不论 PD/PGM 的状态如何，2716 均未被选中，数据线呈高阻状态。
- 待机（备用）方式：当 PD/PGM = 1 时，2716 处于待机方式。这种方式和未选中方式类似，但其功耗由 525mW 下降到 132mW，下降了 75%，所以又称为功率下降方式。这时数据线呈高阻状态。
- 编程方式：当 V_{PP}=+25V，$\overline{CS}$ =1，并在 PD/PGM 端加上 52ms 宽的正脉冲时，可以将数据线上的信息写入指定的地址单元。数据线为输入状态。

表 4-3 2716 的工作方式

引脚	PD/PGM	$\overline{CS}$	V_{PP}/V	数据总线状态
读出	0	0	+5	输出
未选中	×	1	+5	高阻
待机	1	×	+25	高阻
编程输入	宽 52ms 的正脉冲	1	+25	输入
校验编程内容	0	0	+25	输出
禁止编程	0	1	+25	高阻

注："×"代表任意电平状态。

• 校验编程内容方式：此方式与读出方式基本相同，只是 V_{PP}=+25V。在编程后，可将 2716 中的信息读出，与写入的内容进行比较，以验证写入内容是否正确。数据线为输出状态。

• 禁止编程方式：此方式禁止将数据总线上的信息写入 2716。

常用的 EPROM 芯片见表 4-4。

表 4-4 常用的 EPROM 芯片

型号	容量结构	最大读出时间 /ns	制造工艺	需用电源电压 /V	引脚数
2708	1K×8 位	350～450	NMOS	±5，+12	24
2716	2K×8 位	300～450	NMOS	+5	24
2732A	4K×8 位	200～450	NMOS	+5	24
2764	8 K×8 位	200～450	HMOS	+5	28
27128	16K×8 位	250～450	HMOS	+5	28
27256	32K×8 位	200～450	HMOS	+5	28
27512	64K×8 位	250～450	HMOS	+5	28
27513	4×64K×8 位	250～450	HMOS	+5	28

3）Intel 2816 EEPROM 芯片。Intel 2816 是 2K×8 位的 EEPROM 芯片，有 24 条引脚，单一+5 V 电源。其引脚配置如图 4-22 所示，工作方式见表 4-5。

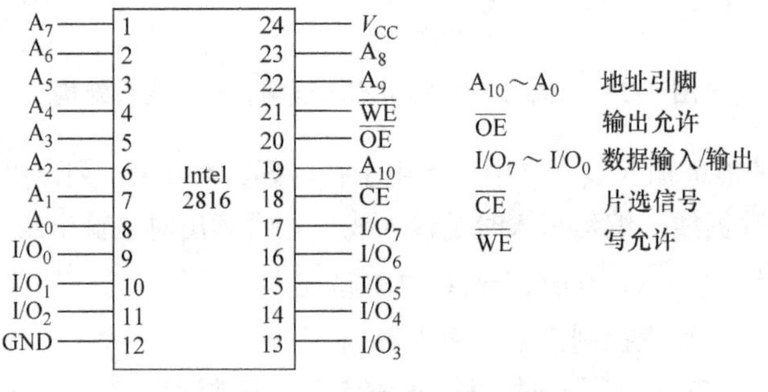

图 4-22 Intel 2816 的引脚配置

表 4-5 2816 的工作方式

引脚	$\overline{CE}$	$\overline{OE}$	V_{PP}/V	数据线状态
读出	0	0	+4～+6	输出
待机（备用）	1	×	+4～+6	高阻
字节擦除	0	1	+21	输入为全 1
字节写入	0	1	+21	输入
整片擦除	0	+9～+15V	+21	输入为全 1
擦写禁止	1	×	+4～+22	高阻

注："×"代表任意电平状态。

• 读出方式：当$\overline{CE}$=0，$\overline{OE}$=0，并且V_{PP}端加 +4 ~ +6V 电压时，2816 处于正常的读工作方式，此时数据线为输出状态。

• 待机（备用）方式：当$\overline{CE}$=1，$\overline{OE}$为任意状态，且V_{PP}端加 +4 ~ +6V 电压时，2816 处于待机状态。与 2716 芯片一样，待机状态下芯片的功耗将下降。

• 字节擦除方式：当$\overline{CE}$=0，$\overline{OE}$=1，数据线（I/O_0 ~ I/O_7）都加高电平且V_{PP}加幅度为 +21V、宽度为 9 ~ 15ms 的脉冲时，2816 处于以字节为单位的擦除方式。

• 字节写入方式：当$\overline{CE}$=0，$\overline{OE}$=1，V_{PP}加幅度为 +2lV、宽度为 9 ~ 15ms 的脉冲时，来自数据线（I/O_0 ~ I/O_7）的数据字节可写入 2816 的存储单元中。可见，字节写入和字节擦除方式实际上是同一种操作，只是在字节擦除方式中，写入的信息为全“1”而已。

• 整片擦除方式：当$\overline{CE}$=0，数据线（I/O_0 ~ I/O_7）都为高电平，$\overline{OE}$端加 +9 ~ +15V 电压及V_{PP}加 21V、9 ~ 15ms 的脉冲时，约经 10ms 可擦除整片的内容。

• 擦写禁止方式：当$\overline{CE}$=1，V_{PP}为 +4 ~ +22V 时，不管$\overline{OE}$是高电平还是低电平，2816 都将进入禁止状态，其数据线（I/O_0 ~ I/O_7）呈高阻状态，内部存储单元与外界隔离。

静态 RAM 和动态 RAM 都是随机存储器，它们的特点是数据可读可写，但 RAM 信息容易丢失。ROM 具有非易失性，可靠性较高。一开始制造的 ROM 只能读不能写，现在的 ROM 能够读写，但是速度比不上 RAM，所以现在一般还是把信息存到 RAM 里，进行读 / 写操作。

（4）闪速存储器

1）闪速存储器简介。闪速存储器（Flash Memory）是 1983 年由 Intel 公司首先推出的，其商品化于 1988 年。闪速存储器是一种高密度、非易失性的读 / 写半导体存储器，它突破了传统的存储器体系，改善了现有存储器的特性，因而是一种全新的存储器技术。就其本质而言，闪速存储器属于 EEPROM 类型，在不加电的情况下能长期保持存储的信息。它之所以被称为闪速存储器，是因为能用电擦除且能通过公共源极或公共衬底加高压实现擦除整个存储矩阵或部分存储矩阵，速度很快，与 EEPROM 擦除一个地址（一个字节或 16 位字）的时间相同。闪速存储器是一类非易失性存储器（Non-Volatile Memory，NVM），即使在供电电源关闭后仍能保持片内信息；而诸如动态 RAM、静态 RAM 这类易失性存储器，当供电电源关闭时片内信息随即丢失。闪速存储器集其他类非易失性存储器的特点于一身：与 EPROM 相比较，闪速存储器具有明显的优势——在系统中电可擦除和可重复编程，而不需要特殊的高电压（某些第一代闪速存储器也要求高电压来完成擦除和 / 或编程操作）；与 EEPROM 相比较，闪速存储器具有成本低、密度大的特点。除了指令寄存器在内的控制和定时逻辑，闪速存储器的逻辑结构与一般半导体存储器的结构相似。

2）闪速存储器的工作原理。闪速存储器在 EPROM 功能的基础上增加了电路的电擦除和重新编程能力。28F256A 芯片引入了一个指令寄存器来实现这种功能，其作用是保证 TTL 电平的控制信号输入；在擦除和编程过程中稳定供电；最大限度地与 EPROM 兼容。

当V_{PP}引脚不加高电压时，它只是一个 ROM。此时利用存储器的外部控制信号，可实现标准的 EPROM 读、等待、输出禁止、读系统标识符等操作。

当V_{PP}引脚加上高电压时，除实现 EPROM 的通常操作外，通过指令寄存器，还可以实现存储器内容的变更，如擦除和擦除校验、编程和编程校验等。

指令寄存器仅在V_{PP}为高电压时工作。根据应用需要，设计者可以为V_{PP}供电设置开关，仅在存储器内容需要更新时使V_{PP}达到高电压。当V_{PP}=V_{PPL}时，指令寄存器的内容为读指令，使 28F256A 成为 ROM。出于这种模式，存储器内容不可改变，称为“写保护”。

装入到指令寄存器的 7 条指令由 CPU 提供，通过写周期写入到指令寄存器，作为控制擦除和编程电路的输入。写周期中同时从内部锁存了擦除和编程操作所需的地址和数据。当适当的指令装入寄存器后，CPU 通过读周期输出存储器的阵列数据，或输出系统标识符代码，或输出数据进行校验。

3）28F256A 的工作模式见表 4-6。

表 4-6　28F256A 的工作模式

操作		V_{pp}	A_0	A_9	$\overline{CE}$	$\overline{OE}$	$\overline{WE}$	$DQ_0 \sim DQ_7$
只读	读	V_{PPL}	A_0	A_9	0	0	0	数据输出
	输出禁止	V_{PPL}	×	×	0	0	1	三态输出
	等待	V_{PPL}	×	×	1	×	×	三态输出
读写	读	V_{pph}	A_0	A_9	0	0	1	数据输出
	输出禁止	V_{pph}	×	×	0	1	1	三态输出
	备用	V_{pph}	×	×	1	×	×	三态输出
	写	V_{pph}	A_0	A_9	0	1	0	数据输入

注：“×”代表任意电平状态。

读操作：片选信号$\overline{CE}$是供电控制端，输出允许信号$\overline{CE}$用于控制数据从输出引脚的输出。只有这两个信号同时有效时，才能实现数据输出。

输出禁止操作：当输出允许控制端$\overline{OE}$处于高电平时，28F256A 被禁止输出，输出引脚置于高阻状态。

等待（备用）操作：当片选信号$\overline{CE}$处于逻辑高电平时，等待操作抑制了 28F256A 的大部分电路，减少器件功耗。

写操作：当 V_{PP} 为高电压时，通过指令寄存器实现器件的擦除和编程。当$\overline{CE}$=0 且$\overline{WE}$=0 时，通过写周期对指令寄存器进行写入。

4.2.4　存储器与 CPU 的连接

在计算机系统中，CPU 对存储器进行读 / 写操作，首先要由地址总线给出地址信号，选择要进行读 / 写操作的存储单元，然后通过控制总线发出相应的读 / 写控制信号，最后才能在数据总线上进行数据交换。所以，存储器芯片与 CPU 之间的连接，实质上就是其与系统总线的连接，包括地址线的连接、数据线的连接、控制线的连接。在连接中要考虑如下问题：

1. CPU 的结构模式

（1）最小系统模式　将微处理器与半导体存储器做在一块插件上的 CPU 卡，可以作为模块组合式系统中的核心部件，或是多机系统中的一个节点。例如，智能型（可编程控制）设备控制器或接口包含微处理器与半导体存储器。在这些情况下，CPU 与存储芯片直接相连，如图 4-23a 所示。CPU 输出地址线直接送往存储器，数据线也直接与存储芯片相连，CPU 还发出读 / 写命令 R/$\overline{W}$，送往芯片，这称为最小系统模式。由于这种小系统所需存储器容量不大，往往使用静态 RAM 芯片，省去了刷新逻辑。

（2）较大系统模式　稍具规模及其更高档次的计算机系统都设置了一组甚至多组系统总线，用来连接 I/O 设备。系统总线中包含地址线、数据线、控制信号线。CPU 通过数据收发缓冲器、地址锁存器、总线控制器的接口芯片，形成了系统总线。如果主存容量较大，需要做成专门的存储器模块；或者因为速率匹配及其他控制问题，需要配置较复杂的控制逻辑，因而形成独立的存储器模块。可以将主存模块挂接于系统总线之上，如图 4-23b 所示。

（3）专用存储总线模式　如果系统规模较大（所带 I/O 设备多），而且要求访存速率较高，可在 CPU 与主存之间建立一组专门的高速存储总线。CPU 既可以通过这组专用总线访问主存，也可以像通过系统总线访问 I/O 设备那样去访问存储器，如图 4-23c 所示。

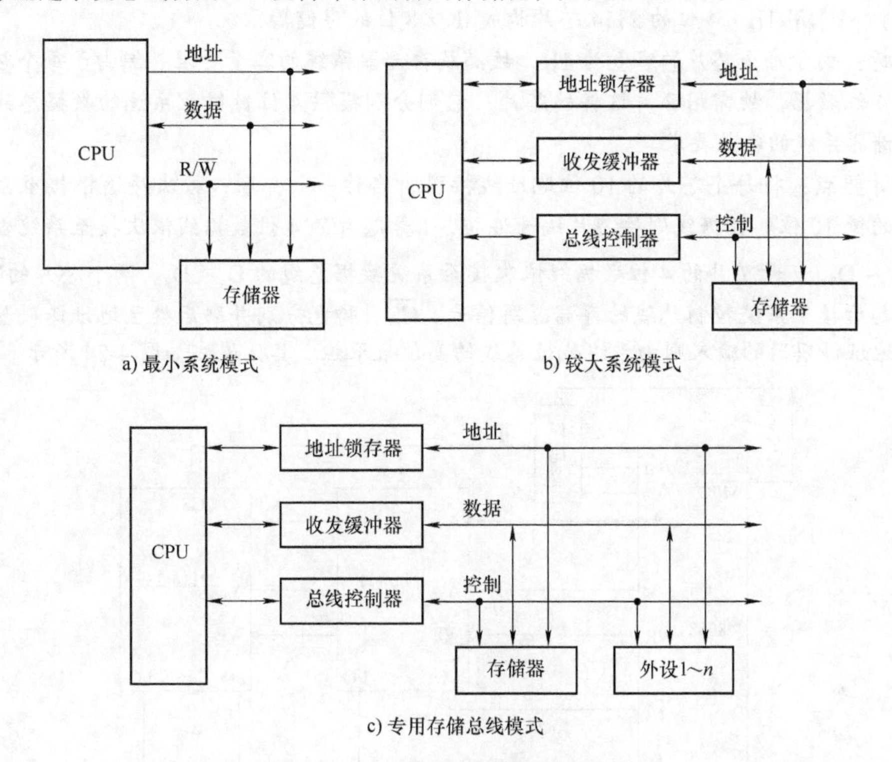

图 4-23　CPU 与存储器的连接方式

2. CPU 的时序和存储器的存取速度之间的配合问题

CPU 在取指和存储器进行读 / 写操作时，是有固定时序的，用户要根据这些来确定对存储器存取速度的要求，或在存储器已经确定的情况下，考虑是否需要 T_w 周期，以及如何实现。

3. 存储器的地址分配和片选问题

主存通常分为 RAM 和 ROM 两大部分，而 RAM 又分为系统区（即机器的监控程序或操作系统占用的区域）和用户区，用户区又要分成数据区和程序区；ROM 的分配也类似，所以主存的地址分配是一个重要问题。另外，目前生产的存储器芯片，单片的容量仍然是有限的，通常要由许多片才能组成一个存储器，这里就有一个如何产生片选信号的问题。

4. 控制信号的连接问题

CPU 在与存储器交换信息时，通常有以下几个控制信号（对 8088/8086 来说）：$\overline{IO}$/M（IO/$\overline{M}$）、$\overline{RD}$、$\overline{WR}$以及 WAIT 信号。这些信号如何与存储器要求的控制信号相连以实现所需的控制功能是一个重要问题。

4.2.5　存储器的扩展

由于单片存储芯片的容量总是有限的，难以满足实际的需要，因此，必须将若干存储芯片连在一起才能组成足够容量的存储器，这种情况称为存储容量的扩展。存储容量的扩展通常有位扩展、字扩展和字、位扩展 3 种。

1. 位扩展

位扩展是指增加存储字长，这种方法的适用场合是存储器芯片的容量满足存储器系统的要求，但其字长小于存储器系统的要求。

【例 4-1】 用 1K×4 位的 2114 芯片构成 1K×8 位的存储器系统。

分析：由于每个芯片的容量为 1K，故满足存储器系统的容量要求。但由于每个芯片只能提供 4 位数据，故需用 2 片这样的芯片，它们分别提供 4 位数据至系统的数据总线，以满足存储器系统的字长要求。

设计要点： 将每个芯片的 10 位地址线按引脚名称一一并联，按次序逐根接至系统地址总线的低 10 位。数据线则按芯片编号连接，1 号芯片的 4 位数据线依次接至系统数据总线的 $D_0 \sim D_3$，2 号芯片的 4 位数据线依次接至系统数据总线的 $D_4 \sim D_7$。两个芯片的 $\overline{WE}$ 端并在一起后接至系统控制总线的存储器写信号。$\overline{CS}$ 引脚也分别并联后接至地址译码器的输出，而地址译码器的输入则由系统地址总线的高位来承担。具体连线如图 4-24 所示。

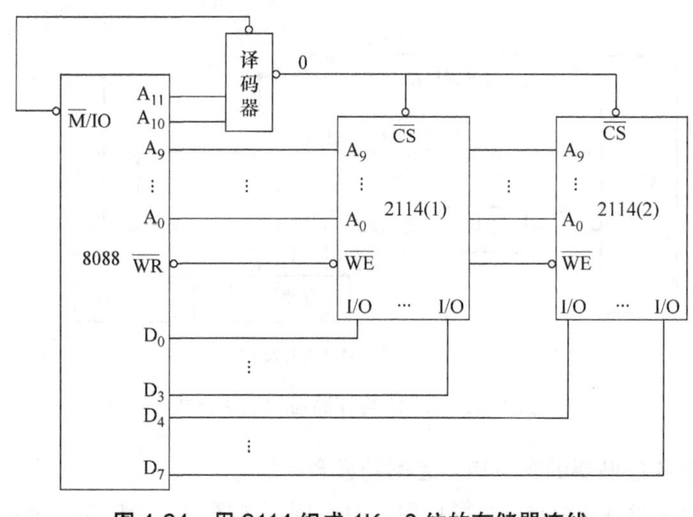

图 4-24 用 2114 组成 1K×8 位的存储器连线

当存储器工作时，系统根据高位地址的译码同时选中两个芯片，而地址码的低位也同时到达每一个芯片，从而选中它们的同一个单元。在读 / 写信号的作用下，两个芯片的数据同时读出，送至系统数据总线，产生一个字节的输出，或者同时将来自数据总线上的字节数据写入存储器。

根据硬件连线图，还可以进一步分析出该存储器的地址分配范围，见表 4-7（假设只考虑 16 位地址）。

表 4-7 存储器地址分配

地址码 $A_{15} \cdots A_{13}\ A_{12}\ A_{11}\ A_{10}\ A_9 \cdots A_0$	芯片的地址范围
× ⋯ × × 0 0 0 ⋯ 0	0000H
⋮	⋮
× ⋯ × × 0 0 1 ⋯ 1	03FFH

注："×"表示可以任选值，在这里均选 0。

这种扩展存储器的方法就称为位扩展，它适用于多种芯片，如可以用 8 片 2164A 组成一个 64K × 8 位的存储器等。

2. 字扩展

字扩展是指增加存储器字的数量，这种方法的适用场合是存储器芯片的字长符合存储器系统的要求，但其容量太小。

【**例 4-2**】用 2K × 8 位的 2716 存储器芯片组成 8K × 8 位的存储器系统。

分析：由于每个芯片的字长为 8 位，故满足存储器系统的字长要求。但由于每个芯片只能提供 2K 个存储单元，所以需要用 4 片这样的芯片，以满足存储器系统的容量要求。

设计要点：同位扩展方式相似。将每个芯片的 11 位地址线按引脚名一一并联，按次序逐根接至系统地址总线的低 11 位。将每个芯片的 8 位数据线依次接至系统数据总线的 D_0 ~ D_7。两个芯片的 $\overline{OE}$ 端并在一起后接至系统控制总线的存储器读信号。它们的 $\overline{CE}$ 引脚分别接至地址译码器的不同输出，地址译码器的输入则由系统地址总线的高位来承担。具体连线如图 4-25 所示。

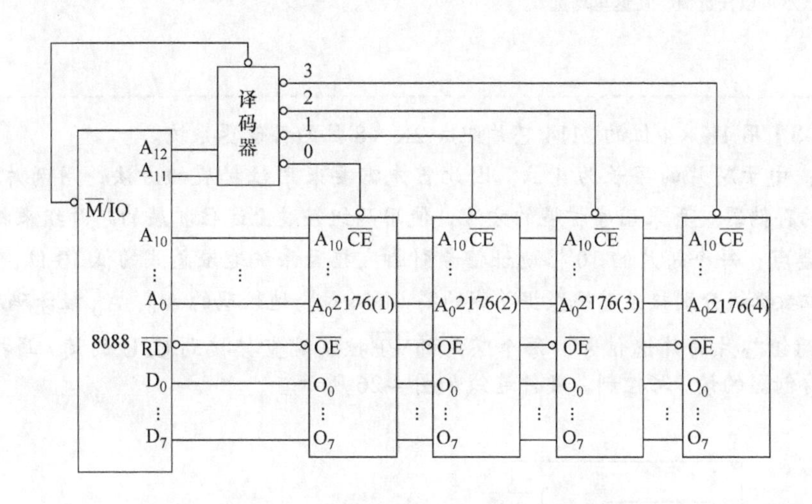

图 4-25 用 2716 组成 8K × 8 位的存储器连线

当存储器工作时，根据高位地址的不同，系统通过译码器分别选中不同的芯片，低位地址码则同时到达每一个芯片，选中它们的相应单元。在读信号的作用下，选中芯片的数据被读出，送至系统数据总线，产生一个字节的输出。

同样，根据硬件连线图，可以进一步分析出该存储器的地址分配范围，见表 4-8（假设只考虑 16 位地址）。

这种扩展存储器的方法就称为字扩展，它同样适用于多种芯片，如可以用 8 片 27128（16K × 8 位）组成一个 128K × 8 位的存储器等。

3. 字、位扩展

字、位扩展是指既增加存储字的数量，又增加存储字长。这种方法的适用场合是存储器芯片的字长和容量均不符合存储器系统的要求，这时就需要用多片这样的芯片同时进行位扩展和字扩展，以满足系统的要求。

表 4-8 存储器地址分配

地址码 A_{15} … A_{13} A_{12} A_{11} A_{10} A_9 … A_0	芯片的地址范围	对应芯片编号
× … × 0 0 0 0 … 0 ⋮ × … × 0 0 1 1 … 1	0000H ⋮ 07FFH	2716-1
× … × 0 1 0 0 … 0 ⋮ × … × 0 1 1 1 … 1	0800H ⋮ 0FFFH	2716-2
× … × 1 0 0 0 … 0 ⋮ × … × 1 0 1 1 … 1	1000H ⋮ 17FFH	2716-3
× … × 1 1 0 0 … 0 ⋮ × … × 1 1 1 1 … 1	1800H ⋮ 1FFFH	2716-4

注:“×”表示可以任选值,在这里均选 0。

【**例 4-3**】用 1K×4 位的 2114 芯片组成 2K×8 位的存储器系统。

分析: 由于芯片的字长为 4 位,因此首先需要采用位扩展的方法,用两片芯片组成 1K×8 位的存储器。再采用字扩展的方法,使用两组经过上述位扩展的芯片组来扩展容量。

设计要点: 每个芯片的 10 根地址信号引脚宜接至系统地址总线的低 10 位,每组两个芯片的 4 位数据线分别接至系统数据总线的高 / 低 4 位。地址码的 A_{10}、A_{11} 经译码后的输出,分别作为两组芯片的片选信号,每个芯片的 $\overline{WE}$ 控制端直接接到 CPU 的读 / 写控制端上,以实现对存储器的读 / 写控制。硬件连线如图 4-26 所示。

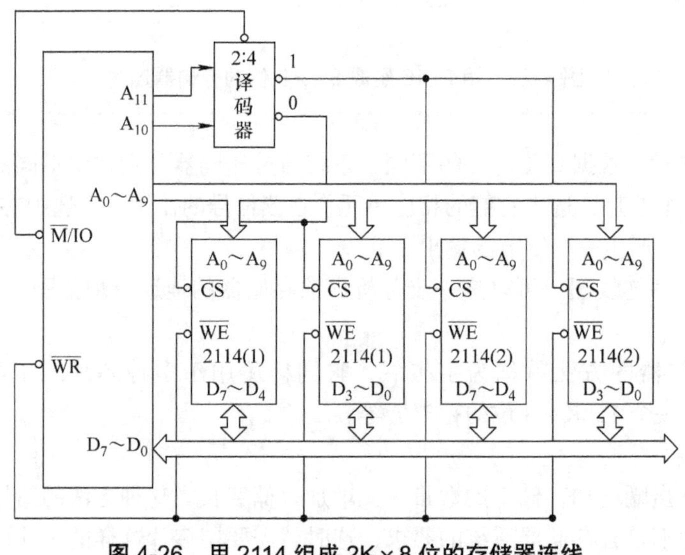

图 4-26 用 2114 组成 2K×8 位的存储器连线

当存储器工作时，根据高位地址的不同，系统通过译码器分别选中不同的芯片组，低位地址码则同时到达每一个芯片组，选中它们的相应单元。在读 / 写信号的作用下，选中芯片组的数据被读出，送至系统数据总线，产生一个字节的输出，或者将来自数据总线上的字节数据写入芯片组。

同样，根据硬件连线图，可以进一步分析出该存储器的地址分配范围，见表 4-9（假设只考虑 16 位地址）。

表 4-9 存储器地址分配

地址码 A_{15} … A_{13} A_{12} A_{11} A_{10} A_9 … A_0	芯片的地址范围	对应芯片编号
× … × × 0 0 0 … 0 ⋮ × … × × 0 0 1 … 1	0000H ⋮ 03FFH	2114-1
× … × × 0 1 0 … 0 ⋮ × … × × 0 1 1 … 1	0400H ⋮ 07FFH	2114-2

注：“×”表示可以任选值，在这里均选 0。

从表 4-9 分析可知，此存储器的地址范围是 0000H ~ 07FFH。如果系统规定存储器的地址范围从 0800H 开始，并要连续存放，则需要对以上硬件连线图进行改动。

由于低位地址仍从 0 开始，因此低位地址仍直接接至芯片组。于是，要改动的是译码器和高位地址的连接。我们可以将两个芯片组的片选输入端分别接至译码器的 Y_2 和 Y_3 输出端，即当 A_{11}、A_{10} 为 10 时，选中 2114-1，则该芯片组的地址范围为 0800H ~ 0BFFH；而当 A_{11}、A_{10} 为 11 时，选中 2114-2，则该芯片组的地址范围为 0C00H ~ 0FFFH。同时，保证高位地址为 0（即 A_{15} ~ A_{12} 为 0）。这样，此存储器的地址范围就是 0800H ~ 0FFFH 了。

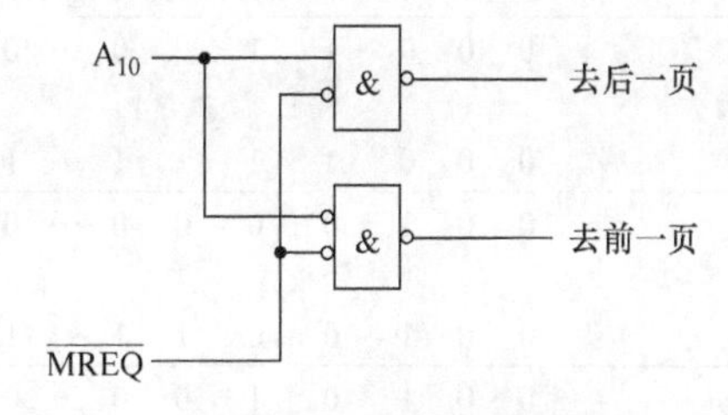

图 4-27 线选法示例

以上例子所采用的片选控制的译码方式称为全译码方式，这种译码电路较复杂，但是，由此选中的每一组的地址都是确定且唯一的。有时，为方便起见，也可以直接用高位地址（如 A_{10} ~ A_{15} 中的任一位）来控制片选端。例如用 A_{10} 来控制，如图 4-27 所示。

粗看起来，这两组的地址分配与全译码时相同，但是当用 A_{10} 这一个信号作为片选控制时，只要 A_{10}=0，A_{11} ~ A_{15} 可为任意值都选中一组；而只要 A_{10}=1，A_{11} ~ A_{15} 可为任意值都选中另一组。这种片选控制方式称为线选法。线选法节省译码电路，设计简单，但必须注意此时芯片的地址分布以及各自的地址重叠区，以免出现错误。

【例 4-4】一个存储器系统包括 2K RAM 和 8K ROM，分别由 1K×4 位的 2114 芯片和 2K×8 位的 2716 芯片组成。要求 ROM 的地址从 1000H 开始，RAM 的地址从 3000H 开始。完成硬件连线及相应的地址分配表。

分析：该存储器的设计可以参考本节前面的例题。所不同的是，要根据题目的要求，按规定的地址范围设计各芯片或芯片组片选信号的连接方式。存储器的硬件连线如图 4-28 所示。

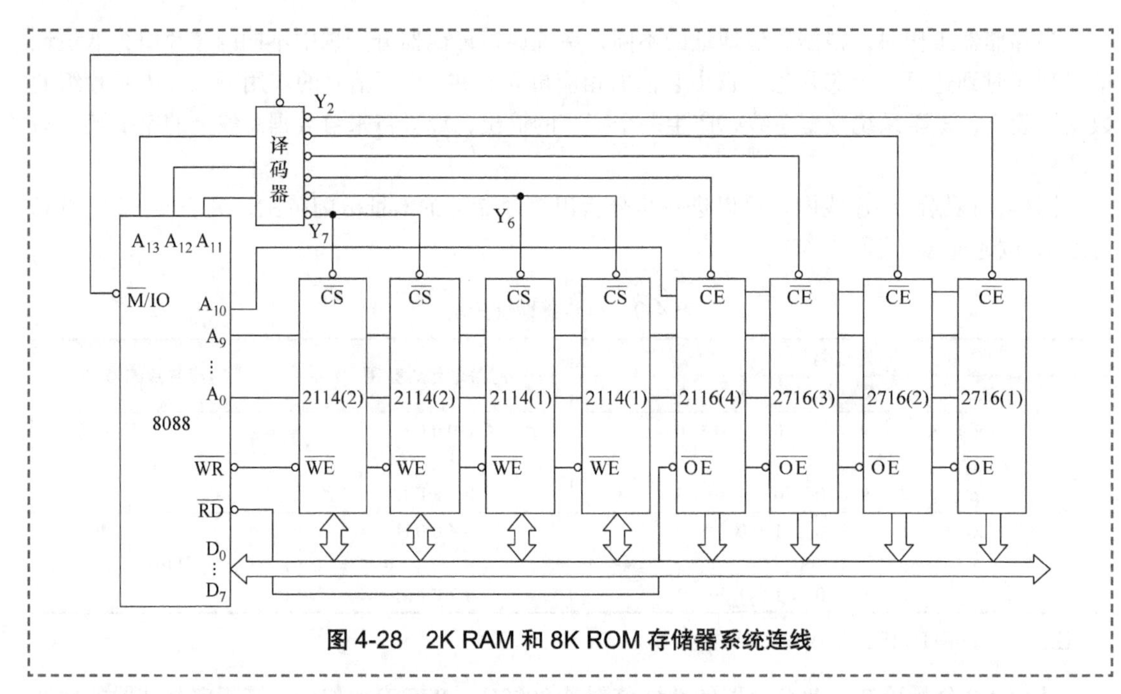

图 4-28 2K RAM 和 8K ROM 存储器系统连线

根据硬件连线图，可知该存储器的地址分配范围，见表 4-10（假设只考虑 16 位地址）。

表 4-10 存储器地址分配

地址码	芯片的地址范围	对应芯片编号
A_{15} A_{14} A_{13} A_{12} A_{11} A_{10} A_9 … A_0		
0 0 0 1 0 0 0 … 0 ⋮ 0 0 0 1 0 1 1 … 1	1000H ⋮ 17FFH	2716-1
0 0 0 1 1 0 0 … 0 ⋮ 0 0 0 1 1 1 1 … 1	1800H ⋮ 1FFFH	2716-2
0 0 1 0 0 0 0 … 0 ⋮ 0 0 1 0 0 1 1 … 1	2000H ⋮ 27FFH	2716-3
0 0 1 0 1 0 0 … 0 ⋮ 0 0 1 0 1 1 1 … 1	2800H ⋮ 2FFFH	2716-4
0 0 1 1 0 0 0 … 0 ⋮ 0 0 1 1 0 0 1 … 1	3000H ⋮ 33FFH	2114-1
0 0 1 1 1 0 0 … 0 ⋮ 0 0 1 1 1 0 1 … 1	3800H ⋮ 3BFFH	2114-2

4. 存储器的读 / 写周期

在与 CPU 连接时，CPU 的控制信号与存储器的读 / 写周期之间的配合问题是非常重要的。对于已知的 RAM 存储芯片，读 / 写周期是已知的。图 4-29 所示为 2114 的读周期与写周期的时序波形。

1）读周期。读周期与读出时间是两个不同的概念。读出时间是从给出有效地址到外部数据总线上稳定地出现所读出的数据信息所经历的时间。读周期则是存储片进行两次连续读操作时所必须间隔的时间，它总是大于或等于读出时间。

2）写周期。要实现写操作，要求片选$\overline{CS}$和写命令$\overline{WE}$信号都为低，并且$\overline{CS}$信号与$\overline{WE}$信号相“与”的宽度至少应为一个写数时间。

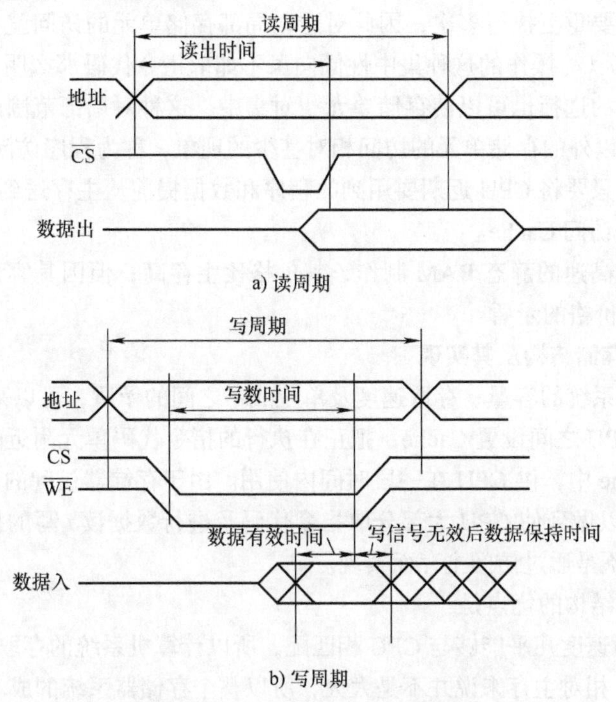

图 4-29　2114 读 / 写周期时序波形

4.3　高速缓冲存储器（Cache）

4.3.1　概述

1. 问题的提出

计算机系统中的内部存储器通常采用动态 RAM 构成，具有价格低、容量大的特点，但由于动态 RAM 采用 MOS 管电容的充放电原理来表示与存储信息，其存取速度相对于 CPU 的信息处理速度来说较低，这就导致了两者速度的不匹配。也就是说，慢速的存储器限制了高速 CPU 的性能，影响了计算机系统的运行速度，并限制了计算机性能的进一步发挥和提高。据统计，CPU 的速度平均每年改进 60%，而动态 RAM 的速度平均每年只改进 7%，结果是 CPU 和动态 RAM 之间的速度间隙越拉越大。例如，100MHz 的 Pentium 处理器平均每 10ns 执行一条指令，而动态 RAM 的典型访问时间为 60 ~ 120ns。

另外，由于 I/O 向主存请求的级别高于 CPU 访存，这就出现了 CPU 等待 I/O 访存的现象，致使 CPU 空等一段时间，甚至可能等待几个主存周期，从而降低了 CPU 的工作效率。为了避免 CPU 与 I/O 争抢访存，可在 CPU 与主存之间加一级缓存，这样，主存就可将 CPU 要取的信息提前送至缓存。一旦主存与 I/O 交换，CPU 就可直接从缓存中读取所需的信息，不必空等而影响效率。

2. 存储器访问的局部性

计算机系统进行信息处理的过程就是执行程序的过程，这时，CPU 需要频繁地与主存进行数据交换，包括取指令代码及数据的读 / 写操作。通过对大量典型程序的运行情况进行分析，发现在一个较短的时间内，取指令代码的操作往往集中在存储器逻辑地址空间的很小范围内（因为在多数情况下，指令是顺序执行的，因此指令代码地址的分布就是连续的，再加上循环程序段和子程序段都需要重复执行多次，因此对这些局部存储单元的访问就自然具有时间上集中分布的倾向）；数据读 / 写操作的这种集中性倾向虽不如取指令代码那么明显，但对数组的存储和访问以及工作单元的选择也可以使存储单元相对集中。这种对局部范围的存储单元的访问比较频繁，而对此范围以外的存储单元的访问相对甚少的现象，称为程序访问的局部性。

利用这一原理，只要将 CPU 近期要用到的程序和数据提前从主存送到 Cache，就可以做到 CPU 在一定时间内只访问 Cache。

一般 Cache 采用高速的静态 RAM 制作，其价格比主存高；但因其容量远小于主存，因此能较好地解决速度和价格的矛盾。

3. Cache- 主存存储结构及其实现

为了解决存储器系统的容量、存取速度及单位成本之间的矛盾，可以采用 Cache- 主存存储结构，即在主存和 CPU 之间设置 Cache，把正在执行的指令代码单元附近的一部分指令代码或数据从主存装入 Cache 中，供 CPU 在一段时间内使用。由于存储器访问的局部性，在一定容量 Cache 的条件下，可以做到使 CPU 大部分取指令代码及进行数据读 / 写的操作都只需通过访问 Cache 就可实现，而不是通过访问主存而实现。

Cache- 主存存储结构的优点是：

1）Cache 的读写速度几乎能够与 CPU 相匹配，所以计算机系统的存取速度可以大大提高。

2）Cache 的容量相对主存来说并不是太大，所以整个存储器系统的成本并没有上升很多。

采用了 Cache- 主存存储结构以后，整个存储器系统的容量及单位成本能够与主存相当，而存取速度可以与 Cache 的读写速度相当，这就很好地解决了存储器系统的容量、速度、价格之间的矛盾。

4.3.2 Cache 的工作原理

1. Cache 存储系统基本结构

图 4-30 所示是 Cache- 主存结构示意，在主存和 CPU 之间增加了一个容量相对较小的双极型静态 RAM 作为 Cache。为了实现 Cache 与主存之间的数据交换，系统中还相应地增加了辅助硬件电路。

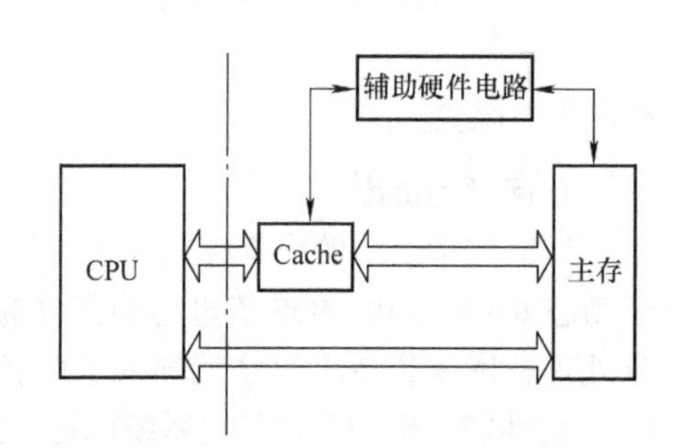

图 4-30 Cache- 主存结构示意

管理这两级存储器的部件为 Cache 控制器。图 4-31 所示是 Cache 存储系统的基本结构。CPU 与主存之间的数据传输必须经过 Cache 控制器进行，Cache 控制器将来自 CPU 的数据读 / 写请求转向 Cache 存储器。如果数据在 Cache 中，则 CPU 对 Cache 进行读 / 写操作，称为一次命中。命中时，CPU 从 Cache 中读（写）数据。由于 Cache 速度与 CPU 速度相匹配，因此不需要插入等待状态，故 CPU 处于零等待状态，也就是说 CPU 与 Cache 达到了同步，因此，有时称高速缓存为同步 Cache。若数据不在 Cache 中，则 CPU 对主存操作，称为一次失败。失败时，CPU 必须在其总线周期中插入等待周期 T_W。

在 Cache- 主存存储系统中，所有的程序代码和数据仍然都存放在主存中，Cache 存储器只是在系统运行过程中动态地存放了主存中的一部分程序块和数据块的副本，这是一种以块为单位的存储方式。块的大小称为“块长”，块长一般取一个主存周期所能调出的信息长度。

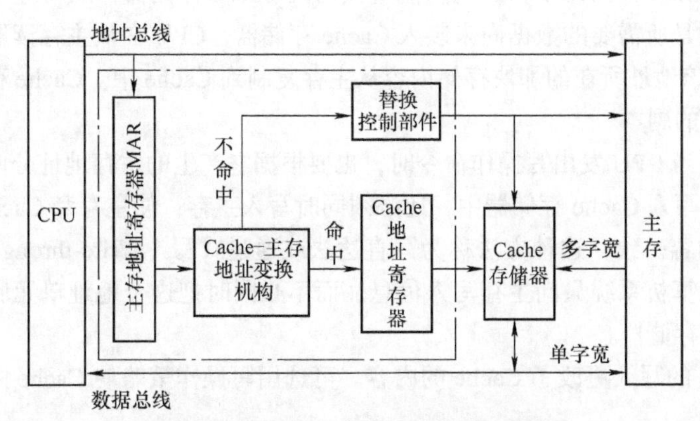

图 4-31　Cache 存储系统的基本结构

假设主存的地址码为 n 位，则其共有 2^n 个单元，将主存分块（block），每块有 B 个字节，则一共可以分成 $2^n/B$ 块。Cache 也由同样大小的块组成，由于其容量小，所以块的数目小得多。也就是说，主存中只有一小部分块的内容可存放在 Cache 中。

在 Cache 中，每一块外加有一个标记，指明它是主存中哪一块的副本，所以该标记的内容相当于主存中块的编号。假定主存地址为 $n=M+b$ 位，其中 M 称为主存的块地址，而 b 则称为主存的块内地址，即主存的块数为 2^M，块内字节数为 2^b；同样，假定 Cache 地址 $n=N+b$ 位，其中 N 称为 Cache 的块地址，而 b 则称为 Cache 的块内地址，即 Cache 的块数为 2^N，块内字节数为 2^b，通常使主存与 Cache 的块内地址码数量相同，即 $b=b$，即 Cache 的块内字节数与主存的块内字节数相同。

当 CPU 发出读请求时，将主存地址 M 位（或 M 位中的一部分）与 Cache 某块的标记相比较，根据其比较结果是否相等而区分出两种情况：当比较结果相等时，说明需要的数据已在 Cache 中，那么直接访问 Cache 就行了，在 CPU 与 Cache 之间通常一次传送一个字；当比较结果不相等时，说明需要的数据尚未调入 Cache，那么就要把该数据所在的整个字块从主存一次调进来。

2. Cache- 主存存储结构的命中率

命中率指 CPU 所要访问的信息在 Cache 中的比率，相应地将所要访问的信息不在 Cache 中的比率称为失效率。

Cache 的命中率除了与 Cache 的容量有关外，还与地址映射的方式有关。

目前，Cache 存储器容量主要有 256KB 和 512KB 等。这些大容量的 Cache 存储器使 CPU 访问 Cache 的命中率高达 90% ~ 99%，大大提高了 CPU 访问数据的速度，提高了系统的性能。

3. 两级 Cache- 主存存储结构

CPU 内部的 Cache 与主板上的 Cache 形成了两级 Cache 结构。

CPU 工作时，首先在第一级 Cache（微处理器内的 Cache）中查找数据，如果找不到，则在第二级 Cache（主板上的 Cache）中查找，若数据在第二级 Cache 中，Cache 控制器则在传输数据的同时修改第一级 Cache；如果数据既不在第一级 Cache 中也不在第二级 Cache 中，Cache 控制器则从主存中获取数据，同时将数据提供给 CPU 并修改两级 Cache。两级 Cache 结构提高了命中率，加快了处理速度，使 CPU 对 Cache 的操作命中率高达 98% 以上。

4.Cache 的基本操作

（1）读操作　当 CPU 发出读操作命令时，要根据它产生的主存地址分两种情形：一种是需要的数据已在 Cache 存储器中，那么只需直接访问 Cache 存储器，从对应单元中读取信息到数据总线；另一种是所需要的数据尚未装入 Cache 存储器，CPU 在从主存读取信息的同时，由 Cache 替换部件把该地址所在的那块存储内容从主存复制到 Cache 中。Cache 存储器中保存的字块是主存相应字块的副本。

（2）写操作　当 CPU 发出写操作命令时，也要根据它产生的主存地址分两种情形：命中时，不但要把新的内容写入 Cache 存储器中，还必须同时写入主存，使主存和 Cache 内容同时修改，保证主存和副本内容一致，这种方法称为写直达法或通过式写（Write-through，简称通写法）；未命中时，许多计算机系统只向主存写入信息，而不必同时把这个地址单元所在的主存中的整块内容调入 Cache 存储器。

CPU 对 Cache 的写入更改了 Cache 的内容。可选用写操作策略使 Cache 内容和主存内容保持一致。

1）写回法。当 CPU 写 Cache 命中时，只修改 Cache 的内容，而不立即写入主存；只有当此行被换出时才写回主存。这种方法减少了访问主存的次数，但是存在不一致性的隐患。实现这种方法时，每个 Cache 行必须配置一个修改位，以反映此行是否被 CPU 修改过。

2）全写法。当写 Cache 命中时，Cache 与主存同时发生写修改，因而较好地维护了 Cache 与主存内容的一致性。当写 Cache 未命中时，直接向主存进行写入。Cache 中无须每行设置一个修改位以及相应的判断逻辑。缺点是降低了 Cache 的功效。

3）写一次法。基于写回法并结合全写法的写策略，写命中与写未命中的处理方法与写回法基本相同，只是第一次写命中时要同时写入主存。这种方法便于维护系统全部 Cache 的一致性。

在多处理器或有 DMA 控制器的系统中，不止一个处理器可以访问主存，此时必须确保 Cache 中总是有最新的数据。当一个处理器或 DMA 控制器改变了主存中的某些单元数据时，必须通知其他处理器主存的数据已经被修改。如果在其他处理器所使用的 Cache 中存放的是被修改的主存单元修改前的内容，那么要将 Cache 中的旧数据进行标记。这样，若处理器要使用旧数据，则 Cache 会告知它数据已被更改，需要到主存中重取。在多处理器共享主存中的同一组数据时，必须采取策略以确保所有处理器用到的都是最新的数据。

4.3.3 Cache 的调度与替换

1. 地址映射及其方式

我们知道，主存与 Cache 之间的信息交换是以数据块的形式来进行的，为了把信息从主存调入 Cache，必须应用某种函数把主存块映射到 Cache 块，称作地址映射。当信息按这种映射关系装入 Cache 后，系统在执行程序时，应将主存地址变换为 Cache 地址，这个变换过程叫作地址变换（由于 Cache 的存储空间较小，因此，Cache 中的一个存储块要与主存中的若干个存储块相对应，即若干个主存块将映射到同一个 Cache 块）。

根据不同的地址对应方法，地址映射的方式通常有直接映射、全相联映射和组相联映射 3 种。

（1）直接映射　每个主存块映射到 Cache 中的一个指定块的方式称为直接映射。在直接映射方式下，主存中某一特定存储块只可调入 Cache 中的一个指定位置，如果主存中另一个存储块也要调入该位置，则将发生冲突。

地址映射的方法如下：

将主存块地址对 Cache 的块号取模，即可得到 Cache 中的块地址，这相当于将主存的空间按 Cache 的大小进行分区，每区内相同的块号映射到 Cache 中相同的块的位置。

一般来说，如果 Cache 被分成 2^N 块，主存被分成同样大小的 2^M 块，则主存与 Cache 中块的对应关系如图 4-32 所示。

直接映射函数可定义为

$$j = i \bmod 2^N$$

其中 j 是 Cache 中的块号；i 是主存中的块号。在这种映射方式中，主存的第 0 块、第 2^N 块、第 2^N+1 块……只能映射到 Cache 的第 0 块；而主存的第 1 块、第 2^N+1 块、第 2^N+1+1 块……只能映射到 Cache 的第 1 块，依此类推。

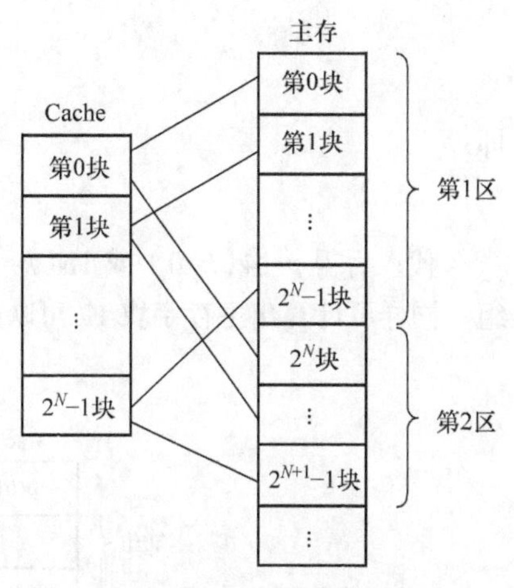

图 4-32　直接映射示意

例如，一个 Cache 的大小为 2K 字，每个块为 16 字，这样 Cache 中共有 128 个块。假设主存的容量是 256K 字，则共有 16384 个块。主存的地址码将有 18 位。在直接映射方式下，主存中的第 1 ~ 128 块映射到 Cache 中的第 1 ~ 128 块，第 129 块则映射到 Cache 中的第 1 块，第 130 块则映射到 Cache 中的第 2 块，依此类推。

直接映射函数的优点是实现简单，缺点是不够灵活，尤其是当程序往返访问两个相互冲突的块中的数据时，Cache 的命中率将急剧下降。

（2）全相联映射　如图 4-33 所示，全相联映射允许主存中的每一个字块映射到 Cache 存储器的任何一个字块位置上，也允许从确实已被占满的 Cache 存储器中替换出任何一个旧字块。当访问一个块中的数据时，块地址要与 Cache 块表中的所有地址标记进行比较，以确定是否命中。在数据块调入时，存在着一个比较复杂的替换策略问题，即决定将数据块调入 Cache 中的什么位置，将 Cache 中哪一块数据调出到主存。

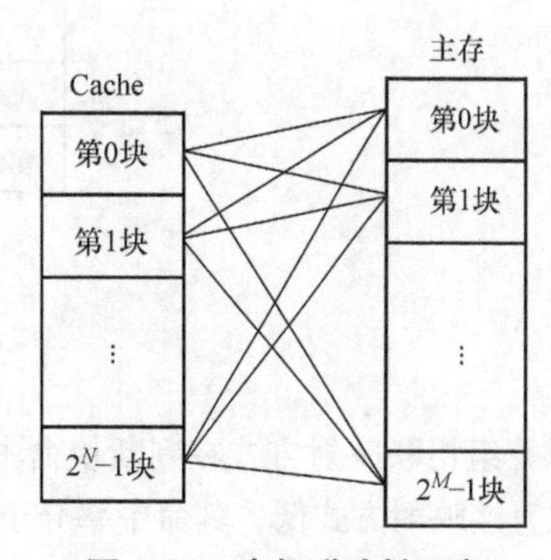

图 4-33　全相联映射示意

全相联映射方式块冲突的概率低，Cache 的利用率高，是一种最理想的解决方案；但全相联映射 Cache 中块表查找的速度慢，由于 Cache 的速度要求高，因此全部比较和替换策略都要用硬件实现，控制复杂，实现起来也比较困难。

（3）组相联映射　组相联映射方式是全相联映射和直接映射的一种折中方案。这种方式将存储空间分成若干组，各组之间是直接映射，而组内各块之间则是全相联映射。如图 4-34 所示，在组相联映射方式下，主存中存储块的数据可调入 Cache 中一个指定组内的任意块中。它是上述两种映射方式的一般形式，当组的大小为 1 时，就变成了直接映射；当组的大小为整个 Cache 的大小时，就变成了全相联映射。

假设把 Cache 子块分成 2^C 组，每组包含 2^R 个字块，那么，主存字块 $M_M(i)$（$0 \leqslant i \leqslant 2^M-1$）可以用下列映射函数映射到 Cache 字块 $M_N(j)$（$0 \leqslant j \leqslant 2^N-1$）上：

$$j = (i \bmod 2^C) \times 2^R + k \qquad (0 \leqslant k \leqslant 2^R - 1) \tag{4-1}$$

例如，设 $C = 3$ 位，$R = 1$ 位，考虑主存字块 15 可映射到 Cache 的哪一个字块中。根据式（4-1）可得：

$$\begin{aligned} j &= (i \bmod 2^C) \times 2^R + k \\ &= (15 \bmod 2^3) \times 2^1 + k \\ &= 7 \times 2 + k \end{aligned}$$

$$= 14 + k$$

又

$$0 \leqslant k \leqslant 2^R - 1$$

即

$$k = 0 \text{ 或 } 1$$

代入后得 j=14（k=0）或 15（k=1）。所以主存字块 15 可映射到 Cache 字块 14 或 15，在第 7 组。同样可计算出主存字块 17 可映射到 Cache 的第 0 块或第 1 块，在第 1 组。

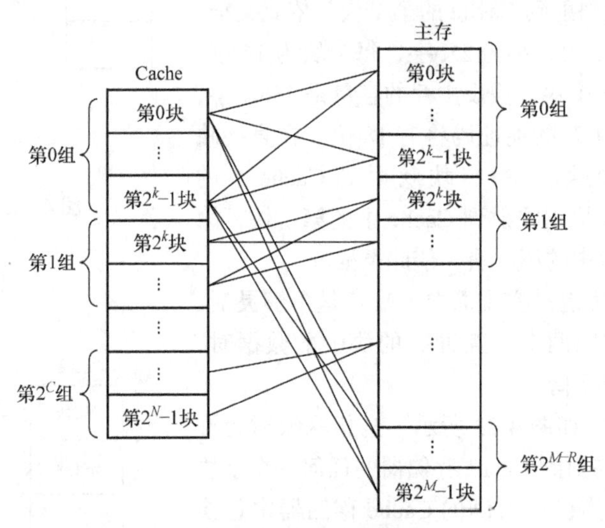

图 4-34 组相联映射示意

组相联映射方式在判断块命中以及替换算法上都要比全相联映射方式简单，块冲突的概率比直接映射方式低，其命中率介于直接映射和全相联映射方式之间。

2. 替换策略

主存与 Cache 之间的信息交换是以存储块的形式来进行的，主存的块长与 Cache 的块长相同，但由于 Cache 的存储空间较小，主存的存储空间较大，因此，Cache 中的一个存储块要与主存中的若干个存储块相对应。若在调入主存中一个存储块时，Cache 中相应的位置已被其他存储块占有，则必须去掉一个旧的字块，让位于一个新的字块。这称为替换策略或替换算法。

常用的两种替换策略是先进先出（First-In-First-Out，FIFO）策略和近期最少使用（Least Recently Used，LRU）策略。

（1）FIFO 策略　FIFO 策略总是把一组中最先调入 Cache 存储器的字块替换出去，它不需要随时记录各个字块的使用情况，所以实现容易，开销小。但其缺点是可能把一些需要经常使用的程序（如循环程序）块也作为最早进入 Cache 的块而替换出去。

（2）LRU 策略　LRU 策略是把一组中近期最少使用的字块替换出去。这种替换策略需随时记录 Cache 存储器中各个字块的使用情况，以便确定哪个字块是近期最少使用的字块。LRU 策略的平均命中率比 FIFO 要高，并且当分组容量加大时，能提高该替换策略的命中率。

LRU 策略的实现方法有两种：

1）把组中各块的使用情况记录在一张表上，如图 4-35 所示，并把最近使用过的块放在表的顶部，设组内有 8 个信息块，其地址编号为 0，1，…，7。当要求替换时，首先更新 7 号信息块的内容；如要访问 7 号信息块，则将 7 写到表的顶部，其他号向下顺移。接着访问 5 号信息块，如果此时命中，不需要替换，也要将 5 移到表的顶部，其他号向下顺移。6 号数据块是以后要首先被替换的……

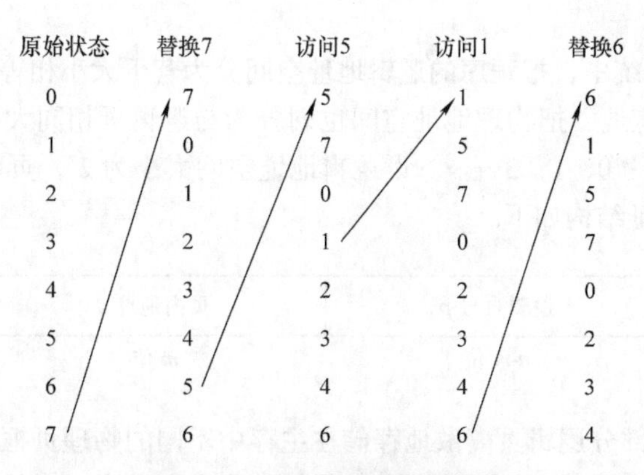

图 4-35　LRU 策略替换登记表

2）对 Cache 存储器中的每一个字块都附设一个计数器，记录其被使用的情况。每当 Cache 中的一块信息被命中时，比命中块计数值低的信息块的计数器均加 1，而命中块的计数器则清 0。显然，采用这种计数方法，各信息块的计数值总是不相同的。一旦不命中的情况发生，新信息块就要从主存调入 Cache 存储器，以替换计数值最大的那片存储区。这时，新信息块的计数值为 0，而其余信息块的计数值均加 1，从而保证了那些活跃的信息块（即经常被命中或最近被命中的信息块）的计数值要小，而近来越不活跃的信息块的计数值越大。这样，系统就可以根据信息块的计数值来决定先替换谁。

4.4　虚拟存储器

计算机的实际主存是 1GB，现在运行的程序需要 2GB 主存，怎么办？如果没有虚拟存储器技术，就无法运行此程序。

目前计算机的存储器系统一般分为 3 个层次：Cache、主存、外存。Cache 是为了解决 CPU 与主存处理速度的矛盾而加入的；外存则是为了扩大主存容量，降低成本。虚拟存储系统忽略了主存与外存的差异，将其都看作是主存。它基于程序的局部性原理，在程序运行时，将当前运行所需的程序和数据调于主存，其余部分依旧放在外存，当要运行外存部分的程序时，便从外存调入主存，如果主存已满，就按照一定的算法与主存的一部分进行替换。这种存储器管理技术称为虚拟存储器，这种技术就可以解决上述问题。虚拟存储器对于应用程序员而言是透明的，他们察觉不到。这是由操作系统和硬件共同完成的，看起来就觉得外存也属于主存的一部分。

所谓虚拟存储器，是指具有请求调入功能和置换功能，能从逻辑上对主存容量加以扩充的一种存储器系统。其逻辑容量由主存容量和外存容量之和所决定，其运行速度接近于主存速度，而每位的成本却又接近于外存。利用虚拟存储器技术，程序不再受有限的物理主存空间的限制。

用户可以在一个巨大的虚报主存空间上写程序。此时，CPU 执行指令所生成的地址称为逻辑地址或虚地址，由程序所生成的所有逻辑地址的集合称为逻辑地址空间或虚地址空间。而主存单元所看到的地址，即加载到主存地址寄存器中的地址称为物理地址或实地址。程序执行时，从虚地址到物理地址的映射是由主存管理部件 MMU 完成的。虚拟存储器的管理方式有 3 种，分别是页式、段式和段页式。

4.4.1 页式虚拟存储器

1. 基本原理

在页式虚拟存储系统中，把程序的逻辑地址空间分为若干大小相等的块，称为逻辑页，编号为 0，1，2……。相应地，把物理地址空间也划分为与逻辑页相同大小的若干个存储块，称为物理块或页框，编号为 0，1，2……。设逻辑地址空间大小为 2^n，页面大小为 2^m，则页式虚拟存储系统中的逻辑地址结构如下。

逻辑页号 p	页内地址 d
n-m 位	m 位

操作系统将程序的部分逻辑页离散地存储在主存中不同的物理页框中，并为每个程序建立一张页表。页表中的每个表项（行）分别记录了相应页在主存中对应的物理块号、该页的存在状态（是否在主存）以及对应的外存地址等控制信息。程序执行时，通过查找页表即可找到每个逻辑页在主存中的物理块号，实现由逻辑地址到物理地址的映射。

如图 4-36 所示，当程序执行时产生访存的逻辑地址，页式虚存地址变换机构将逻辑地址分为逻辑页号和页内地址两部分，并以逻辑页号为索引去检索页表（检索操作由硬件自动执行）。地址变换机构根据页表基地址与逻辑页号，找到该逻辑页在页表中的对应表项，得到该页对应的物理块号，装入物理地址寄存器，同时再将逻辑地址寄存器中的页内地址送入物理地址寄存器，就得到了该逻辑地址对应的物理地址，完成了地址映射。

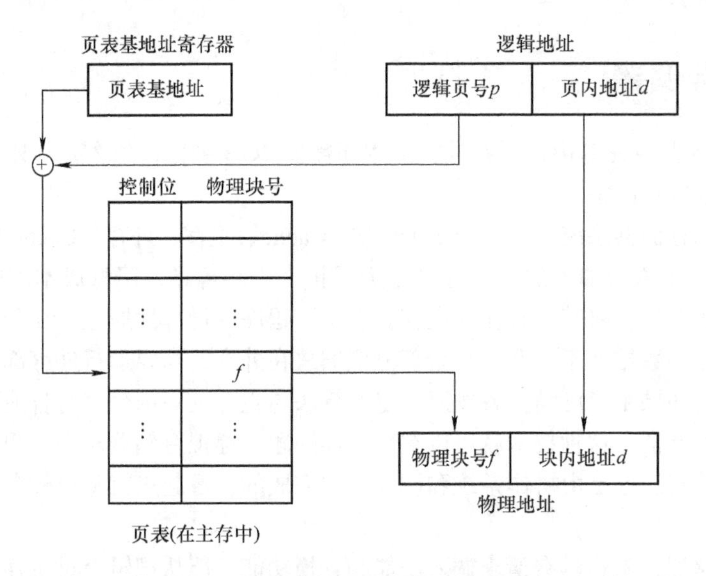

图 4-36 页式虚拟存储器的地址映射

在页式虚拟存储系统中，当地址变换机构根据逻辑页号查找页表时，若该逻辑页不在物理主存中（页表对应表项的存在位为 0），则产生缺页中断，请求操作系统将所缺的页调入主存。缺页中断处理程序根据该逻辑页对应的页表项指明的外存地址，在硬盘上找到所缺页面，若物理主存中有空闲物理块，则直接装入所缺页；否则，缺页中断处理程序转去执行页面置换功能，根据页面置换算法选择一页换出主存，再将所缺页换入主存。常用的页面置换算法有先进先出（FIFO）算法、最近最少使用（LRU）算法、Clock 算法、最少使用（LFU）算法等。

2. 快表

页表一般存放在主存中，使得 CPU 执行指令时的每次访存操作至少要访问两次主存：第一次是访问主存中的页表，从中找到指定页的物理块号；第二次访存才是获得所需数据或指令。这使计算机的处理速度降低近 1/2。

通常的解决办法是在地址交换机构中增设一组由关联存储器构成的能按内容并行查找的小容量特殊高速缓冲寄存器（通常只存放 16 ~ 512 个页表项），又称为联想寄存器（Associative Memory）或快表，用以存放当前访问的那些页表项；而主存中的页表则称为慢表。

在具有快表的页式虚拟存储系统中，逻辑地址映射为物理地址的过程如图 4-37 所示。在 CPU 给出访存的逻辑地址后，由地址变换机构自动地将逻辑页号 p 送入快表，并与快表中的所有页号同时并行比较。若其中有与此相匹配的页号，则表示所要访问的页表项在快表中，于是，可直接从快表中读出该逻辑页所对应的物理块号，并送到物理地址寄存器中。若在快表中未找到对应的页表项，则再访问主存中的页表（慢表），找到后，把从页表项中读出的物理块号送到物理地址寄存器，同时还要将此页表项存入快表的一个单元中。若快表此时已满，则操作系统必须按照一定的置换算法从快表中换出一个页表项。

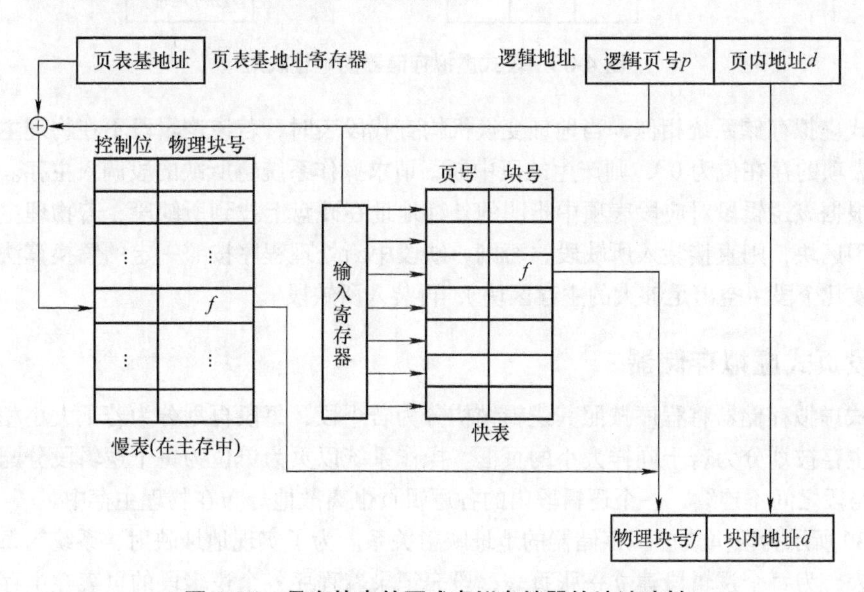

图 4-37 具有快表的页式虚拟存储器的地址映射

4.4.2 段式虚拟存储器

段式虚拟存储系统把程序按照其逻辑结构划分为若干逻辑段，如主程序段、子程序段、数据段等，逻辑段号为 0，1，2，……。每个段的大小不固定，由各段的逻辑信息长度决定。逻辑段内的地址从 0 开始编址，并采用一段连续的逻辑地址空间。段式虚拟存储系统中的逻辑地址结构如下：

逻辑段号 s	段内地址 d

操作系统在装入程序时，将程序的若干逻辑段离散地存储在主存不同区块中，每个逻辑段在物理主存占有一个连续的区块。为了能在主存中找到每个逻辑段，并实现二维逻辑地址到一维物理地址的映射，系统为每个程序建立了一张段表。程序的每个逻辑段都有一个对应表项，

记录该段的长度、在物理主存的起始地址、该段的存在状态（是否在主存）以及对应的外存地址等控制信息。

如图 4-38 所示，若程序执行时产生了访存的二维逻辑地址，段式虚存地址变换机构以逻辑段号为索引检索段表，得到该逻辑段在主存的起始物理地址，将起始物理地址与逻辑地址中的段内地址相加，即可得到一维物理地址，完成地址映射。

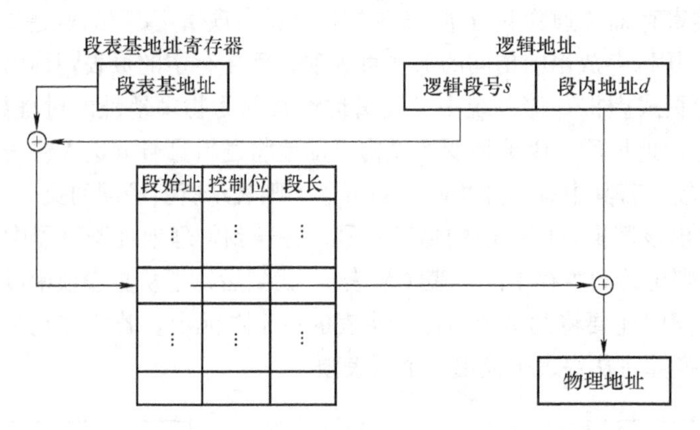

图 4-38 段式虚拟存储器的地址映射

与页式虚拟存储系统相似，当地址变换机构查找段表时，若该逻辑段不在物理主存中（段表中对应表项的存在位为 0），则产生缺段中断，请求操作系统将所缺的段调入主存。缺段中断处理程序根据该逻辑段对应段表项中指明的外存地址在硬盘上找到所缺段，若物理主存中有足够大的空闲区块，则直接装入所缺段；否则，缺段中断处理程序按照一定的置换算法换出主存中的一个或几个段（空出足够大的主存区块），再装入所缺段。

4.4.3 段页式虚拟存储器

段页式虚拟存储器将程序按照其逻辑结构分为若干段，每段再划分为若干大小相等的逻辑页。物理主存被划分为若干同样大小的页框。操作系统以页为单位为每个逻辑段分配主存，这样不仅段与段之间不连续，一个逻辑段内的各逻辑页也离散地分布在物理主存中。

图 4-39 所示为段页式虚拟存储器的地址映射关系。为了实现地址映射，系统为每个程序建立一张段表，为每个逻辑段建立一张页表，段表记录着程序各个逻辑段的页表在主存的起始地址、段长、存在状态等控制信息。每个逻辑段对应的页表记录着本段各页对应的物理块号。

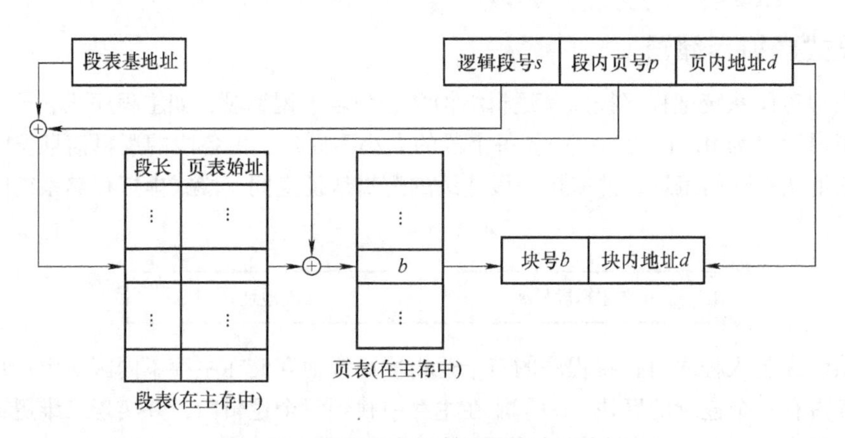

图 4-39 段页式虚拟存储器的地址映射

CPU 执行指令时产生的访存逻辑地址分为 3 部分，分别是逻辑段号、段内页号和页内地址。进行地址映射时，首先利用逻辑段号 s 与段表起始地址的和求出该段所对应的段表项在段表中的位置，从中得到该段的页表起始地址，并利用逻辑地址中的段内页号 p 来获得对应页的页表项位置，从中读出该页所在的物理块号 b，再利用块号 b 和页内地址 d 来构成物理地址。

在段页式虚拟存储系统中，为了从主存中取出一条指令或数据，至少要访存 3 次。第一次访问的是主存中的段表，从中取得该逻辑段对应的页表起始地址。第二次访问的是主存中的页表，从中取出要访问的页所在的物理块号，并将该块号与页内地址一起形成指令或数据的物理地址。第三次访存才是真正取出指令或数据。为了提高执行速度，可在地址变换机构中增加类似页式虚拟存储器的高速缓冲寄存器，即段页式快表。段页式快表将段表和页表合成一张表，表项如下：

段号	逻辑页号	物理块号	其他控制位

地址变换时，先查找快表，仅当快表中没有找到时才去查找慢表，从而提高了访问效率。

4.5　辅助存储器

计算机的辅助存储器是主存的后援设备，又称外存储器，简称外存。它与主存共同组成了存储器系统的主存 - 外存层次。它的主要作用是保存用户程序、数据、文档、图片与影像资料等。与主存相比，外存具有容量大、速度慢、价格低、可脱机保存信息等特点，属于非易失性存储器。它不能与 CPU 进行信息交换，其上的信息要先调入到主存中才能和 CPU 进行信息交换。

计算机系统的外存有硬磁盘、机械移动硬盘、软磁盘、磁带、光盘、U 盘、固态移动硬盘等。其中前 4 种属于磁表面存储器，但软磁盘已退出应用市场；磁带相对安全，但需要专用设备，不通用，一般服务器用磁带机进行数据备份。

4.5.1　磁记录原理与记录方式

所谓磁表面存储，是将某些磁性材料薄薄地涂在金属铝或塑料表面做载磁体来存储信息的。磁表面存储器的优点如下：

1）存储容量大，位价低。

2）记录介质可以重复使用。

3）记录信息可以长期保存而不丢失，甚至可以脱机存档。

4）非破坏性读出，读出时不需要再生信息。

当然磁表面存储器也有缺点，主要是存取速度较慢，机械结构复杂，对工作环境要求较高。磁表面存储器由于存储容量大、位价低，在计算机系统中作为辅助大容量存储器使用，用以存放系统软件、大型文件、数据库等大量程序与数据信息。

1. 磁性材料的物理特性

计算机中用于存储设备的磁性材料是一种具有矩形磁滞回线的磁性材料。这种磁性材料在外加磁场的作用下，其磁感应强度 B 与外加磁场 H 的关系可用矩形磁滞回线来描述，如图 4-40 所示。

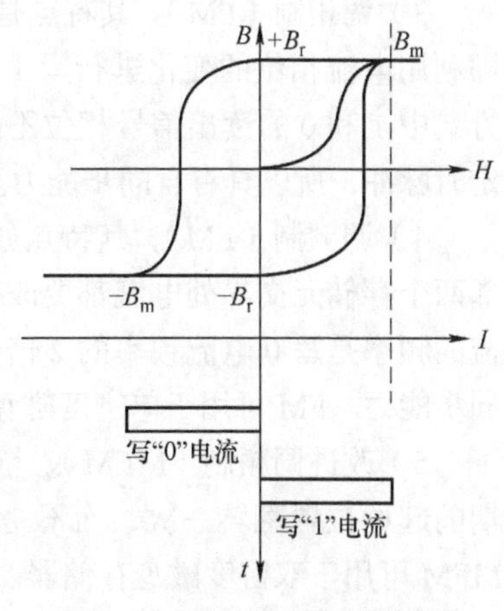

图 4-40　磁性材料的磁滞回线

从磁滞回线可以看出，磁性材料被磁化以后，工作点总是在磁滞回线上。只要外加的正向脉冲电流（即外加磁场）幅度足够大，那么在电流消失后磁感应强度 B 就不等于零，而是处在 $+B_r$ 状态（正剩磁状态）；反之，当外加负向脉冲电流时，磁感应强度 B 将处在 $-B_r$ 状态（负剩磁状态），这样，就会形成两个稳定的剩磁状态。如果规定用 $+B_r$ 状态表示代码 1，$-B_r$ 状态表示代码 0，则磁性材料上呈现剩磁状态的地方就形成了一个磁化元或存储元，它是记录一个二进制信息位的最小单位。

2. 磁表面存储器的记录方式

实际应用中，磁性材料写入二进制代码 0 或 1 是靠不同的写入电流波形来实现的。形成不同写入电流波形的方式，称为记录方式。记录方式是一种编码方式，它按某种规律将一串二进制数字信息变换成磁层中相应的磁化元状态，用读 / 写控制电路实现这种转换。

在磁表面存储器中，由于写入电流的幅度、相位、频率变化不同，从而形成了不同的记录方式。常用记录方式可分为不归零制（NRZ）、调相制（PM）、调频制（FM）等几大类。这些记录方式中代码 0 或 1 的写入电流波形如图 4-41 所示。

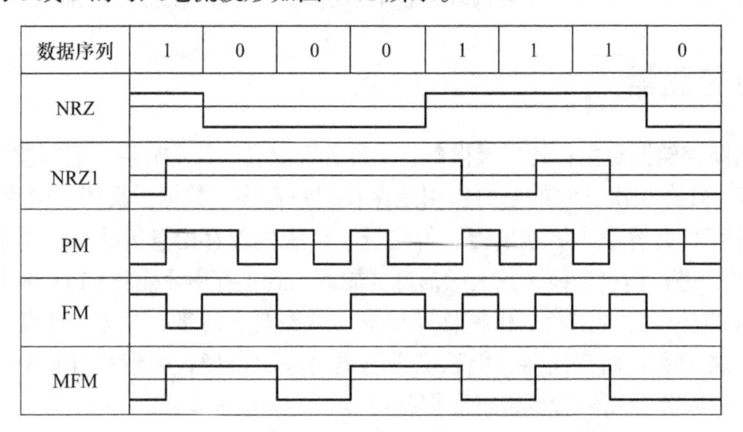

图 4-41 常用记录方式的写入电流波形

1）不归零制（NRZ）。其特点是磁头线圈中始终有电流，不是正向电流（代表 1）就是反向电流（代表 0），因此不归零制记录方式的抗干扰性能较好。

2）见“1”就翻的不归零制（NRZ1）。其与 NRZ 的相同处是磁头线圈中始终有电流通过。不同处是 NRZ1 记录 0 时电流方向不变，只有遇到 1 时才改变方向。

3）调相制（PM）。其特点是在一个位周期的中间位置，电流由负到正为 1，由正到负为 0，即利用电流相位的变化进行写 1 和 0，所以通过磁头中的电流方向一定要改变一次。这种记录方式中 1 和 0 的读出信号相位不同，抗干扰能力较强。另外读出信号经分离电路可提取自同步定时脉冲，所以具有自同步能力。磁带存储器中一般采用这种记录方式。

4）调频制（FM）。其特点如下：无论记录的代码是 1 还是 0，或者连续写 1 或写 0，在相邻两个存储元交界处电流都要改变方向；记录 1 时电流一定要在位周期中间改变方向，写 1 电流的频率是写 0 电流频率的 2 倍，故称为倍频法。这种记录方式的优点是记录密度高，具有自同步能力。FM 可用于单密度磁盘存储器。

5）改进调频制（MFM）。与 FM 的区别在于只有连续记录两个或两个以上 0 时，才在位周期的起始位置翻转一次，而不是在每个位周期的起始处都翻转，因而进一步提高了记录密度。MFM 可用于双密度磁盘存储器。

除了上述几种记录方式外，还有游程长度受限码（RLLC）、成组编码（GCR）等记录方式。

3. 磁表面存储器的读写原理

磁表面存储器存取信息的原理是通过电—磁变换，利用磁头写线圈中的脉冲电流，可把一位二进制代码转换成载磁体存储元的不同剩磁状态；反之，通过磁—电变换，利用磁头读出线圈，可将由存储元的不同剩磁状态表示的二进制代码转换成电信号输出。

另外，磁层上的存储元被磁化后，可以供多次读而不被破坏。当不需要这批信息时，可通过磁头把磁层上所记录的信息全部抹去，称之为写 0。通常，写入和读出合用一个磁头，所以称这个磁头为读写磁头，每个读写磁头对应着一个信息记录磁道。

4. 磁表面存储器的主要技术指标

磁表面存储器的主要技术指标包括存储密度、存储容量、平均存取时间、数据传输率和误码率。

（1）存储密度　存储密度指单位长度所存储的二进制信息量。存储密度分为道密度、位密度和面密度。道密度是沿磁盘半径方向单位长度上的磁道数，单位为道 /in㊀。位密度是磁道单位长度上能记录的二进制代码位数，单位为 bit/in。面密度是位密度和道密度的乘积，单位为 bit/in^2。磁盘存储器用道密度表示，磁带存储器用位密度表示。

（2）存储容量　存储容量是指辅存所能存储的二进制信息总位数，一般以位或字节为单位。以磁盘存储器为例，存储容量可按下式计算：

$$C = nks$$

其中，C 为存储总容量，n 为存放信息的盘面数，k 为每个盘面的磁道数，s 为每条磁道上记录的二进制代码数。

（3）平均存取时间　存取时间是指从发出读 / 写命令后，磁头从某一起始位置移动至新的纪录位置，到开始从盘片表面读出或写入信息所需要的时间。这段时间由两个数值所决定：一个是将磁头定位至所要求的磁道上所需的时间，称为定位时间或找道时间；另一个是找道完成后至磁道上需要访问的信息到达磁头下的时间，称为等待时间。这两个时间都是随机变化的，因此往往使用平均值来表示。平均存取时间等于平均找道时间与平均等待时间之和。

（4）数据传输率　磁表面存储器在单位时间内向主机传送数据的位数或字节数叫数据传输率，数据传输率与存储设备和主机接口逻辑有关。假设磁盘旋转速度为每秒 n 转，每条磁道容量为 N 字节，则数据传输率 D_r 可以写成 $D_r=Dv$（B/s），其中 D 为位密度，v 为磁盘旋转的线速度。

（5）误码率　误码率是衡量磁表面存储器出错概率的参数，它等于从外存读出时，出错信息位数和读出的总信息位数之比。为了减少出错率，磁表面存储器常采用循环冗余码来发现并纠正错误。

4.5.2　硬磁盘存储器

1. 硬磁盘存储器的分类

硬磁盘存储器按盘片结构可分成可换盘片式与固定盘片式两种；磁头可分为可移动磁头和固定磁头两种。

（1）可移动磁头固定盘片的磁盘机　其特点是一片或一组盘片固定在主轴上，盘片不可更换。盘片每面只有一个磁头，存取数据时磁头沿盘面径向移动。

（2）固定磁头磁盘机　其特点是磁头位置固定，磁盘的每一个磁道对应一个磁头，盘片不可更换。优点是存取速度快，省去了磁头找道时间；缺点是结构复杂。

㊀ in 为非法定计量单位，1in=25.4mm。——编者注

（3）可移动磁头可换盘片的磁盘机　盘片可以更换，磁头可沿盘面径向移动。优点是盘片可以脱机保存，同种型号的盘片具有互换性。

（4）温彻斯特磁盘机　温彻斯特磁盘机简称温盘，是一种采用先进技术研制的可移动磁头固定盘片的磁盘机。它是一种密封组合式的硬磁盘，即磁头、盘片、电机等驱动部件乃至读写电路等组装成一个不可随意拆卸的整体。工作时，高速旋转在盘面上形成的气垫将磁头平稳浮起。优点是防尘性能好，可靠性高，对使用环境要求不高。温盘的盘片直径有 8in、5.25in、3.5in 几种，用于 IBM PC 系列机的温盘一般是后两种。

2. 硬磁盘存储器的结构

硬磁盘存储器的结构如图 4-42 所示，它是由磁盘控制器、磁盘驱动器和盘片组成的。通过磁盘控制器和主机相连，磁盘控制器实际上相当于主机和磁盘驱动器之间的一个接口，磁盘控制器连接磁盘驱动器，由磁盘驱动器驱动盘片的旋转、磁头的移动，进行数据读写。

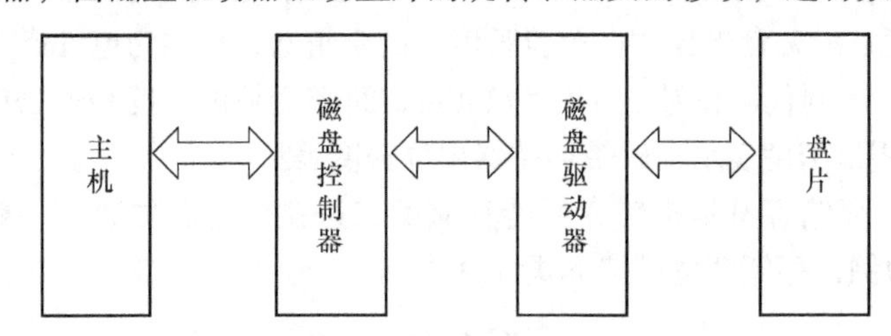

图 4-42　硬磁盘存储器的结构

磁盘控制器包括控制逻辑与时序、数据并 - 串变换电路和串 - 并变换电路。磁盘驱动器包括写入电路与读出电路、读 / 写转换开关、读 / 写磁头与磁头定位伺服系统等。

写入时，将计算机并行送来的数据取至并 - 串变换寄存器，变为串行数据，然后一位一位地由写电流驱动器进行功率放大并加到写磁头线圈上产生电流，从而在盘片磁层上形成按位的磁化存储元。读出时，当记录介质相对磁头运动时，位磁化存储元形成的空间磁场在读磁头线圈中产生感应电势，此读出信息经放大检测就可还原成原来存入的数据。由于数据是一位一位串行读出的，故要送至串 - 并变换寄存器变换为并行数据，再并行送至计算机。

（1）磁盘驱动器　磁盘驱动器是一种精密的电子和机械装置，因此各部件的加工安装有严格的技术要求。对于温盘驱动器，还要求在超净环境下组装。各类磁盘驱动器的具体结构虽然有差别，但基本结构相同，主要由定位驱动系统、主轴系统和数据转换系统组成，如图 4-43 所示。

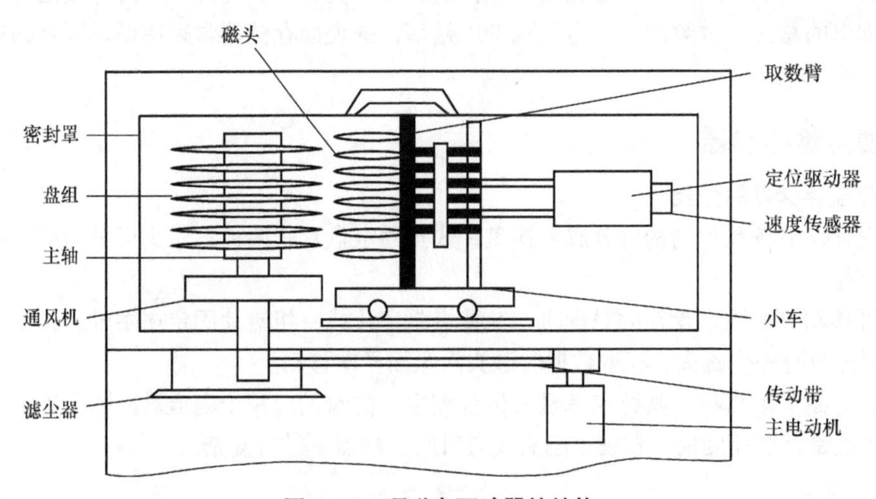

图 4-43　硬磁盘驱动器的结构

在可移动磁头的磁盘驱动器中，驱动磁头沿盘面径向位置运动以寻找目标磁道位置的机构叫磁头定位驱动系统，它由驱动部件、传动部件、运载部件（磁头小车）组成。当磁盘存取数据时，磁头小车的平移运动驱动磁头进入指定磁道的中心位置，并精确地跟踪该磁道。目前磁头小车的驱动方式主要采用步进电动机和音圈电动机两种。步进电动机靠脉冲信号驱动，控制简单，整个驱动定位系统是开环控制，因此定位精度较低，一般用于软磁盘驱动器和道密度不高的硬磁盘驱动器。音圈电动机是线性电动机，可以直接驱动磁头进行直线运动，整个驱动定位系统是一个带有速度和位置反馈的闭环控制系统，驱动速度快，定位精度高，因此用于较先进的磁盘驱动器。

主轴系统的作用是安装盘片，并驱动它们以额定转速稳定旋转。其主要部件是主轴电动机和有关控制电路。数据转换系统的作用是控制数据的写入和读出，包括磁头、磁头选择电路、读写电路以及索引、区标电路等。

（2）磁盘控制器　磁盘控制器是主机与磁盘驱动器之间的接口。由于磁盘存储器是高速外存设备，故与主机之间采用成批交换数据方式。作为主机与驱动器之间的控制器，它需要有两个方面的接口：一 个是与主机的接口，控制外存与主机总线之间交换数据；另一个是与设备的接口，根据主机命令控制设备的操作。前者称为系统级接口，后者称为设备级接口。

磁盘控制器接口如图 4-44 所示。磁盘上的信息经读磁头读出以后送至读放大器，然后进行数据与时钟的分离，再进行串 - 并变换、格式变换，最后送入数据缓冲器，经 DMA（Directed Memory Access，直接存储器访问）控制将数据传送到主机总线。

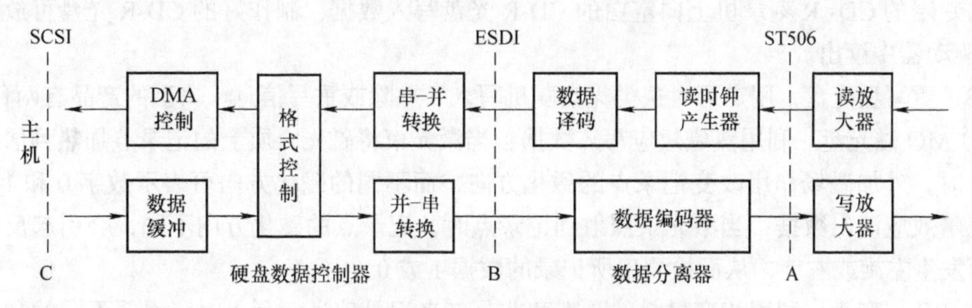

图 4-44　磁盘控制器接口

过去由于磁盘控制器与磁盘驱动器之间的任务分工没有明确的界限，因而，它们之间的交接面划分有多种形式。如果交接面设在 A 处，则驱动器只完成读写和放大，因而数据分离以后的控制逻辑构成磁盘控制器，例如 ST506 磁盘控制器是插在 PC 机总线上的一块电路板，磁盘控制器与设备之间就采用了这种形式的接口。如果交接面设在 B 处，则在驱动器中包含数据分离器，而磁盘控制器仅有串 - 并变换、格式控制等逻辑构成，例如 ESDI（增强型小型设备接口）就属于这种形式。如果交接面设在 C 处，则磁盘控制器的功能全部转移到设备中，主机与设备之间便可采用标准通用接口，例如 SCSI（小型计算机系统接口）就属于这种形式。随着技术的进步，目前开始采用 C 中接口来增强设备的功能，使设备相对独立。

4.5.3　光盘及其他辅助存储器

1. 光盘简介

光盘也称为高密度光盘（Compact Disc，CD），是近代发展起来的不同于完全磁性载体的光学存储介质（例如，磁光盘也是光盘），用聚焦的氢离子激光束处理记录介质的方法存储和再生信息，又称激光光盘，可以存放各种文字、声音、图形、图像和动画等多媒体数字信息。光盘的优点是激光可聚焦到 1μm 以下，从而记录的面密度可达到 645Mbit/in^2，高于一般的磁记录水平。一张 CD-ROM 盘片的存储容量可达 600MB，相当于 400 多张 1.44MB 的 3.5in 软盘片。光盘的缺点是存取时间长，数据传输率低。

2. 光盘的类型

按读写性质来分，光盘可分为只读型（如 CD-ROM、DVD-ROM）、一次型（如 CD-R 光盘）、重写型（如 CD-RW、DVD-RAM）3 类。

（1）只读型光盘　只读型光盘是厂商以高成本制作出母盘后大批量压制出来的光盘。这种模压式记录使光盘发生永久性物理变化，记录的信息只能读出，不能修改。典型的产品有：

1）LD（俗称影碟）。记录模拟视频和音频信息，可放演 60min 全带宽的 PAL 制电视。

2）CD-DA（数字唱盘）。记录数字化音频信息，可存储 74min 数字立体声信息。

3）VCD（俗称小影碟）。记录数字化视频和音频信息，可存储 74min 按 MPEG-1 标准压缩编码的动态图像信息。

4）DVD（数字视盘）。单记录层容量为 4.7GB，可存储 135min 按 MPEG-2 标准压缩编码的相当于高清晰度电视的视频图像信息和音频信息。

只读型光盘主要用作计算机外存储器，记录数字数据，也可同时记录数字化视频和音频信息。

（2）一次型光盘　用户可以在这种光盘上记录信息，但记录信息会使介质的物理特性发生永久性变化，因此只能写一次。写后的信息不能再改变，只能读。典型产品是 CD-R 光盘。用户可在专用的 CD- R 刻录机上向空白的 CD-R 光盘写入数据，制作好的 CD-R 光盘可放在 CD-ROM 驱动器中读出。

（3）重写型光盘　用户可对这类光盘随机写入、擦除或重写信息。典型的产品有两种：

1）MO 磁光盘。利用热磁效应写入数据：当激光束将磁光介质上的记录点加热到居里点温度以上时，外加磁场作用改变记录点的磁化方向，而不同的磁化方向可表示数字 0 和 1。利用磁光克尔效应读出数据：当激光束照射到记录点时，记录点的磁化方向不同，会引起反射光的偏振面发生左旋或右旋，从而检测出所记录的数据 1 或 0。

2）PC 相变盘。利用相变材料的晶态和非晶态来记录信息。写入时，强弱不同的激光束对记录点加热再快速冷却后，记录点分别呈现为非晶态和晶态。读出时，用弱激光来扫描相变盘，晶态反射率高，非晶态反射率低，根据反射光强弱的变化即可检测出 1 或 0。

无论是磁光盘还是相变盘，介质材料的物理特性发生的改变都是可逆变化，因此是可重写的。

3. 其他辅助存储器

（1）闪速存储器（Flash Memory）　闪速存储器是在 EPROM 与 EEPROM 基础上发展起来的，其主要特点是既可在不加电的情况下长期保存信息，又能在线进行快速擦除与重写。闪速存储器既有 EPROM 的价格低、集成度高的优点，又有 EEPROM 电可擦除重写的特点，且擦除重写的速度快。其独特的性能使其广泛地运用于各个领域，包括嵌入式系统，如 PC 及 I/O 设备、电信交换机、蜂窝电话、网络互联设备、仪器仪表和汽车器件，同时还包括新兴的语音、图像、数据存储类产品，如数字相机、数字录音机和个人数字助理（PDA）。它的特点为固有的非易失性、廉价的高密度、可直接执行、固态性能。

（2）固态硬盘（Solid State Drive，SSD）　基于闪速存储器的固态硬盘是用固态电子存储芯片阵列而制成的硬盘，由控制单元和存储单元（Flash 芯片）组成。它保留了闪速存储器长期保存信息、快速擦除与重写的特性。与传统硬盘相比，也具有读写速度快、功耗低的特性，缺点是价格较高。

目前，使用最广泛的辅助存储器有 U 盘、固态可移动硬盘，它们的存储技术都是使用闪速存储技术。U 盘是由 USB 控制器、闪存控制器和 Flash 芯片构成的，而固态可移动硬盘是由硬盘控制器和 Flash 芯片构成的。Flash 芯片一般就是各种闪存芯片，通常都是 NAND Flash 芯片。所以，U 盘和固态可移动硬盘就是加了控制器的闪速存储器，而影响闪速存储器速度的是控制器的性能，例如固态可移动硬盘的性能高于 U 盘，主要靠的不是闪速存储器的速度，而是控制器的实现。

4.6　习题

1. 存储器的存取周期是指（　　）。

A. 存储器的读出时间

B. 存储器的写入时间

C. 存储器进行连续读或写操作所允许的最短时间间隔

D. 存储器进行一次读或写操作所需的平均时间

2. 设机器字长为 32 位，一个容量为 16MB 的存储器，CPU 按半字寻址，其可寻址的单元数是（　　）。

A. 2^{21}　　B. 2^{22}　　C. 2^{23}　　D. 2^{24}

3. 若某存储器的存储周期为 250ns，每次读出 16 位，则该存储器的数据传输率是（　　）。

A. 4×10^6B/s　　B. 4MB/s　　C. 8×10^6B/s　　D. 8×2^{20}B/s

4. 某存储器容量为 32K × 16 位，则（　　）。

A. 地址线为 16 根，数据线为 32 根　　B. 地址线为 32 根，数据线为 16 根

C. 地址线为 15 根，数据线为 16 根　　D. 地址线为 15 根，数据线为 32 根

5. 某容量为 256MB 的存储器由若干 4M × 8 位的 DRAM 芯片构成，该 DRAM 芯片的地址引脚和数据引脚总数是（　　）。

A.19　　B. 22　　C. 30　　D. 32

6. U 盘属于（　　）类型的存储器。

A. 高速缓存　　B. 主存　　C. 只读存储器　　D. 随机存储器

7. 下列存储器中，在工作期间需要周期性刷新的是（　　）。

A. SRAM　　B. SDRAM　　C. ROM　　D. Flash

8. 某计算机主存容量为 64KB，其中 ROM 区为 4KB，其余为 RAM 区，按字节编址。现要用 2K × 8 位的 ROM 芯片和 4K × 4 位的 RAM 芯片来设计该存储器，则需要上述规格的 ROM 芯片数和 RAM 芯片数分别是（　　）。

A. 1，15　　B. 2，15　　C. 1，30　　D. 2，30

9. 某存储器容量为 64KB，按字节编址，地址 4000H ~ 5FFFH 为 ROM 区，其余为 RAM 区。若采用 8K × 4 位的 SRAM 芯片进行设计，则需要该芯片的数量是（　　）。

A. 7　　B. 8　　C. 14　　D. 16

10. 某计算机存储器按字节编址，主存地址空间大小为 64MB，现用 4M × 8 位的 RAM 芯片组成 32MB 的主存，则存储器地址寄存器 MAR 的位数至少是（　　）。

A. 22 位　　B. 23 位　　C. 25 位　　D. 26 位

11. 用存储容量为 16K × 1 位的存储器芯片来组成一个 64K × 8 位的存储器，则在字方向和

位方向分别扩展了（　　）倍。

A. 4、2　　B. 8、4　　C. 2、4　　D. 4、8

12. 若片选地址为 111 时，选定某一 32K×16 位的存储芯片工作，则该芯片在存储器中的首地址和末地址分别为（　　）。

A. 00000H，01000H　B. 38000H，3FFFFH　C. 3800H，3FFFH　D. 0000H，0100H

13. 在高速缓存系统中，主存容量为 12MB，Cache 容量为 400KB，则该存储系统的容量为（　　）。

A. 12MB+400KB　　B. 12MB　　C. 12MB−12MB+400KB　　D.12MB−400KB

14. 假设某计算机的存储系统由 Cache 和主存组成，某程序执行过程中访存 1000 次，其中访问 Cache 缺失（未命中）50 次，则 Cache 的命中率是（　　）。

A.5%　　B. 9.5%　　C. 50%　　D. 95%

15. 某计算机的 Cache 共有 16 块，采用二路组相联映射方式（即每组 2 块），每个主存块大小为 32 字节，按字节编址，主存 129 号单元所在主存块应装入的 Cache 组号是（　　）。

A. 0　　B. 2　　C. 4　　D. 6

16. 在计算机中为什么要采用层次化存储系统？

17. DRAM 为什么需要刷新？怎样进行刷新？

18. 比较 DRAM 与 SRAM 的异同。

19. 简述主存与 Cache 之间的地址映射方式。

20. Cache 的设计应解决什么问题？

21. 位扩展与字扩展各解决什么问题？怎样进行位扩展和字扩展？

22. CPU 执行一段程序时，Cache 完成存取的次数为 1900 次，主存完成存取的次数为 100 次。已知 Cache 存取周期为 50ns，主存存取周期为 250ns，设主存与 Cache 同时访问，试问：

（1）Cache/ 主存系统的效率。

（2）平均访问时间。

23. 一个 1K×4 位的 DRAM 芯片，若其内部结构排列成 64×64 形式，刷新周期为 2ms，存取周期为 0.1μs。

（1）若采用分散刷新和集中刷新（即异步刷新）相结合的方式，刷新信号周期应取多少？

（2）若采用集中刷新方式，则对该存储芯片刷新一遍需多少时间？死时间率（死时间占刷新周期的百分比）是多少？

24. 主存的地址寄存器和数据寄存器各自的作用是什么？设一个 1MB 容量的存储器，字长为 32 位，问：

（1）按字节编址，地址寄存器和数据寄存器各几位？编址范围为多大？

（2）按字编址，地址寄存器和数据寄存器各几位？编址范围为多大？

25. 用一个 512K×8 位的 Flash 存储芯片组成一个 4M×32 位的半导体只读存储器，存储器按字编址，试回答以下问题：

（1）该存储器的数据级数和地址线数分别为多少？

（2）共需要几片这样的存储芯片？

（3）说明每根地址线的作用。

26. 设 CPU 有 16 根地址线，8 根数据线，并用 $\overline{MREQ}$ 作为访存控制信号（低电平有效），用 $\overline{WR}$ 作为读 / 写控制信号（高电平为读，低电平为写）。现有下列存储芯片：1K×4 位 RAM，4K×8 位 RAM，8K×8 位 RAM，2K×8 位 ROM，4K×8 位 ROM，8K×8 位 ROM 及

74LS138 译码器和各种门电路。请画出 CPU 与存储器的连接图，要求：

（1）主存地址空间分配：6000H ~ 67FFH 为系统程序区；6800H ~ 6BFFH 为用户程序区。

（2）合理选用上述存储芯片，并说明各选几片。

（3）详细画出存储芯片的片选逻辑图。

27. 某个Cache系统，字长为16位，主存容量为16字 ×256块，Cache的容量为16字 ×8块。采用全相联映射，求：

（1）主存和 Cache 的容量各为多少字节？主存和 Cache 的字地址各为多少位？

（2）如果原先已经依次装入了 5 块信息，那么字地址为 338H 所在的主存块将装入 Cache 块的块号是多少？在 Cache 中的字地址是多少位？

（3）如果块表中地址为 1 的行中标记着 36H 的主存块号标志，Cache 块号标志为 5H，则在 CPU 送来主存的字地址为 368H 时是否命中？如果命中，此时 Cache 的字地址为多少？

28. 某计算机存储器按字节编址，虚拟（逻辑）地址空间大小为 16MB，主存（物理）地址空间大小为 1MB，页面大小为 4KB；Cache 采用直接映射方式，共 8 行；主存与 Cache 之间交换的块大小为 32B。系统运行到某一时刻时，页表的部分内容和 Cache 的部分内容分别如图 4-45 和图 4-46 所示，图中页框号及标记字段的内容为十六进制形式。请回答下列问题：

虚页号	有效位	页框号	…
0	1	06	
1	1	04	
2	1	15	
3	1	02	
4	0	—	
5	1	2B	
6	0	—	
7	1	32	

图 4-45　页表的部分内容

行号	有效位	标记	…
0	1	020	
1	0	—	
2	1	01D	
3	1	105	
4	1	064	
5	1	14D	
6	0	—	
7	1	27A	

图 4-46　Cache 的部分内容

（1）虚拟地址共有几位？哪几位表示虚页号？物理地址共有几位？哪几位表示页框号（物理页号）？

（2）使用物理地址访问 Cache 时，物理地址应划分成哪几个字段？要求说明每个字段的位数及在物理地址中的位置。

（3）虚拟地址 001C60H 所在的页面是否在主存中？若在主存中，则该虚拟地址对应的物理地址是什么？访问该地址时是否 Cache 命中？请说明理由。

第5章

指令系统

计算机的程序是由一系列的机器指令组成的。指令就是要计算机执行某种操作的命令，每一条机器语言的语句就是一条指令。一台计算机所包含机器指令的集合，称为这台计算机的指令系统。指令系统是表征一台机器性能的重要因素，它的功能不仅直接影响到机器的硬件结构，而且也直接影响到系统软件及机器的适用范围。本章主要介绍指令系统的基本知识，包括指令格式、寻址方式、指令的基本设计方法和 RISC 技术。

5.1 机器指令

机器指令（又称指令）是指示计算机执行某种操作的命令，是计算机硬件唯一能够直接理解并执行的命令，是计算机运行的最小功能单位。利用机器指令设计的编程语言称为机器语言，通常一条机器语言语句就是一条机器指令。因为机器语言是计算机硬件唯一能够执行的语言，因此用其他语言编制的程序，如汇编语言和高级语言程序，都不能被计算机硬件直接执行，必须“翻译”为机器语言程序才能运行。

5.1.1 指令格式

在计算机内部，指令与数据一样是采用二进制代码表示的，通常把表示一条指令的一串二进制代码称为指令码或指令字。指令由若干个字段组成，就形成了指令的格式。为了说明机器硬件能够完成的操作，指令通常包括以下信息：

1）操作码。指令应该指明要执行的操作类型，即要求计算机执行哪种操作，为此每条指令用若干位编码表示操作码，对应该条指令要完成的操作。操作码是区别不同指令的主要依据。

2）操作数或操作数的地址。参与运算的数据称为操作数，指令应该给出操作数有关的信息。极少情况下指令会直接给出操作数，大多数情况下指令只会给出操作数的获取途径，如寄存器编号及其寻址方式。由于大多数情况下指令只给出操作数的获取途径，并指明 CPU 如何根据它们去寻找操作数，所以指令的一般格式中通常包含操作码和地址码两个字段。

3）存放运算结果的地址。运算完成后所得到的运算结果应当存放的位置。

4）后续指令地址。一般程序是由多条指令构成的，一条指令完成后，会继续执行后续指令，如何寻址后续指令就需要后续指令地址来完成。

综上，一条指令的基本格式通常包含两个字段，即操作码（Operation Code，OP）和地址码（Address，A）。指令的一般格式如下：

操作码（OP）	地址码（A）

其中操作码指明指令要执行的操作，地址码指明操作数的地址。

5.1.2 指令的操作码

指令的操作码表示该指令应进行什么性质的操作，如加法、减法、乘法、除法、取数、存数等。不同的指令用操作码字段的不同编码来表示，每一种编码代表一种指令。例如，操作码 001 可以规定为加法操作；操作码 010 可以规定为减法操作；操作码 110 可以规定为取数操作；等等。CPU 中有专门电路用来解释每个操作码，这样机器就能执行操作码所表示的操作了。

1. 定长操作码

如果指令较长（位数多），或者采用可变字长指令格式，则往往采用定长操作码。定长操作码是指在指令字的最高位部分分配固定的若干位表示操作码。一般来说，一个 n 位的操作码最多能够表示 2^n 条指令。例如，一个指令系统只有 8 条指令，则有 3 位操作码就够了（$2^3=8$）；如果有 32 条指令，那么就需要 5 位操作码（$2^5=32$）。

定长操作码对于简化计算机硬件设计，提高指令译码和识别速度很有帮助。当计算机字长为 32 位或更长时，通常采用定长操作码。

2. 扩展操作码

为了提高指令的读取与执行速度，往往需要限制指令的字长；而要想在指令字长有限的前提下仍能保持比较丰富的指令种类，可采取变长度操作码。也就是说，当指令中的地址部分位数较多时，让操作码的位数少些；当指令的地址部分位数减少时（如现在是一地址指令，因而地址位数相应减少），可让操作码的位数增多，以增加指令种类——这称为扩展操作码。扩展操作码技术的思想就是当指令字长一定时，设法使操作码的长度随地址数的减少而增加，这样地址数不同的指令可以具有不同长度的操作码，从而可以充分利用指令字的各个字段，在不增加指令长度的情况下扩展操作码的长度，使有限字长的指令可以表示更多的操作类型。下面的例子说明了如何采用扩展操作码技术设计变长度操作码：

设某机器的指令长度为 16 位，其中操作码为 4 位，具有 3 个地址字段，每个地址字段长为 4 位。

如果按照定长编码的方法，4 位操作码只能表示 16 条三地址指令。如果系统中除三地址指令外，还具有二地址、一地址和零地址指令，且要求有 15 条三地址指令、15 条二地址指令、15 条一地址指令和 16 条零地址指令，则采用定长编码的方法是不可能满足要求的，这就需要采用扩展操作码的方式设计操作码。

首先，从三地址指令开始编码，见表 5-1，三地址指令的操作码（OP）部分为 4 位，可以采用 0000 ~ 1111 这 16 种编码，因为只需要 15 条三地址指令，所以用编码 0000 ~ 1110 表示它们的操作码，而编码 1111 可作为区分是否为三地址指令的标志。对于二地址指令，由于少用一个地址字段，所以操作码部分可以扩展到 A_1 部分，这时 15 条二地址指令的编码可以定义为 11110000 ~ 1111110，编码 11111111 作为区分是否为二地址指令的标志。由此可见，当操作码的高 4 位为 1111 时，表示操作码已扩展到 A_1 部分。对于一地址指令，操作码部分可以扩展到 A_2 部分，这时 15 条一地址指令的编码可以定义为 111111110000 ~ 111111111110，编码 111111111111 作为区分是否为一地址指令的标志。对于零地址指令，由于不需要地址字段，所以操作码部分可以扩展到整个指令字长，16 条零地址指令的编码可以定义为 1111111111110000 ~ 1111111111111111。

除了这种安排之外，还有很多其他扩展方法，例如，形成 15 条三地址指令、14 条二地址指令、31 条一地址指令和 16 条零地址指令，共计 76 条指令。

表 5-1 一种扩展操作码的安排

4 位 OP	4 位 A_1	4 位 A_2	4 位 A_3	说明
0000 0001 ⋮ 1110	XXXX ⋮ XXXX	XXXX ⋮ XXXX	XXXX ⋮ XXXX	15 条三地址指令
1111 1111 ⋮ 1111	0000 0001 ⋮ 1110	XXXX ⋮ XXXX	XXXX ⋮ XXXX	15 条二地址指令
1111 1111 ⋮ 1111	1111 1111 ⋮ 1111	0000 0001 ⋮ 1110	XXXX ⋮ XXXX	15 条一地址指令
1111 1111 ⋮ 1111	1111 1111 ⋮ 1111	1111 1111 ⋮ 1111	0000 0001 ⋮ 1111	16 条零地址指令

5.1.3 指令的地址码

有些计算机系统指令包含不同数目的地址，而且地址数越少，所需的指令长度越短，但是限制指令中地址的数目也限制了指令能够执行的操作范围。地址数目少意味着指令简洁，需要更长的程序完成指定的任务。虽然短指令与长程序对存储器的需求趋于平衡，但长程序需要更长的执行时间，另一方面，有多地址的指令需要更复杂的解码和处理线路。下面讨论在指令中应当包含的地址数目：

大多数指令需要不超过 3 个互相区别的操作数。例如，常见的基础算术运算（加、减、乘、除）需要 3 个操作数——2 个输入操作数和 1 个结果操作数，同时还需要 1 个下条指令的地址操作数，所以实际设计中地址最多为 4 个。

1. 四地址指令

若采用四地址的形式，以 ADD（加法）为例可以表示为如下形式：

ADD	Z	X	Y	N

解释为：Z =（X）+（Y），表示 X 和 Y 的内容相加，结果存入 Z 中，下一条指令到 N 所指单元中去获取。计算机程序的执行是顺序执行，在此种情况下可在 CPU 内部专门设置一个程序计数器（PC），PC 在取完当前指令时能够根据当前指令的长度，自动计算下条指令的地址，CPU 在取指令时以 PC 的内容为地址到指定单元获取指令，此时可以省略下地址 N。

若指令字长为 32 位，操作码占 8 位，4 个地址字段各占 6 位，则指令操作数的直接寻址范围为 2^6=64。如果地址字段均为主存的地址，则按照四地址格式，完成一条指令的访存次数为 4 次，包含取指令 1 次，取两个操作数 2 次，保存结果 1 次。

2. 三地址指令

若采用三地址的形式，以 ADD（加法）为例可以表示为如下形式：

ADD	Z	X	Y

解释为：Z =（X）+（Y），表示 X 和 Y 的内容相加，结果存入 Z 中，此时下条指令地址由

PC 提供。

若指令字长为 32 位，操作码占 8 位，3 个地址字段各占 8 位，则指令操作数的直接寻址范围为 2^8=256。如果地址字段均为主存的地址，则按照三地址格式，完成一条指令的访存次数为 4 次，包含取指令 1 次，取两个操作数 2 次，保存结果 1 次。

3. 二地址指令

若采用二地址的形式，以 ADD（加法）为例可以表示为如下形式：

ADD	X	Y

解释为：X =（X）+（Y），表示 X 和 Y 的内容相加，结果存入 X 中，此时下条指令地址由 PC 提供。

若指令字长为 32 位，操作码占 8 位，2 个地址字段各占 12 位，则指令操作数的直接寻址范围为 2^{12}=4K。如果地址字段均为主存的地址，则按照二地址格式，完成一条指令的访存次数为 4 次，包含取指令 1 次，取两个操作数 2 次，保存结果 1 次。如果用累加器 ACC 来保存结果，则完成一条指令的访存次数为 3 次，包含取指令 1 次，取两个操作数 2 次。

4. 一地址指令

若采用一地址的形式，以 ADD（加法）为例可以表示为如下形式：

解释为：ACC =（ACC）+（X）。ACC 是一个隐含的或特定的寄存器，称为累加器，该寄存器不需要在指令中指出，此时下条指令地址由 PC 提供。另外有些操作只需要一个操作数，如逻辑运算 NOT（非运算）。

若指令字长为 32 位，操作码占 8 位，1 个地址字段占 24 位，则指令操作数的直接寻址范围为 2^{24}=16M。如果地址字段均为主存的地址，则按照一地址格式，完成一条指令的访存次数为 2 次，包含取指令 1 次，取操作数 1 次。

5. 零地址指令

在有些计算机中，指令中只给出了操作码，没有给出与操作数有关的任何直接信息（显示地址），这样的指令称为零地址指令。零地址指令格式如下：

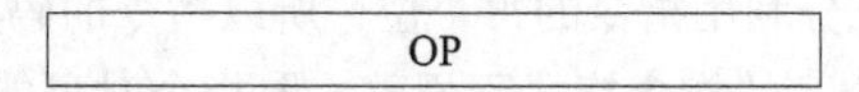

可能使用零地址指令的情况如下：

1）不需要操作数的指令。例如，有一种空操作指令，它本身没有实质性的运算操作，执行这种指令的目的就是消耗时间以达到延时的目的；又如，停机指令当然不需要操作数。

2）该指令是一条单操作数指令，并隐含约定操作数在累加器 ACC 中，即对 ACC 中的内容进行 OP 指定的操作，OP（ACC）→ ACC。

3）对堆栈栈顶单元中的数据进行操作。堆栈是一种按“后进先出”顺序进行存取的存储组织，每次存取的对象是栈顶单元。该单元是浮动的，由一个被称为堆栈指针的寄存器 SP 给出栈顶单元地址。因此，对堆栈的操作可以只给出操作码，隐含约定由 SP 提供地址。

在上述分析中体现了一条思路：采用隐地址（隐含约定）可以简化指令的地址结构，即减少指令中的显地址数。例如，用隐地址方式给出后继指令地址，将提供操作数的地址与存放运算结果的目的地址统一为一个，隐含约定操作数在累加器 ACC 之中或在堆栈中等。究竟是显地址数多好还是显地址数少好？应该说各有利弊。采用的显地址数多，则指令可能会更长，所需存储空间大，读取时间长；但地址数多，使用较灵活。采用的显地址数少，则指令可能更短，所需存储空间小，读取时间短；但隐地址的方式只能依靠操作码来隐含约定地址选择方式，具有地址数量上的局限性。设计者往往采取折中的办法，在实际的 CPU 中，通常显式三地址、二地址和一地址指令的使用频率较高，四地址指令几乎没有。

5.1.4 指令字长

指令字长是指一个指令字中包含的二进制代码的位数。指令字长越长，所能表示的操作信息和地址就越多，指令功能越丰富。但是编码位数越多，指令所占存储空间就会越大，从存储器中读取指令的时间一般也会更长，而且指令越复杂，执行时间可能越长。与此相反，指令字长越短、格式越简单，则读取与执行的时间就越短。在一个指令系统中，如果各种指令字的长度均为固定的，则称之为定长指令字结构；如果各种指令字的长度随指令功能而异，则称之为可变长指令字结构。

定长指令字的指令长度固定，结构简单，指令译码时间短，有利于硬件控制系统的设计。早期的小型计算机中曾经广泛采用定长指令字，在精简指令集计算机（RISC）中也多采用定长指令字。但定长指令字存在指令平均长度长、容易出现冗余码点、指令不易扩展的问题。

传统的大、中、小型计算机及常用微型机中采用可变长指令格式，不同的指令可以有不同的字长，需长则长，需短则短。但因为主存一般按字节编址，即以字节（8 位）为基本单位，所以指令字长多为字节的整数倍，如单字节、双字节、三字节等。例如，Pentium 系列机的指令系统中，最短的指令长度为 1 字节，最长的指令长度为 12 字节。在按字节编址的存储器中，采用长度为字节的整倍数的指令，可以充分利用存储空间，增加主存访问的有效性。根据指令长度与机器字长的匹配关系，通常将指令长度等于机器字长的指令称为单字长指令；指令长度等于两个机器字长的指令称为双字长指令。根据需要，有的指令系统中还有更多倍字长的指令以及半字长指令等。由于短指令占用存储空间少，有利于提高指令执行速度，通常把最常用的指令（如算术逻辑运算指令、数据传送指令等）设计成短指令格式。这种指令格式适于表示复杂的指令系统。通常将操作码放在指令的第 1 字节，读出操作码后就可以马上判定这是一条单操作数指令还是一条双操作数指令，或者是零地址指令，从而知道后面还应该读取几字节指令代码。当然，在采取预取指令的技术时，这个问题会稍微复杂一些。总之，可变长指令字的指令长度不定，结构灵活，能充分利用指令的每一位，所以指令的码点冗余少，平均指令长度短，易于扩展；但由于可变长指令字的指令格式不规整，取指令时可能需要多次访存，从而导致不同指令的执行时间不一致，硬件控制系统复杂。

【例 5-1】一处理器中共有 32 个寄存器，使用 16 位立即数，其指令系统结构中共有 142 条指令。在某个给定的程序中，20% 的指令带有 1 个输入寄存器和 1 个输出寄存器；30% 的指令带有 2 个输入寄存器和 1 个输出寄存器；25% 的指令带有 1 个输入寄存器、1 个输出寄存器和 1 个立即数寄存器；其余的 25% 的指令带有 1 个立即数输入寄存器和 1 个输出寄存器。

1）对以上 4 种指令类型中的任意一种指令类型来说，共需要多少位？假定指令系统结构要求所有指令长度必须是 8 的整数倍。

2）与使用定长指令集编码相比，当采用可变长指令集编码时，该程序能够少占用多少存储器空间？

解：1）由于有 142 条指令，故而至少需要 8 位才能确定各条指令的操作码（2^8=256）。由于该处理器有32个寄存器，这也就是说要用5位对寄存器编码，而每个立即数需要16位，因此有：

20%的1个输入寄存器和1个输出寄存器指令需要8+5+5=18位，长度对齐到8的倍数，便是24位。

30%的2个输入寄存器和1个输出寄存器指令需要8+5+5+5=23位，对齐到24位。

25%的1个输入寄存器、1个输出寄存器和一个立即数寄存器指令需要8+5+5+16=34位，对齐到40位。

25%的1个立即数输入寄存器和1个输出寄存器指令需要8+16+5=29位，对齐到32位。

2）由于可变长指令最长的长度为40位，所以定长指令编码每条指令长度均为40位；而采用可变长编码，将各个指令长度和其概率相乘，得出平均长度为30位。所以该程序中，可变长编码能比定长编码少占用25%的存储空间。

【例5-2】假设指令字长为16位，操作数的地址码为6位，指令有零地址、一地址、二地址3种格式：

1）设操作码固定，若零地址指令有 M 种，一地址指令有 N 种，则二地址指令最多有几种？

2）采用扩展操作码技术，二地址指令最多有几种？

3）采用扩展操作码技术，若二地址指令有 P 种，零地址指令有 Q 种，则一地址指令最多有几种？

解：1）由于操作数地址码为6位，所以二地址指令中操作码的位数为16−6−6=4。这4位操作码可有16种操作。由于操作码固定，因此除了零地址指令有 M 种、一地址指令有 N 种外，剩下的二地址指令最多有 $16-M-N$ 种。当 $M=1$（最小值）、$N=1$（最小值）时，二地址指令最多有16−1−1=14种。

2）采用扩展操作码技术，操作码位数可随地址数的减少而增加。对于二地址指令，指令字长为16位，减去两个地址码共12位，剩下4位操作码，共有16种编码，去掉一种用于一地址指令扩展的编码（如1111），二地址指令最多可有15种操作。

3）采用扩展操作码技术，操作码位数可变，则二地址、一地址和零地址的操作码长度分别为4位、10位和16位。这样二地址指令操作码每减少一种，就可以多构成 2^6 种一地址指令操作码；一地址指令操作码每减少一种，就可以多构成 2^6 种零地址指令操作码。设一地址指令有 R 种，则一地址指令最多有 $(2^4-P)\times 2^6$ 种，零地址指令最多有 $[(2^4-P)\times 2^6-R]\times 2^6$ 种。

根据题中给出的零地址指令为 Q 种，即

$$Q=[(2^4-P)\times 2^6-R]\times 2^6$$

可得出

$$R=(2^4-P)\times 2^6-Q\times 2^{-6}$$

5.2 指令类型与数据类型

5.2.1 指令类型

指令系统决定了计算机的基本功能，指令系统中不同指令的功能不仅会影响到计算机的硬

件结构，还会影响到操作系统和编译系统的编写。不同类型计算机，由于其性能、结构、适用范围的不同，指令系统之间的差异很大。有些机器的指令系统指令类型多、功能丰富，包含几百条指令；有些机器的指令系统指令类型少、功能简单，只包含几十条指令。但不管怎样，一台计算机的指令系统中最基本且必不可少的指令并不太多，因为很多复杂指令的功能都可以用最基本的指令组合实现。例如，乘除法运算指令和浮点运算指令既可以直接用乘除法器、浮点运算器等硬件直接实现，也可以用基本的加减和移位指令编成子程序来实现。由此可见，指令系统中有相当一部分指令是为了提高程序的执行速度和便于程序员编写程序而设置的。当然，某种功能用硬件实现还是用软件实现，两者在执行时间上差别很大，构成系统的成本也不同。因此，设计一个合理而有效的指令系统，对于提高机器的性能 / 价格比有很大的影响。指令系统的设计应满足以下基本要求：

1）它应当是全面的。可以创建使用合理数量的存储空间的机器语言程序实现任何计算函数。也就是说，对于任意可计算和实现的问题，可以使用给定机器语言指令集中的指令，编写一个包含有限条数指令的程序，来计算或解决欲处理的问题。

2）它应当是有效的。指令集中应将经常使用的功能直接设计与之对应的机器指令。这样在编制程序时，才能用相对较少的指令来实现指定的功能，使程序所需存储空间较小，执行时间更短。

3）它应当是规整的。指令集应当包含可预料的操作码（指令）和寻址方式，例如，有左移指令相应要有右移指令。应用此原则可保证使用者学习指令系统时更容易，使用也更方便。

4）它应当是兼容的。为了满足软件兼容的要求，系列机的各机种之间应该具有基本相同的指令集，即指令系统应具有一定的兼容性，其中至少要做到向后兼容，即先推出的机器上的程序可以在后推出的机器上运行。

不同的计算机所具有的指令系统也不同，但不管指令系统的繁简如何，所包含指令的基本类型和功能是相似的。一般说来，一个完善的指令系统应包括的基本指令有数据传送类指令、数据运算类指令、程序控制类指令和输入输出类指令等。一些复杂指令的功能往往是一些基本指令功能的组合。

1. 数据传送类

数据传送类指令是最常用的操作，该类指令的作用是将数据从一个地方移动到另一个地方（注意，实际上执行的操作只是将数据复制到目的位置，源位置依然存储数据的副本）。数据传送类指令必须指定几件事情：第一，源和目标操作数的位置必须指定，这个位置可能是存储器、寄存器或栈顶；第二，必须指明将要传送数据的长度；第三，像所有带操作数的指令一样，必须为每个操作数指定寻址方式。寻址方式将在 5.3 节介绍。

数据传送主要有以下几种类型：

1）将数据从主存传送到 CPU 内部。CPU 内部设置有一组寄存器，用于存储从主存取出的数据（操作数、地址、指令等）。

2）将数据从 CPU 内部寄存器传送到主存。

3）将数据在 CPU 内部寄存器之间传送。

4）将数据由 I/O 设备输入到 CPU 内部寄存器或主存中。例如，利用键盘编辑文件时，计算机系统应通过相应指令，将使用者输入的文本由键盘输入的字符取到 CPU 内部寄存器或主存中。

5）将数据由 CPU 内部寄存器或主存输出到 I/O 设备。例如，手机的控制器（CPU）在将接收到的短信息内容显示到显示屏时，需要将数据内容由主存送到显示屏。

除上述常见的数据传送类指令外，有些计算机中还包含着特殊的传送指令，实现数据在主存的不同区域之间或主存与I/O设备之间的成块传送。例如，8086汇编语言中的MOV SB（字符串传送）可将源字符串逐个移动到目的字符串。

2. 数据运算类

与数据传送类指令不同，数据运算类指令要修改某个它所操作数据的内容。其中最典型的操作是对一个或两个操作数进行运算，并将结果进行保存。

数据运算类指令包括以下几种类型：

1）算术运算类。常见的算术运算指令有加法、减法、乘法和除法等指令，还包含加一和减一指令。前面的指令是对定点表示操作数（定点整数）进行计算。某些计算机中还设置了浮点运算指令，该类指令进行浮点表示操作数的计算。

2）逻辑运算类。该类指令实现两个操作数之间的与（AND）、或（OR）、异或（XOR）的逻辑运算，或对一个操作数进行取反（NOT）。与算术运算不同，逻辑运算时按位进行，而且是位间无关的。

3）移位运算类。该类指令对数据的位进行移动，包括左移、右移、循环移位、带进位移位、算术移位、逻辑移位等运算，具体实现和运算规则见第2章。

3. 程序控制类

在前面讨论指令中的地址个数问题时，考虑到程序中指令执行时的大部分情况是顺序执行，省略了第四地址用PC指示下条指令地址的过程，但有时程序的执行流程是跳跃（转移）的。针对程序流程转移的问题应设置程序控制类指令，该类指令通过对PC内容的修改实现程序流程的转移。

程序控制类指令包括以下几类：

1）无条件转移。实现强制更改PC内容，例如，JMP A是将A的内容送到PC，使程序的执行流程由当前位置转到A所指位置。

2）条件转移。根据前一条指令的运行结果决定是否更改PC内容。若满足条件则更改PC；若不满足条件则继续顺序执行。前一条指令运算结束时根据结果对程序状态字相应位进行置位，本条指令判断条件成立与否根据CPU程序状态寄存器相应位内容决定。例如，JNZ A在运算结果不为零时，将A的内容送到PC，使程序的执行流程由当前位置转到A所指位置，否则程序继续顺序运行。

3）调用和返回。在程序设计过程中，某些具有特定功能的程序段会被反复使用。为避免反复编写相同的程序代码，可以将这些程序段设定为独立子程序，当需要执行某子程序时，只需调用该段代码即可，调用过程如图5-1所示。为实现上述功能，常设置调用指令（Call）和返回指令（Return）。通过流程示意可发现，调用指令和返回指令与转移指令均可以完成程序指令流程的控制，但是它们也有不同之处。调用指令在完成转移之前将返回地址保存在指定位置；对应的返回指令则到指定位置取返回地址。通常调用指令包括过程调用、系统调用和子程序调用。调用指令与返回指令是成对使用的。

4）中断与中断调用。计算机常被设计成支持中断。所谓中断是指CPU停止当前正在执行的指令转而执行其他程序（指令）。汇编语言指令集可以包含特定的指令以产生中断，常称为软中断（Software Interrupt）。由于系统的硬件异常引起的中断称为硬中断（Hardware Interrupt）。硬中断常作为“隐指令”，一般情况下不能被用户直接使用，而是由硬件设备触发。

5）其他程序控制指令。除前述几种程序控制指令以外，还包括停机指令（使CPU停止执行程序）、等待指令（使CPU暂停指令执行，等待某种条件满足时继续运行）。

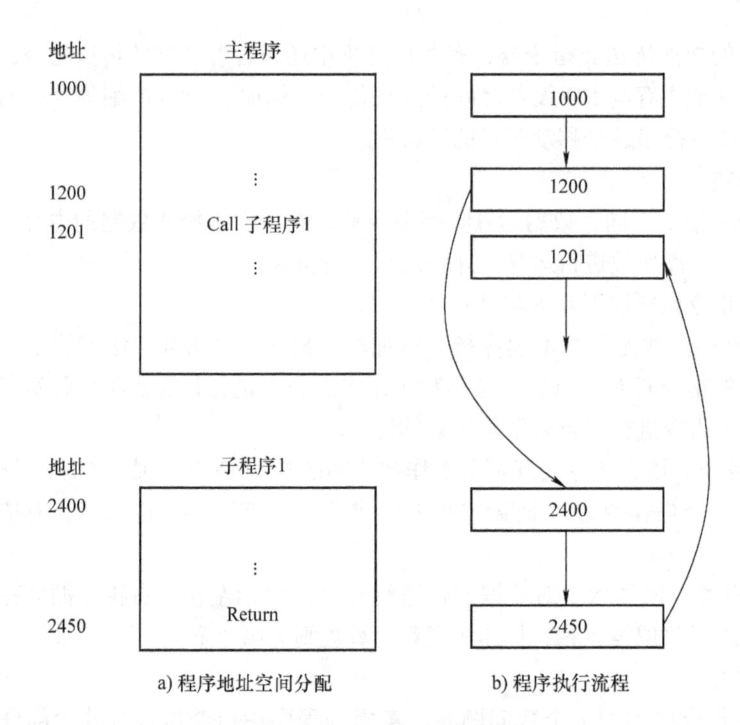

图 5-1 子程序调用示意

4. 输入输出类

输入输出指令（I/O 指令）是用于在主机与 I/O 设备之间进行各种信息交换的指令。I/O 指令主要用于主机与 I/O 设备之间的数据输入输出，主机向 I/O 设备发出各种控制命令控制 I/O 设备的工作，主机读入和测试 I/O 设备的各种工作状态等。I/O 指令通常有 3 种设置方式：

1）I/O 设备采用单独编码的寻址方式并设置专用的 I/O 指令。由 I/O 指令的地址码部分给出被选设备的设备码（或端口地址），操作码指定所要求的 I/O 操作。这种方式将 I/O 指令与其他指令区别对待，编写程序清晰；但因为 I/O 指令通常较少，功能简单，如果需要对 I/O 设备信息进行复杂处理，则需要较多的指令才能实现。

2）I/O 设备与主存统一编址，用通用的数据传送指令实现 I/O 操作。这种方式不用设置专用 I/O 指令，可以利用各类指令对 I/O 设备信息进行处理；但由于 I/O 设备与主存统一编址，占用了主存的地址空间，而且较难分清程序中的 I/O 操作和访存操作。

3）通过 I/O 处理机执行 I/O 操作。在这种方式下，CPU 只需执行几条简单的 I/O 指令，如启动 I/O 设备、停止 I/O 设备、测试 I/O 设备等。

5. 其他类

在不同的计算机系统指令集中，根据计算机所用场合的不同还包含其他不同功能的指令：

1）在系统的指令集中为完成某些系统设置功能的指令。

2）为了适应信息管理、数据处理等功能，某些计算机指令集还包括非数值处理指令，如字符代码转换、字符串处理和码制转换等指令。

3）为适应计算机在视频、音频等多媒体应用方面的需要，某些计算机设置了多媒体指令。

5.2.2 数据类型

1. 常见的数据类型

CPU 在使用过程中要处理多种不同形式的数据类型，常见的数据类型有数值、地址、字符、逻辑数据等。

1）数值。数值数据有定点数和浮点数两种类型。根据第2章的内容可知，数值在变成机器数时均采用了不同的编码方式，而且数据所占位数是确定的。另外，在编码方式确定时其范围和精度均是确定的。

2）地址。地址也被看成一种数据。它是操作数和指令所存储位置的地址编号，它被当作无符号数进行处理。

3）字符。计算机必须能够处理字符数据，根据第2章内容可知，字符首先被表示为ASCII、EBCDIC（即扩展BCD交换码）、Unicode或者其他的字符编码形式，然后再以相应的编码形式的二进制形式保存。

4）逻辑数据。计算机除了做算术运算之外还要进行逻辑运算，逻辑运算结果是TRUE和FALSE。在计算机中常以0表示FALSE，以非0表示TRUE。

2. 数据在计算机中的存放方式

计算机中的数据通常存放在存储器或寄存器中，而寄存器的位数便可反映机器字长。一般机器字长可取字节的1、2、4、8倍，这样便于字符处理。在大、中型机器中，字长为32位和64位；在微型机中，字长从4位、8位逐渐发展到目前的16位和32位。

由于不同的机器字长不同，每台机器处理的数据字长也不统一。例如，Pentium处理器可处理8（字节）、16（字）、32（双字）、64（四字）；PowerPC可处理8（字节）、16（半字）、32（字）、64（双字）。因此，为了便于硬件实现，通常要求多字节的数据在存储器的存放方式上能满足“边界对准”，如图5-2所示。

<table>
<tr><th colspan="4">存储器</th><th>地址</th></tr>
<tr><td colspan="4">字(地址0)</td><td>0</td></tr>
<tr><td colspan="4">字(地址4)</td><td>4</td></tr>
<tr><td>字节(地址11)</td><td>字节(地址10)</td><td>字节(地址9)</td><td>字节(地址8)</td><td>8</td></tr>
<tr><td>字节(地址15)</td><td>字节(地址14)</td><td>字节(地址13)</td><td>字节(地址12)</td><td>12</td></tr>
<tr><td colspan="2">半字(地址18)</td><td colspan="2">半字(地址16)</td><td>16</td></tr>
<tr><td colspan="2">半字(地址22)</td><td colspan="2">半字(地址20)</td><td>20</td></tr>
<tr><td colspan="4">双字(地址24)</td><td>24</td></tr>
<tr><td colspan="4">双字</td><td>28</td></tr>
<tr><td colspan="4">双字(地址32)</td><td>32</td></tr>
<tr><td colspan="4">双字</td><td>36</td></tr>
</table>

a) 边界对准

<table>
<tr><th colspan="4">存储器</th><th>地址</th></tr>
<tr><td colspan="2">字(地址2)</td><td colspan="2">半字(地址0)</td><td>0</td></tr>
<tr><td>字节(地址7)</td><td>字节(地址6)</td><td colspan="2">字(地址4)</td><td>4</td></tr>
<tr><td colspan="2">半字(地址10)</td><td colspan="2">半字(地址8)</td><td>8</td></tr>
</table>

b) 边界未对准

图5-2 存储器中数据的存放

图 5-2 所示的存储器其存储字长为 32 位，可按字节、半字、字、双字访问。在边界对准的 32 位字长的计算机中，半字地址是 2 的整数倍，字地址是 4 的整数倍，双字地址是 8 的整数倍。当所存数据不能满足此要求时，可填充一个至数个空白字节。在边界未对准的计算机中，数据（例如一个字）可能在两个存储单元中，此时需要访问两次存储器，并对高低字节的位置进行调整后才能取得一个字。

5.3 寻址方式

根据冯·诺依曼计算机的工作原理，计算机在运行程序之前必须把程序和数据存入主存中。在程序的运行过程中，为了保证程序能够连续执行，必须不断地从主存中读取指令，而指令中涉及的操作数可能在主存中，也可能在系统的某个寄存器中，还可能就在指令中。因此，指令中必须给出操作数的地址信息以及取下一条指令必需的指令地址信息。

所谓寻址方式就是指确定本条指令的操作数地址和下一条要执行的指令地址的方法。根据所需的地址信息的不同，寻址方式实际可分为指令地址的寻址和操作数地址的寻址两种类型，即指令寻址和数据寻址。

寻址方式是指令系统的一个重要部分，对指令格式和指令功能设计均有很大的影响。例如，有的计算机寻址种类较少，因此可在指令的操作码中直接表示出寻址方式；有的计算机具有多种寻址方式，所以需要在指令中专门设置一个寻址字段来表示寻址方式和地址信息。寻址方式不仅与计算机硬件结构紧密相关，而且与汇编语言程序设计和高级语言的编译程序设计的关系极为密切。不同的计算机有不同的寻址方式，但无论如何不同，寻址的基本原理都是相同的。

5.3.1 指令寻址

指令寻址的基本方式有两种，一种是顺序寻址方式，另一种是跳跃寻址方式。由于在大多数情况下，程序都是按指令序列顺序执行的，因此指令地址的寻址方式比较简单。因为现代计算机均利用程序计数器（PC）跟踪程序的执行并指示将要执行的指令地址，所以当程序启动运行时，通常由系统程序直接给出程序的起始地址并送入 PC；程序执行时，可采用顺序寻址方式或跳跃寻址方式改变 PC 的值，完成下一条要执行的指令的寻址。

1. 顺序寻址方式

程序的指令序列在主存中顺序存放，执行时从第一条指令开始，逐条取出并执行，这种寻址方式称为顺序寻址方式。CPU 通过 PC 对指令的顺序进行计数。PC 开始时存放程序的首地址，每执行一条指令，PC 按增量的方式形成下一条指令地址。增量的多少取决于一条指令占用的存储单元数，与主存编址方式有关。例如，如果指令字长等于存储字长（16 位），若按字编址，则增量为 1，若按字节编址，则增量为 2；如果指令字长为双字长指令，设存储字长为 16 位，则指令字长为 32 位，此时若按字编址，则增量为 2，若按字节编址，则增量为 4。采用顺序寻址方式时，CPU 可按照 PC 的内容依次从主存中读取指令。

2. 跳跃寻址方式

当程序执行转移指令时，指令的寻址就采取跳跃寻址方式。所谓跳跃，是指下条指令的地址码不是由 PC 给出，而是由本条指令给出。如图 5-3 所示，地址为 300 号单元的指令为无条件

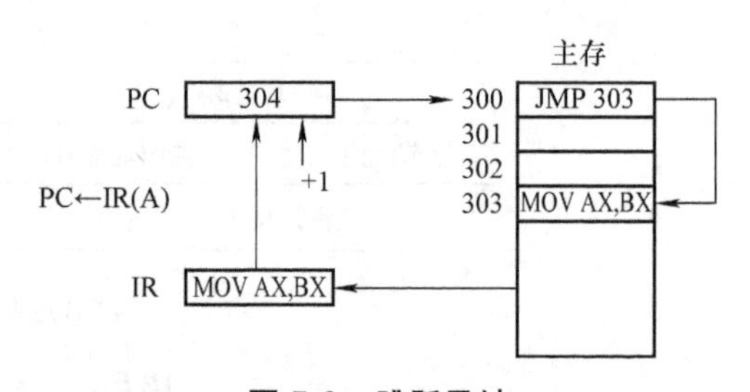

图 5-3 跳跃寻址

转移指令，执行该指令后，便无条件将转移地址 303 送至 PC，因此指令跳过 301、302 号单元指令，直接执行 303 号单元指令，接着又顺序执行 304、305 号单元指令。

采用跳跃寻址方式，可以实现程序转移或构成循环程序，从而能缩短程序长度，或将某些程序作为公共程序引用。指令系统中的各种条件转移或无条件转移指令，就是为实现指令的跳跃寻址而设置的。

5.3.2 数据寻址

所谓数据寻址，就是形成操作数的有效地址的方法。由于指令中操作数字段的地址码是由形式地址和寻址方式特征位组成的，因此一般来说，指令中所给出的地址码并不是操作数的有效地址。有效地址（通常记为 EA）是操作数的主存地址或寄存器地址，是操作数的真正地址。形式地址也称位移量（通常记为 A），它是指令字结构中给定的地址量。寻址方式特征位通常由间址位和变址位组成。如果这条指令无间址和变址的要求，那么形式地址就是操作数的有效地址。如果指令中指明要变址或间址变换，那么形式地址就不是操作数的有效地址，而要经过指定方式的变换才能形成有效地址。因此，寻址过程就是把操作数的形式地址变换为操作数的有效地址的过程。由此可得指令格式如下：

操作码 OP	寻址特征位	地址码 A

下面介绍一些比较典型且常用的寻址方式：

1. 立即寻址

立即寻址是最简单的寻址方式，以这种方式寻址操作数实际出现在指令中——操作数 =A，即指令的地址字段指出的不是操作数的地址，而是操作数本身，因此又称为立即数。

立即寻址的格式为：

其中，# 是立即寻址特征位，用于表示立即寻址；A 是形式地址，就是操作数，即立即数。一般立即数以 2 的补码形式存储，最左位是符号位。当操作数装入数据寄存器时，符号位向左扩展来填充数据字的字长。这种方式能用于定义和使用常数或者设置变量的初始值。

例如，立即寻址的指令“MOV AX，20H”，该指令将立即数 20H 送至 AX 寄存器。

立即寻址方式的优点是除了取指令之外，获得操作数不要求另外的存储器访问，因此节省了访问主存的时间，指令执行速度快，便于程序设计中为变量赋初值。其缺点是立即数的大小受限于地址字段的长度，而在大多数指令集中此字段长度与字长度相比是很短的。

2. 直接寻址

直接寻址的特点是在指令格式的地址字段中直接指出操作数在主存的地址。由于操作数的地址直接给出而不需要经过某种变换或运算，所以称这种寻址方式为直接寻址方式。图 5-4 所示为直接寻址方式的示意。

采用直接寻址方式时，指令字中的形式地址 A 就是操作数的有效地址 EA，即 EA=A。因此通常把形式地址 A 称为直接地址。

例如，直接寻址的指令“MOV AX，[20H]”，该指令将主存中 20 号单元对应的内容送至 AX 寄存器。

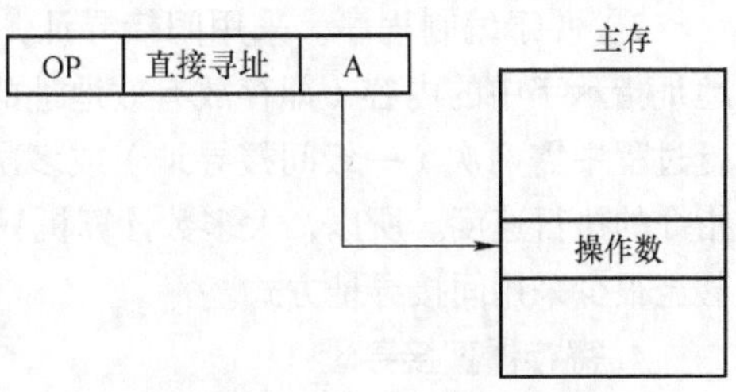

图 5-4 直接寻址方式示意

直接寻址简单直观，不需要另外计算操作数地址，在指令执行过程中只需访问一次主存即可得到操作数，便于硬件实现。其明显的不足是形式地址 A 的位数有限，限制了指令的寻址范围，而且操作数的地址不易修改。

3. 间接寻址

间接寻址是相对于直接寻址而言的。直接寻址的问题是地址字段的长度通常小于字长，因此寻址范围有限。一个解决的方法是，让地址字段指示一个存储器字地址，而此地址处存有操作数的全长度地址，这被称为间接寻址。在间接寻址的情况下，指令地址字段中的形式地址 A 不是操作数的真正地址，而是操作数地址的指示器，或者说 A 单元的内容才是操作数的有效地址 EA，即 EA=(A)。图 5-5 所示为间接寻址方式的示意。

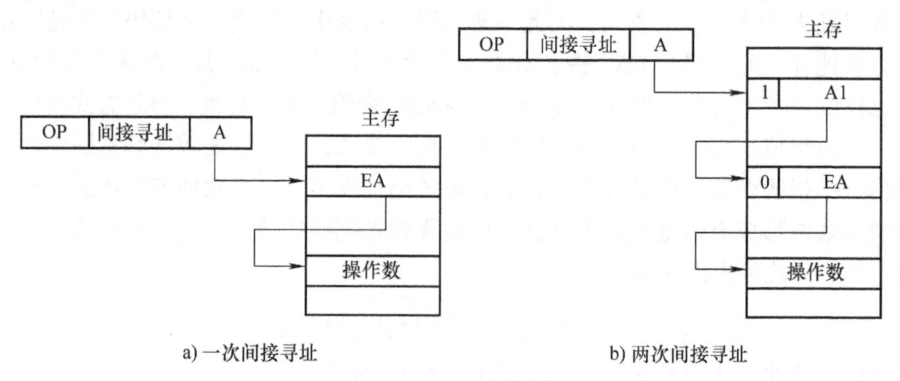

图 5-5 间接寻址方式示意

图 5-5a 为一次间接寻址，即 A 地址单元的内容 EA 是操作数的有效地址。图 5-5b 为两次间接寻址，此时地址的首位用作间接寻址标志，当间接寻址标志为 1 时，表明该单元内容仍是地址指示器，还需继续访存寻址；当间接寻址标志为 0 时，表明该单元内容即为操作数所在单元的有效地址 EA。因此，图 5-5b 中 A 地址单元的内容 A1 还不是有效地址，而由 A1 所指单元的内容 EA 才是有效地址。

例如，间接寻址的指令"MOV AL，@20H"（@ 为间接寻址标志）。设主存 20H 单元的内容为 30H，主存 30H 单元的内容为 50H，则该指令源操作数的有效地址是主存 20H 单元的内容，即 EA=（A）=（20H）=30H，该指令所需的实际源操作数是主存 30H 单元的内容，即操作数为 50H。

与直接寻址相比，间接寻址的优点是：

1）间接寻址比直接寻址灵活，可用短地址码访问大的存储空间，扩大了操作数的寻址范围。例如，若指令字长与存储器字长均为 16 位，指令中地址码长为 10 位，则指令的直接寻址范围仅为 1K；如果用间接寻址，存储单元中存放的有效地址可达 16 位，其寻址空间为 64K，是直接寻址的 64 倍。当然，如果采用多次间接寻址，由于存储字的最高 1 位用作标志位，所以只能有 15 位有效地址，寻址空间为 32K。

2）便于编制程序。采用间接寻址，当操作数地址需要改变时，可不必修改指令，只修改地址指示字中的内容（即存放有效地址的单元内容）即可。由于采用间接寻址方式的指令在执行过程中需两次（一级间接寻址）或多次（多级间接寻址）访存才能取得操作数，因而降低了指令的执行速度。所以，大多数计算机只允许一次间接寻址，在那些追求高速的大型计算机中，甚至很少采用间接寻址方式。

4. 寄存器直接寻址

寄存器直接寻址也称寄存器寻址。它是指在指令地址码中给出的是某一通用寄存器的编号

（也称寄存器地址），该寄存器的内容即为指令所需的操作数。也就是说采用寄存器寻址方式时，有效地址 EA 是寄存器的编号，即 EA=R。图 5-6 所示为寄存器寻址示意。

因为采用寄存器寻址方式时，操作数位于寄存器中，所以在指令需要访问操作数时不需要访存，减少了指令的执行时间。通常访问寄存器读取操作数的时间大约是访问主存读取操作数时间的几分之一到几十分之一。因此，在 CPU 中设置足够多的寄存器，以尽可能多地在寄存器之间进行运算操作，已成为提高 CPU 工作速率的重要措施之一。另外，由于寄存器寻址所需的地址短，所以可以压缩指令长度，节省了指令的存储空间，也有利于加快指令的执行速度，因此寄存器寻址在计算机中得到了广泛应用。但是寄存器的数量有限，不能为操作数提供较大的存储空间。

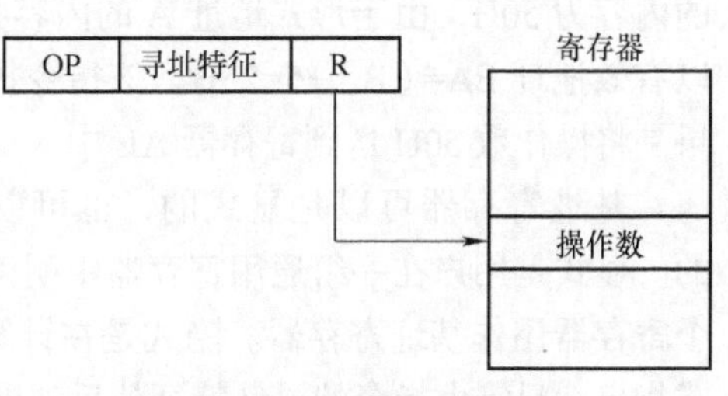

图 5-6　寄存器寻址示意

例如，寄存器寻址的指令“MOV AX,BX”，该指令将寄存器 BX 中的内容送至 AX 寄存器。

5. 寄存器间接寻址

正如寄存器寻址类似于直接寻址一样，寄存器间接寻址也类似于间接寻址。两种情况的唯一不同是，地址字段指的是存储位置还是寄存器。于是，对于寄存器间接寻址，EA=（R）表示的是寄存器 R 中的值不是操作数，而是操作数的有效地址 EA。图 5-7 所示为寄存器间接寻址示意。

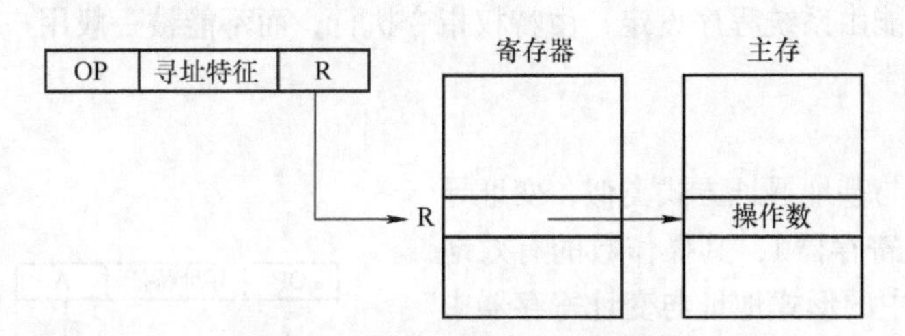

图 5-7　寄存器间接寻址示意

采用寄存器间接寻址方式，可以选取某通用寄存器作为地址指针，它指向操作数在主存中的存储位置。修改寄存器的内容时，可使同一指令在不同时间访问不同的主存单元，提高编程的灵活性，因此它也具有间接寻址方式的优点，如方便程序循环执行。与间接寻址方式相比，寄存器间接寻址方式有两个优点：

1）寄存器间接寻址方式比间接寻址方式少访问一次主存，且由寄存器提供有效地址及修改寄存器内容，比从主存中读取有效地址及修改主存单元内容要快很多，因此寄存器间接寻址方式的执行速度较快。在编程中让寄存器充当地址指针已成为一项基本策略。

2）指令中给出的寄存器号位数比主存单元的地址码位数少很多，且寄存器的宽度可以设计得很大，足够容纳全字长的地址码。

例如，寄存器间接寻址的指令“MOV AL，[BL]”。设寄存器 BL 的内容为 20H，主存 20H 单元的内容为 50H，则该指令源操作数的有效地址 EA=20H，该指令执行的结果是将操作数 50H 送到寄存器 AL 中。

6. 基址寻址

基址寻址方式需要基址寄存器 B，它的内容为某存储区域的起始地址，指令中的形式地址段给出偏移量，操作数的有效地址是基地址内容加偏移量，即 EA=（B）+A。图 5-8 所示为基址寻址的示意。

例如，基址寻址的指令“MOV AL，[B+5]”。设基址寄存器B的内容为20H，主存25H单元的内容为50H，由于形式地址A的内容为5，所以有效地址EA=（B）+5=25H，该指令执行的结果是将操作数50H送到寄存器AL中。

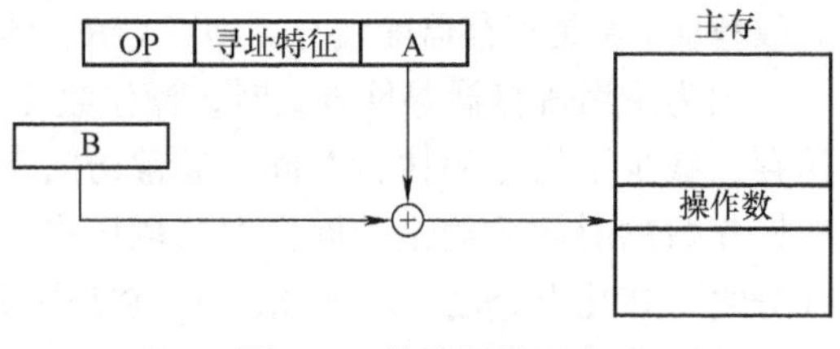

图5-8 基址寻址示意

基址寄存器可以是显式的，也可以是隐式的。显式是用户在一组通用寄存器中明确指出哪个寄存器用作基址寄存器。隐式是在计算机内专门设有一个基址寄存器，使用时不用由用户显式指出，只需由指令的寻址特征位反映即可。

基址寄存器主要用于为程序或数据分配存储区，对多道程序或浮动程序很有用，实现从浮动程序的逻辑地址（编写程序时所使用的地址）到存储器的物理地址（程序在存储器中的实际地址，有时称为有效地址）的转换。

另外，当存储器的容量较大，由指令的地址码部分直接给出的地址不能直接访问到存储器的所有单元时，通常把整个存储空间分成若干个段，段的首地址存放于基址寄存器或段寄存器中，段内位移量由指令给出。存储器的实际地址就等于基址寄存器的内容（即段首地址）与段内位移量之和，这样通过修改基址寄存器的内容就可以访问存储器的任一单元。

综上所述，基址寻址主要用以解决程序在存储器中的定位和扩大寻址空间等问题。通常基址寄存器中的值只能由系统程序设定，由特权指令执行，而不能被一般用户指令所修改，因此确保了系统的安全性。

7. 变址寻址

变址寻址方式与基址寻址方式类似，变址寻址方式也需要变址寄存器I，其操作数的有效地址EA等于指令字中的形式地址与变址寄存器中的内容相加之和，即EA=（I）+A。图5-9所示为变址寻址的示意。

例如，变址寻址的指令“MOV AL，[I+5]”。设变址寄存器I的内容为20H，主存25H单元的内容为50H，由于形式地址A的内容为5，所以有效地址EA=（I）+5=25H，该指令执行的结果是将操作数50H送到寄存器AL中。

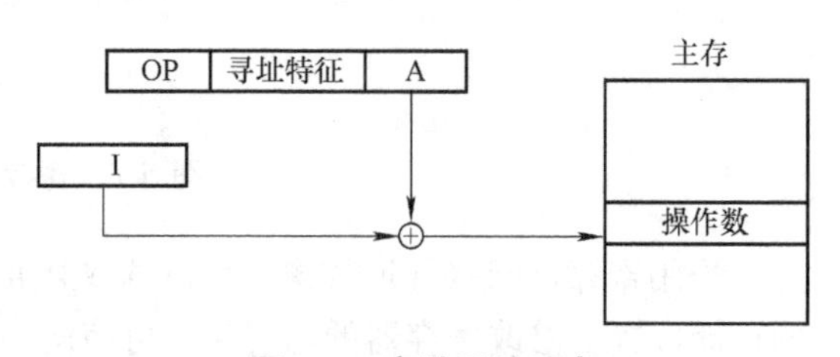

图5-9 变址寻址示意

变址寄存器可以是显式的，也可以是隐式的。

变址的一个重要用途是为重复操作的完成提供一种高效机制。例如，在位置A处有一数值列表，打算给表的每个元素加1。我们需要取每个数值，对它加1，然后再存回。需要的有效地址序列是A、A+1、A+2……，直至表的最后一个位置。如果使用变址，则很容易完成这个操作。值A存入指令的地址字段，并选取一个寄存器作为变址寄存器，初始化到0，每次操作后，变址寄存器加1。

从表面上看，基址寻址与变址寻址的有效地址计算方法相同，都是将寄存器的内容加上指令字的形式地址，且具有以下优点：可以扩大寻址能力，因为与形式地址相比，基址寄存器的位数可以设置得很长，从而可在较大的存储空间中寻址；通过变址寻址方式可以实现程序块的浮动；变址寻址可以使有效地址按变址寄存器的内容实现有规律的变化，而不改变指令本身。但这两种寻址方式所要达到的目的和在使用中的有关概念是不同的。习惯上基址寻址中基址寄存器提供基准量而指令提供位移量，但变址寻址中变址寄存器提供修改量而指令提供基准量。

采用基址寻址的目的是为了扩展有限字长指令的寻址空间。基址寄存器应能提供全字长地址码，足以指向主存当中的任一单元。形式地址段给出某一运行区间中相对于基准地址的位移量。由于程序运行时的局部性，在某段时间内所访问的指令和数据往往存放在有限的区间内，因此位移量的位数不必是全字长。例如，某机器的主存空间是1MB，程序段的长度小于64KB，且指令中的形式地址段只有16位，则可采用基址寻址方式。指令用很短的寄存器号即可选定基址寄存器，基址寄存器20位，存放程序段的首址，形式地址段给出16位的位移量，所形成的有效地址足以访问1MB的存储空间，并满足程序运行的需要。

变址操作便于处理数组问题，用户需编写对数组中一个元素进行运算的程序，然后改变变址寄存器的值（从1～*M*），对程序循环执行*M*次，就可以对数组中*M*个元素逐个进行处理。这就是利用变址操作与循环执行程序的方法对整个数组进行运算的例子。在整个执行过程中不改变源程序，因此对实现程序的重入性是有好处的。

某些机器既提供了间接寻址又提供了变址寻址，在同一指令中使用两种寻址方式是允许的，可以采用先变址再间址和先间址再变址两种方式。如果先变址再间址，就称为后变址，EA=（R）+（A）。首先，地址字段的内容用来访问一个存储器位置取得直接地址，然后这个地址被寄存器值变址。对于存取具有固定格式的数据块中的数据，这种方式是很有用的。另一种方式是先间址后变址，EA=（（R）+A）。像简单变址一样，完成一次地址计算，然而所计算出的地址含有的不是操作数而是操作数的地址。使用这种方式的一个例子是构成多路转移表。在程序的某一个点上，可能存在转移位置与条件有关的情况。可在位置A为起点处建立一个地址表，通过变址到这个表中来找到所要求的位置。

【例5-3】假设变址寄存器R的内容为1000H，指令中的形式地址为2000H；地址1000H中的内容为2000H，地址2000H中的内容为3000H，地址3000 H中的内容为4000H，则变址寻址方式下访问到的操作数是多少？

解：根据变址寻址的主要方法，变址寄存器的内容与形式地址的内容相加之后，得到操作数的实际地址，根据实际地址访问主存，可获取操作数4000H，过程如图5-10所示。

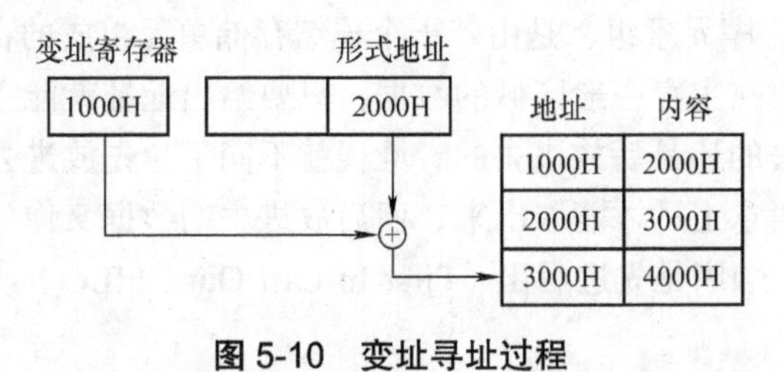

图5-10　变址寻址过程

8. 相对寻址

相对寻址是把PC的内容（即当前执行指令的地址）与指令的地址码部分给出的位移量之和作为操作数的有效地址或转移地址，即EA=（PC）+A。这种寻址方式是以PC内容为基准的，相对于当前指令地址移动若干单元（向前或向后），所以称为相对寻址。图5-11所示为相对寻址的示意。

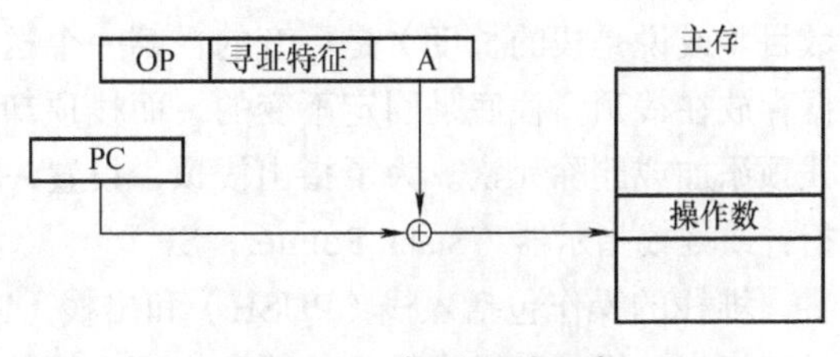

图5-11　相对寻址示意

在相对寻址中，转移地址不是固定的，它随着 PC 值的变化而变化，并且总是与 PC 相差一个固定值，因此无论程序装入存储器的任何地方，均能正确运行，对浮动程序很适用。因为编程时只需要确定程序内部的相对距离，不需确定绝对地址，这样的程序模块不受绝对地址的限制，可以放在存储器的任何一个区间去执行。换句话说，程序位置可以浮动，所以相对寻址又叫浮动编址。

相对寻址常被用于转移类指令。例如，在编制循环程序时，让程序返回若干单元以循环执行，就宜以当前指令为基准，让位移量为负数。当需要分支转移时，也可采用相对寻址，让程序向前越过若干条，以当前指令为基准，让位移量为正数。在用汇编语言编程时，一般都是以指令位置为基准来计算位移量。例如，在 2000 单元处有一条指令，该指令采用相对寻址方式读取源操作数，给出位移量为 5，则操作数在 2005 单元。这样的计算比较方便，但执行指令时，许多 CPU 采取这样一种步骤，即将 PC 内容 2000 送往地址寄存器 MAR，按照该地址读取指令，PC 内容加 1 变为 2001，指向下一条指令所在的存储单元。因此，当解释执行该指令时，PC 内容已经是修改后的 2001，为了获得地址 2005，实际的位移量应是 4。对编程与执行之间的这一差别，应该设法弥补。弥补方法是在实际执行时，将 MAR 的内容 2000 与位移量相加，与 PC 的内容是否被修改无关。此例是假定一条指令占一个编址单元，如果是变字长指令，一条指令占若干个字节单元，则还应考虑指令实际所占的单元数。

【例 5-4】某机器字长为 16 位，主存按字节编址，转移指令采用相对寻址，由两个字节组成，第一字节为操作码字段，第二字节为相对位移量字段。假定取指令时，每取一个字节 PC 自动加 1。若某转移指令所在主存地址为 2000H，相对位移量字段的内容为 06H，则该转移指令成功转移后的目标地址是多少?

解：因为转移指令所在主存地址为 2000H，所以 PC 当前值为 2000H；又因为该指令占两个字节，每取一个字节 PC 自动加 1，所以该指令取出后 PC 值为 2002H，则该转移指令成功转移后的目标地址是 PC 中的值加上偏移量的值，即 2002H+06H=2008H。

9. 堆栈寻址

堆栈（Stack）是个有序元素组，是由若干个连续存储单元组成的存储区，它的存取顺序与一般的存储器不同。存放在主存一般区域的数据，只要给出地址就能立即从存储器中取出，而不管这个数据是先放进去的还是后放进去的。堆栈就不同了，先放进去的数据就像被压在箱子的底部，要等上面的东西拿走后才能取出来；而后放进去的数据又像放在箱子的顶部，必须先取走。所以，堆栈的存取顺序是先进后出（First In Last Out，FILO）或后进先出（Last In First Out，LIFO）。

堆栈分为硬堆栈和软堆栈。当堆栈的容量很小时，可用一组寄存器来组成，称为硬堆栈；当堆栈的容量要求很大时，可在主存中划出一个区域作为堆栈区，称为软堆栈。堆栈中元素的数目（或说是栈的长度）是可变的，第一个送入堆栈的数据存放在栈底，最近送入堆栈中的数据存放在栈顶。栈底是固定不变的，而栈顶却是随着数据的入栈和出栈而不断变化的，只能由栈顶添加或删除元素。为了指出栈顶，设置一个指针来指出栈顶地址，我们称这个指针为堆栈指针或堆栈指示器（Stack Pointer，SP）。

堆栈的操作包括入栈（PUSH）和出栈（POP），下面以软堆栈为例来介绍两种操作。入栈是把指定的操作数送入堆栈的栈顶，而出栈的操作刚好相反，是把栈顶的数据取出，送到指令所指定的目的地。在一般的计算机中，堆栈从高地址向低地址扩展，即栈底的地址总是大于或等于栈顶的地址（也有少数计算机刚好相反）。图 5-12 所示为堆栈寻址的示意。

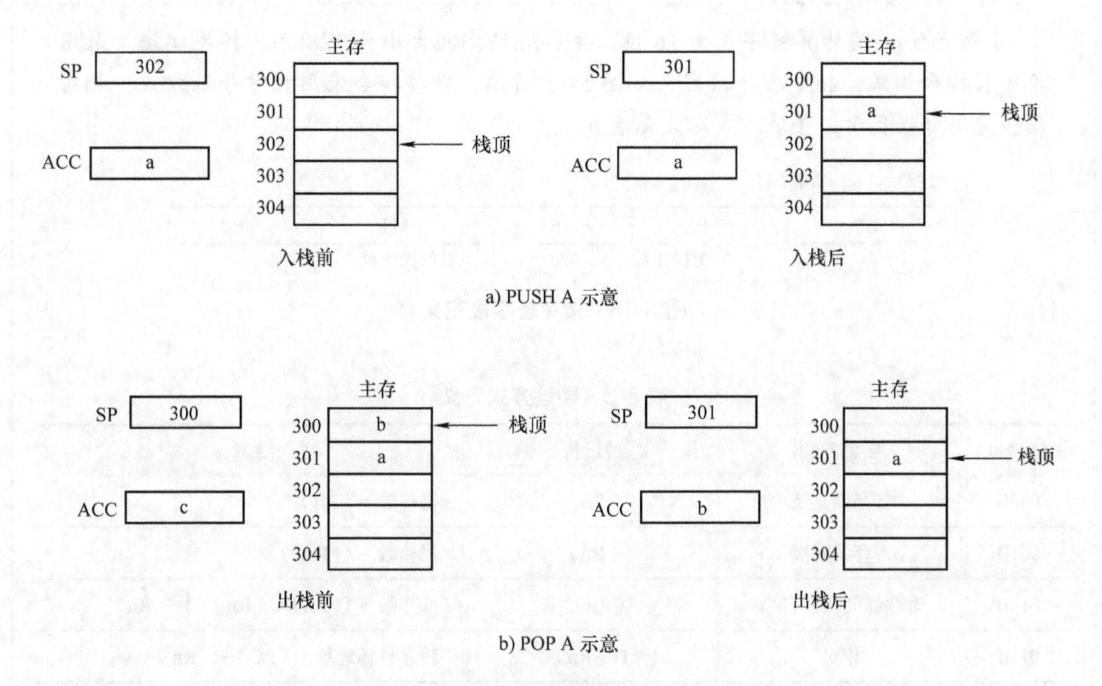

图 5-12　堆栈寻址示意

图 5-12a 和图 5-12b 分别给出了入栈 PUSH A 和出栈 POP A 的过程。

当执行入栈操作时，首先把 SP 减量（减量的多少取决于压入数据的字节数），若压入一个字节，则减 1，若压入两个字节，则减 2，依此类推，然后把数据送入 SP 所指定的单元；当执行出栈操作时，首先把 SP 所指定的单元（即栈顶）的数据取出，然后根据数据的大小（即所占的字节数）对 SP 增量。

例如，入栈指令 PUSH A 把 A（长度为一个字节）压入堆栈，其操作是：

$$(SP)-1 \rightarrow SP$$
$$(ACC) \rightarrow ((SP))$$

表示将 ACC 中数据送入 SP 指定单元。

出栈指令 POP A 弹出一个数据（长度为一个字节）送 ACC，其操作是：

$$((SP)) \rightarrow ACC$$
$$(SP)+1 \rightarrow SP$$

其中，（SP）表示 SP 的内容；（（SP））表示 SP 所指的栈顶的内容。

10. 隐含寻址

这种类型的指令，不是明显地给出操作数的地址，而是在指令中隐含着操作数的地址。例如，单地址的指令格式就不是明显地在地址字段中指出第二操作数的地址，而是规定累加寄存器 ACC 作为第二操作数地址，指令格式明显指出的仅是第一操作数的地址 A。因此，累加寄存器 ACC 对单地址指令格式来说是隐含地址。

隐含寻址的优点是有利于缩短指令字长，缺点是需要增加存储操作数或隐含地址的硬件。

5.3.3 寻址方式综合例题

【例 5-5】某计算机字长为 16 位，主存地址空间大小为 128KB，按字编址。采用单字长指令格式，指令各字段定义如图 5-13 所示。转移指令采用相对寻址方式，相对偏移量用补码表示，寻址方式定义见表 5-2。

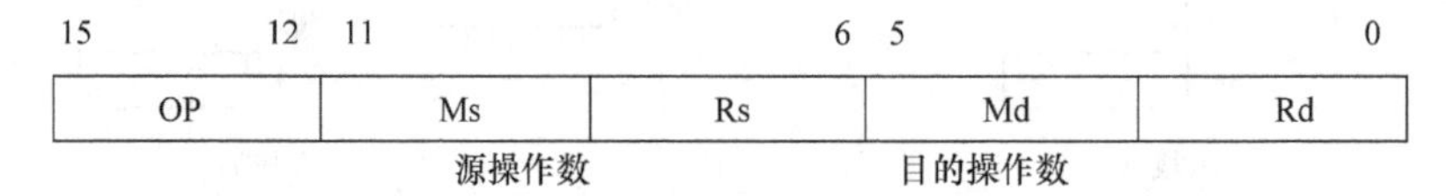

图 5-13 指令各字段定义

表 5-2 寻址方式定义

Ms/Md	寻址方式	助记符	含义
000B	寄存器直接	Rn	操作数 =（Rn）
001B	寄存器间接	（Rn）	操作数 =（（Rn））
010B	寄存器间接、自增	（Rn）$^+$	操作数 =（（Rn）），（Rn）+1 → Rn
011B	相对	D（Rn）	转移目标地址 =（PC）+（Rn）

注：（X）表示存储器地址 X 或寄存器 X 的内容。

请回答下列问题：

1）该指令系统最多可有多少条指令？该计算机最多有多少个通用寄存器？存储器地址寄存器（MAR）和存储器数据寄存器（MDR）至少各需要多少位？

2）转移指令的目标地址范围是多少？

3）若操作码 0010B 表示加法操作（助记符为 ADD），寄存器 R4 和 R5 的编号分别为 100B 和 101B，R4 的内容为 1234H，R5 的内容为 5678H，地址 1234H 中的内容为 5678H，地址 5678H 中的内容为 1234H，则汇编语言“add（R4），（R5）+”（逗号前为源操作数，逗号后为目的操作数）对应的机器码（用十六进制表示）是什么？该指令执行后，哪些寄存器和存储单元中的内容会改变？改变后的内容是什么？

解：1）操作码占 4 位，则该指令系统最多可有 $2^4=16$ 条指令；操作数占 6 位，寻址方式占 3 位，于是寄存器编号占 3 位，则该计算机最多有 $2^3=8$ 个通用寄存器；主存容量 128KB，按字编址，计算机字长为 16 位，可划分为 128KB/2B=2^{16} 个存储单元，故 MDR 和 MAR 至少各需 16 位。

2）PC 和 Rn 可表示的地址范围均为 $0\sim2^{16}-1$，而主存地址空间为 2^{16}，故转移指令的目标地址范围是 0000H～FFFFH（$0\sim2^{16}-1$）。

3）汇编语言“add（R4），（R5）+”对应的机器码为 0010 0011 0001 0101B=2315H。

该指令执行后，寄存器 R5 和存储单元 5678H 的内容会改变。R5 的内容从 5678H 变成 5679H。存储单元 5678H 中的内容变成该加法指令计算的结果，即 5678H + 1234H=68ACH。

【例 5-6】 某机器的主存容量为 4M×16 位，且存储字长等于指令字长。若该机器的指令系统可完成 108 种操作，操作码位数固定，且具有直接、间接、变址、基址、相对、立即 6 种寻址方式。试回答：

1）画出一地址指令格式并指出各字段的作用。

2）该指令直接寻址的最大范围。

3）一次间接寻址和多次间接寻址的寻址范围。

4）立即数的范围（用十进制表示）。

5）相对寻址的位移量（用十进制表示）。

6）上述 6 种寻址方式的指令哪一种执行时间最短？哪一种最长？为什么？哪一种最适合处理数组问题？哪一种便于程序浮动？

7）如何修改指令格式，使指令的寻址范围可扩大到 4M？

8）为使一条转移指令能转移到主存的任一位置，可采取什么措施？请简要说明。

解：1）单字长一地址指令格式如下：

OP（7 位）	M（3 位）	A（6 位）

其中 OP 为操作码字段，共 7 位，可反映 108 种操作；M 为寻址方式字段，共 3 位，可反映 6 种寻址操作；A 为地址码字段，共 16−7−3=6 位。

2）直接寻址的最大范围为 2^6=64。

3）由于存储字长为 16 位，故一次间接寻址的寻址范围为 2^{16}；若多次间接寻址，需用存储字的最高位来区别是否继续间接寻址，故寻址范围为 2^{15}。

4）立即数的范围为 −32～31（有符号数），或 0～63（无符号数）。

5）相对寻址的位移量为 −32～31。

6）上述 6 种寻址方式中，因立即数由指令直接给出，故立即寻址的指令执行时间最短。间接寻址在指令的执行阶段要多次访存（一次间接寻址要两次访存，多次间接寻址要多次访存），故执行时间最长。变址寻址由于变址寄存器的内容由用户给定，而且在程序的执行过程中允许用户修改，而其形式地址始终不变，故变址寻址的指令便于用户编制处理数组问题的程序。相对寻址操作数的有效地址只与当前指令地址相差一定的位移量，与直接寻址相比，更有利于程序浮动。

7）为使指令寻址范围可扩大到 4M，需要有效地址 22 位，此时可将单字长一地址指令的格式改为双字长，如下所示：

<table>
<tr><td>OP（7位）</td><td>M（3位）</td><td>A（高6位）</td></tr>
<tr><td colspan="3">A（低16位）</td></tr>
</table>

8）为使一条转移指令能转移到主存的任一位置，寻址范围须达到 4M，除了采用 7）中的双字长一地址指令的格式外，还可配置 22 位的基址寄存器或 22 位的变址寄存器，使 EA =（BR）+ A（BR 为 22 位的基址寄存器）或 EA =（IX）+ A（IX 为 22 位的变址寄存器），便可访问 4M 存储空间。将 16 位的基址寄存器左移 6 位再和形式地址 A 相加，也可达到同样的效果。

总之，不论采取何种方式，最终得到的实际地址应是 22 位。

5.4 RISC 技术

所有的微处理器和 CPU 可以划分为两种类型：采用 CISC（Complex Instruction Set Computer）处理器的复杂指令系统计算机和采用 RISC（Reduced Instruction Set Computer）处理器的精简指令系统计算机。尽管两者使用的是截然相反的方法，但都是为了提高系统性能。

顾名思义，CISC 和 RISC 的不同在于它们指令系统的复杂度。CISC 处理器有着更大的指令系统，它包含一些特别复杂的指令，这些指令通常对应高级语言中专门的语句，Intel 的 Pentium 类微处理器属于此类。相反，RISC 处理器去掉了这些指令，选择简单指令构成一个更小的指令系统，如 MIPS 和 SPARC 都是 RISC 处理器。

5.4.1 RISC 的原理

1. RISC 的产生

1975 年 IBM 公司开始研究指令系统的合理性问题，约翰·科克（John Cocke）提出了精简指令系统的设想。后来美国加州大学伯克利分校的 RISC Ⅰ和 RISC Ⅱ机、斯坦福大学的 MIPS 机的研究成功，为 RISC 的诞生与发展起了很大作用。

对 CISC 的测试结果表明，各种指令的使用频率相差悬殊，最常使用的是一些比较简单的指令，仅占指令总数的 20%，但在程序中出现的频率却占 80%。而较少使用的占指令总数 80% 的复杂指令，为了实现其功能而设计的微程序代码却占总代码的 80%。

复杂的指令系统必然增加硬件实现的复杂性，这不仅增加了研制时间和成本以及设计失误的可能性，而且由于复杂指令需要进行复杂的操作，所以与功能较简单的指令同时存在于一个机器中很难实现流水线操作，从而降低了机器的速度。

另外，还难以将基于 CISC 技术的高档微型机的全部硬件集成在一个芯片上，或将大、中型机的 CPU 装配在一块板上，而对电路的延迟时间来讲，芯片内部、芯片之间与插件板之间的电路，其延迟时间差别很大，这也会影响 CISC 的速度。

由于以上原因，终于产生了不包含复杂指令的 RISC。

2. RISC 的发展

1983 年以后，一些中、小型公司开始推出 RISC 产品，由于它具有高性价比，市场占有率不断提高。1987 年，Sun 微系统公司用 SPARC 芯片构成工作站，从而使其工作站的销售量居于世界首位。当前一些大公司，如 IBM、DEC、Intel、Motorola 等，都将其部分力量转到 RISC 方面来，RISC 已成为当前计算机发展不可逆转的趋势。一些发展较早的大公司转向 RISC 是很不容易的，因为 RISC 与 CISC 指令系统不兼容，因此如何将 CISC 上开发的大量软件转到 RISC 平台上来是他们首先要考虑的；而且这些公司的操作系统专用性强，又比较复杂，更给软件的移植带来了困难。

从技术发展的角度来讲，CISC 技术已很难再有突破性的大进展，要想大幅度提高性价比也已很困难。而 RISC 技术是在 CISC 基础上发展起来的，且发展势头正猛。正因为看到这一点，在 CISC 市场上占有率最高的 Intel 公司和 Motorola 公司也进军 RISC 领域。

3. RISC 的原理

第一个开发出来的微处理器是一个指令系统十分简单的处理器。随着微处理器变得越来越复杂，越来越多的指令被加入到指令系统中，CISC 微处理器指令系统可以包含 300 多条指令。其中有一些指令使用频率较高，如寄存器转移指令；而其他指令由于十分特殊，使用频率较低。

一般说来，指令系统的指令数目越多，CPU 的延时就越大。这导致一些设计者考虑从 CPU

指令系统中去掉一些使用频率较低的指令。他们认为在 CPU 中减小延迟可以使 CPU 以高频率运行，从而更快地执行每条指令。

然而，像在大多数工程设计中一样，这存在权衡问题。去掉的指令通常是高级语言中的特殊语句，从微处理器指令系统中去掉这些指令将迫使 CPU 用几条指令来代替完成同样功能的一条指令，这肯定会需要更多时间。根据去除指令的使用频率，以及实现它们的功能所需的替代指令条数，此方法也许能、也许不能提高系统性能。

考虑一个时钟周期为 20ns 的 CPU 可以从指令系统中去除一些指令，将时钟周期减至 18ns。这些指令包含了一个典型程序中代码的 2%，并且必须被汇编语言程序的其余 3 条指令来代替。假设每条指令需要同样的时钟周期数 c 来取指、译码和执行指令。如果这些指令没有从 CPU 指令集中除去，那么 100% 的指令需要（$20c$）ns 来处理。如果它们被除去，98% 的程序代码将需要（$18c$）ns，因为 CPU 的时钟周期更低。其余 2% 的代码需要 3 倍的指令数，或（$18c \times 3$）ns =（$54c$）ns。对比两者可推出如下结论：

$$98\%(18c)+2\%(54c)=17.64c+1.08c=18.72c$$

$$100\%(20c)>18.72c$$

平均起来看，本例中指令较少的 CPU 的性能相对好些。可是，如果除去的指令达到了典型程序的 10%，那么除去这些指令将降低整个 CPU 的性能。

5.4.2 RISC 的特点

RISC 的着眼点不是简单地放在简化指令系统上，而是通过简化指令使计算机的结构更加简单合理，从而提高运算速度。

计算机执行程序所需要的时间 P 可用下式表示：

$$P=I\times CPI\times T$$

其中，I 是高级语言程序编译后在机器上运行的指令数；CPI 为执行每条指令所需的平均机器周期；T 是每个机器周期的执行时间。

由于 RISC 指令比较简单，原 CISC 机中比较复杂的指令在这里用子程序来代替，因此 RISC 的 I 要比 CISC 多 20% ~ 40%。但是 RISC 的大多数指令只用一个机器周期实现，所以 CPI 的值要比 CISC 小得多。同时因为 RISC 结构简单，所以完成一个操作所经过的数据通路较短，使得 T 值大为减少。后来，RISC 的硬件结构有很大改进，一个机器周期平均可完成 1 条以上指令，甚至可达到几条指令。

RISC 是在继承 CISC 的成功技术并克服 CISC 的缺点的基础上产生并发展起来的，大部分 RISC 具有以下特点：

1）优先选取使用频率较高的一些简单指令以及一些很有用但不复杂的指令，避免复杂指令。

2）指令长度固定，指令格式种类少，寻址方式种类少。指令之间各字段的划分比较一致，各字段的功能也比较规整。

3）只有取数 / 存数（LOAD/STORE）指令访问存储器，其余指令的操作都在寄存器之间进行。

4）CPU 中通用寄存器数量相当多。算术逻辑运算指令的操作数都在通用寄存器中存取。

5）大部分指令在一个或小于一个机器周期内完成。

6）以组合逻辑控制为主，不用或少用微码控制。

7）一般用高级语言编程，特别重视编译优化工作，以减少程序执行时间。

5.4.3 RISC 与 CISC 的比较

RISC 与 CISC 哪个更好呢？没有明确答案，两者都有优点所在。

RISC 处理器比 CISC 的指令更少、更简单。所以，RISC 的控制单元不是很复杂，比较容易设计。其时钟频率比 CISC 处理器的更高，并且节省了处理器芯片上的大量空间，因此设计者可以利用这些空间设置附加的寄存器和其他组件。简单的控制单元也降低了开发的成本，而且可以很容易向 RISC CPU 的控制单元加入并行技术。

由于 RISC 的指令更少，所以它的编译器比 CISC 处理器的更简单些。作为一个总的指导方针，CISC 最初是为汇编语言设计的，而 RISC 处理器是针对编译器和高级语言编程的。可是，编译同一个高级语言程序，RISC CPU 比 CISC CPU 需要更多的指令。

CISC 方法也有一些优点。尽管 CISC 处理器更加复杂，但是这些复杂性不需要增加开发的成本。目前的 CISC 处理器经常是某个完整处理器家族的最新补充。同样，它们可组合其家族中早期处理器的部分设计。这降低了设计成本，提高了可靠性，因为早期的设计已经被证明是正确的。

CISC 处理器还提供了与其家族处理器的向后兼容性。如果它们引脚兼容，那么就很容易用最新产品替代前代处理器，而不改变计算机设计的其余部分。同样，无论引脚兼容与否，向后兼容性都允许 CISC CPU 运行其家族先前处理器使用的同样软件。例如，一个程序成功运行在 Pentium Ⅱ上，那么它应该也能在 Pentium Ⅲ上运行。

现在新型的处理器将 CISC 和 RISC 混合在一起，汲取了两种方法的优点，是目前的主流。

5.5 习题

1. 什么是指令？什么是指令系统？为什么要引入指令系统？

2. 一般来说，指令分为哪些部分？每部分有什么用处？

3. 对于一个指令系统来说，寻址方式多和少有什么影响？

4. 什么是指令字长、机器字长和存储字长？

5. 零地址指令的操作数来自哪里？在一地址指令中，另一个操作数的地址通常可采用什么寻址方式获得？各举一例说明。

6. 对于二地址指令而言，操作数的物理地址可安排在什么地方？举例说明。

7. 试比较间接寻址和寄存器间接寻址。

8. 试比较基址寻址和变址寻址。

9. 画出先变址再间址及先间址再变址的寻址过程示意图。

10. 某机器指令字长 16 位，有 8 个通用寄存器，有 8 种寻址方式。

（1）设计单操作数指令的指令格式，单操作数指令最多有多少条？

（2）设计双操作数指令的指令格式，双操作数指令最多有多少条？

11. 某机器指令字长为 16 位，当前指令地址为 2000H，指令内容为相对寻址的无条件转移指令，指令中的形式地址 D=40H。试问取指令之前、取指令之后及指令执行后 PC 的内容。

12. 某机器指令字长、存储字长、机器字长均为 16 位，主存容量为 64KB，指令格式如下：

15　　　　11	10　　　　8	7　　　　0
OP	M	AD

其中，AD 是形式地址，用带符号数补码表示；M 为寻址方式。

M=000 立即寻址

M=001 直接寻址（此时 AD 为无符号数）

M=010 间接寻址

M=011 变址寻址（变址寄存器为 IR）

M=100 相对寻址

M=101 复合寻址 1（相对寻址 + 间接寻址）

M=110 复合寻址 2（变址寻址 + 间接寻址）

问：

（1）该指令可定义多少种操作？

（2）立即寻址操作数的范围是多少？

（3）写出各种寻址操作的有效地址 EA 的表达式。

（4）除立即寻址外，其他寻址方式能访问的最大主存空间是多少？

13. 某机器采用三地址指令，具有常见的 8 种寻址操作。可完成 50 种操作，各种寻址方式均可在 1KB 主存范围内取得操作数，并可在 1KB 范围内保存运算结果。问应采用什么样的指令格式？指令字长最少为多少位？执行一条指令最多要访问多少次主存？

14. 画出“SUB @R1”指令对操作数的寻址及减法过程的流程图。设被减数和结果存于 ACC 中，@ 表示间接寻址，R1 寄存器的内容为 2074H。

15. 画出执行“ADD * −5”指令（* 为相对寻址特征）的信息流程图。设另一个操作数和结果存于 ACC 中，并假设（PC）= 4000H。

16. 某 CPU 内有 32 个 32 位的通用寄存器，设计一种能容纳 64 种操作的指令系统。假设指令字长等于机器字长，试回答：

（1）如果主存可直接或间接寻址，采用“寄存器 - 存储器”型指令，能直接寻址的最大存储空间是多少？画出指令格式并说明各字段的含义。

（2）如果采用通用寄存器做基址寄存器，则上述“寄存器 - 存储器”型指令的指令格式有何特点？画出指令格式并指出这类指令可访问多大的存储空间？

17. 某机器字长 16 位，存储器直接寻址空间为 128 字，变址时的位移量为 −64 ~ +63，16 个通用寄存器均可作为变址寄存器。采用扩展操作码技术，设计一套指令系统格式，满足下列寻址类型的要求：

（1）直接寻址的二地址指令 3 条。

（2）变址寻址的一地址指令 6 条。

（3）寄存器寻址的二地址指令 8 条。

（4）直接寻址的一地址指令 12 条。

（5）零地址指令 32 条。

18. 某计算机指令系统若采用定长操作码和可变长指令码格式，请回答以下问题：

（1）采用什么寻址方式指令码长度最短？什么寻址方式指令码长度最长？

（2）采用什么寻址方式执行速度最快？什么寻址方式执行速度最慢？

（3）若指令系统采用定长指令码格式，那么采用什么寻址方式执行速度最快？

19. 某机器字长为 16 位，存储器按字编址，访问主存指令格式如下：

15　　　　11	10　　　　8	7　　　　0
OP	M	A

其中，OP 为操作码；M 为寻址特征；A 为形式地址。设 PC 和 Rx 分别为程序计数器和变址寄存器，字长为 16 位，问：

（1）该指令能定义多少种指令？

（2）表 5-3 中各种寻址方式的寻址范围为多少？

（3）写出表 5-3 中各种寻址方式的有效地址 EA 的计算公式。

表 5-3 各种寻址方式的寻址范围及有效地址

寻址方式	寻址范围	有效地址 EA 的计算公式
直接寻址		
间接寻址		
变址寻址		
相对寻址		

20. 在一个 36 字长的指令系统中，设计一个扩展操作码，使之能表示下列指令：

（1）7 条具有 2 个 15 位地址和 1 个 3 位地址的指令。

（2）500 条具有 1 个 15 位地址和 1 个 3 位地址的指令。

（3）50 条零地址指令。

21. 某模型机共有 64 种操作码，位数固定，且具有以下特点：

（1）采用一地址或二地址格式。

（2）有寄存器寻址、直接寻址和相对寻址（位移量为 −128 ~ +27）3 种寻址方式。

（3）有 16 个通用寄存器，算术运算和逻辑运算的操作数在寄存器中，结果也在寄存器中。

（4）取数 / 存数指令在通用寄存器和存储器之间传送数据。

（5）存储器容量为 1MB，按字节编址。

要求设计算术逻辑指令、取数 / 存数指令和相对转移指令的格式，并简述理由。

22. 一条双字长的取数指令（LDA）存于存储器的 200 和 201 单元，其中第一个字为操作码 OP 和寻址特征 M，第二个字为形式地址 A。假设 PC 当前值为 200，变址寄存器IX的内容为 100，基址寄存器的内容为 200，存储器相关单元的内容见表 5-4。

表 5-4 存储器相关单元的内容

地址	201	300	400	401	500	501	502	700
内容	300	400	700	501	600	700	900	401

表 5-5 的各列分别为寻址方式、该寻址方式下的有效地址，以及取数指令执行结束后累加器 ACC 的内容。试补全表 5-5。

表 5-5 各种寻址方式的有效地址和 ACC 内容

寻址方式	有效地址（EA）	累加器 ACC 的内容
立即寻址		
直接寻址		
间接寻址		

（续）

寻址方式	有效地址（EA）	累加器 ACC 的内容
相对寻址		
变址寻址		
基址寻址		
先变址后间址		
先间址后变址		

23. 什么是 RISC？简述它的主要特点。

24. 试比较 RISC 和 CISC。

25.RISC 机中指令简单，有些常用的指令未被选用，它用什么方式来实现这些常用指令的功能？试举例说明。

第6章

CPU 的结构与设计

在指令系统确定的情况下也就确定了处理器能够实现的功能。为实现指令系统所规定的功能，应在处理器中设置一组部件，再将这组部件按照一定的方式连接起来，就可顺序地执行存储在存储器中的程序，完成用户问题的求解。控制器作为 CPU 的核心部件，它要实现根据一定条件发出控制信号，控制部件完成指令的功能。本章将介绍 CPU 各部件的功能和连接方式，以及时序控制方式等相关问题。然后介绍两种不同的控制器设计方法。最后在介绍标量计算机的基础上，分析如何用多发和并行技术来提高计算机的执行性能。

6.1 CPU 的功能和组成

中央处理器（Central Processing Unit，CPU）作为计算机系统的核心部件，通常意义上来说它主要由运算器和控制器两部分组成。除了运算器和控制器之外，CPU 还应包含其他的相关部件。

6.1.1 CPU 的功能

CPU 的功能主要体现在控制器作为全机的指挥系统所表现的执行指令以及协调其他部件的活动。通俗地说，控制器的作用是决定全机在什么时间，根据什么条件，发出哪些微指令，做什么事。运算器只是在控制器的指挥下完成所选定的处理功能。

例如，第 3 章中的 74181 在进行算术逻辑运算的时候，就是依赖于控制端 $S_0 \sim S_3$ 和 M 的组合来实现功能的确定的。若实际的处理器中以 74181 为运算器，则其以控制器发出控制信号为依据决定处理功能，它是受控制器控制的。

冯·诺依曼体系计算机的程序执行是按指令流程顺序执行的。也就是说，一旦程序被读入存储器，就由控制器自动控制各部件逐条取指令、分析指令、执行指令，完成程序的执行。由此可见，控制器的功能主要是控制和协调各部件完成取指令、分析指令、取操作数、执行指令、保存操作结果等任务。

1. 取指令

为保证程序中指令的自动执行，控制器必须具备自动从存储器指定位置取指令送入控制器的功能。根据指令系统的相关内容，指令的存储位置由程序计数器（PC）的值确定，程序的第一条指令地址在程序被装入主存指定位置后，由系统程序将首条指令地址强制送入 PC 中，即由系统程序将第一条指令的地址送入 PC 中，其后各条指令的地址或由系统自动计算送入 PC 中，或由程序控制类指令将下一条指令地址送入 PC 中。具体生成方法与不同指令的寻址方式有关，具体可参见“5.3.1　指令寻址”。

2. 分析指令

在指令被取入 CPU 后，控制器要分析指令的含义，以获得相关信息。主要包括两部分内容：一是分析该指令的功能，以确定应发出的操作信号，该信息来自于指令的操作码；二是分析寻址方式，确定操作数的数量和有效地址的获取方式，该信息来自于指令的地址码。

3. 取操作数

根据指令中所指定的寻址方式，将数据由指定位置取出送到运算器，进行操作码所指定的处理。在不同指令中所显式指出的地址个数和寻址方式不同，其取操作数的复杂程度也不相同，甚至在某些零操作数指令中无须取操作数。

4. 执行指令

根据指令操作码所指定的功能，控制器发出对应的控制信号，控制运算器或其他功能部件对取得的操作数进行指定的处理。

5. 保存操作结果

在完成运算或处理后，将运算或处理的结果送入结果操作数地址中。在某些指令中由于指令的特殊功能要求，可能不需要保存结果，此时则无需保存操作结果的功能。

由分析可知，在完成上述功能时，控制器对不同的指令只需按照确定顺序发出对应的特定操作信号，控制相应的操作部件，即可实现自动取指令，完成指令所指定的功能。

在完成指令的同时，CPU 还要对某些事件或 I/O 设备的状态进行监测。当有某些事件发生或 I/O 设备请求输入 / 输出数据时，CPU 应该能够对相应事件和 I/O 设备的请求进行响应，执行对事件或 I/O 设备的请求进行处理的程序。上述过程称为中断，处理中断的部件称为中断系统，详细内容将在第 8 章介绍。

CPU 的工作流程如图 6-1 所示。

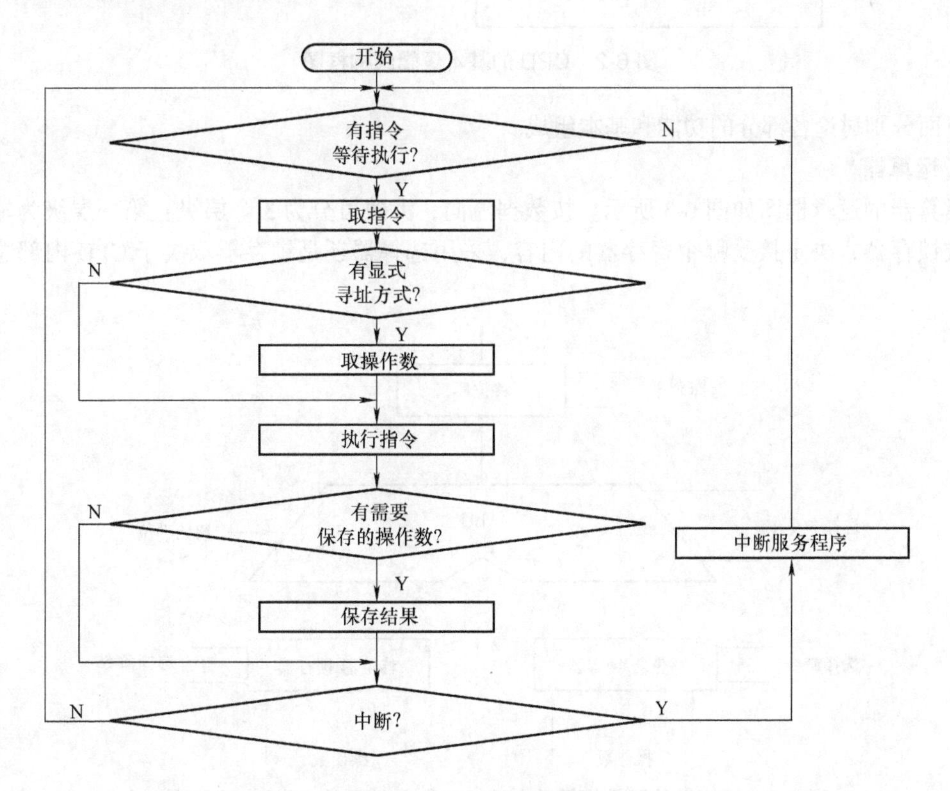

图 6-1　CPU 的工作流程

6.1.2 CPU 的组成

通过分析 CPU 的功能不难发现，在 CPU 完成其功能时不能只依靠控制器和运算器两个部分。例如，在处理中断时，需要设置中断系统；指令和数据在取入 CPU 时，需要存放在某个位置，也就是说在 CPU 中需要设置存储器；在完成处理任务的同时还要监控异常情况和 I/O 设备的状态。由此可知，CPU 中除了控制器和运算器之外还应包括一些其他的辅助部件。

在早期的计算机系统中，由于器件集成度低，常将控制器、运算器以及相关辅助部件分别设计成独立的部分，各占一个或数个插件，甚至于将各部件分别独立地封装在不同的机柜中。随着大规模、超大规模集成电路技术的发展，发展趋势是将上述器件封装到一块芯片上——将其称为微处理器，而且各部件的体积在进一步地缩小，但功能却极大地提高了。CPU 的基本逻辑结构框图如图 6-2 所示。

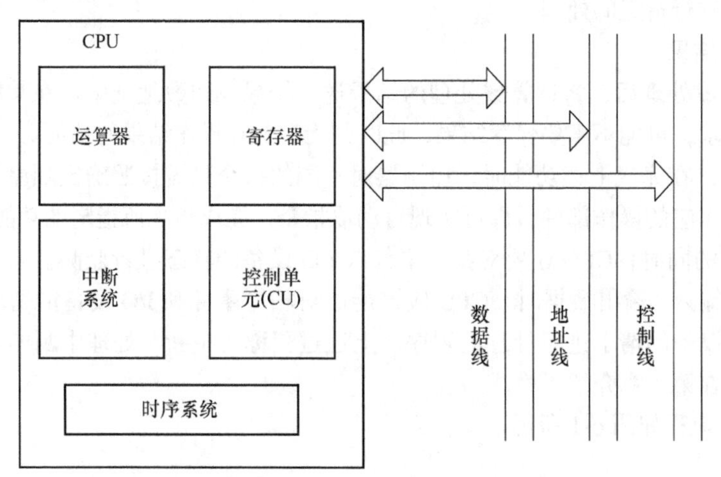

图 6-2　CPU 的基本逻辑结构框图

下面分别讨论各部分的功能和基本组成。

1. 运算器

运算器的逻辑框图如图 6-3 所示。按数据流向，大致可分为 3 个层级：第一层级为输入移位器或锁存器，决定接受哪个寄存器的内容，采用选择器还是锁存器取决于 CPU 内部总线结

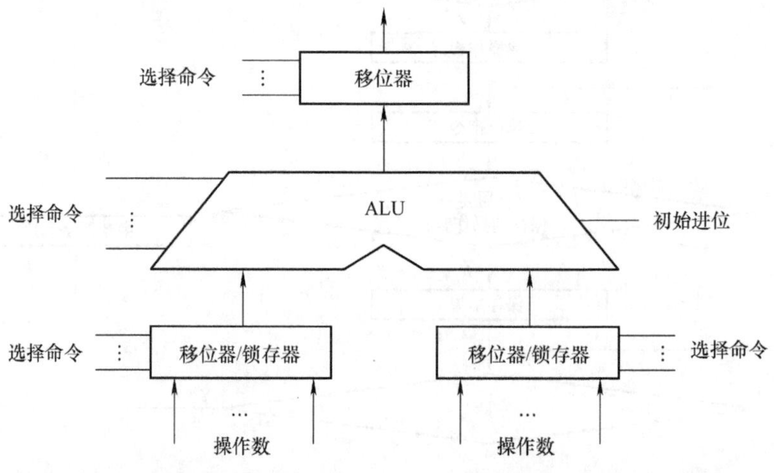

图 6-3　运算器的逻辑框图（其中“—”为控制流，“↑”为数据流）

构；第二层级为基本的算术逻辑单元（ALU），通过控制信号的作用进行不同的功能运算；第三层级是移位器，常由多路选择器通过移位传送实现移位操作功能，通过控制信号实现左移、右移或直传功能的选择。3 级组合能够实现基本的算术、逻辑运算功能，同时通过时序控制的配合也可实现定点乘除运算。

早期的微处理器只设置了图 6-3 所示的一个 ALU。它在硬件级只能实现基本的算术、逻辑运算功能，计算机不得不需要通过汇编语言编制软件程序实现定点乘除与浮点运算，以及其他更复杂的运算。Intel 早期的微处理器直到 8085 都有这个特性。

随着硬件技术的发展和设计思想的转变，设置一个 ALU 再加上时序控制与乘商寄存器的配合，可在硬件级实现定点乘除运算。基本的算术、逻辑运算通常只需一拍即可完成，而乘除运算通常需要分拍实现。假如设有专门的阵列乘除器，也可在一拍内完成。该类型的浮点运算的处理有两种途径：一是通过浮点运算子程序实现；二是通过浮点协处理器硬件实现。因此，浮点协处理器在配置上是一种可供选择的扩展部件，可以通过简单的接口芯片与主 CPU 相连，或者构成一种浮点加速器插件连接在系统总线上。协处理器监控系统数据总线上的指令。当微处理器取出了一条协处理器能执行的指令时，协处理器给微处理器发送一个信号表示它将执行该指令。处理任务完成后，协处理器将处理结果返回给微处理器。如果协处理器不存在，则由微处理器执行该指令，不过此时处理速度将极大降低。例如，Intel 的 8088、80286、80386 都有对应的协处理器 8087、80287、80387 等。

随着技术的发展，微处理器将实现更多功能。协处理器的功能现在已被集成到当今所有的微处理器芯片中，现在的微处理器的性能已与过去的中型机的性能相差无几，而且 CPU 功能下移的趋势越来越明显。Intel 的微处理器自 80486 之后就已经将协处理器封装到微处理器中了。

大型机和巨型机中，分别设置了多种运算部件。例如，巨型机 Cray-1 有 12 个运算部件，其中有定点标量运算器（如整数加法、移位、逻辑运算、计数等）、浮点运算器（如浮点加法、浮点乘法、倒数近似等）、向量运算部件（如整数加法、移位、逻辑运算等）等，运算器由多块芯片构成，各芯片的位置相对独立。随着并行处理技术的发展，出现了用多个高档微处理器通过一定的形式组织到一起构成的多机系统，可实现大型机和巨型机的功能。

2. 寄存器

寄存器作为存储器件，它的作用是存储信息。在 CPU 工作过程中，CPU 的组成部件之间以及 CPU 与外部总线之间存在着数据信息或控制信息的流动，寄存器就是用于暂存上述信息的。

（1）用于处理的寄存器

1）通用寄存器组。这是一组可编程访问的、具有多种功能的寄存器，用于存储数据或数据地址，对用户来讲是“可见”的寄存器。在指令系统中为这些寄存器分配了编号，可以利用汇编语言编程使用其中的某个寄存器，在汇编语言中会指明该组寄存器的存在和基本用途。它们自身的逻辑往往很简单且比较统一，甚至是小规模存储器的一些单元，但通过编程与运算部件的配合，可指定其实现多种功能，如提供操作数并存放运算结果（即存放与提供处理对象），或用作地址指针，或作为基址寄存器、变址寄存器，或作为计数器等，因而称为通用寄存器。

某些计算机为这组寄存器分别规定了某一基本任务，并按各自的基本任务命名，例如，在 Intel 8088 中设置的累加器 AX、基址寄存器 BX、计数器 CX、数据寄存器 DX。

早期，用小规模集成电路的 D 触发器构成寄存器组，它们可以同时输入或输出信息，但集成度低。现在，用中规模集成的 RAM 构成寄存器组，一个存储单元就是一个寄存器，但每次只能访问其中的一个寄存器；如果采用双口 RAM，一次可访问两个寄存器，满足双操作数运算的需要。

2）暂存器。CPU 中还常设置一些用户不能直接访问的寄存器，用来暂存信息，称为暂存器。在指令系统中没有为它们分配编号，因而不能直接编程访问。对用户来说，它们是“不可见”的。例如，某加法指令要求将两个存储单元内容相加，结果送回其中的一个存储单元；每次访存读出的操作数如果暂存于可编程通用寄存器中，将会破坏该寄存器与原有内容，这显然是不允许的，可将从主存中读出的内容暂存于暂存器中，用户“看不见”这一中间过程。又如，ALU 输入端可能设置有锁存器、暂存器操作数，等两个操作数都到齐后再送入 ALU。

注意，此处所说的“可见”与“不可见”是对机器语言或汇编语言程序员而言的；对于硬件设计者来讲，系统中所有资源均是可见的；但对于系统的使用者来讲，大部分资源均被系统软件和应用软件屏蔽了。

（2）用于控制的寄存器

1）指令寄存器（IR）。IR 用来存放现行指令，它的输出是产生微操作命令序列的主要逻辑依据。或直接产生微操作命令；或经过译码产生微操作命令；或通过组合逻辑电路产生微命令；或参与形成微程序命令，通过取微指令形成微命令。

为了提高读取指令的速度，常在主存的数据寄存器（MDR）与 IR 间建立直接传送通路。为了提高指令间的衔接速度，大多数计算机都将 IR 扩充为指令队列或指令栈，允许预取若干条指令。

2）程序计数器（PC）。PC 又称为指令计数器或指令指针（IP），它的作用是提供下条指令地址，或以其内容为基准计算操作数的地址。因此，PC 被用于指示程序的进程；当现行指令执行完毕后，通常由 PC 提供后继指令地址，并送往主存的地址寄存器。当程序流程是顺序执行时，每读取一条指令后，PC 的值增量计数（增量的单位为当前指令的长度），以指向后继指令地址。当程序流程出现转移时，将转移地址送入 PC 或将当前 PC 的内容与转移距离相加形成的转移地址送入 PC，使 PC 指向新的指令地址，实现程序转移。由此可见，PC 应具有计数功能和接收代码功能。在实际设计时，可以使 PC 本身具有计数功能，也可以使用 ALU 完成 PC 的计数。为提高程序的执行速度，可以在 CPU 内部设置单独的地址运算部件，以减轻 ALU 的负担。

3）程序状态字（PSW）。CPU 执行指令的顺序受两个因素影响：程序员编制程序时指令的顺序和计算机执行指令时的状态。为此，需要在 CPU 中设置一个寄存器，用于存储程序执行过程中 CPU 的状态，该寄存器称为 PSW。PSW 中一般存储下面几种类型的信息：

- 状态位（标志位）。PSW 的部分位可用来记录程序执行状态，该部分称为状态位。该部分的值一般由 CPU 在指令执行后，根据指令的执行结果自动赋值，条件转移指令的程序流向受状态位的值影响。

常见的状态位包括：进位位 C，表示运算过程是否有进位或借位；溢出位 O，表示运算结果是否溢出；零位 Z，表示运算结果是否为 0；负位 N，表示运算结果是否为负；奇偶位 P，表示代码中 1 的个数；陷阱位 T，编程设定，表示在此状态下为运行断点；中断位 I，编程设定，表示是否允许响应中断。在某些计算机中还设置了半进位 AF、单步位 TF、方向标志 DF 等。

- 程序优先级。在程序运行过程中，可能有中断请求产生。是否所有的中断请求均应被响应？哪些中断请求应被响应？在编程过程中常设定程序的优先级，同时为中断请求设定优先级，在有中断请求时将中断请求优先级与程序优先级进行比较，根据比较结果决定是否响应。当程序优先级大于中断请求优先级时，暂不响应；当程序优先级小于中断请求优先级时，响应中断请求。此时程序员可根据程序执行任务的重要程度为程序赋予不同的优先级，并在程序运行过程中可动态调整其优先级以适应不同情况。

• 其他信息。不同的计算机系统中，PSW设置的内容还是相差较大的。某些机型里可能只包含若干位特征触发器，没有构成PSW。某些机型的PSW还包含其他更复杂的信息，例如，IBM360的PSW包含系统屏蔽、保护健、AMWP（工作方式）、中断码、指令长度、条件码、程序屏蔽、指令地址等。

（3）用于主存接口的寄存器　CPU访问主存时，首先向主存送出地址码，然后送出数据（写）或接收数据（读）。为保证主存读取的快速与准确，常设置下列两类寄存器：

1）地址寄存器（MAR）。在从存储器读取或向存储器写入信息时，CPU先将信息地址送入MAR，再由MAR经由系统地址总线送入主存。

2）数据寄存器（MDR）。写入主存的数据先送入MDR，再由MDR经由系统数据总线送入主存MAR所指的单元中。读取数据时也是先将MAR所指单元的内容经由系统数据总线送入MDR，再由MDR送入指定CPU内其他寄存器。

MAR和MDR的设置使主存与CPU之间的数据传送变得简单且易于控制。对于用户来说，上述两个寄存器是“不可见”的，是不能编程访问的。

3. 控制器

从用户角度看，计算机的工作表现为执行指令序列。从内部物理层看，指令的读取和执行表现为信息的传送，相应地形成控制流与数据流两大信息。因此，CPU中控制器的任务是根据控制流产生微操作命令序列，控制指令功能所要求的数据传送，在数据传送至运算部件时完成运算处理。

4. 中断系统

中断的作用是为了响应和处理I/O设备请求或异常事件。在CPU内部设置中断系统，可用于处理与中断相关的中断判优、中断转换、中断屏蔽等相关工作。现在的某些机型里，已将有关的硬件部分由CPU转移到外部芯片。

5. 时序系统

根据计算机的工作流程可知，计算机的工作是需要分步执行的，同一条指令在不同时间发出不同的微操作命令，完成不同的工作内容。区分不同微操作命令发出的依据就是时间标识——周期和节拍。

许多操作需要严格的定时控制。例如，在规定的时刻将已经稳定的运算结果打入某个寄存器；又如，在规定的时刻实现周期节拍的切换。结束当前周期的操作，转入一个新的周期，这就需要定时控制的同步脉冲。

时序系统就是用于产生周期节拍、脉冲等时序信号的系统。该系统也称为时序发生器，它包含一个脉冲源和一组计数分频逻辑。脉冲源又称主振荡器，它提供CPU的时钟基准。微处理器芯片内往往有基本的振荡电路，可以外接石英晶体，以保持某个稳定的主振频率。主振的输出经过一系列计数分频，产生所需的时钟周期或持续时间更长的工作周期信号。主振产生的时钟脉冲与周期节拍信号、控制条件、机器状态相综合，可以产生所需的各种工作脉冲。

机器加电后，主振荡器就开始振荡，但仅当CPU真正启动工作后，主振荡输出才有效。因此，需要一套启停控制逻辑，以保证可靠地送出完整的时钟脉冲（如果启动或停机时发生了残缺的脉冲信号，就可能使工作不可靠）。启停控制线路还在刚加电时产生一个总清信号，或称为复位信号（RESET），使有关部件处于正确的初始状态。

有关各级时序的相互关系和控制关系将在6.2节详细讲解。

6. CPU内部数据通路

在确定一台计算机的总体结构时，主要考虑以下几方面问题：设置哪些部件，各部件间如何传递信息（即数据通路），主机与I/O设备之间如何实现信息传送，如何形成微操作命令序列。前3个问题与机器指令系统设计有密切的关系；后一个问题涉及设计策略，即选择硬连线控制器方式或微程序控制方式。可以认为，数据通路结构是总体结构设计的核心。

（1）CPU内部总线　前面已详细描述了CPU内部的各个功能部件，但各部件之间若是孤立隔离的，则不能实现信息传送，那么处理器的所有功能均不能正常实现。各部件之间应如何连接起来实现信息传送呢？相应的数据传送结构称为数据通路结构，它是CPU总体结构的核心问题。

现代计算机中广泛使用总线方式连接各部件，实现基本信息传递。总线作为一组能为多个部件分时共享的公共信息传送通路，可以分时接收和分配信息。与总线相连的部件可以通过控制门连接到总线上，这些控制门可以是三态门或集电极开路（OC）器件，可向总线发送0、1信息，也可通过高阻状态与总线脱离。总线输出则连接到多个寄存器的输入端，通过同步脉冲打入寄存器。若要打入寄存器A，则发CPA打入寄存器A。采用总线方式使数据通路结构简单，易于扩展连接的部件数量，且比较有规律，便于控制。

在CPU内部结构比较简单的情况下，可只设置一组数据传送总线，用于连接CPU内的寄存器与算术/逻辑运算部件，有的称为ALU总线。在较复杂的CPU内，为了提高工作速度，可能设置几组总线，有的CPU中包含控制用存储器与主存管理所需的地址变换部件，除了数据总线之外，还设有专门传送地址信息的地址总线。

内部总线的信息传送，由控制器发出微操作命令进行控制管理，如选择信息来源的电平型命令、定时打入寄存器的同步脉冲等。CPU内的时序系统部件发出统一的时序信号（如周期、节拍、脉冲），对内部总线进行同步控制。

在CPU设计制造出来之后，内部数据通路结构也就不再变化，所以不必考虑部件的扩展问题。

（2）CPU的典型数据通路结构　在介绍了CPU的运算器、寄存器、控制器、中断系统、时序系统、总线等一般组成部件后，现在探讨如何以总线为基础建立各部件间的数据传送通路，即CPU内部数据通路结构。不同的计算机，由于CPU的应用场合、设计目标与方法不同，CPU内部数据通路结构差异很大。下面介绍几种典型结构：

1）不采用CPU总线结构。在某些功能较弱、结构简单的CPU内部，数据通路并未采用总线结构，而是在确定各功能部件的组成后，根据各指令的功能，分析出所有指令的执行过程的数据传送需求，在所有可能产生数据传送的部件之间建立通路。通路的通与断由控制器通过控制通路中的三态门或集电极开路（OC）器件来控制。此种结构的通路复杂，控制信号繁多，不便于控制器的设计，而且不便于系列机的构造，因此此种结构已不再使用。

2）单组内总线、分立寄存器结构。早期的某些机型采用单组内总线、分立寄存器结构，它的特点是寄存器分别独立设置，采用一组单向的数据总线，以ALU为内部数据传送通路的中枢。

采用单组内总线、分立寄存器结构的微处理器数据通路如图6-4所示。由于各寄存器在物理上彼此分立，它们的输出端均与ALU输入端的多路选择器相连（MAR除外，因为它的特殊作用使得它只能接收地址，传送给主存）。多路选择器可以采用与或逻辑，在同一时刻最多可以选择两路输入，送入ALU进行相应运算处理。寄存器的数据输入来自CPU内部总线，由于寄存器彼此分离，只要发出相应的同步打入脉冲，即可使内总线同时将数据打入一个或多个寄存器。但这种寄存器结构使所需单元器件与连接线增多，不利于集成度的提高。

在图6-4中只设置了两个数据寄存器R_1、R_2，若设置多个寄存器，只需参照R_1、R_2进行连接设置即可。在此种结构中，ALU既是运算部件，又是数据传送通路的中枢。对数据来源的选择控制，集中在 ALU 输入端的选择器；对数据传送目的地的选择控制，则体现为寄存器同步打入脉冲的发送，这使得对数据通路的控制比较简单。例如，若实现 $R_2+R_1 \rightarrow R_1$，可让 ALU 的 B 端选择器选择 R_2，ALU 的 A 端选择器选择 R_1，ALU 功能选择"加"运算，移位器功能选择"直传"，待内总线数据稳定后，发 CPR1，则将结果经由内总线打入 R_1。又如，若实现 $R_2 \rightarrow R_1$，可让 ALU 的 B 端选择器选择 R_2，ALU 的 A 端选择器封锁，ALU 功能选择"输出 B"运算，移位器功能选择"直传"，待内总线数据稳定后，发 CPR2，则将结果经由内总线打入 R_1。

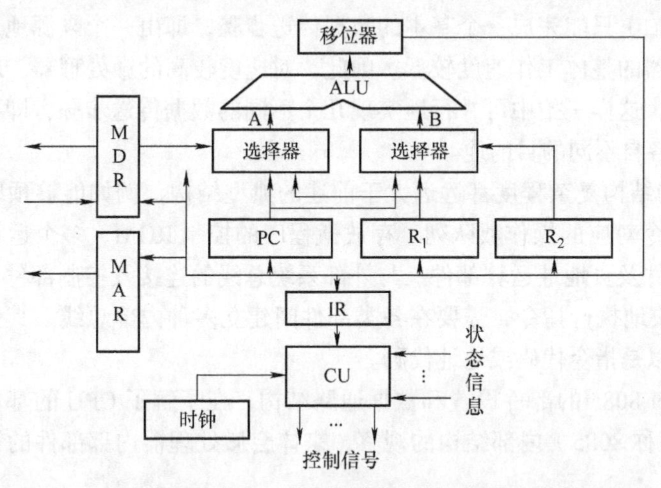

图 6-4　采用单组内总线、分立寄存器结构的微处理器数据通路

3）单组内总线、集成寄存器结构。为了提高寄存器的集成度，常将寄存器组制作成为小型半导体存储器结构，一个存储单元就相当于一个寄存器，其位数也就是寄存器字长。此种结构的微处理器的数据通路结构如图 6-5 所示。其特点是集成化寄存器组（半导体 RAM 型），一组双向数据总线 ALU 输入端设置锁存器（寄存器）。

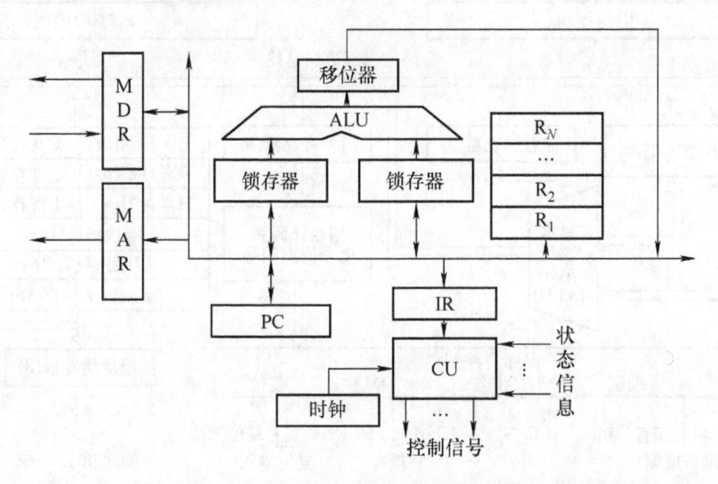

图 6-5　采用单组内总线、集成寄存器结构的微处理器数据通路

采用双向总线后，数据的输入与输出都可以在这组内总线上完成，进一步简化了数据传送通路结构。ALU 从内总线上获得数据，运算结果也经由内总线送往目的地。此种结构中寄存器之间的数据传送都是通过内总线完成的，而不需要通过 ALU 完成寄存器之间的数据传送。

这种结构要求在 ALU 的输入端设置锁存器。内总线每次只提供一个操作数，暂存于锁存器中，通过两次传送为 ALU 准备好两个操作数。一般的存储器结构是单端口，即每次只能访问一个单元（寄存器）读出或写入。如果要实现寄存器间数据传送，例如 R2 → R1，就需要利用锁存器（暂存器）作为中间暂存部件，即先将 R_2 的内容读至锁存器（暂存器），再由锁存器（暂存器）经由双向内总线写入 R_1。同理，在访问主存时也需利用暂存器，以免影响用户对可编程寄存器的访问，MAR、MDR 就是依此原理设计而成的。当然，暂存器的具体设计可有多种变化，如暂存器的数量、位置、传送方向等问题。

4）多组内总线结构。采用单组内总线结构的微处理器的优点是结构简单、控制容易，但每个操作步骤（每拍）只能完成一个基本的数据传送步骤，即由一个来源地送到一至数个目的地，这就使微处理器的整体工作速度较低。因此，对速度较高的微处理器，就可能需要设置多组分别独立内总线，这样一拍中可并行地实现几个不同的数据传送步骤，即可同时让几个来源地的数据分别送往各自不同的目的地。

现在的 CPU 的结构复杂程度都远远大于前述的典型结构，例如能够预取若干条指令的指令队列、与预取指令对应的操作数队列、存放微程序的控制 ROM、多个运算部件、主存管理用的段地址运算部件及页地址运算部件、与外部系统总线的连接及控制部件、高速缓冲存储器 Cache 等。为了尽快地执行指令，需要在各类部件间建立多种内部总线，其上传送的信息内容可以是数据，也可以是指令代码或地址代码。

（3）实例：Intel 8085 的部件设置和数据通路结构　在了解了 CPU 的基本组成后，下面通过对 Intel 8085（简称 8085）内部结构的观察，来体会微处理器内部部件的设置和数据通路的构造。

8085 微处理器结构如图 6-6 所示。与其他简单结构微处理器相似，它包括 1 个寄存器组、1 个 ALU 以及 1 个控制单元。注意，此时中断控制和串口 I/O 控制不属于上述的任何部分。下面来逐一分析各个组成部分。

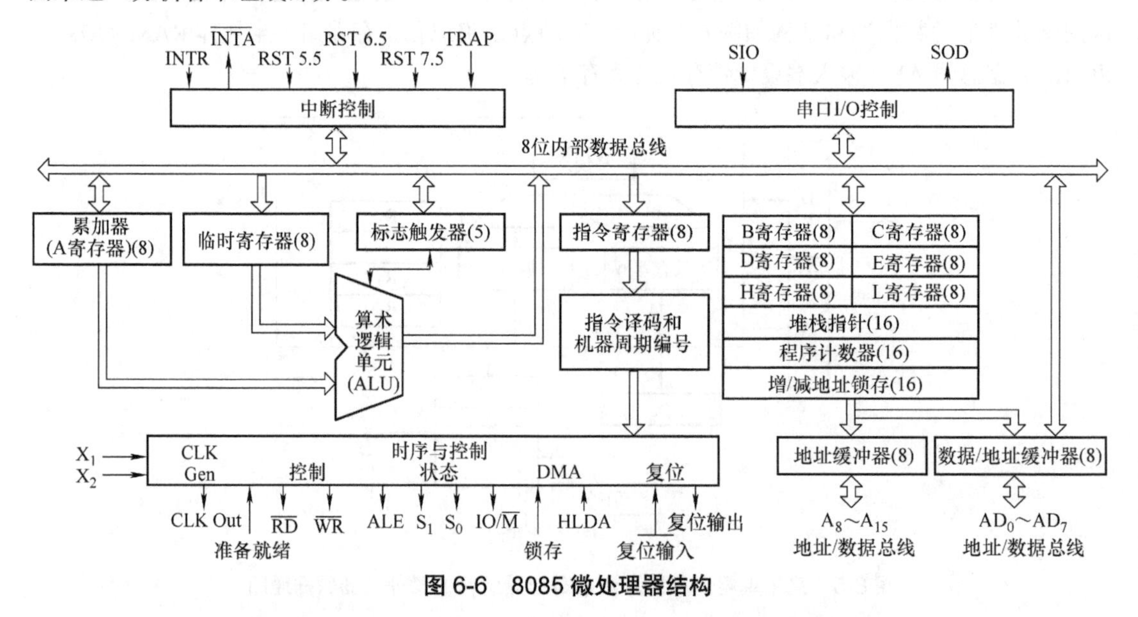

图 6-6　8085 微处理器结构

8085 的 ALU 可完成基本的定点算术、逻辑和移位运算，并在输出端与 8 位的内部数据总线相连，可将运算结果输送到其他寄存器。它的具体功能是由控制器来的控制信号决定的，但在图 6-6 中没有详细画出。

8085 的寄存器组中的可见寄存器包括 A、B、C、D、E、H、L 和标志触发器，以及堆栈指针 SP，同时包括用于控制的指令寄存器和程序计数器。A、B、C、D、E、H、L 可以作为通用寄存器存储地址或数据，使用灵活。堆栈指针 SP 作为专用地址寄存器用于存储堆栈段的首地址。指令寄存器用于存储当前正在执行的指令。而程序计数器的作用是存储待执行指令的地址，用于读取下条指令地址。

不可见寄存器包括一个用来给 ALU 输入数据的临时寄存器，以及地址缓冲器和数据 / 地址缓冲器。在一定条件下，8085 不会访问系统地址和数据总线。在此种情况下，它必须把这些总线的连接设置为高阻状态，而缓冲器具有被设置为高阻状态的功能。此外，缓冲器还可以控制数据输入 / 输出的方向。

CPU 内部的数据通路是以一个 8 位宽的内部数据总线实现的，尽管在图 6-6 中没有明显给出，它允许一个寄存器把数据放在总线上的同时另一个寄存器将数据从总线取到其中。例如，“MOV B，C” 指令的执行情况就与此相似。当数据由存储器取出时，数据是由数据 / 地址缓冲器送入到内部总线，然后由目的寄存器从总线取到自身。

控制单元由以下几个部分组成：

• 时序与控制模块：用于遍历微处理器的各个状态并产生外部控制信号，例如读取存储器的控制信号。同时它还产生所有的内部控制信号，这些信号用于装载、递增以及清除寄存器；使能缓冲区，以及确定 ALU 完成的功能。

• 指令译码和机器周期编号模块：该模块把当前指令作为输入，然后产生输入给时序与控制模块的状态信号。控制单元的本质过程是指令译码，然后译码信号与时序和控制模块中的定时信号组合在一起，产生微处理器需要的内部控制信号。

• 中断控制和串口 I/O 控制模块：该模块是控制单元的一个特殊部分。中断控制模块接收外部的中断请求，检查请求的中断是否是允许的，然后将合法的中断请求传递给控制单元的其他部分，具体的功能和过程见 8.4 节。串口 I/O 控制模块用于协调从微处理器输入、输出数据到串行数据端口的控制逻辑。

6.2 多级时序与时序系统

对于指令而言，它的执行需要时间。指令执行时间的分配和管理方式决定了计算机的运行速度和部件的运行效率。同时指令功能的完成，要求一条指令所需的微操作信号是分步发出的，为此需要一个时间标识微操作信号的先后次序，以决定信号发出的时刻。由此可见，只有有了能够产生时间标识的部件之后，才能保证将微操作信号安排在不同的时间片断里，形成有序的控制流。

6.2.1 时序控制方式

时序控制方式指微操作信号与时序信号之间关系。常见的时序控制方式有同步控制、异步控制和联合控制。

1. 同步控制方式

任何一条指令或指令中的任何一个微操作的执行，都由事先确定且具有统一基准时标的时序信号所控制的方式，称为同步控制方式。

同步控制的基本特点是将时间划分成长度固定单位，CPU 按严格的时间安排操作，在每个确定时间单位开始表示一批操作的开始，时间单位结束，这批操作也结束。各指令或操作步骤的切换以时间单位的切换为基准。

在 CPU 内部，一般只设置一个统一的时序信号系统，此时 CPU 内部各部件之间的信息传送由该时序信号统一控制。在一个计算机系统中，各 I/O 设备内部往往采用同步控制。那么设备之间的数据传送是由谁控制的呢？此时若在设备之间采用同步控制方式，一般也是由 CPU 提供统一时序信号来控制部件之间信息的传送。

同步控制方式的优点是时序关系较简单，控制逻辑在结构上易于集中，设计简单。因此，在 CPU 内部及设备内部一般均采用同步控制方式。若系统采用总线连接，且各部件、设备之间传送距离不是很远，工作速度的差异不是很大，或传输时间比较固定，则广泛采用同步控制。同步控制的缺点是由于采用统一的基准信号作为时间分配单位，在时间分配上可能存在不经济的问题。产生前述问题的原因在于，不同指令的执行，因其功能复杂程度不同所需时间也不相同，而选择统一的时间基准时，只能选择最长的指令执行时间作为基准。就大多数指令的复杂程度而言，如此安排必然存在时间的浪费。这一点对于系统总线来说，因其所连接设备的运行速度差异很大，则问题可能更严重。权衡控制复杂程度和时间利用率两方面的实际情况，在 CPU 内部和设备内部一般选择同步控制方式。

2. 异步控制方式

异步控制方式是指，各项操作所需时间分配不受统一的时钟基准的限制，各操作之间的衔接与部件之间的信息交换采用应答方式。

异步控制的基本特点是在异步控制涉及的范围内，没有统一的时间基准控制，但存在申请、响应、询问、问答等一类的应答关系。例如，从 CPU 输出信息到某一 I/O 设备，此时所分配时间由操作所需时间决定，若所需时间长，则占用时间长；若所需时间短，则占用时间短，不由统一的时间基准控制。既然在时间操作中没有分配固定的时间和定时脉冲，那么如何决定操作时间的开始和结束呢？此问题是通过应答方式来决定的。

一般情况下，将应答的双方分别称为主设备和从设备。下面以异步总线传送为例，说明异步传送的过程和相应概念。

申请掌握使用总线的设备称为主设备（主动一方），由主设备启动应答过程，响应设备请求的一方称为从设备（被动一方）。主设备申请使用总线，获得批准后掌握总线控制权，此时由主设备向总线发送操作命令（如传送方向）及总线地址。过程如下：

1）主设备向从设备提出询问，即向从设备提出传输请求。

2）从设备若已准备好待传数据，或已做好接收数据准备，则从设备回答准备好。

3）进行数据传送。

4）传送完毕，主设备释放总线控制权。

为了实现上述申请应答过程，主、从设备发出或接收相应控制信号，如申请、批准、询问、回答等。在总线操作期间主设备发出“总线忙”信号作为控制总线标志，操作完毕后撤销“总线忙”标志，表示释放总线控制权。

从主设备申请到获得批准，从主设备提出询问到接到从设备回答，以及实际数据传送等过程所获的执行时间都视实际需要而变，而不是固定的，这是异步的本质含义。

异步控制方式的优点是时间分配效率高，能够按照不同部件、设备的实际情况分配时间；缺点是申请、应答所需的控制逻辑较复杂。基于上述优缺点，异步控制方式一般应用于系统总线操作控制，因其所连接的设备速度差异较大，所以它们之间或它们与 CPU 之间数据传送的任务对时间需求的差异较大（不固定），此时采用异步控制比较合适。而很少将异步控制方式应用于 CPU 内部或设备内部的时间控制。

3. 联合控制方式

根据分析可知，同步控制方式结构简单，但时间利用率较低；而与之对应的异步控制方式时间利用率较高，但结构复杂。在实际应用中，往往在同步控制方式中引入异步控制思想，形成联合控制方式。

对于由 CPU 执行的指令来说，复杂程度不同的指令，其执行时间相差很大。在 CPU 内部均采用同步控制方式，但是采用固定的时间单位进行时间分配是不现实的。常见的处理方法是让它们分别占有不同数目的时间单位，以满足它们对时间的要求，同时也提高了时间利用率。此时时间单位的选择将直接决定分配效率，另外如何判断和控制时间单位是必须解决的问题。此种方法是大部分计算机 CPU 使用的方式。

在系统总线中的操作有多种方式，有的总线操作包含应答控制、数据准备、传送等几个部分，因而在一次总线操作（总线周期）中包含几步操作（时钟周期）。此时若总线传输需要时间较长，在固定时间内不能完成，可插入一种延长状态，占一个或多个时钟周期，总线周期的长度则视需要而定。此种方式是以固定时间分配为主，在必要情况下引入延迟，实现时间的按需分配思想，在 PC 中广泛采用。

在同步控制中也可以引入异步应答思想。例如，在总线中有一种三脉冲总线请求应答方式，若某设备申请使用总线，则发出请求脉冲；经过一到几个时钟周期，CPU 通过同一条总线发出相应脉冲；从下一时钟周期起，CPU 脱离总线，允许申请者使用总线；经过若干个时钟周期，结束使用，该设备仍通过同一总线向 CPU 发出释放脉冲，表示释放总线；从下一时钟周期开始，CPU 恢复总线控制权。由于以统一的固定时钟周期作为时序基础，应当视为同步控制方式的范畴；但根据这种“请求—响应—释放”的应答方式，以及应答过程中时间可随需要而变化的情况，其应当属于异步应答思想。所以可以将此种方式视为同步控制的一种扩展。

6.2.2　指令周期与多级时序

1. 指令周期

CPU 每取出一条指令并执行该指令的时间称为指令周期。由 6.1 节可知，指令的执行一般经过取指令、分析指令、执行指令等几个阶段。在大多数情况下，CPU 就是按照上述过程顺序自动执行程序中的指令。

假设有如下 8086 汇编程序代码段：

```
⋮
MOV   AX，1048
ADD   AX，[BX+100]
CMP   AX，2096
⋮
```

则上述 3 条指令的指令周期情况如图 6-7 所示。

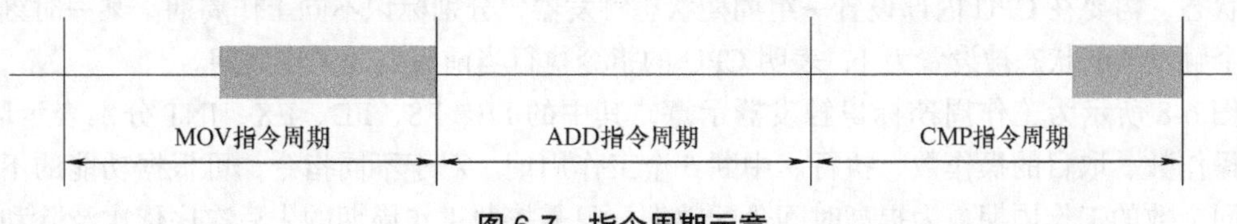

图 6-7　指令周期示意

由于不同指令的功能不同，其操作复杂程度不同，所需执行时间也就不同，即其指令周期不同。例如，传送指令“MOV AX，1048”在执行阶段不需访问存储器，其操作只是将立即数 1048 由指令寄存器的数据部分取出，送入 CPU 内部寄存器 AX 中，操作只在两个 CPU 内部寄存器之间进行。然而，加法指令“ADD AX，[BX+100]”在执行阶段不只访问存储器，其在访问之前需要进行存储器地址的计算，由存储器取出数据后还要和寄存器AX送入运算器做加法运算，然后保存结果。两条指令的执行时间相差很大，但在CPU内部采用同步控制方式，以固定时间单位作为时间分配基准，此时时间单位选取为指令周期，应保证所有指令在选定的时间长度内完成，为此应选取所有指令中执行时间最长的指令周期作为基准时间单位。对于执行时间小于最大时间的简单指令，其指令周期中的部分时间是空闲的，不发出任何操作信号，只是等待时间到而切换到下条指令的指令周期，如图6-7所示的阴影部分。

2. 多级时序系统

从指令周期中的分析可知，在采用同步控制的CPU内部，若只以指令周期作为时间分配基准，可能导致大部分指令的指令周期中的部分时间空闲，造成CPU的运行工作效率降低。根据CPU工作流程可知，指令的执行可分解为若干步骤完成，此时CPU内部同步控制依据指令执行步骤分解指令周期，形成更短的时间分配单位。根据指令是否包含某步骤和不同步骤的不同复杂程度，决定包含的更短时间单位数目，这样可解决时间分配效率问题，从而形成多级时序系统。

多级时序系统须解决以下几个问题：

• 时序层次划分，即分解指令的执行步骤有几个层次？到何时为止？

• 时序状态的表示，即如何标识指令执行的当前时间处于何层次？如何标识时序层次的切换？

• 各时序层次关系。

下面结合多级时序系统的划分，对上述3个问题进行解释。

1）指令周期。读取并执行一条指令所需时间称为一个指令周期。不同类型的指令，其指令周期的长短差异很大。指令周期的切换是以指令的取指作为指令的开始，也标志着上条指令的执行结束。在某些机型里，设置了专门的取指标志，但一般都不在时序系统中为指令周期设置完整的时间标志信号，因此一般情况下不将指令周期视为时序的一级。

2）CPU工作周期。在组合逻辑控制器中，常根据指令功能执行步骤将指令周期划分成若干个工作阶段，如取指、读取源操作数、读取目的操作数、执行等阶段。在不同工作阶段中完成不同的操作，依据的指令代码段可能也各不相同。例如，在读取源操作数阶段，依据的是指令的源操作数地址字段；在读取目的操作数阶段，使用的是指令的目的操作数地址字段；而在执行阶段，依据的是指令的操作码字段。为此，在时序系统中划分了若干种工作周期，以对应不同工作阶段所需的操作时间，如取指周期、取源周期、取目的周期、执行周期等。在某些机型中，将工作周期这一级称为机器周期，或称为基本工作周期。

在指令周期中的一个工作阶段所需的时间，称为一个基本的工作周期。为标识当前的工作周期状态，需要在CPU内部设置一组周期状态触发器，分别标识不同工作周期。某一时刻只能有一个触发器的状态被设置为1，表明CPU的指令执行当前所处的工作周期。

图6-8所示为工作周期标识触发器示意，其中的FE、FS、FD、EX、INT分别表示取指、取源操作数、取目的操作数、执行、中断5个工作周期。对于不同指令，可根据功能的不同设置不同个数的工作周期。为提高时间分配效率，只需按照工作周期的先后次序依次清除和设置对应的触发器，即可保证指令执行完毕。

通过分析可以发现，不同类型的工作周期所占时间可能不等。例如，执行工作周期和取指工作周期所占时间不等。相同类型的工作周期因其寻址方式和指令功能不同，它所需的时间也可能不同。例如，某条指令的源操作数采用寄存器间接寻址，另一条指令的源操作数采用存储器间接寻址，则前者的取源工作周期的时间要小于后者的取源工作周期的时间。不难发现，若工作周期以同步控制方式作为时间分配单位，则应选取最长的工作周期作为基准时间单位，虽然工作周期的长度小于指令周期长度，但此时依然存在时间分配效率不经济问题。

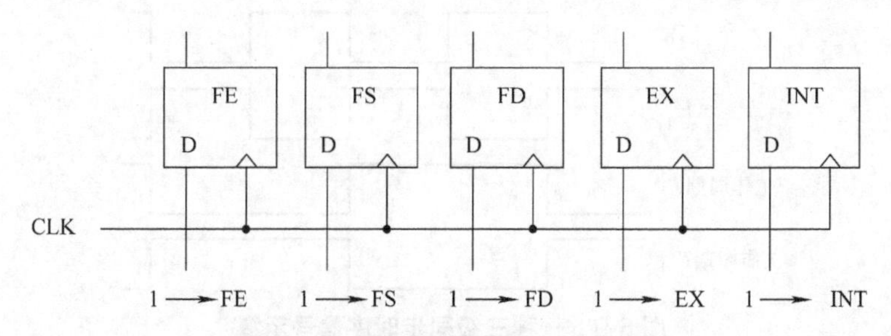

图 6-8　工作周期标识触发器示意

3）时钟周期（节拍）。由数据通路的分析可知，一个工作周期的操作可以分成几步完成。例如，变址方式读取源操作数，需先进行变址计算，然后发送地址读取数据。所以在同步控制方式中，时序系统应按固定（大致相等）时间分段设置时钟周期。每个时钟周期（也称为一拍）完成一步操作，如一次传送、加、减等，这是时序系统中最基本的时间分段，各时钟周期长度相等，一个工作周期可根据其复杂程度需要由若干个时钟周期组成。不同工作周期或不同指令的同一种工作周期，其所包含的时钟周期个数可以不等。

确定时钟周期的长度一般有两种设计策略：

一种设计策略是在考虑 CPU 内部操作需要的同时也考虑访问主存的需要。由于主存读 / 写操作所需时间比一次 CPU 内部操作所需时间要长，所以将主存的读 / 写周期作为时钟周期。在一个时钟周期中，可以执行一次 CPU 内部数据通路操作，如寄存器之间的数据传送，也可以执行一次主存读 / 写操作。由于主存读 / 写速度相对较慢，这种长度安排方式对 CPU 内部操作而言，时间浪费较大。

另一种设计策略是按照 CPU 内部操作的需要确定时钟周期的长短。如果按同步控制方式访问主存，则一次读 / 写周期允许占用多个时钟周期；若主存的读 / 写采用异步控制方式，则不受时钟周期长度的控制，但存在频繁的同步和异步控制的切换问题。

4）定时脉冲。时钟周期提供了一项操作所需的时间分段，但有些操作，如打入数据到寄存器，还需要严格的定时脉冲，以确定在何时打入。时钟周期的切换也需要严格的同步定时。常见的设计是在每个时钟周期末尾发一次工作脉冲，脉冲前沿用于实现运算（或传送）结果，脉冲的后沿则用于实现周期的切换。也有机型在一个时钟周期中先后发出几个工作脉冲，有的脉冲位于时钟周期前端，可用于清除脉冲；有的脉冲位于中部，用作控制 I/O 设备的输入 / 输出脉冲；有的脉冲位于尾端，前沿用作 CPU 内部的打入，后沿实现周期的切换。

3. 多级时序的形成

一种三级同步时序信号示意如图 6-9 所示。主振荡器输出 m，一般采用晶体振荡器保证频率的稳定。m 为方波输出，经过整形和分频后，形成工作脉冲 P。启停控制线路控制脉冲 P 的发与不发，并保证所发出的脉冲完整。工作脉冲 P 的后沿实现周期切换，形成时钟周期划分。当 T_0 为高电平时，表示 CPU 处于 T_0 时钟周期；当 T_1 为高电平时，表示 CPU 处于 T_1 时钟周期。本例采用简单的二分频，如果设置一个 T 计数器，通过译码可形成更多的时钟周期划分（$T_0 \sim T_n$）。当时钟周期状态循环又回到 T_0 状态时，标志着一个新的工作周期的开始。在后面的 CPU 设计中，将说明如何根据逻辑条件，将脉冲定时切换为新的时钟周期与工作周期。

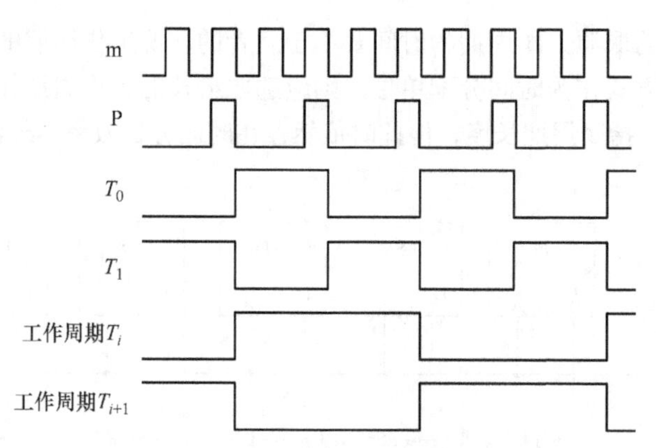

图 6-9 一种三级同步时序信号示意

4. 8085 OUT 指令的时序

8085 的一条指令可分成 1 ~ 5 个机器周期，每个机器周期内又包含 3 ~ 5 个节拍，每个节拍持续一个时钟周期。在每个节拍内，CPU 根据控制信号执行一个或一组同步的微操作。下面讲解 8085 输出指令的执行信号与时序关系，读者可从中体会时序系统的设计策略。8085 输出指令的功能是将 AC 的内容写入所选择的设备中，执行该指令的时序如图 6-10 所示。

从图 6-10 可知，该指令的指令周期包含 3 个机器周期 M_1、M_2 和 M_3，每个机器周期内所包含的节拍数不同（M_1 包含 4 拍，M_2 和 M_3 均包含 3 拍）。该指令字长为 16 位，由于数据线只有 8 位，所以要分两次将指令取至 CPU 内。第一个机器周期（取指工作周期）取指令的操作码，第二个机器周期（取目的工作周期）取被选设备的地址，第三个机器周期（执行工作周期）将 AC 的内容通过数据总线写入被选中的设备中。具体的时序分析如下：

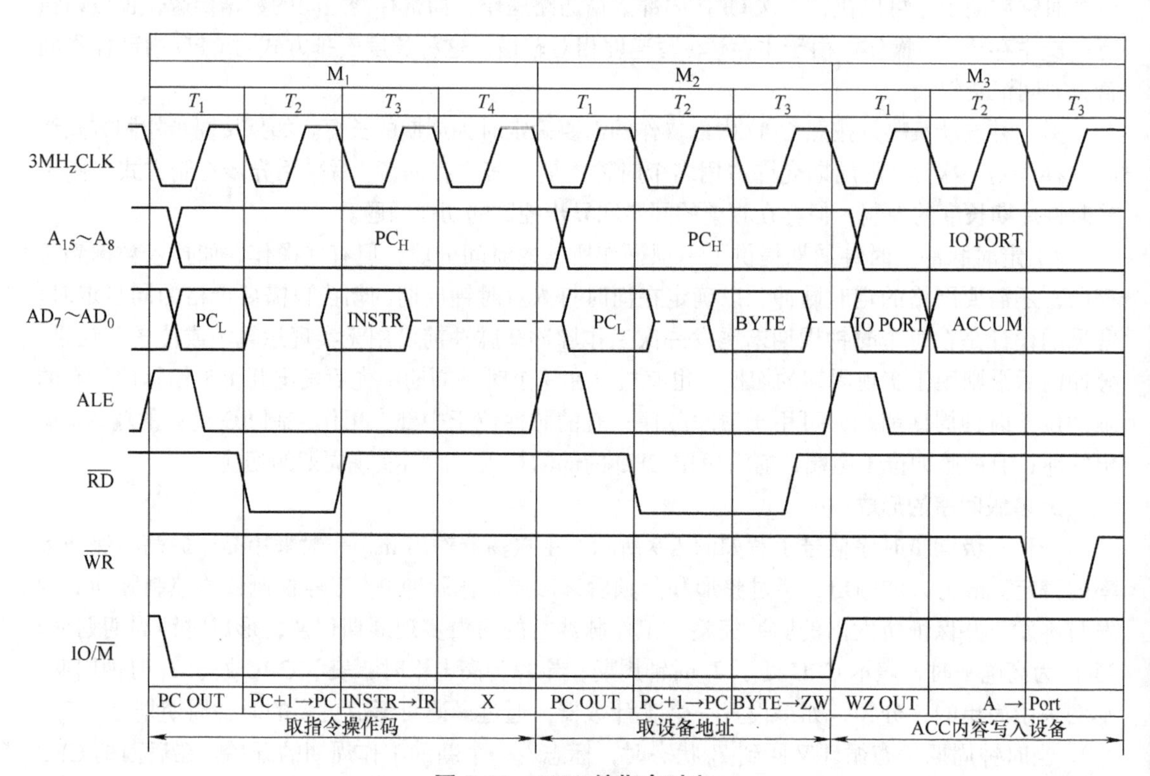

图 6-10 8085 输指令时序

（1）第一个机器周期 M_1：取指令操作码

1）T_1 节拍（状态）。IO/ $\overline{M}$低电平，表示存储器读操作。CPU 将 PC 的高 8 位送至地址总线 A_{15}～A_8，将 PC 的低 8 位送至数据总线 AD_7～AD_0，并由 ALE 的下降沿激活存储器保存地址。

2）T_2 节拍（状态）。存储器将指定地址的内容送至数据总线 AD_7～AD_0，RD（低）有效，表示存储器读操作，CPU 等待数据线上的数据稳定。

3）T_3 节拍（状态）。当数据线上的数据稳定后，CPU 接收数据，此数据为该指令的第一字节操作码。

4）T_4 节拍（状态）。CPU 进入译码阶段，在 T_4 的最后时刻 ALE（高）失效。（PC）+1 → PC 操作可安排在 T_2 或 T_3 进行，但在图 6-10 中并未标出此控制信号。

（2）第二个机器周期 M_2：存储器读，取被选设备的地址

1）T_1 节拍（状态）。同 M_1 的 T_1 节拍操作。

2）T_2 节拍（状态）。同 M_1 的 T_2 节拍操作。

3）T_3 节拍（状态）。当数据线上的数据稳定后，CPU 接收数据，此数据为被选中设备的地址。

同样，（PC）+1 → PC 操作也可安排在 M_2 的 T_2 或 T_3 进行。这个机器周期内设有指令译码，因此 T_4 省略。在 T_3 最后时刻 ALE（高）失效。

（3）第三个机器周期 M_3：I/O 设备写

1）T_1 节拍（状态）。IO/ $\overline{M}$高电平，表示 I/O 操作，CU 将 I/O 端口地址送至 A_{15}～A_8 和 AD_7～AD_0，并由 ALE 下降沿激活 I/O 保存地址。

2）T_2 节拍（状态）。$\overline{WR}$（低）有效，表示 I/O 操作，AC 的内容通过 AD_7～AD_0 数据总线送至被选中的设备中。

8085 的时序系统由指令周期、机器周期（工作周期）和节拍（状态）3 级组成，不同机器周期包含的节拍数目不同，提高了时间分配效率。同时可以发现，CU 的每一个控制信号都是在指定机器周期内的指定 T 时刻发出的，反映了时序系统与控制信号间的关系。

6.3 组合逻辑控制器设计

CPU 作为计算机系统的一部分，它的设计过程不应当独立进行。它的组成与结构受系统的应用目标限制，因此 CPU 设计的第一步是确定 CPU 的应用场合（目标），其所应具有的处理能力（功能）应保证与应用需求一致。一旦确定其用途之后，就要拟定它将运行的程序类型，并确定为完成所要求功能需要的指令，从而确定 CPU 指令集结构（ISA 结构）。指令集结构包括以下内容：指令类型，如指令的数目、功能；寻址方式，如地址结构确定、各指令的操作数寻址方式；寄存器，如寄存器所占二进制位数、数目、功能、可见性（是否可编程访问）；指令格式，如指令字长、各字段的分配（操作码、寻址方式码、地址码）等。在完成指令集结构设计之后，根据指令集结构所确定的内容来设计 CPU 的各组成部件，以及用于连接各功能部件的数据通路结构。

在完成上述内容后，应进行该 CPU 各指令的微操作信号的节拍安排，此时可采用操作流程图的形式来列出各指令在各节拍应完成的功能、各指令的指令周期中应包含的节拍数，以及各节拍之间的相互连接关系。若将每个节拍看成是一个状态，则可将 CPU 看成是一个复杂的有限状态机，通过确定节拍（状态）、转换条件、各节拍的微操作，就可明确 CPU（主要是控制器）为完成取指令、指令译码和执行指令集中的每个指令所必须发出的微操作信号与指令、时间的

关系。在形成各指令的操作流程图后，再按照微操作安排原则对各微操作信号进行调整安排。

由操作流程图和操作时间表来形成微操作信号的逻辑表达式，该表达式的条件是指令、时间、状态等，而结果是控制信号。依据各控制信号的逻辑表达式，可采用组合逻辑设计法或微程序设计法获得控制器的逻辑电路图或微程序，将控制器和其他组合到一起形成 CPU，至此 CPU 设计完毕。

6.3.1 模型机基本设计

本书中所设计的计算机是用于教学目的的计算机，其只需完成基本算术逻辑运算即可。根据此要求设计指令类型，见表 6-1。

表 6-1 模型机指令集

类型	硬件描述语言形式	汇编形式	功能
数据传送类	ACC：=M（X）	LD X	将存储器内容读入 ACC 中
	M（X）：=ACC	ST X	将 ACC 内容送入存储器中
数据运算类	ACC：=0	CLA	将 ACC 内容设置为 0
	ACC：=ACC + M（X）	ADD X	将 ACC + 存储器数据结果送入 ACC
	ACC：=ACC − M（X）	SUB X	将 ACC − 存储器数据结果送入 ACC
	ACC：=R（ACC）	SHR	将 ACC 内容算术右移 1 位送回 ACC（最高位不变）
	ACC：=L（ACC）	CSL	将 ACC 内容循环左移 1 位送回 ACC
	ACC：=ACC and M（X）	AND X	将 ACC 与存储器数据进行“与”运算，结果送入 ACC
	ACC：=not ACC	NOT	将 ACC 的内容进行“非”运算，结果送入 ACC
程序控制类	PC：=M（adr）	BRA adr	将程序流程转移到 adr 单元所存内容所指位置
	If ACC =0 then PC：=M（adr）	BZ adr	若 ACC=0，则将程序流程转移到 adr 单元所存内容所指位置

指令采用固定字长方式，同时指令中处理的数据长度与指令长度相同，均为 32 位。指令寻址方式采用直接寻址，数据寻址方式采用直接寻址和隐含寻址。指令格式如图 6-11 所示，只有操作码和地址码字段，操作码可以采用顺序编码 0000 ~ 1111，依次分配给 LD、ST、CLA 等指令。指令寻址和数据寻址方式都是唯一和确定的，故未设置寻址方式字段。

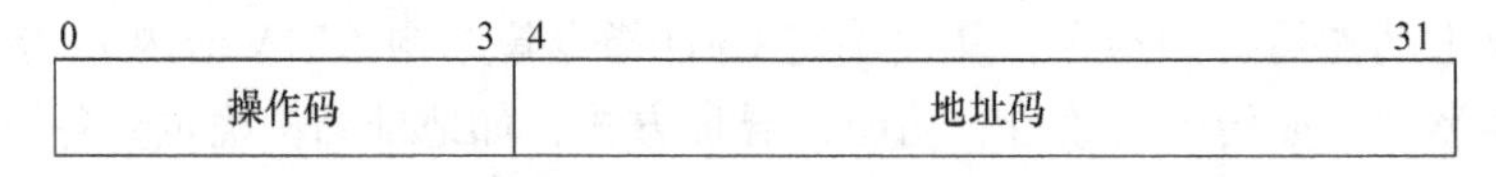

图 6-11 模型机指令格式

模型机采用单组内总线、分立寄存器结构，如图 6-12 所示，它包含一个数据处理单元，用来执行表 6-1 中所列出的单地址指令的处理功能。CPU 中寄存器的设置包括：IR，用于存储当前正在执行的指令；MAR，用于存储预访问单元地址；PC，用于存储下条指令地址，具有自加一能力；MDR，用于存储与存储器进行交互的数据；AAC，作为一个通用寄存器，可以被通过指令访问和设置；Y（锁存器），用于存储双操作数指令中一个隐含寻址的操作数或运算的中间结果。在所有的寄存器和锁存器中，可以通过指令访问和设置的只有 PC 和 ACC。寄存器组中的可见寄存器为 PC 和 AAC，其余均为用于控制的不可见寄存器，标志寄存器在结构图中未标识。

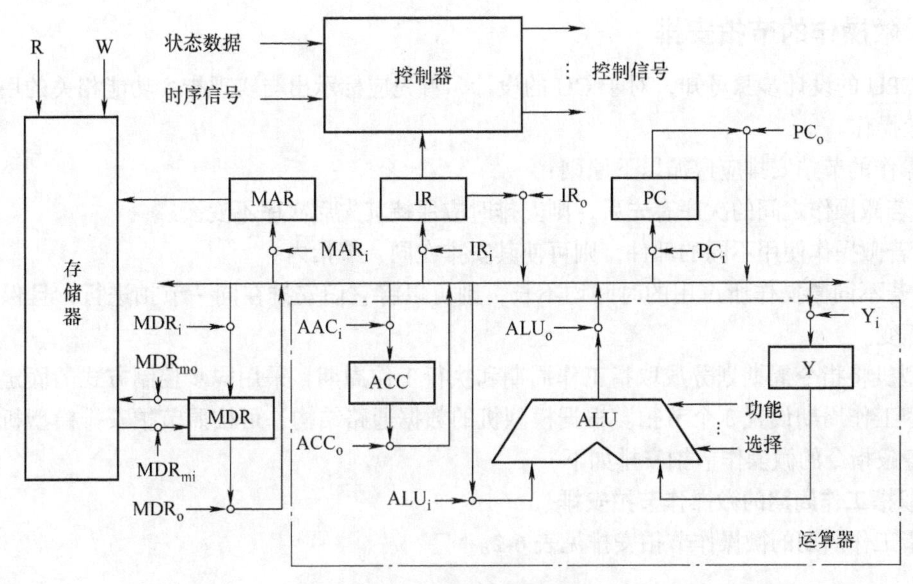

图 6-12　模型机基本结构

正如 6.1.2 节中所论述的，CPU 数据通路反映的是运算器与寄存器等部件之间的数据传送路径。数据通路控制用于控制数据通路中各控制点的开放和关闭状态的切换，实现数据、地址、指令等信息在 CPU 内部各个数据和控制寄存器之间的传递。图 6-12 中的 PC_i 和 PC_o 表示是对 PC 的控制点，其他控制点与之相同。模型机中的数据通路情况如下：

1. 寄存器之间的数据传送

模型机中寄存器之间通过 CPU 内部总线完成数据传送。例如，发送指令地址 PC 至 MAR，实现操作的流程和控制信号如下：

PC → BUS	PC_o 有效，PC 内容送总线
BUS → MAR	MAR_i 有效，总线内容送 MAR

2. 主存与 CPU 之间的数据传送

主存与 CPU 之间的数据传送，是将主存存储单元中的内容发送至 CPU 中的相关寄存器。例如，ADD X 的操作数的直接寻址，读取操作数的流程和控制信号如下：

IR（adr）→ BUS	IR_o 有效，指令的地址码内容送总线
BUS → MAR	MAR_i 有效，总线内容送 MAR
1 → R	CU 发送读信号至主存
MEM（MAR）→ MDR	MDR_{mi} 有效，存储器数据送入 MDR
MDR → BUS	MDR_o 有效，数据内容发送至总线
BUS → Y	Y_i 有效，总线内容送 Y

3. 执行算术或逻辑运算

当模型机执行算术或逻辑运算时，虽然 ALU 本身没有存储数据的电路，但在进行需要双操作数的算术或逻辑运算时，需要两个输入操作数同时有效，这是在 ALU 的一个输入端设置不可见计算器 Y 的意义。下面以 ADD X 为例，说明其执行过程中的操作流程与控制型号。假设已经完成存储器数据读取至 Y。

ACC+Y → BUS	ACC_o 有效，ALU_i 给 ALU 发送加命令，ALU_o 有效，结果送总线
BUS → ACC	ACC_i 有效，数据写入 ACC

6.3.2 微操作的节拍安排

由 CPU 的设计步骤可知，对于 CU 的设计，首先应标示出与实现指令功能相关的用于控制硬件的微操作。

微操作的节拍安排应遵循以下原则：

1）若微操作之间的次序有先后，则安排时应保持其先后次序不变。

2）若微操作使用不同的部件，则可使其安排在同一节拍内。

3）若不同微操作所占用的时间均不长，则可以将它们安排在同一节拍进行，且保持其先后顺序不变。

模型机将指令周期划分成取指工作周期和执行工作周期，采用同步控制方式的固定节拍方式，每个工作周期设置 3 个节拍。根据模型机的数据通路结构，可按照节拍安排模型机的指令系统。各条指令的微操作节拍安排如下：

1. 取指工作周期的微操作节拍安排

取指工作周期的微操作节拍安排见表 6-2。

表 6-2 取指工作周期的微操作节拍安排

节拍	微操作命令信号	有效控制信号
T_0	PC → MAR，Read	PC_o，MAR_i，R
T_1	MEM（MAR）→ MDR，PC+1 → PC	MDR_{mi}，PC+1
T_2	MDR → IR	MDR_o，IR_i

2. 执行工作周期的微操作节拍安排

（1）LD X　LD X 执行工作周期的微操作节拍安排见表 6-3。

表 6-3 LD X 执行工作周期的微操作节拍安排

节拍	微操作命令信号	有效控制信号
T_0	IR（adr）→ MAR，Read	IR_o，MAR_i，R
T_1	MEM（MAR）→ MDR	MDR_{mi}
T_2	MDR → ACC	MDR_o，ACC_i

（2）ST X　ST X 执行工作周期的微操作节拍安排见表 6-4。

表 6-4 ST X 执行工作周期的微操作节拍安排

节拍	微操作命令信号	有效控制信号
T_0	IR（adr）→ MAR，Write	IR_o，MAR_i，W
T_1	ACC → MDR	ACC_o，MDR_i
T_2	MDR → MEM（MAR）	MDR_{mo}

（3）CLA　CLA 执行工作周期的微操作节拍安排见表 6-5。

表 6-5 CLA 执行工作周期的微操作节拍安排

节拍	微操作命令信号	有效控制信号
T_0	—	—
T_1	—	—
T_2	0 → ACC	ACC 置零

注：“—” 表示此节拍无微操作命令信号发出。

（4）ADD X　ADD X 执行工作周期的微操作节拍安排见表 6-6。

表 6-6　ADD X 执行工作周期的微操作节拍安排

节拍	微操作命令信号	有效控制信号
T_0	IR（adr）→ MAR，Read	IR_o，MAR_i，R
T_1	MEM（MAR）→ MDR，ACC → Y	MDR_{mi}，ACC_o，Y_i
T_2	MDR+Y → ACC	MDR_o，ALU_i，ALU_o，ACC_i，ALU 加

（5）SUB X　SUB X 执行工作周期的微操作节拍安排见表 6-7。

表 6-7　SUB X 执行工作周期的微操作节拍安排

节拍	微操作命令信号	有效控制信号
T_0	IR（adr）→ MAR，Read	IR_o，MAR_i，R
T_1	MEM（MAR）→ MDR，ACC → Y	MDR_{mi}，ACC_o，Y_i
T_2	MDR−Y → ACC	MDR_o，ALU_i，ALU_o，ACC_i，ALU 减

（6）SHR　SHR 执行工作周期的微操作节拍安排见表 6-8。

表 6-8　SHR 执行工作周期的微操作节拍安排

节拍	微操作命令信号	有效控制信号
T_0	—	—
T_1	ACC → Y	ACC_o，Y_i
T_2	SHR（Y）→ ACC	ALU 算术右移，ALU_o，ACC_i

（7）CSL　CSL 执行工作周期的微操作节拍安排见表 6-9。

表 6-9　CSL 执行工作周期的微操作节拍安排

节拍	微操作命令信号	有效控制信号
T_0	—	—
T_1	ACC → Y	ACC_o，Y_i
T_2	CSL（Y）→ ACC	ALU 循环左移，ALU_o，ACC_i

（8）AND X　AND X 执行工作周期的微操作节拍安排见表 6-10。

表 6-10　AND X 执行工作周期的微操作节拍安排

节拍	微操作命令信号	有效控制信号
T_0	IR（adr）→ MAR，Read	IR_o，MAR_i，R
T_1	MEM（MAR）→ MDR，ACC → Y	MDR_{mi}，ACC_o，Y_i
T_2	MDR and Y → ACC	MDR_o，ALU_i，ALU_o，ACC_i，ALU and 运算

（9）NOT　NOT 执行工作周期的微操作节拍安排见表 6-11。

表 6-11　NOT 执行工作周期的微操作节拍安排

节拍	微操作命令信号	有效控制信号
T_0	—	—
T_1	ACC → Y	ACC_o，Y_i
T_2	NOT（Y）→ ACC	ALU not 运算，ALU_o，ACC_i

（10）BRA adr　BRA adr 执行工作周期的微操作节拍安排见表 6-12。

表 6-12　BRA adr 执行工作周期的微操作节拍安排

节拍	微操作命令信号	有效控制信号
T_0	—	—
T_1	—	—
T_2	IR（adr）→ PC	IR_o，PC_i

（11）BZ adr　BZ adr 执行工作周期的微操作节拍安排见表 6-13。

表 6-13　BZ adr 执行工作周期的微操作节拍安排

节拍	微操作命令信号	有效控制信号
T_0	—	—
T_1	—	—
T_2	$A_0 \cdot$ IR（adr）$+ \overline{A}_0 \cdot$ PC → PC	$A_0 \cdot$（IR_o，PC_i）

3. 中断工作周期的微操作节拍安排

在执行周期的最后时刻，CPU 要向中断源发中断查询信号。若检测到某个中断源有请求，并且未被屏蔽又被排队选中，则在允许中断的条件下，CPU 进入中断工作周期，此时 CPU 由中断隐指令完成断点保存和中断入口地址（中断向量）的读取（假设断点保存在主存的 0 号地址处，中断入口地址由硬件生成）。中断工作周期的微操作节拍安排见表 6-14。

表 6-14　中断工作周期的微操作节拍安排

节拍	微操作命令信号	有效控制信号
T_0	0 → MAR	MAR 清零
T_1	PC → MDR	PC_o，MDR_i
T_2	MDR → MEM（MAR），Write，中断入口地址→ PC	MDR_o，W，PC_i，关中断 0 → EINT

6.3.3　模型机组合逻辑控制器设计

1. 组合逻辑控制器的基本结构

模型机组合逻辑控制器框图如图 6-13 所示，它也显示了一般组合逻辑控制器的基本结构。组合逻辑控制器中的关键部分是组合逻辑电路，它将时序信号、指令译码结果、状态 / 条件等信息（信号）作为输入，通过组合逻辑电路的处理，形成相对应的控制信号，从而实现 CPU 的指令控制、操作控制和时间控制功能。

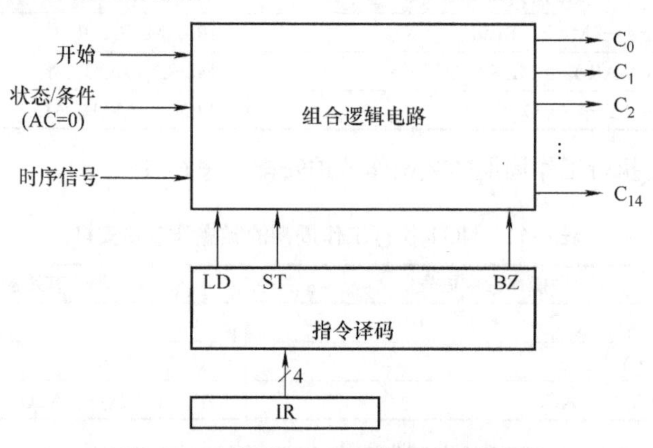

图 6-13　模型机组合逻辑控制器框图

模型机中将指令译码电路与控制信号生成的逻辑电路分开设置，这样可以简化控制器的设计。指令译码电路实质是一个多路译码电路，将 n 位指令操作码作为输入，生成 2^n 种输出，但只有一种输出是有效的，由指令操作码决定。同样模型机中也将时序电路与控制信号生成的逻辑电路分开设置。它只是将固定的脉冲序列通过一个节拍发生器生成与时钟周期宽度等宽的节拍序列。时钟周期的宽度取为完成一次寄存器之间数据传递所需时间，这样可以保证各操作信号在相等的时间间隔内，从而保证时间的分配效率。

2. 模型机的操作时间表

操作时间表的作用是列出各指令所需的操作信号与节拍信号之间的关系。根据模型机指令操作流程图、指令功能、微操作安排原则和控制信号的设置情况，形成模型机的操作时间表，见表 6-15。

表 6-15　模型机操作时间表

工作周期标志	节拍	状态条件	微操作命令信号	LD	ST	ADD	SUB	AND	SHR	CSL	CLA	NOT	BRA	BZ
FE（取指）	T_0	无	PC → MAR	1	1	1	1	1	1	1	1	1	1	1
			1 → R	1	1	1	1	1	1	1	1	1	1	1
	T_1	无	MEM（MAR）→ MDR	1	1	1	1	1	1	1	1	1	1	1
			PC+1 → PC	1	1	1	1	1	1	1	1	1	1	1
	T_2	无	MDR → IR	1	1	1	1	1	1	1	1	1	1	1
			IR（OP）→ ID	1	1	1	1	1	1	1	1	1	1	1
			1 → EX	1	1	1	1	1	1	1	1	1	1	1
EX（执行）	T_0	无	IR（adr）→ MAR	1	1	1	1	1						
			1 → Read	1		1	1	1						
			1 → Write		1									
	T_1	无	MEM（MAR）→ MDR	1		1	1	1						
			ACC → MDR		1									
			ACC → Y			1	1	1	1	1		1		
	T_2	无	MDR → ACC	1			1							
			MDR → MEM（MAR）		1									
			MDR+Y → ACC			1								
			MDR−Y → ACC				1							
			MDR and Y → ACC					1						
			SHR（Y）→ ACC						1					
			CSL（Y）→ ACC							1				
			0 → ACC								1			
			NOT（Y）→ ACC									1		
			IR（adr）→ PC										1	
		AC=0	IR（adr）→ PC											1

由于模型机中未设置间接寻址方式，所以指令周期中只包含取指工作周期和执行工作周期。在实际设计过程中，可根据实际情况添加其他相关的工作周期。例如，指令是双地址指令，且两个操作数均采用间接寻址方式，则在指令周期中可能包含两个间址工作周期，存在“$1 \rightarrow IND_1$，$1 \rightarrow IND_2$”，放在相应工作周期的最后一个节拍，表示接下来的工作周期是间址周期 1 或间址周期 2。在某些指令中，若两个操作数采用不同的存储器寻址方式，则可以包含不同形式的工作周期，例如间址周期和变址周期。

在执行工作周期的 T_2 时刻，CPU 要向所有中断源发中断查询信号，若检测到有中断请求并且满足响应条件，则中断触发器（INT）置 1，标志进入中断周期。表 6-15 中未列出对应的微操作以及中断隐指令对应微操作，第一行中指令的缩写形式，可以对应其指令的操作码形式。若某一行和列的交叉值为“1”，则表示对应的微操作将被执行，控制器应当发出对应控制信号。

3. 组合逻辑控制器设计

在列出操作时间表之后，就可以推理形成控制信号的逻辑表达式，可以将操作时间表看成是真值表来推理各控制信号的逻辑表达式。例如，MEM（MAR）→ MDR 的微操作控制命令的逻辑表达式如下：

MEM（MAR）→ MDR

$=FE \cdot T_1+EX \cdot T_1 \cdot (LD+ADD+SUB+AND)$

式中，LD、ADD、SUB、AND 均来自指令操作码的译码结果。

对应每个控制信号的逻辑表达式都可以画出一个逻辑电路图。例如实现 MEM（MAR）→ MDR 的控制信号 $FE \cdot T_1+EX \cdot T_1 \cdot (LD+ADD+SUB+AND)$，其所对应的逻辑图如图 6-14 所示。

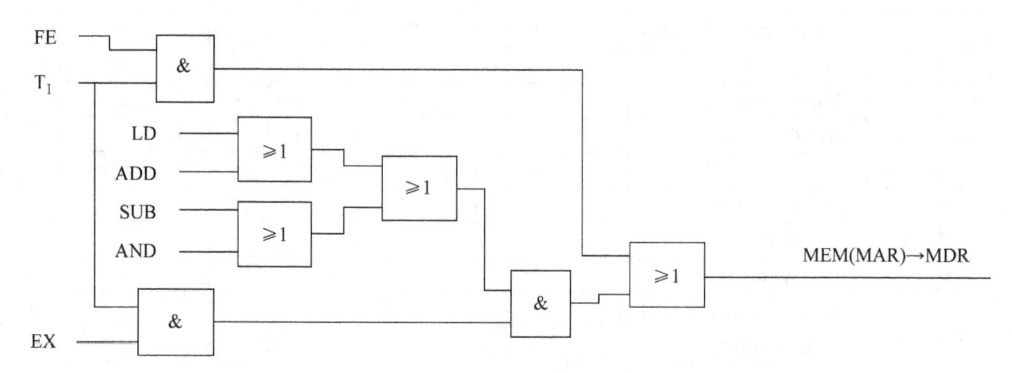

图 6-14　MEM（MAR）→ MDR 控制信号的逻辑图

根据操作时间表列出的控制信号表达式，可以进一步化简合并。化简的方向有两个：一个是提取公共逻辑变量，减少引线，减少元器件数；另一个是尽量减少逻辑门级数，使形成命令的时间延迟减少，即提高速度。在实际的电路构造过程中，要考虑门的扇入系数和逻辑级数。如果采用现成的芯片，还需要选择芯片型号。

4. 组合逻辑控制器的优缺点

在组合逻辑控制器的设计过程中发现，组合逻辑控制器有以下两个缺点：

1）组合逻辑控制器是由许多门电路产生控制信号，而各控制信号所需的门电路逻辑很不规整，因此组合逻辑控制器的核心部分比较烦琐、凌乱，设计效率较低，检查调试比较困难。就其设计方法而言，虽有一定规律，但对于不同的指令与不同的控制信号节拍安排，所构成的控制信号形成电路也就不同。改进方法是将程序设计技术引入 CPU 机器的构成级，使设计规整化。

2）组合逻辑控制器因其使用逻辑门电路生成控制信号，设计结果被固定在印制电路板上，所以不易修改和扩展。而且，在各个控制信号逻辑表达式中往往包含许多条件，其中一些逻辑变量可能在许多表达式中是公用的，修改一处就会牵动其他，因而很难修改。机器一旦设计生产完毕，要想修改其操作过程和某些操作的处理方式，或进一步修改和扩充指令系统，基本上是不可能的。如果新推出一种指令系统，原有的机器就不能执行了。改进的方向是将程序存储思想引入 CPU 设计，不再用组合逻辑电路生成控制信号，而是将控制信号以数字代码的形式直接存入一个存储器中，只要修改所存储的代码（即控制信号信息），就可以修改有关的功能和执行方式。

组合逻辑控制器的优点是运行速度较快，因此目前应用于高速计算机、RISC 处理器、巨型机，以及规模较小的计算机中。

6.4 微程序控制器设计

6.4.1 微程序基本原理

指令的执行是通过执行一组或多组并发的微操作来完成的。每一个微操作是与一组控制信号相联系的，该组控制信号是激活微操作后必然发出的控制信号。当代计算机中包含的指令和控制信号数目往往达到数百个，在此种情况下即使使用最好的 CAD 工具，组合逻辑控制器的设计和验证也是极其困难的。

针对组合逻辑控制器的缺点，借鉴程序存储思想，英国剑桥大学教授威尔克斯（Wilkes）在 1951 年提出了微程序控制设计思想，经历了种种演变，在 ROM 技术成熟后得到广泛应用。作为一种控制单元设计方法，它是将控制信号的选择和前后顺序信息存储在一个称为控制存储器的 ROM 或 RAM 中。所有指令的任何被激活的操作信号均由存于控制存储器的微指令决定，微指令的取出过程与从主存中取出指令的过程相似。每一条指令都显式或隐式指出下一条微指令的地址，以提供必要信息形成微指令序列，微指令的序列形成微程序。通过修改控制存储器内容可实现微程序的更改，进而达到机器指令系统的更改、升级、维护。与组合逻辑控制器相比，微程序生成的控制信号更加灵活，便于仿真和调试，为开发系列机提供了便利的方法。

在微程序控制器中，每一条机器指令的功能都是通过微程序实现的。微程序用作一个实时指令解释器，即每一条机器指令对应一个由若干条微指令组成的微程序，微程序中的每一条微指令与一组微操作对应（控制信号所对应的动作），微指令的序列反映了为完成一条机器指令所应发出控制信号的先后次序。微指令也采用二进制码的形式。微程序的集合对应着一个特定的指令集或机器语言。

微程序控制器的设计工作主要集中在以下几个方面：

• 微指令格式设计。因为微指令采用二进制码的形式，所以必须为微指令拟定格式，以表示每一条微指令所对应的微操作。

• 微程序编制。为每一条机器指令编写对应的微程序，根据机器指令所包含的微操作，确定每个微程序中的微指令以及次序，进而形成存入微程序控制器的微程序。作为一种设计活动，微程序的设计可与汇编语言程序设计相比较：微程序设计需要对处理器硬件有更多了解，微程序的设计可以采用与汇编语言相似的标记符号进行，可以将此称为微汇编语言，此时一个微汇编程序用来实现将微程序转换为可执行的微指令。控制存储器可以存储微指令的二进制码形式，也可以存储其微汇编形式。若存储其微汇编形式，则可实现计算机仿真。

• 控制逻辑电路设计。微程序的执行和解释需要相应的控制逻辑电路，以实现微指令的读取、微指令地址的形成、微指令流程控制和由微指令形成控制信号。

6.4.2 微程序控制器基本结构

采用微程序控制器的 CPU 中寄存器的组成、数据通路结构和运算器设置与组合逻辑控制器相同。典型的微程序控制器组成框图如图 6-15 所示。

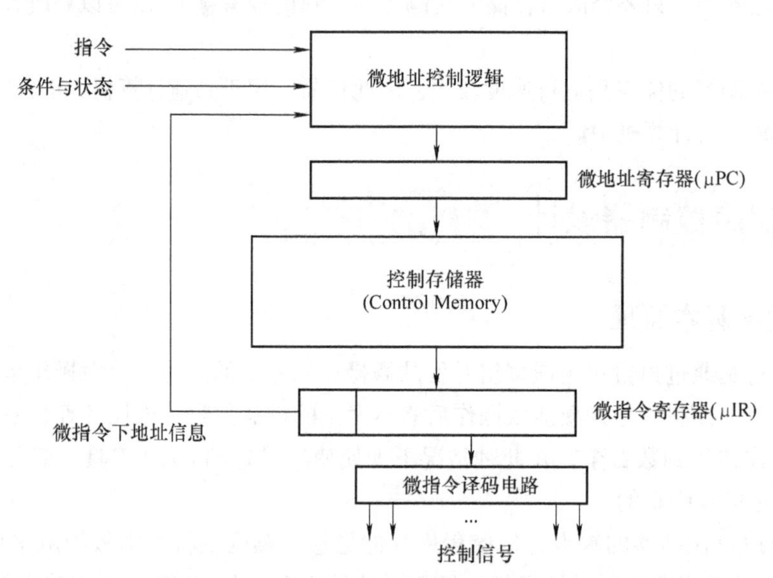

图 6-15 微程序控制器组成框图

1. 控制存储器（Control Memory）

作为微程序控制器的核心部件，它存储着与全部机器指令对应的微程序，它的每个单元中存储一条微指令，单元内容可以被用来生成一组控制信号，实现指定的微操作。控制存储器中每个单元可能包含几十位。

控制存储器一般采用 ROM，在 CPU 生产过程中，将各指令的微程序按一定顺序写入控制存储器中。采用 ROM 作为控制存储器可保证工作过程中的重要信息（微程序）不丢失。同时为保证微程序的快速读取，应保证控制存储器的存取速度远远高于普通的主存储器部件。

2. 微地址控制逻辑

在程序执行过程中对应的微程序被从控制存储器中取出。微指令的执行顺序并非完全是顺序执行，根据微程序执行顺序的需要，应有多种微指令地址的形成方式。微地址控制逻辑的作用是依据时间、条件、指令和下地址信息等信息来形成微指令地址，从而保证微指令流程的正确。

3. 微地址寄存器（μPC）

在控制存储器读取微指令时，所读取的单元是微地址寄存器的内容所指单元。它的内容的更改一般在当前微指令读取完毕或当前微指令执行完毕时。它的作用与 PC（程序计数器）相同，用于指出下一条微指令地址。

由于在控制存储器中只有组成微程序的微指令，μPC 也可以称为控制存储器地址寄存器（CMAR）。

4. 微指令寄存器（μIR）

微指令由控制存储器取出后，被存储在一个与指令寄存器（IR）作用相同的寄存器中，这个寄存器被称为微指令寄存器（μIR）。由于在控制存储器中只有组成微程序的微指令，μIR 也可以称为控制存储器数据寄存器（CMDR）。

5. **微指令译码电路**

微指令被读取到微指令寄存器后，微指令的用于生成控制信号的微指令代码部分被送入微指令译码电路。根据微指令格式的不同，微指令译码电路的复杂程度差异很大。若采用直接控制法，则译码电路非常简单；若采用字段间接控制法，则译码电路相对复杂一点。但相比于组合逻辑控制，逻辑电路的复杂程度远远降低了。

由微程序控制器组成框图（见图 6-15）可知，采用组合逻辑设计的 CPU 和采用微程序控制的 CPU 均需要逻辑电路。在微程序控制器内部包含与指令读取、指令地址操作相近的逻辑电路，而指令只是作为条件输入微指令地址生成电路中，不包含复杂的指令译码电路。

6.4.3 微指令格式设计

微程序是由微指令组成的，微指令是二进制码的形式。由于微指令是二进制码的形式，而指令也是二进制码的形式，所以机器语言指令系统中指令格式的设计方法也可运用于微指令系统设计。

由第 5 章内容可知，机器指令包括操作码和机器码两部分。与机器语言指令相似，一个微指令一般也包括操作控制字段和下地址控制字段两部分，其结构如下：

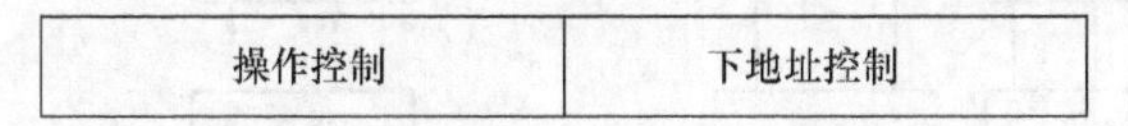

操作控制字段用于指出有哪些控制信号被激活。下地址控制字段用于指出下一条待执行指令在控制存储器中地址的本身或其计算方式。

微指令的长度主要由以下 3 个因素决定：

- 一条指令中包含的并行微操作数目，它受微操作层次并行程度的影响。
- 操作控制信号的编码方式。
- 下条微指令地址的给出方式。

1. **操作控制编码方式**

操作控制字段一般包括一个或多个操作控制域，每个控制域可控制一个或一组控制信号的生成。根据控制信号是直接生成还是译码生成，操作控制编码可分为以下几种形式：

（1）直接控制法　在威尔克斯提出的最初的微指令格式中，操作控制字段的每一位都与一个独立控制信号相对应。若当前微指令的某一位 $k_i = 1$，则与之对应的 c_i 控制信号有效，否则 c_i 控制信号无效。直接控制法的缺点是信息表示效率很低。对于一般的控制器来讲，它所需要的控制信号的个数可能达到上百个，采用直接控制法使微指令的长度达到上百位，但是其中绝大部分是不可能同时有效的。

（2）分段编码控制法　评价微程序控制器性能的标准是每一条单独微指令可以表示的最大微操作数目，这一数目从一个到几百个不等。每一条表示一个微操作的微指令可能与一条传统意义上的机器指令相同，它的长度可能相对较短，但缺乏并行性，因为完成一个指令的操作可能需要许多微操作。

微指令格式的设计应充分注意的一个事实是，在微程序级别，许多微操作是可以并行执行的。例如在取指阶段 T_2 周期，MDR 的操作码部分被送到 IR 进行译码；同时完成 PC+1 → PC，使指令指针指向下条指令存储位置，完成两项微操作。如果将每一种可以并行完成的微操作的情况都指定一个编码表示，那么在大多数情况下，编码的数量是极其巨大的。虽然微指令操作控制字段的编码允许复杂，但在实际设计过程中为避开上述数量巨大而复杂的编码，一般将微指令的操作控制字段分成 k 个相互独立的控制域，控制域的个数与需要并行发出的微操作数目有关。若需要 4 个微操作并行发生，则须在微指令中设置 4 个控制域。每一个控制域存储一组微操作，每一种编码对应一个微操作，每一个微操作都可以与其他控制域所存储的任意一个微操作并行执行，但在组内的微操作之间是互斥的，不允许在同一时间段内发生或有效。一般情况下，每个控制域所存储的是对同一个部件的控制信号，即将同类互斥的操作规为一组，例如运算器、寄存器的选择，或总线控制等。

采用编码的方法可以有效地降低微指令字长，但是由于在微指令被读出后，还需要经过译码电路处理以生成控制信号，所以采用分段编码控制法可能会使微程序的执行速度有所减慢。

（3）分段间接编码控制法　在微指令格式里，如果一个字段的含义不只决定于本字段编码，还兼由其他字段决定，则可采用分段间接编码控制法。此时一个字段兼有两层或两层以上的含义。

图 6-16 所示为分段间接编码控制法的示意。

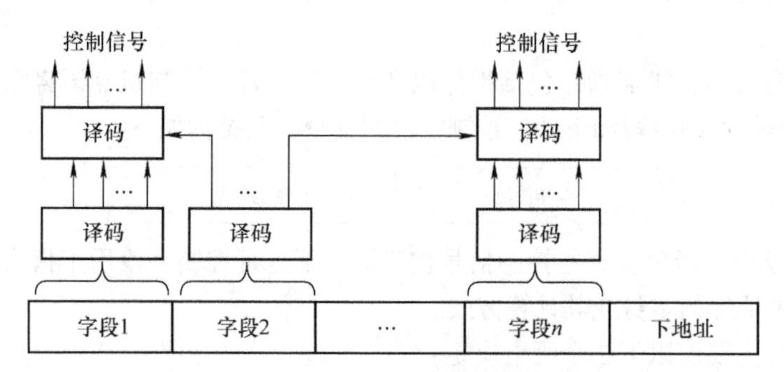

图 6-16　分段间接编码控制法的示意

（4）其他方式　在实际的微指令中，操作控制编码并不是只单独采用上述 3 种编码方式中的一种，而是将上述 3 种混合使用，以保证能综合考虑指令的字长、灵活性和执行微程序的速度等方面的要求。

还有一种方式是将操作控制字段根据不同目的分成多个控制域，并在操作控制字段和下地址字段之外设置单独的奇偶检验位。例如，IBM360/50 型的微指令包括 90 位，操作控制字段被分成 21 个独立的字段，如图 6-17 所示。第 65 ~ 67 位控制着 CPU 的加法器输入，该控制域显示了可能与加法器相连的寄存器。第 68 ~ 71 位控制着对加法器的功能选择（十进制加或二进制加），并控制初始进位和产生进位。第 0 位是第 0 ~ 30 位的奇偶校验位，第 31 位是第 32 ~ 55 位的奇偶校验位，第 56 位是第 57 ~ 89 位的奇偶校验位。

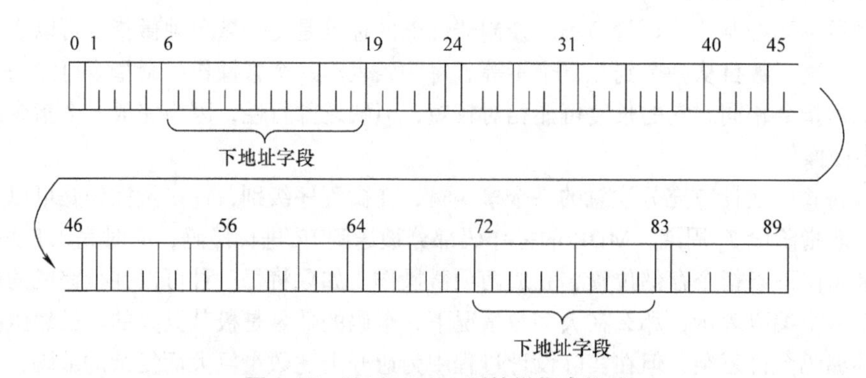

图 6-17　IBM360/50 型的微指令格式

在某些机型的微指令格式中，还在操作控制字段中设置常数字段，用于提供常数或计数器初值。

2. 微指令类型：水平型与垂直型

微指令格式一般分为水平型和垂直型两种类型。水平型微指令指令字长比较长，能表达较高程度的微操作并行性，操作控制信号编码的量比较小。垂直型微指令指令字长比较短，表达微操作并行程度的能力较低，要进行比较多的操作控制信号的编码。

IBM360/50 型的微指令格式是水平型微指令，如图 6-17 所示。IBM360/145 型的微指令格式是垂直型微指令，如图 6-18 所示，其中的操作数字段通常用于存储微操作所使用到的寄存器编号。

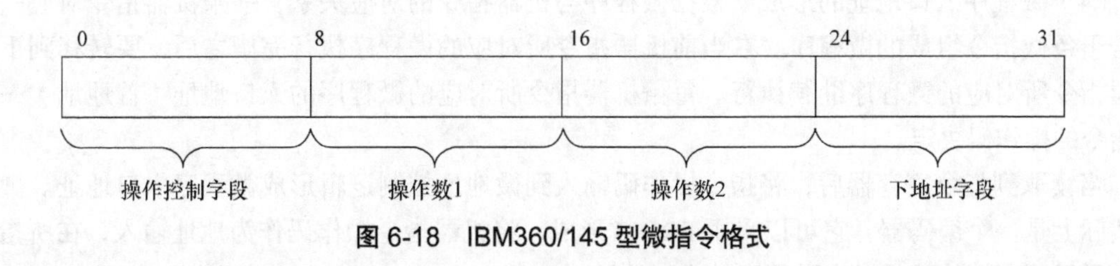

图 6-18　IBM360/145 型微指令格式

垂直型微指令在很大程度上与 RISC 指令类似，都尽量减少并行性，而保证单周期执行。但是计算机也经常被设计成与水平型微指令相似的形式，具有较长指令字和更高并行性。

3. 下地址控制编码方式

由微指令一般格式可知，在每条微指令中均包含一个下地址字段，用于指出下条待执行（后继）微指令的地址。一般情况下，后继微指令的地址有以下几种给出方式：

（1）顺序递增法　在很多情况下微指令的执行是顺序进行的，即执行顺序相邻的微指令的物理地址也相邻。在此种情况下可采用顺序递增法，将 μPC 设置成可自动加 1 的功能，每当完成当前指令的执行，就以 μPC+1 后的值为地址在控制存储器中取下一条微指令。在顺序递增法中，下地址字段的内容不影响微指令的读取或作为寻址方式说明使用。

在顺序递增法中，μPC 体现的功能与 CPU 内部寄存器中 PC 的功能相同。

（2）直接给出法　此种方式中，后继微指令的地址直接取于微指令中的下地址字段。采用此种方式的特点是在微指令的微地址形成过程中基本没有时间的延迟，但是若控制存储器的地址空间范围较大，可能造成微指令的字长极大增加，从而使控制存储器的存储效率下降。

在编制微程序控制器的微程序时，也可以将公共的微操作设置成微子程序的形式。对于微子程序的入口地址的获取，一般采用在微指令中直接给出的方式。

实际上，除了分支转移或微子程序调用的情况外，后继微指令地址的形成均采用顺序递增法。

（3）分支转移法　微程序的执行过程与机器语言程序的执行过程相似，也存在着条件分支转移。被测试的条件是来自于数据通路中的一个状态信号。在包含分支转移的微指令中，常设置一个条件选择子区域（类似于寻址方式字段），用于指出哪些判定条件被测试。与此同时，转移地址被存储在下地址字段。当转移条件满足时，将下地址字段的内容读入 μPC 中，取下一条微指令，实现微程序转移；若转移条件不满足，微程序则顺序执行。某些微指令系统中的微指令可能包含两个转移地址，条件满足时转向地址一，否则转向地址二。由于微指令字长的限制，在实际微指令中并非存储完全的转向地址，而是只存储转向地址的低位，转向地址的高位不改变。采用此种方法可使微指令转移范围限制在控制存储器的一个小范围里。分支转移法的微指令格式如下：

操作控制字段	转移方式	转移地址

在分支转移法中，后继微指令地址也可以通过测试条件控制修改 μPC 的全部或部分内容来获得。例如，假设 OF 是溢出标志位，OF=0 表示运算结果不溢出，OF=1 表示运算结果溢出。若要执行溢出转移微指令，可以用 OF 位的值控制 μPC 的自动加 1 电路，使 μPC 实现额外的地址增加，从而实现分支转移。

（4）微程序入口地址的形成　根据微程序与机器指令的对应关系，一条机器指令对应一个由若干条微指令组成的微程序。在当前机器指令所对应的微程序执行完毕之后，要转移到下条机器指令所对应的微程序继续执行。每条机器指令所对应的微程序的入口地址（首地址）一般由指令的操作码决定。

当读取到指令寄存器后，将指令操作码输入到微地址控制逻辑形成微程序入口地址。微地址实际上是一个编码器，它可以采用 PROM 形成，将机器指令操作码作为地址输入，在所指示的单元里面存储的就是对应微程序的入口地址。

在机器加电后，第一条微指令的地址一般是由专门的逻辑电路生成的，也可以采用由外部直接输入的形式获得。

4. 动态微程序技术

通常计算机指令系统的指令类型和数量是固定，而与其对应的微程序也应当是保持不变的。但是如果采用 EPROM 作为控制存储器，则设计者可以通过更改控制存储器所存储的微程序来改变机器的指令系统，这种技术称为动态微程序技术。采用动态微程序技术可以根据需要改变微程序，因此可在一台机器上实现不同类型的微指令，从而实现指令系统级的仿真，但此技术对设计者的要求较高，故未得到广泛推广。

5. 微操作同步定时

到目前为止对于微指令的执行过程都是基于下面的假设，即微指令所发出的控制信号都是在微指令的执行周期发出的，而控制信号的发出并未指定时间。一个单时钟信号起到控制信号的同步作用，而其长度与微指令的指令周期长度相同，此种控制模式称为单周期。与某个特定操作对应的微指令数目可以通过将微指令周期划分成几个连续更小的时间单位或时钟周期来减少。一个控制信号可以在某个更小的时间单位里被激活，此种控制模式称为多周期模式。多周期模式允许一个微指令指定一个微操作序列，但是将在一定程度上增加微指令的复杂程度。

下面通过一个例子来说明多周期操作的过程。若一条微指令控制实现下面的寄存器传送操作：

$$R := f(R_1, R_2)$$

其中 R 可能是 R_1 或 R_2。该传送操作可以被分解为以下 4 个阶段（见图 6-19）：

1）阶段 1：从控制存储器中取后继微指令到微指令寄存器。

2）阶段 2：将寄存器 R_1 和 R_2 的内容送到功能单元 f。

3）阶段 3：将功能单元 f 生成的结果存储到临时寄存器或锁存器中。

4）阶段 4：将临时寄存器或锁存器中的结果存储到目的寄存器中。

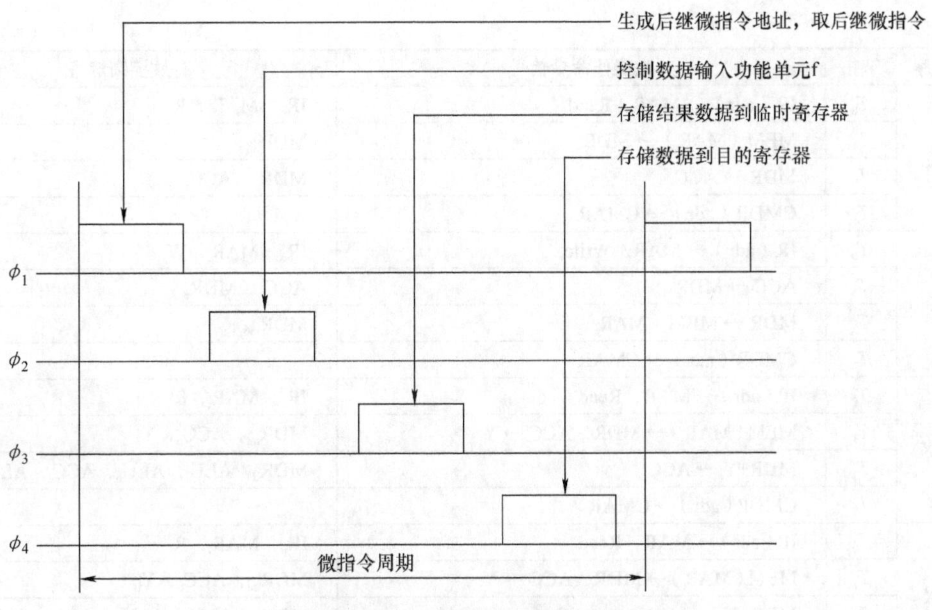

图 6-19 4 个阶段的微指令时序图

6.4.4 模型机微程序设计

采用微程序控制器的模型机设计的关键任务是编写与每一条机器指令对应的微程序。具体步骤是首先列出机器指令的全部微操作以及时间节拍安排，然后确定微指令格式，最后编写出每条微指令的二进制代码。

在基本微程序控制器的设计中，采用与 6.3.1 节相同的数据通路结构，指令集组成与功能见表 6-1，微操作控制信号的节拍安排见表 6-2 ~ 表 6-13。

1. 模型机机器指令微操作节拍安排

根据表 6-2 ~ 表 6-13 可以很容易得到每条机器指令的微程序。首先采用一种 HDL 的描述形式来分解模型机指令集中每一条机器指令的微操作顺序，见表 6-16。其中 FETCH 表示公共的取指微子程序。因模型机指令系统寻址方式中只设置了存储器的直接寻址和寄存器寻址，故未设置间址微子程序。每条机器指令的微程序包括一个公共的取指微子程序和一个与其他机器指令不同的执行微子程序。“转移到对应指令执行微子程序”微操作表示将当前微程序流程转移到当前指令对应的执行微子程序的第一条指令，对于每一条机器指令对应的执行微子程序的首地址可以采用编码器的方式来生成，即将指令的操作码作为输入来生成一个指定的微地址作为对应的执行微子程序的入口。微指令格式的选择决定了是采用单独的分支转移操作还是通用的分支转移操作。在微操作节拍安排中规定 μPC 是默认的微指令地址，它在每个周期之后都自动加 1。表 6-16 中的 CMAR 等价于 μPC，CMDR 等价于 μIR。

表 6-16 模型机机器指令微操作节拍安排

微子程序	节拍	微操作命令信号	有效控制信号
FETCH	T_0	PC → MAR，Read	PC_o，MAR_i，R
	T_1	MEM（MAR）→ MDR，PC+1 → PC	MDR_{mi}，PC+1
	T_2	MDR → IR	MDR_o，IR_i
	T_3	IR（OP）→微地址形成部件（编码器）→ CMAR	

（续）

微子程序	节拍	微操作命令信号	有效控制信号
LD X	T_0	IR（adr）→ MAR，Read	IR_o，MAR_i，R
	T_1	MEM（MAR）→ MDR	MDR_{mi}
	T_2	MDR → ACC	MDR_o，ACC_i
	T_3	CMDR（adr）→ CMAR	
ST X	T_0	IR（adr）→ MAR，Write	IR_o，MAR_i，W
	T_1	ACC → MDR	ACC_o，MDR_i
	T_2	MDR → MEM（MAR）	MDR_{mo}
	T_3	CMDR（adr）→ CMAR	
ADD X	T_0	IR（adr）→ MAR，Read	IR_o，MAR_i，R
	T_1	MEM（MAR）→ MDR，ACC → Y	MDR_{mi}，ACC_o，Y_i
	T_2	MDR+Y → ACC	MDR_o，ALU_i，ALU_o，ACC_i，ALU 加
	T_3	CMDR（adr）→ CMAR	
SUB X	T_0	IR（adr）→ MAR，Read	IR_o，MAR_i，R
	T_1	MEM（MAR）→ MDR，ACC → Y	MDR_{mi}，ACC_o，Y_i
	T_2	MDR−Y → ACC	MDR_o，ALU_i，ALU_o，ACC_i，ALU 减
	T_3	CMDR（adr）→ CMAR	
AND X	T_0	IR（adr）→ MAR，Read	IR_o，MAR_i，R
	T_1	MEM（MAR）→ MDR，ACC → Y	MDR_{mi}，ACC_o，Y_i
	T_2	MDR and Y → ACC	MDR_o，ALU_i，ALU_o，ACC_i，ALU and 运算
	T_3	CMDR（adr）→ CMAR	
CLA	T_0	0 → ACC	ACC 置零
	T_1	CMDR（adr）→ CMAR	
SHR	T_0	ACC → Y	ACC_o，Y_i
	T_1	SHR（Y）→ ACC	ALU 算术右移，ALU_o，ACC_i
	T_2	CMDR（adr）→ CMAR	
CSL	T_0	ACC → Y	ACC_o，Y_i
	T_1	CSL（Y）→ ACC	ALU 循环左移，ALU_o，ACC_i
	T_2	CMDR（adr）→ CMAR	
NOT	T_0	ACC → Y	ACC_o，Y_i
	T_1	NOT（Y）→ ACC	ALU not 运算，ALU_o，ACC_i
	T_2	CMDR（adr）→ CMAR	
BRA	T_0	IR（adr）→ PC	IR_o，PC_i
	T_1	CMDR（adr）→ CMAR	
BZ	T_0	$A_0 \cdot$ IR（adr）+ $\bar{A}_0 \cdot$ PC → PC	$A_0 \cdot$（IR_o，PC_i）
	T_1	CMDR（adr）→ CMAR	

2. 模型机微指令格式

根据模型机各机器指令的微操作以及节拍安排情况，设计微指令格式，如图 6-20 所示。

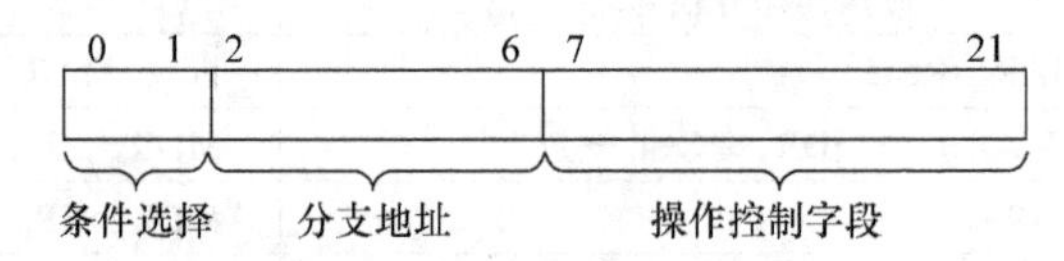

图 6-20 模型机微指令格式

微指令中包含 3 个部分，其作用如下：

1）条件选择。用于指出条件分支转移微指令中应测试的外部条件，其位数为 2 位。

2）分支地址。在分支转移时，若条件满足则该地址作为下一条微指令地址。在非分支转移指令的情况下，由 μPC 自动加 1 以作为下一条微指令地址。分支地址为 5 位。

模型机的微程序控制器组成框图如图 6-21 所示。其中，μPC 是微地址寄存器，它可以实现自动计数功能，以指向下一条微指令。在执行分支微指令时，若分支条件满足，则将微指令的分支地址部分取入 μPC。在模型机微指令中，分支地址给出的是全长微指令地址，而非指令地址的高位或低位。μPC 的内容也可以由外部装入，此时主要用于根据机器指令的操作码转入对应的执行微子程序时获得与该指令对应微子程序的首地址。μPC 所指控制存储器内容作为当前微指令被传送到微指令寄存器（μIR），μPC 的操作控制字段的内容经过译码以后形成控制信号。

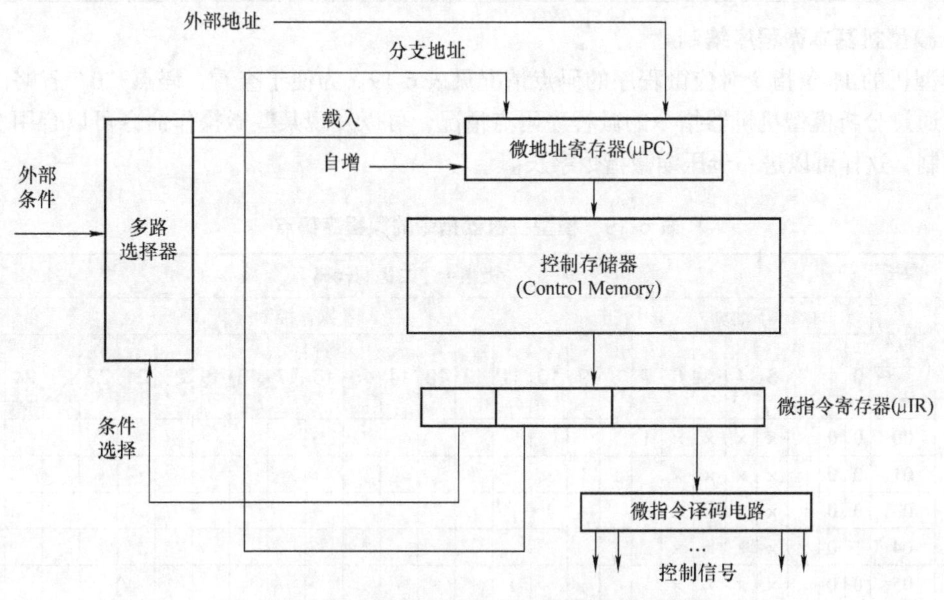

图 6-21　模型机的微程序控制器组成框图

将模型机微指令的条件选择字段作为一个多路选择器的控制信号，条件选择字段的含义见表 6-17。条件选择字段用于决定 μPC 是否启动根据外部条件信号来载入分支地址或外部地址到 μPC。

表 6-17　条件选择字段的含义

S_0	S_1	含义
0	0	增量执行
0	1	AC=0，转移执行
1	0	读入起始地址
1	1	无条件转移

3）操作控制字段。用于指出应当执行的微操作，可采用直接控制法或分段编码控制法。由于模型机中控制信号的数目较少，所以采用直接控制法。微指令中操作控制字段的长度是 20 位，其各位所对应的微操作见表 6-18。

表 6-18 操作控制字段的各位所对应的微操作

位标志	微操作控制信号	位标志	微操作控制信号
7	PC → MAR	17	MDR+Y → ACC
8	MEM（MAR）→ MDR	18	MDR−Y → ACC
9	PC+1	19	SHR（Y）→ ACC
10	MDR → IR	20	CSL（Y）→ ACC
11	IR（adr）→ MAR	21	MDR and Y → ACC
12	MDR → ACC	22	NOT（Y）→ ACC
13	ACC → MDR	23	IR（adr）→ PC
14	MDR → MEM（MAR）	24	$A_0 \cdot IR(adr) + \bar{A}_0 \cdot PC \to PC$
15	0 → ACC	25	1 → R
16	ACC → Y	26	1 → W

3. 模型机基本微程序编制

模型机的 11 条指令对应微程序的码点情况见表 6-19。为便于查看，码点“0”省略以空格代替。通过分析模型机机器指令的微程序码点情况，可以发现某些微操作命令可以合用 1 位代码来控制，这样可以进一步压缩微指令字长。

表 6-19 模型机机器指令的微程序码点

微程序名称	微指令地址（十进制）	微指令（二进制代码）																										
				下地址					操作控制																			
		0	1	2	3	4	5	6	7	8	9	10	11	12	13	14	15	16	17	18	19	20	21	22	23	24	25	26
FETCH	00	0	0	×	×	×	×	×	1																		1	
	01	0	0	×	×	×	×	×		1	1																	
	03	0	0	×	×	×	×	×				1																
	04	1	0	×	×	×	×	×																				
LD X	05	0	0	×	×	×	×	×					1														1	
	06	0	0	×	×	×	×	×		1																		
	07	1	1	0	0	0	0	0						1														
ST X	08	0	0	×	×	×	×	×					1															1
	09	0	0	×	×	×	×	×							1													
	10	1	1	0	0	0	0	0								1												
ADD X	11	0	0	×	×	×	×	×					1														1	
	12	0	0	×	×	×	×	×		1								1										
	13	1	1	0	0	0	0	0											1									
SUB X	14	0	0	×	×	×	×	×					1														1	
	15	0	0	×	×	×	×	×						1				1										
	16	1	1	0	0	0	0	0												1								
AND X	17	0	0	×	×	×	×	×					1														1	
	18	0	0	×	×	×	×	×						1				1										
	19	1	1	0	0	0	0	0															1					
CLA		1	1	0	0	0	0	0									1											
SHR		0	0	×	×	×	×	×										1										
		1	1	0	0	0	0	0													1							

（续）

微程序名称	微指令地址（十进制）	微指令（二进制代码）																										
				下地址					操作控制																			
		0	1	2	3	4	5	6	7	8	9	10	11	12	13	14	15	16	17	18	19	20	21	22	23	24	25	26
CSL		0	0	×	×	×	×	×										1										
		1	1	0	0	0	0	0														1						
NOT		0	0	×	×	×	×	×										1										
		1	1	0	0	0	0	0															1					
BRA		1	1	0	0	0	0	0																	1			
BZ		1	1	0	0	0	0	0																		1		

6.5　改进与提升 CPU 性能的技术

CPU 是计算机的核心部件，为了提高其综合性能，不断有新技术、新工艺被引入 CPU 的设计和生产过程中，主要集中在设计技术、材料、工艺等方面。本节主要介绍一些对 CPU 性能有着深刻影响的设计技术，如流水线、SMT、超线程、多核等。这些技术可大幅度提高指令的执行速度，改善计算机的性能。

6.5.1　流水线技术

在程序执行时，指令的执行经历了一系列的处理步骤。一般情况下，指令的执行过程包括取指令、分析指令、取操作数、执行指令、保存操作结果 5 部分。通常意义上来讲，可以借助工业流水线中不同产品、不同工序并行处理的理念，通过充分重叠不同指令的不同执行步骤加快计算机的执行速度。在通常情况下，指令流水线对程序员来讲是不可见的，而由编译器和 CPU 内部的程序控制器来自动地进行管理。

1. 流水线结构

具有 m 个阶段的流水线一般结构如图 6-22 所示。在流水线中的第 S_i 阶段完成数据处理后，将其处理结果连同其他未处理数据一起传送到第 S_{i+1} 阶段，以进行进一步的处理；与此同时，S_i 段从 S_{i-1} 段接收到一个新的数据进行处理。在整个流水线中共存在 m 个独立的数据，且它们分别位于流水线的不同阶段，在相邻的两个阶段之间设置了缓冲寄存器 R 和其他的同步逻辑，以避免相邻阶段之间的相互影响。指令流水线实现了 m 条指令分别在 m 个不同的流水线阶段同时执行，从而实现了指令执行速度的提高。

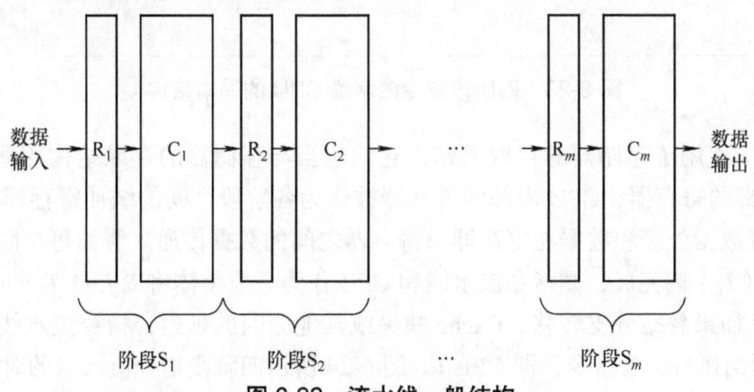

图 6-22　流水线一般结构

一个最简单的指令流水线是将指令的执行分成取指和执行两个阶段，通过重叠这两个阶段来提高指令的吞吐率。当存于地址 A_i 的指令 I_i 处在执行阶段时，位于相邻地址 A_{i+1} 的指令 I_{i+1} 被从存储器取入 CPU。假如处于执行阶段的指令 I_i 是转移指令，而且转移分支并非指向相邻地址中的指令，则同时取入的指令 I_{i+1} 将被忽略，这样流水线的性能将受影响。后续将详细讲解相关的技术，以尽可能地降低其影响。

2. 多阶段流水线

一个 m 阶段的指令流水线能够重叠 m 条指令的执行。使用 m 个阶段的目的就是尽最大可能提高指令吞吐率，那么如何决定 m 的值呢？多阶段流水线的段数是由指令执行过程中可以被有效分解的段数决定的，而这个段数与指令系统的复杂程度、主存的组织形式、CPU 内部的数据通路结构等因素有关。在实际应用中，流水线段数的范围是 3 个到十几个，或更多。

图 6-23 所示为一个具有四阶段指令流水线的 CPU 的基本结构。假设 CPU 直接与高速缓冲存储器（Cache）相连，高速缓冲存储器被分成指令缓冲（I-cache）和数据缓冲（D-cache）两部分，从而可以保证在同一个时钟周期中同时实现指令和数据的存取。指令执行的每个阶段都使用相同的高速缓冲存储器和寄存器等公共资源，这些资源严格意义上讲属于指令流水线之外。图 6-23 中所显示的 4 个阶段（$S_1 \sim S_4$）分别执行下面的功能：

1）IF：将指令缓冲中的当前指令取出并进行解码。

2）OL：将操作数由数据缓冲取到寄存器中。

3）EX：使用 ALU 和寄存器对数据进行处理。

4）OS：将运算结果由寄存器存储到数据缓冲中。

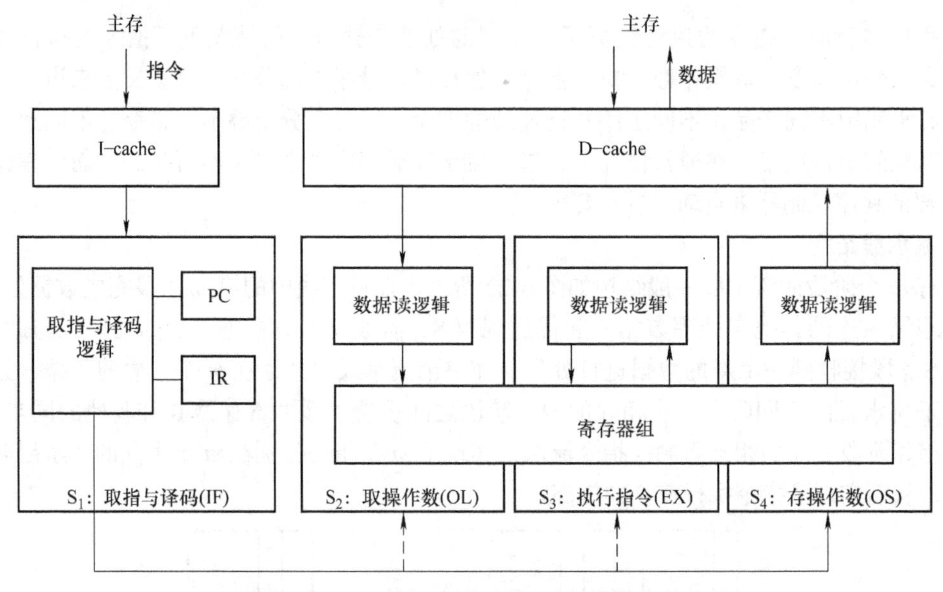

图 6-23 四阶段指令流水线 CPU 的基本结构

S_2 和 S_4 分别使用了存储器的存取操作，它们应当与存储器的存取结构相适合。S_2、S_3 和 S_4 共享 CPU 内部的寄存器，CPU 内部的寄存器被作为各阶段之间的缓冲寄存器使用。ALU 在 S_3 使用，并实现数据处理和数据在寄存器与寄存器之间的数据传递。假如每个阶段的操作均在一个 CPU 周期（T_c）内完成，则指令流水线和 CPU 作为一个整体将以 $f=1/T_c$ 的时钟频率运行。在理想情况下，如果忽略分支转移、Cache 缺失或其他原因的延迟，指令流水线的最大吞吐率可以达到每个周期执行一条指令，即 CPI=1。图 6-24 所示四阶段指令流水线的时序图。

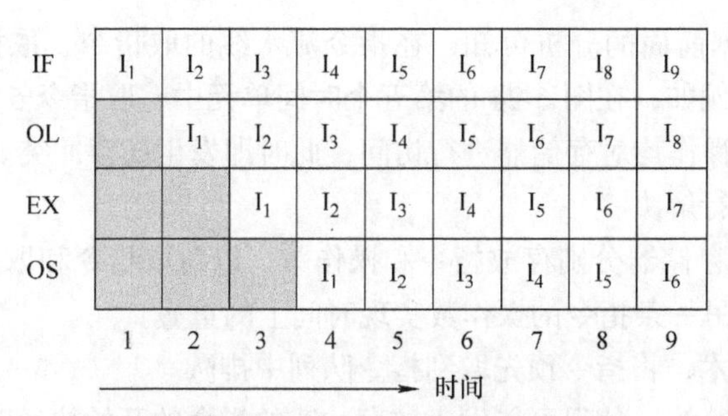

图 6-24　四阶段指令流水线时序图

可以对图 6-23 中的 CPU 结构进行不同的变化，以通过硬件变化提高性能。例如，对于一个不能同时进行存和取操作的低价高速缓冲存储器，可以将 S_2 和 S_4 合并形成一个单独的存取阶段；存储器和寄存器操作的复杂程度因寻址方式的不同而不同，变址寻址需要 ALU 在进行数据存取之前进行地址运算，在这种情况下可以安排一个阶段进行地址计算；某些算术运算指令比较复杂，可能需要多个周期才能完成，因此可在该指令流水线的执行阶段安排多个周期。

3. 影响流水线性能的因素

流水线的性能可以通过指令的吞吐率来度量，吞吐率的单位一般是 MIPS，表示每秒有多少百万条指令被执行。另一个比较流行的评价指标是 CPI，表示每条指令执行所需的时钟周期数。两个指标之间的关系是

$$\mathrm{CPI} = f / \mathrm{MIPS} \tag{6-1}$$

其中 f 是流水线的时钟频率，单位是 MHz。CPI 和 MIPS 都是系统平均值，它们是通过运行系统测试基准程序获得的。CPI 的最大值是 1，即每个时钟周期完成一条指令执行，此时流水线的性能达到最佳，系统的指令吞吐率与流水线的时钟频率相等。系统最大吞吐率的获得要求指令流水线应被送入一个连续不断的指令流，这样可以保证指令流水线的各阶段都处于忙状态，从而提高硬件利用率和指令的执行速度。后续将要介绍的超标量计算机在 CPU 内部设置了多条指令流水线，这样可以实现多个连续指令流的同时运行，使得系统 CPI 的值小于 1。

流水线的性能还可以采用加速比进行度量。加速比 $S(m)$ 被定义为：

$$S(m) = \frac{T(1)}{T(m)} \tag{6-2}$$

式（6-2）中的 $T(m)$ 表示指定工作程序的指令流在 m 段流水线上的指令时间，$T(1)$ 表示相同的指令流在非流水线机上的执行时间，可以合理地推断 $T(1) \leqslant T(m)$，$S(m) \leqslant m$。

加速比与效率之间存在如下关系：

$$S(m) = m \times E(m) \tag{6-3}$$

图 6-24 中 m=4，$E(4) = 0.58$，则加速比 $S(4) = 4 \times 0.58 = 2.32$。一般情况下，加速比和效率只是提供了对指令流水线性能的粗略度量。在使用过程中要注意，因为它们受程序的影响，在不同的程序之间或同一程序的不同部分之间两者的度量值变化会很大。

在分析流水线性能的过程中，要使流水线的性能达到最高水平，要求指令系列是连续的，且在指令执行过程中流水线的各段都处于忙状态。实际上在计算机的执行过程中，许多问题均会影响流水线的执行，很难保证流水线各个阶段在任何时刻均处于忙状态。有哪些因素影响流水线的运行？这些问题如何解决？下面分别论述：

1）访存冲突。根据前面的分析可知，在指令流水线的取指令、取操作数、存操作数等阶段都需要访问存储器。例如，在图 6-24 的第五个时间单元中，取指令 5 与取指令 4 的操作数以及写指令 2 的结果 3 个操作均对存储器进行访问，此时即发生访存冲突。

可采用以下方法进行解决：

- 设置两个独立的存储器分别存放指令和操作数，以免取指令和取操作数同时进行时相互冲突，使取某指令和取另一条指令的操作数实现时间上的重叠。
- 采用指令预取技术，将指令预先取到指令队列中排队。
- 采用精细的调度算法，使得可能发生访存冲突的指令的开始执行时间相互错开。

2）控制相关。条件转移、无条件转移、子程序调用和其他的程序控制指令都可能导致分支转移，从而影响指令流水线的性能。在这些指令的执行过程中，下一条指令的地址在程序控制指令 I 执行完毕之前都是不确定的，这样引发的问题是“在程序控制指令 I 之后，哪条指令应当立即被取入指令流水线之中？”。在程序控制指令 I 执行时，取入的指令很可能是一条错误指令，若程序控制指令 I 导致程序控制流程跳转到另外一个位置，则之前预取的指令和相应操作都将被取消，这会导致指令流水线刷新，也将明显地降低指令吞吐率。

在双分支转移情况下，编译器和指令流水线控制逻辑将“猜测”分支方向，即预测分支条件测试结果，将程序控制指令 I 之后最有可能的目标指令取入指令流水线。此时指令流水线的刷新只有在“猜测”错误的情况下才会发生。

3）数据相关。一条 m 段的指令流水线在满足下面条件的情况下才能达到性能最佳：流水线中有 m 条不同的指令；流水线中的每个阶段都处于忙状态。前面已经讨论了由于程序分支导致的控制相关引发的流水线延迟问题，实际上还存在一种更加难以发现的相关问题——数据相关。数据相关问题的发生是因为相近的指令共同使用同一个操作数，从而影响指令流水线的吞吐率。假设在图 6-24 所示的四阶段指令流水线计算中，指令 I_1 更改了寄存器 R 的内容，R 的内容也被相邻的后继 I_2 所访问，若 I_2 在阶段 S_2 读取 R 的数据，此时指令 I_1 处于阶段 S_3，这样 I_2 所读取的就是一个旧的、错误的数据，因为指令 I_1 只有在完成阶段 S_4 时，才会把正确的数据修改完成。在上面的例子中，尽管两条指令按正常的逻辑顺序进入流水线，但是流水线中它们读写操作的顺序却是错误的，此种相关称为读 - 写相关。此种相关的解决办法是在指令 I_2 读取操作数之前，指令 I_1 应当完成执行，但这样将意味着流水线吞吐率的下降。

4. 流水线中的多发技术

指令流水线的多发技术是设法在一个时钟周期之内完成更多指令的执行。常见的多发技术包括超标量技术、超流水技术和超长指令字技术。假设一条指令的执行分为取指（IF）、指令译码（ID）、取操作数（OL）、执行（EX）、结果回写（OS）5 个阶段。下面分别讨论这几种不同的多发技术，并和普通的指令流水线进行比较。

（1）超标量技术 在超标量计算机中有多个执行部件（E-unit），每一个执行部件分属不同的指令流水线，这样在机器内部就构成了多个相互独立的指令流水线。处理器的程序控制单元（PCU）被设计成具备同时读取并译码多条指令的能力，而且能够把同时取得的 k 指令分别分配到不同的处理单元。其中 k 称为指令发射度（Instruction-issue Degree），在现在技术条件下 k 的值一般大于6。对于同时取得多条无运行冲突的指令的功能需求，使 PCU 的设计难度大大增加。

图 6-25 所示为不同类型的计算机在执行相同的指令序列 I_1、I_2、I_3……，其中每条指令的执行分 5 个阶段（IF、ID、OL、EX、OS）。观察图 6-25 可以发现，在前 15 个时钟周期里，普通标量计算机完成了两条指令的执行，普通流水线计算机完成了 5 条指令的执行，超标量计算机完成了 10 条指令的执行。普通流水线计算机（k=1）的加速比是 5，而超标量计算机（k=2）的

加速比在理想情况下可以达到 10，并且超标量计算机早就开始指令 $I_{21} \sim I_{30}$ 的处理。

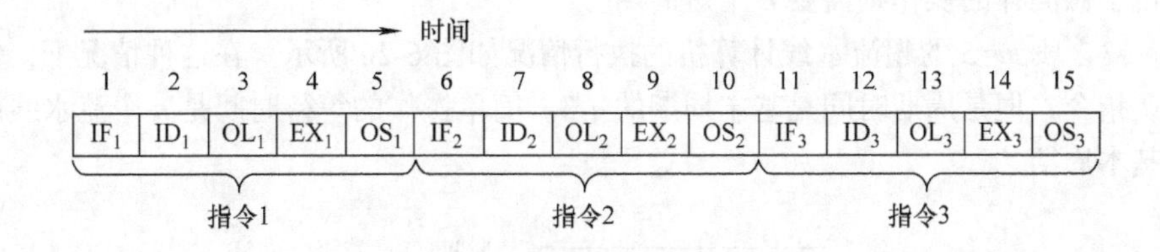

a) 普通标量计算机

	1	2	3	4	5	6	7	8	9	10	11	12	13	14	15
IF	I_1	I_2	I_3	I_4	I_5	I_6	I_7	I_8	I_9	I_{10}	I_{11}	I_{12}	I_{13}	I_{14}	I_{15}
ID		I_1	I_2	I_3	I_4	I_5	I_6	I_7	I_8	I_9	I_{10}	I_{11}	I_{12}	I_{13}	I_{14}
OL			I_1	I_2	I_3	I_4	I_5	I_6	I_7	I_8	I_9	I_{10}	I_{11}	I_{12}	I_{13}
EX				I_1	I_2	I_3	I_4	I_5	I_6	I_7	I_8	I_9	I_{10}	I_{11}	I_{12}
OS					I_1	I_2	I_3	I_4	I_5	I_6	I_7	I_8	I_9	I_{10}	I_{11}

b) 普通流水线计算机

	1	2	3	4	5	6	7	8	9	10	11	12	13	14	15
IF_1	I_1	I_3	I_5	I_7	I_9	I_{11}	I_{13}	I_{15}	I_{17}	I_{19}	I_{21}	I_{23}	I_{25}	I_{27}	I_{29}
IF_2	I_2	I_4	I_6	I_8	I_{10}	I_{12}	I_{14}	I_{16}	I_{18}	I_{20}	I_{22}	I_{24}	I_{26}	I_{28}	I_{30}
ID_1		I_1	I_3	I_5	I_7	I_9	I_{11}	I_{13}	I_{15}	I_{17}	I_{19}	I_{21}	I_{23}	I_{25}	I_{27}
ID_2		I_2	I_4	I_6	I_8	I_{10}	I_{12}	I_{14}	I_{16}	I_{18}	I_{20}	I_{22}	I_{24}	I_{26}	I_{28}
OL_1			I_1	I_3	I_5	I_7	I_9	I_{11}	I_{13}	I_{15}	I_{17}	I_{19}	I_{21}	I_{23}	I_{25}
OL_2			I_2	I_4	I_6	I_8	I_{10}	I_{12}	I_{14}	I_{16}	I_{18}	I_{20}	I_{22}	I_{24}	I_{26}
EX_1				I_1	I_3	I_5	I_7	I_9	I_{11}	I_{13}	I_{15}	I_{17}	I_{19}	I_{21}	I_{23}
EX_2				I_2	I_4	I_6	I_8	I_{10}	I_{12}	I_{14}	I_{16}	I_{18}	I_{20}	I_{22}	I_{24}
OS_1					I_1	I_3	I_5	I_7	I_9	I_{11}	I_{13}	I_{15}	I_{17}	I_{19}	I_{21}
OS_2					I_2	I_4	I_6	I_8	I_{10}	I_{12}	I_{14}	I_{16}	I_{18}	I_{20}	I_{22}

c) 度为2的超标量计算机

图 6-25　系统最大并行度

采用超标量技术，CPU 内部的 PCU 要负责决定哪条指令被执行，并为该指令分配所需的资源（存储器操作数、执行部件、寄存器）。在执行决定和分配过程中，PCU 要考虑以下因素：

1）指令类型。例如，浮点加法指令要求浮点运算单元，而非定点运算单元。

2）执行部件是否可用。只有在执行部件可用的情况下，指令才能够被发射到指令流水线中执行。执行部件是否可用可以用流水线预约表进行判断。

3）数据相关。处于活动状态的各条指令之间必须满足无数据相关。

4）控制相关。为保证指令流水线的高性能水平，必须采用相应的技术尽量减少分支指令的使用。

5）指令顺序。在程序执行过程中，程序中的指令必须以特定的顺序执行。程序的执行顺序与物理顺序可能不一致，可以通过乱序执行来改善 CPU 的执行性能。

使存在问题的指令延迟进入指令流水线可以避免冲突的产生。采用可以避免冲突的静态调度程序，以可能的最大速度使后继指令并发地进入指令流水线，可以有效改善系统吞吐率。

（2）超流水技术　在度为 n 的超流水线计算机中，流水线的周期时间是基本周期的 $1/n$。

可以比较一下，在普通标量计算机中做定点加法需要 1 个周期，而在用同样技术实现的超流水线计算机中做同样的操作则需要 n 个短周期。

度 n=3、段 m=5 的超流水线计算机的执行情况如图 6-26 所示。在这种情况下，每个周期只发射一条指令，但是周期时间是基本周期的 1/3。简单操作的等待时间是 n 个流水线周期，相当于一个基本周期。

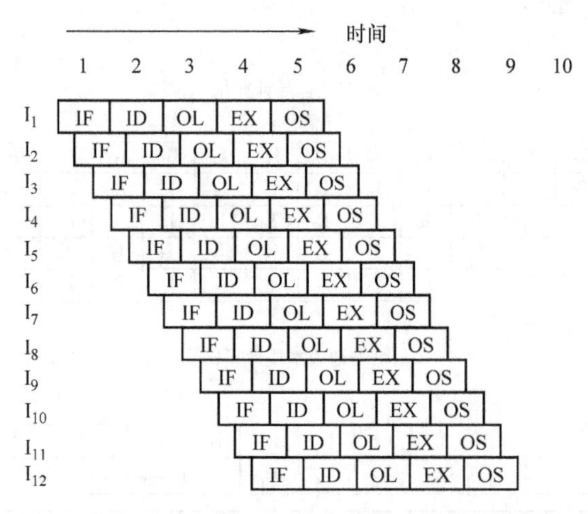

图 6-26 度为 3 的超流水线计算机的执行情况

当然在超流水技术基础上还可以结合超标量技术，实现指令的进一步多发射执行。

（3）超长指令字（VLIW）技术　超长指令字（Very Long Instruction Word，VLIW）技术是将水平微码和超标量处理这两种普遍采用的概念结合起来产生的。典型的 VLIW 的机器指令字长度有数百位，其指令格式如图 6-27 所示。在 VLIW 计算机中，多个功能部件是并发工作的。所有的功能部件共享使用公用的大型寄存器堆。由功能部件同时执行的各种操作是用 VLIW 指令（例如每个指令字为 256 位或 1024 位）来同步的。

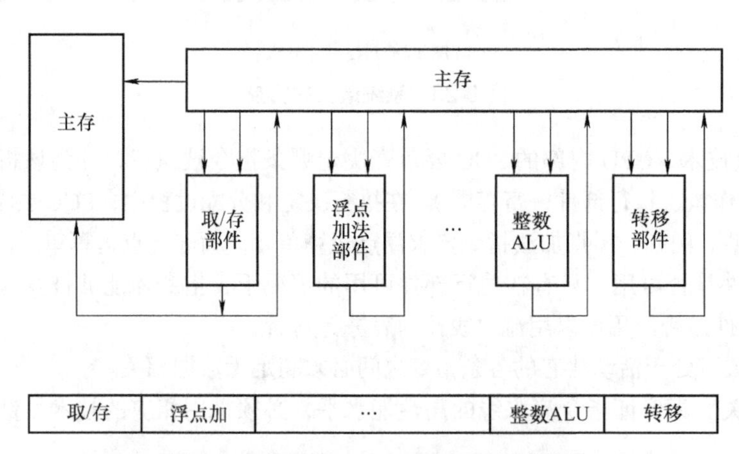

图 6-27 典型的 VLIW 处理机的指令格式

VLIW 处理机主要开发标量操作之间的随机并行性。它的成功与否很大程度上取决于代码的压缩效率，其结构和任何传统的通用处理机完全不兼容。此外，嵌入压缩代码中指令的并行性可能使不同功能部件需要不同的等待时间，即使指令是在同一时间发射的也会这样，因此，同一 VLIW 结构的不同实现也不太可能做到彼此二进制兼容。

6.5.2　同步多线程与超线程

同步多线程（Simultaneous Multi-Threading，SMT）是一种在一个 CPU 的时钟周期内能够分别执行来自多个线程的指令的硬件多线程技术（操作系统中是软件多线程）。本质上，CPU 的 SMT 是一种将多 CPU 线程级并行处理转化为单 CPU 指令级并行处理的技术。

SMT 通过复制处理器上的结构状态，让同一个处理器上的多个线程同步执行并共享处理器的执行资源，最大限度地实现宽发射、乱序超标量处理，从而提高 CPU 运算部件的利用率，缓和由于数据相关或者 Cache 未命中引起的主存访问延迟。

当没有多个软件线程可用时，SMT 处理器几乎与传统的宽发射超标量处理器一样。SMT 技术最具吸引力的就是只需对处理器内核设计进行小规模改动，几乎不用增加额外成本就能显著提升 CPU 性能。SMT 技术可以为高速的运算核心准备更多待处理数据，以减少运算核心的闲置时间。

SMT 仅仅是一个专有名词术语，或者是一类技术思想，也可以看成一类 CPU 线程技术的总称。Intel 公司对 SMT 技术的应用思路是：利用特殊的硬件指令，把两个逻辑内核模拟成两个物理芯片，让单个处理器都能使用线程级并行计算，进而兼容多线程操作系统和软件，减少了 CPU 的闲置时间，提高了 CPU 的运行速度。基于这种思路，Intel 公司在 2002 年成功开发了基于 SMT 的超线程（Hyper-Threading，HT）技术并申请了专利，并在 Xeon（至强）处理器上成功应用，随后又将其应用到 Pentium 4、Atom、Itanium 和酷睿 i3/i5/i7 等系列处理器。HT 技术可以在同一时间让应用程序使用芯片的不同部分。虽然单线程芯片每秒钟能够处理成千上万条指令，但是在任一时刻只能够对一条指令进行操作。HT 技术则可以使芯片同时进行多线程处理，使芯片性能得到提升。HT 技术是在一个 CPU 中同时执行多个程序且共同分享一个 CPU 内的资源，理论上像两个 CPU 一样在同一时间执行两个线程。虽然采用 HT 技术能同时执行两个线程，但它并不像两个真正的 CPU 那样，每个 CPU 都具有独立的资源。当两个线程同时需要某一个资源时，其中一个要暂时停止，并让出资源，直到这些资源闲置后才能继续。因此，HT 的性能并不等于两个 CPU 的性能。

实际上，某些未进行多线程编译优化的应用程序反而会降低 HT CPU 的效能。因为 HT CPU 需要操作系统、主板及应用程序的支持配合，才能充分发挥 HT 技术的优点，所以支持普通多处理器技术的系统亦未必能充分发挥该技术。目前的 HT 技术一般只能实现两个线程，其未来发展方向是进一步提升处理器的逻辑线程数量，从而提升处理器性能。

6.5.3　多核技术

多核技术是在器件集成度大幅提高，简单提高主频来提升 CPU 性能遭遇瓶颈的情况下发展起来的。多核（Multi-Core）处理器也称为片上多处理器（Chip Multi-Processor，CMP）或者单芯片多处理器，其主要特征是在一个处理器芯片里集成两个甚至多个完整内核（即计算引擎）。由单核处理器增加到双核处理器，即使主频不变，IPC（Instruction Per Clock，即每时钟周期运行指令数）在理论上也可以提高 1 倍，因为此时功耗的增加是线性的。实际情况是，双核处理器性能达到单核处理器同等性能的时候，双核使用的主频可以更低，功耗也会按主频的 3 次方下降；而在芯片内部多嵌入几个内核的难度远远比加大内核集成度的难度要低很多。于是，多核技术能够在不提高设计和制造难度的前提下，用多个低频内核产生超过单个高频内核的处理效能，特别是服务器产品需要面对大量并行数据时，在多核处理器上分配任务更能够提高工作效率。

6.6 习题

1. 下列寄存器中，汇编语言程序员可见的是（　　）。

A. 地址寄存器（MAR）　　B. 程序计数器（PC）
C. 数据寄存器（MDR）　　D. 指令寄存器（IR）

2. 在一条无条件跳转指令的指令周期内，PC 值被修改（　　）次。

A.1　　B.2　　C.3　　D. 无法确定

3. 程序寄存器的位数取决于（　　）。

A. 存储器的容量　　B. 机器字长　　C. 指令字长　　D. 都不对

4. 假定不采用 Cache 和指令预取技术，且机器处于“开中断”状态，则在下列有关指令执行的叙述中，错误的是（　　）。

A. 每个指令周期中 CPU 至少访问主存一次
B. 每个指令周期一定大于或等于一个 CPU 时钟周期
C. 空操作指令的指令周期中任何寄存器的内容都不会改变
D. 当前程序在每条指令执行结束时都可能被外部中断打断

5. 某计算机主存空间为 4GB，字长为 32 位，按字节编址，采用 32 位字长指令字格式。若指令字按边界对齐存放，则程序计数器（PC）和指令寄存器（IR）的位数至少分别是（　　）。

A. 30、30　　B. 30、32　　C. 32、30　　D. 32、32

6. 微程序控制器属于（　　）的一部分。

A. 主存　　B. 外存　　C. CPU　　D. 缓存

7. 在微程序控制器中，控制部件向执行部件发出的某个控制信号称为（　　）。

A. 微程序　　B. 微指令　　C. 微操作　　D. 微命令

8. 某计算机的控制器采用微程序控制方式，微指令中的操作控制字段采用直接编码法，共有 33 个微命令，构成 5 个互斥类，分别包含 7、3、12、5 和 6 个微命令，则操作控制字段至少有（　　）。

A.5 位　　B.6 位　　C.15 位　　D.33 位

9. 下列不会引起指令流水线阻塞的是（　　）。

A. 数据旁路　　B. 数据相关　　C. 条件转移　　D. 资源冲突

10. 某 CPU 主频为 1.03GHz，采用四阶段指令流水线，每个流水线段的执行需要 1 个时钟周期。假定 CPU 执行了 100 条指令，在其执行过程中没有发生任何流水线阻塞，此时流水线的吞吐率为（　　）。

A. 0.25×10^9 条指令 /s　　B. 0.97×10^9 条指令 /s
C. 1.0×10^9 条指令 /s　　D. 1.03×10^9 条指令 /s

11. CPU 中有哪些专用寄存器？

12. 采用多级时序的目的是什么？可否在时钟周期和工作周期之间添加中间级别，形成更细化的层次结构？若可以，细化到何种程度为止？

13. 比较同步控制和异步控制的异同。

14. 中断周期之前是什么阶段？中断周期之后是什么阶段？

15. 若 CPU 内部采用多级时序，此时可以说主频越快，其工作速度越快吗？

16. 设机器 A 的主频为 8MHz，工作周期含 4 个时钟周期，且该机器的平均指令执行速度是 0.4MIPS，试求该机器的平均指令周期和工作周期，以及每个指令周期中包含的工作周期数目。如果机器 B 的主频为 12MHz，工作周期也包含 4 个时钟周期，则机器 B 的平均指令执行速度是多少？

17. 某计算机的主频为 4MHz，各类指令的平均执行时间和使用频率见表 6-20，试计算该机的速度（单位用 MIPS 表示）。若上述 CPU 芯片主频升级为 6MHz，该机的速度又为多少？

表 6-20　各类指令的平均执行时间和使用频率

指令类型	存 / 取	加、减、比较、转移	乘、除	其他
平均指令执行时间 /μs	0.6	0.8	10	0.4
使用频率	35%	50%	50%	10%

18. 假设机器的主要部件有：程序计数器 PC，通用寄存器 R_0、R_1、R_2、R_3，暂存器 C、D，ALU，移位器，地址寄存器 MAR，数据寄存器 MDR，控制器以及其他相关部件。

（1）请选定一种数据通路结构连接上述部件，构成简单的 CPU。

（2）有加法指令“ADD（R1），R0”，即将 R0 中的数据与 R1 的内容所指的主存单元数据相加，并将结果送入 R1 内容所指主存单元中保存。请写出其指令执行阶段每个节拍的功能安排。

19. 计算机内有哪两股信息在流动？它们彼此之间是什么关系？

20. 操作时间表的作用是什么？微操作节拍安排的原则是什么？

21. 什么是指令？什么是微命令？二者之间是什么关系？

22. 机器指令包括哪两个基本元素？微指令包括哪两个基本元素？程序靠什么实现顺序执行？靠什么实现转移？微程序中顺序执行和转移依靠什么办法？

23. 某微程序控制器中，采用水平型直接控制方式的微指令格式，后续微指令地址由微指令的下地址字段直接给出。已知机器共有 28 个微命令，6 个互斥的可判定的外部条件，控制存储器的容量为 512B × 40 位，试设计其微指令格式，并说明理由。

24. 能否说水平型微指令就是直接编码的微指令？为什么？

25. 已知某计算机有 80 条指令，平均每条指令由 12 条微指令组成，其中有一条取指微指令是所有指令公用的。设微指令的长度是 32 位，请算出控制存储器的容量。

26. 某机采用微程序控制器，已知每一条机器指令的执行过程均可分解成 8 条微指令组成的微程序，该机指令系统采用 6 位定长操作码格式。

（1）控制存储器至少应能容纳多少条微指令？

（2）如何确定机器指令操作码与该指令微程序起始地址的对应关系？给出具体方案。

27. 表 6-21 中给出了 8 条指令 $I_1 \sim I_8$ 所包含的微命令。试设计微指令控制字段格式，要求所用的控制为最少，而且保持微指令本身内在的并行性。

表 6-21　微指令与包含的微命令

微指令	所包含的微命令
I_1	A B C D E
I_2	A D F G
I_3	B H
I_4	C
I_5	C E G I
I_6	A H J
I_7	C D H
I_8	A B H

28. 请简述指令流水线的基本原理。

29. 评价指令流水线性能的指标有哪些？

30. 影响指令流水线性能的因素有哪些？

31. 数据相关类型有哪几种？区别是什么？

32. 数据相关和控制相关各采用何种方法进行解决？

33. 有一四阶段指令流水线，分别完成取指令、指令译码并取操作数、运算、送结果 4 步操作，假设完成各步操作的时间依次为 100ns、100ns、80ns、50ns。

（1）流水线的操作周期应设计为多少？

（2）若相邻两条指令发生数据相关，且在硬件上不采取措施，那么第 2 条指令要推迟多长时间？

（3）若对硬件进行改进，那么第 2 条指令至少要推迟多长时间？

34. 试证明流水线 CPU 比非流水线 CPU 具有更高的吞吐率。

35. 比较超标量计算机、超流水线计算机和超长指令字计算机实现指令多发特性原理的不同之处。

第7章

系统总线

本章主要介绍总线的基本概念和分类、总线的特性和性能指标、总线的结构，以及总线的判优控制和通信控制。

7.1 概述

计算机的基本组成分为5大部分，每部分又包含若干部件，如何把这些部件连接起来进行信息传递呢？一种方法是采用分散连接的方式，把需要通信的两个部件直接用线连接起来。这样，如果计算机有几百个部件，部件之间的两两连接会需要很多条连接线路，这个数量是非常庞大的，而且线路越多，制作印制电路板的成本就越高，难度也就越大。采用这种方式的另外一个问题是系统很难扩展，例如新增加一个I/O设备，把这个设备和系统原有的模块进行连接的难度非常大。为了解决这些问题，计算机系统引入了总线。

7.1.1 总线的基本概念

一台计算机由CPU、存储器以及多台不同功能的I/O设备组成，它们之间需要导线连接。早期的计算机采用以CPU为中心的辐射式连接方式，如图7-1所示。

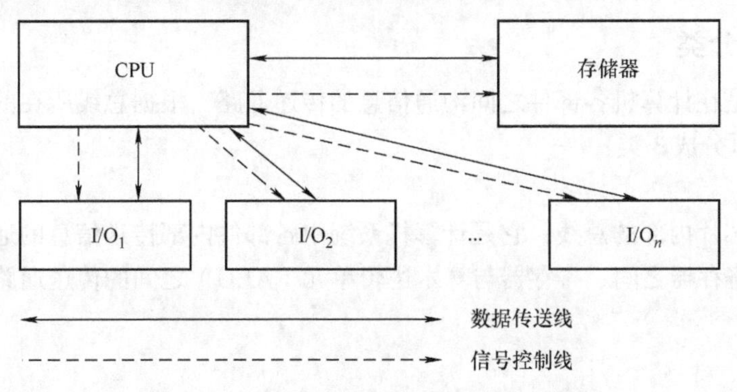

图7-1 CPU与其他部件间的辐射式连接

在这种系统中，各部件的信息流动都必须经过CPU，严重影响了CPU的工作效率，使得CPU与其他设备不能同时工作。随着计算机应用领域的不断扩大，I/O设备的种类和数量也越来越多，人们希望随时增添或减少设备，于是出现了总线连接方式。

1. 总线定义

总线（BUS）是构成计算机系统的骨架，是多个系统部件之间进行数据传送的公共通路，是各个部件共享的传输介质。分时和共享是总线的两个特点。分时是指同一时刻只允许有一个部件向总线发送信息，如果系统中有多个部件，则它们只能分时地向总线发送信息。共享是指总线上可以挂接多个部件，各个部件之间互相交换的信息都可以通过这组线路分时共享。

2. 总线设备

总线上所连接的设备，按其对总线有无控制功能可分为主设备和从设备两种。

1）主设备。总线的主设备是指获得总线控制权的设备。

2）从设备。总线的从设备是指被主设备访问的设备，其只能响应从主设备发来的各种总线命令。

3. 总线特性

总线特性包括物理特性（尺寸、形状）、电气特性（传输方向和有效的电平范围）、功能特性（每根传输线的功能）和时间特性（信号和时序的关系）。

4. 总线的猝发传送

在一个总线周期内，传输存储地址连续的多个数据字的总线传输方式叫作猝发传送。

5. 总线上的信息传输方式

在计算机中，总线上的信息传输一般有串行、并行、并串行、分时 4 种方式。

1）串行传输。串行传输即用一根数据线按从低到高的顺序逐位传输数据。一般外总线采用这种传输方式。该方式线路简单，传输距离远，应用相当广泛，像 HDLC、PPP 等网络都采用串行传输，最普通的 USB 也采用串行传输。

2）并行传输。并行传输即用多根数据线同时传输一个字或一个字节的所有位，同时传输的数据位数称为该总线的数据通信宽度。一般系统总线采用这种传输方式。并行传输适用于距离近、容量大的数据通信，例如计算机内部 CPU 与主存间的信息传输都采用这种传输方式。

3）并串行传输。并串行传输是并行与串行的结合。一般来说，一个字节的所有位数并行传输，字节与字节之间串行传输。

4）分时传输。分时传输有两种理解，一种是在总线上分时传输不同类型的信息，一种是各部件分时共享总线。

7.1.2 总线的分类

总线的任务是在计算机各部件之间沟通信息的传递通路。根据总线所在的位置，计算机系统中使用的总线可分成 3 类：

1. 片内总线

片内总线是芯片内部的总线，它是计算机系统中各部件内部传送信息的通路。例如，运算器内部寄存器与寄存器之间、寄存器与算术逻辑单元（ALU）之间的传送通路，通常称为片内总线。

2. 系统总线

系统总线是计算机系统中各部件之间传送信息的通路。例如，CPU 与主存之间、CPU 与 I/O 接口之间传送信息的通路，通常称为系统总线。由于这些部件通常都安放在各个插件板上，故又叫作板级总线（在一块电路板上各芯片之间的连线）或板间总线。

按传输信息的不同，系统总线又可分为数据总线、地址总线和控制总线 3 类：

（1）数据总线　数据总线用来传输各个功能部件之间的数据信息，它是双向传输总线，其位数与机器字长、存储字长有关，一般为 8 位、16 位或 32 位。数据总线的位数称为数据总线宽度，它是衡量系统性能的一个主要参数。通常情况下总线宽度是小于或等于计算机字长的。

（2）地址总线　地址总线用来指出数据总线上的源数据或目的数据在主存单元的地址，它是单向传输总线。地址总线的位数与存储单元的个数或 I/O 设备的地址有关，如地址总线为 16 根，则对应的存储单元个数为 2^{16}。

（3）控制总线　控制总线是 CPU 用来向系统的各个部件发出各种控制信号或者系统部件把自己的状态信号向外传输给主设备或 CPU 的传输线。对任一控制线而言，它的传输是单向的，例如，命令存储器进行读 / 写操作都是由 CPU 发出的；但是对于控制总线总体来说，它又是双向的，例如，CPU 向 I/O 设备发出读 / 写操作命令，而当某 I/O 设备准备就绪时，便向 CPU 发出中断请求命令。

要注意区分数据通路和数据总线。各个功能部件通过数据总线连接形成的数据传输路径称为数据通路。数据通路表示的是数据流经的路径，而数据总线是承载的媒介。

3. 通信总线

通信总线是用于计算机系统之间或计算机系统与其他系统（如远程通信设备、测试设备）之间信息传送的总线。通信总线也称为外部总线。

此外，按时序控制方式，可以将总线划分为同步总线和异步总线；按数据传输格式，可以将总线划分为并行总线和串行总线。

7.1.3　总线的特性和性能指标

1. 总线的特性

（1）物理特性　总线的物理形状是一束扁平电缆线。它的物理特性是指总线的物理连接方式，包括总线的根数，总线的插头、插座的形状，引脚线的排列方式，接头处的接触可靠性等。例如，IBM PC/XT 机（8088 CPU）的总线共 62 根，使用 62 线插槽，引脚分 $A_1 \sim A_{31}$ 和 $B_1 \sim B_{31}$ 排号，插件板 A 面是元件面，B 面是焊接面。而 PC/AT 机（80286 CPU）在 62 线插槽的基础上增加了 36 线插槽进行扩展，成为 16 位总线，其中 C 面为元件面，引脚号为 $C_1 \sim C_{18}$；D 面为焊接面，引脚号为 $D_1 \sim D_{18}$。

（2）功能特性　功能特性描述的是总线中每一根线的功能。例如，地址总线的宽度指明了总线能够直接访问存储器的地址空间范围；数据总线的宽度指明了访问一次存储器或 I/O 设备时能够交换数据的位数；控制总线包括 CPU 发出的各种控制命令（如存储器读 / 写、I/O 读 / 写）、I/O 设备与主机的同步匹配信号、中断信号、DMA 控制信号等。

（3）电气特性　电气特性定义了每一根线上信号的传递方向及有效电平范围。一般规定送入 CPU 的信号叫输入（IN）信号，从 CPU 发出的信号叫输出（OUT）信号。例如，地址总线是输出线，数据总线是双向传送的信号线，这两类信号线都是高电平有效。控制总线是单向的（对任一控制线而言），有 CPU 发出的，也有进入 CPU 的；有高电平有效的，也有低电平有效的。总线的电平都符合 TTL 电平的定义。例如，RS-232C 的电气特性规定，用低电平表示逻辑"1"，并且要求电平低于 −3V；用高电平表示逻辑"0"，并且要求电平高于 +4V。通常额定信号电平为 −10V 和 +10V 左右。

（4）时间特性　时间特性定义了每根线在什么时间有效。每条总线上的各种信号互相之间存在着一种有效时序的关系，也就是说，只有规定了总线上各信号有效的时序关系，CPU 才能正确无误地使用。

2. 总线的性能指标

（1）总线的传输周期　总线的传输周期是指一次总线操作所需的时间（包括申请阶段、寻址阶段、传数阶段和结束阶段），简称总线周期。总线传输周期通常由若干个总线时钟周期构成。

（2）总线时钟周期　总线时钟周期即机器的时钟周期。计算机有一个统一的时钟，以控制整个计算机的各个部件，总线也要受此时钟的控制。

（3）总线的工作频率　总线的工作频率是指总线上各种操作的频率，为总线周期的倒数，实际上是指 1s 内传送几次数据。若总线周期等于 N 个时钟周期，则总线的工作频率 = 时钟频率 /N。

（4）总线的时钟频率　总线的时钟频率即机器的时钟频率，为时钟周期的倒数。

（5）总线宽度　总线宽度又称为总线位宽，它是指总线上能够同时传输的数据位数，通常是指数据总线的根数，如 32 根总线称为 32 位（bit）总线。

（6）总线带宽　总线带宽可理解为总线的数据传输速率，即单位时间内总线上可传输数据的位数，通常用每秒传送信息的字节数来衡量，单位可用 MB/s 表示。总线带宽 = 总线工作频率 ×（总线宽度 ÷ 8）。例如，总线工作频率为 33MHz，总线宽度为 32 位，则总线带宽 =33 ×（32 ÷ 8）=132MB/s。

（7）总线复用　总线复用是指一条信号线在不同的时间传输不同的信息，具体指数据总线和地址总线的多路复用。ISA 总线、STD 总线、EISA 总线的地址总线和数据总线在物理上是分开的两种总线，地址总线传输地址码，数据总线传输数据或命令。为了提高总线性能，优化数据，使地址总线和数据总线共用一组物理线路，即某时刻该线路上传输的是地址信号，而另一时刻传输的是数据信号或总线命令。这种一条总线多种用途的技术称作多路复用，其总线写作 AD-BUS。

（8）信号线数　信号线数是地址总线 A-BUS、数据总线 D-BUS、控制总线 C-BUS，3 种总线数的总和。

（9）时钟同步 / 异步　总线上的数据与时钟同步工作的总线称为同步总线，与时钟不同步的总线称为异步总线。

（10）负载能力　通常用可连接扩增电路板数来反映总线的负载能力，但这是不太严密的。因为不同电路板对总线的负载是不同的，不指明什么板子，就可能不合适。另外，同一电路板在不同工作频率的总线上表现的负载也不同。不过，它基本上能大致反映出总线的负载能力。

（11）总线控制方式　包括并发工作、突发传输、自动配置、仲裁方式、逻辑方式、计数方式等内容。

（12）其他指标　除了上述几项，电源电压是 5V 还是 3.3V，总线能否扩展到 64 位宽度等，也是十分重要的指标。

表 7-1 列出了几种流行的微型机总线性能，可供参考。

表 7-1　几种流行的微型机总线性能

名称	ISA(PC-AT)	EISA	STD	VESA（VL-BUS）	MCA	PCI
适用机型	80286、386、486 系列机	386、486、586 IBM 系列机	Z-80、V 20、V 40 IBM PC 系列机	I486、PC-AT 兼容机	IBM 个人机与工作站	P5 个人机、PowerPC、Alpha 工作站
最大传输率 /（MB/s）	16	33	2	266	40	133
总线宽度 / 位	16	32	8	32	32	32
总线工作频率 /MHz	8	8.33	2	66	10	0 ~ 33
同步方式	同步			异步	异步	
仲裁方式	集中	集中	集中	集中		

（续）

名称	ISA(PC-AT)	EISA	STD	VESA (VL-BUS)	MCA	PCI
地址宽度 / 位	24	32	20			32/64
负载能力	8	6	无限制	6	无限制	3
信号线数 / 条		143		90	109	49
64 位扩展	不可以	无规定	不可以	可以	可以	可以
并发工作				可以		可以
引脚使用	非多路复用	非多路复用	非多路复用	非多路复用		多路复用

注：表中缺项待查。

7.2　总线结构和总线标准化

大多数总线都是以相同方式构成的，其不同之处仅在于总线中数据线和地址线的数目，以及控制线的多少及功能。总线的排列布置及与其他各类部件的连接方式对计算机系统的性能将起着十分重要的作用。根据连接方式的不同，通常系统中采用的总线结构可分为单总线结构和多总线结构（双总线结构、三总线结构、四总线结构）两种。

7.2.1　单总线结构

在许多微小型计算机中，将 CPU、主存和 I/O 设备连接在一条单一的系统总线上，这种结构叫作单总线结构，如图 7-2 所示。

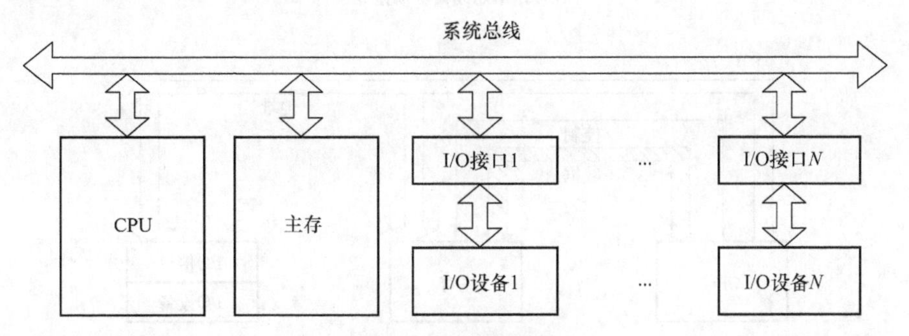

图 7-2　单总线结构

在单总线结构中，要求连接到总线上的逻辑部件必须高速运行，以便在某些设备需要使用总线时能迅速获得总线控制权；而当不再使用总线时，能迅速释放总线控制权。否则，由于一条总线由多种功能部件共用，可能导致很大的时间延迟。

在单总线系统中，当 CPU 取一条指令时，首先把程序计数器（PC）中的地址同控制信息一起送至总线上。该地址不仅加至主存，同时也加至总线上的所有 I/O 设备。然而，只有与出现在总线上的地址相对应的设备才执行数据传送操作。我们知道，在“取指令”情况下的地址是主存地址，所以，此时该地址所指定的主存单元的内容必定是一条指令，而且将被传送至 CPU。

使用单总线系统取指令的过程如图 7-3a 所示。取出指令后，CPU 将分析操作码，以便确定下一次将要执行何种操作。对采用单总线系统的计算机来说，操作码规定了对数据要执行什么操作，以及数据是流入 CPU 还是流出 CPU。但是操作码并不规定该指令是访问主存还是访问 I/O 设备。

在单总线系统中，访存指令与I/O指令在形式上完全相同，区别仅在于地址的数值。也就是说，对I/O设备的操作，完全和主存的操作方法一样。这样，当CPU把指令的地址字段送到总线上时，如果该地址字段对应的地址是主存地址，则主存予以响应。此时，在CPU和主存之间将发生数据传送，而数据传送的方向由指令的操作码决定，其过程如图7-3b所示。如果该地址字段所对应的是I/O设备，则I/O设备译码器予以响应。此时，在CPU和该地址相对应的I/O设备之间将发生数据传送，其过程如图7-3c所示。

在单总线系统中，某些I/O设备也可以指定地址。此时，I/O设备通过与CPU中的总线控制部件交换控制信号的方式占有总线。一旦I/O设备获得总线控制权，就可以向总线发送地址信号，使总线上的地址线置为适当的代码状态，以便指定它将要与哪一个设备进行信息交换。

如果一个由I/O设备指定的地址对应于一个主存单元，则主存予以响应，于是在主存和I/O设备之间将进行直接存储器存取（DMA），如图7-3d所示。如果由I/O设备指定的地址对应于另一台I/O设备，则该I/O设备予以响应，于是在这两台I/O设备之间将进行直接的数据传送，如图7-3e所示。

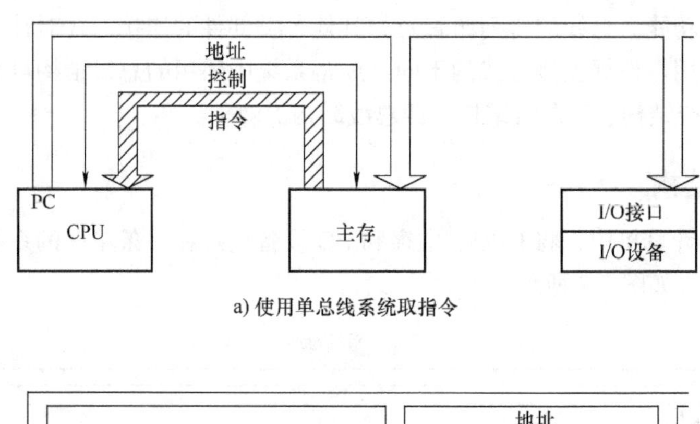

a) 使用单总线系统取指令

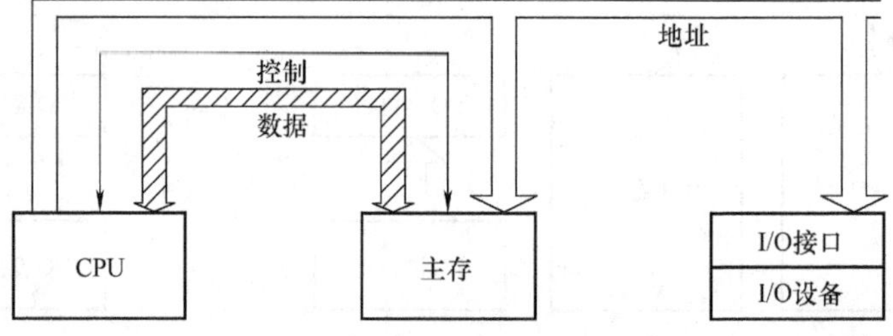

b) 使用单总线系统在CPU和主存之间传数据

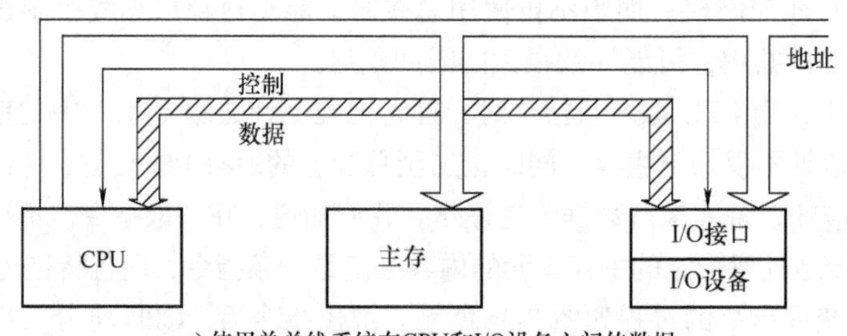

c) 使用单总线系统在CPU和I/O设备之间传数据

图7-3 单总线系统的各种功能

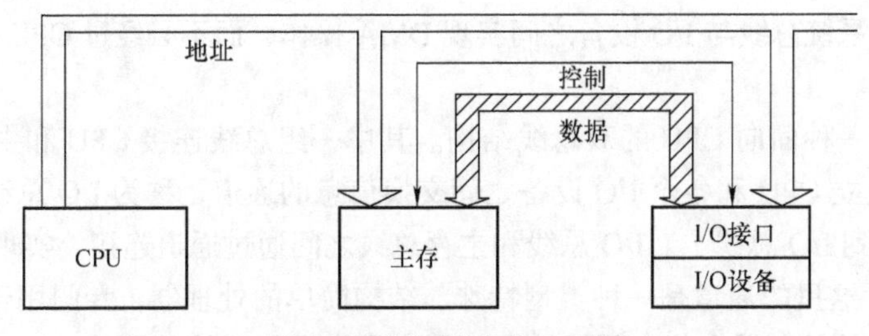

d) 使用单总线系统进行DMA操作

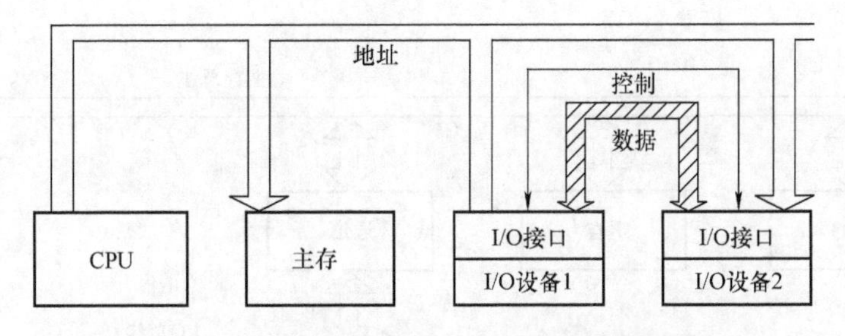

e) 使用单总线系统完成两台I/O设备间的直接数据传送

图 7-3　单总线系统的各种功能（续）

单总线结构简单，也便于扩充；但由于所有的传送都通过这组共享总线，因此极易形成计算机系统的瓶颈。另外，总线只能分时工作，即某一时间只能允许一对部件之间传送数据，这就使信息传送的吞吐量受到了限制。

7.2.2　多总线结构

随着计算机应用范围不断扩大，其 I/O 设备的种类和数量越来越多，它们对数据传输数量和传输速度的要求也越来越高，单总线结构已不能满足系统工作的需要。因此，为了从根本上解决数据传输速率，解决 CPU、主存与 I/O 设备之间传输速率的不匹配，实现 CPU 与其他设备相对同步，就需要采用多总线结构。

1. 双总线结构

图 7-4 所示为双总线结构的示意图。

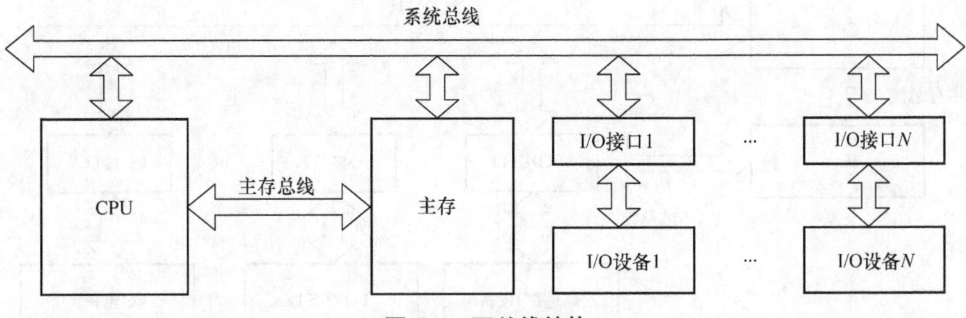

图 7-4　双总线结构

双总线结构保持了单总线系统简单、易于扩充的优点，但又在 CPU 和主存之间专门设置了一组高速的主存总线，使 CPU 可通过专用总线与主存交换信息，从而减轻了系统总线的负担。

同时主存仍可通过系统总线与I/O设备之间实现DMA操作，而不必经过CPU。国产DJS184机就是采用这种结构。

图7-5所示为一种面向CPU的双总线结构。其中一组总线连接CPU和主存，称为主存总线；另一组用来建立CPU和各个I/O设备之间交换信息的通道，称为I/O总线，各种I/O设备通过I/O接口连接到I/O总线上。I/O总线和主存总线之间通过通道连接，实现主存、I/O设备、CPU之间的通信。这里的通道是一种类型特殊、结构简单的处理器，专门用于I/O操作。一般来说，通道有自己的控制器和指令系统，它的程序是由操作系统编写的。这种结构在I/O设备与主存交换信息时仍然需要占用CPU，因此还是会影响CPU的工作效率。

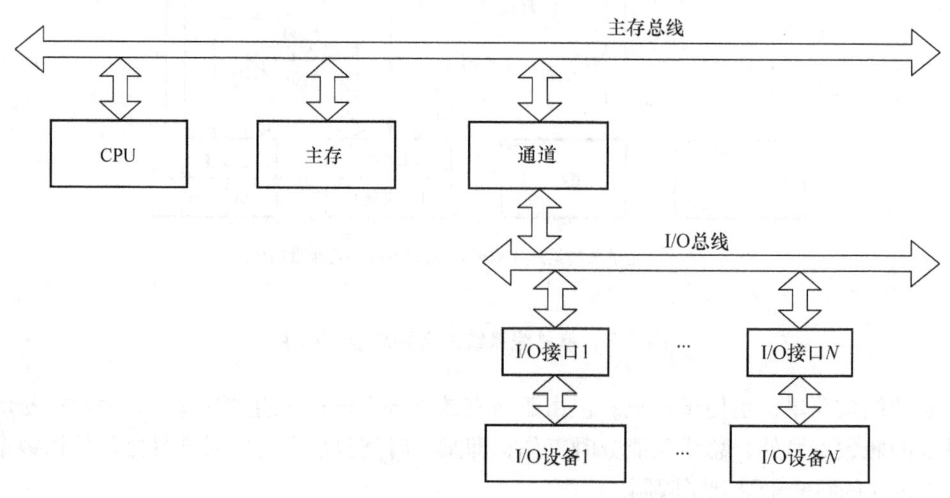

图7-5 面向CPU的双总线结构

2. 三总线结构

由于图7-5所示的面向CPU的双总线结构的CPU工作效率仍然不高，因此在主存总线和I/O总线形成的双总线系统的基础上又增加了一条DMA总线，形成三总线结构，如图7-6所示。主存总线用于CPU与主存之间的数据传输；I/O总线供CPU与各类I/O设备之间交换信息；DMA总线用于高速I/O设备（磁盘、磁带等）与主存之间直接交换信息。主存总线与DMA总线不能同时对主存进行存取，I/O总线只有在CPU执行I/O指令时才能用到。

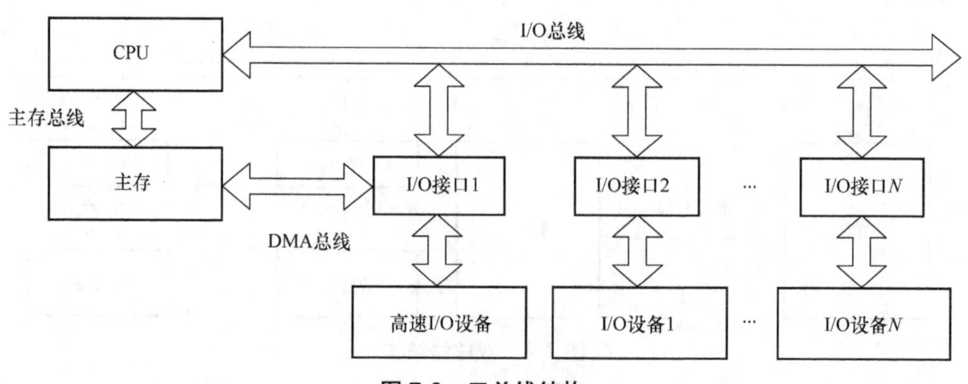

图7-6 三总线结构

图7-7所示为另一种三总线结构。

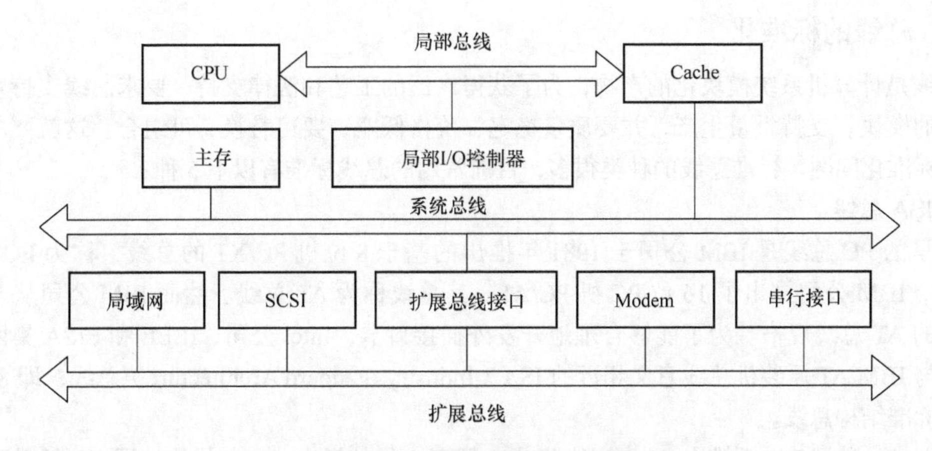

图 7-7　三总线结构的又一形式

CPU 发展速度快于主存发展速度，为了解决速度不匹配问题，在 CPU 和主存间加入 Cache，两者之间用局部总线相连。由图 7-7 可见，处理器与 Cache 之间有一条局部总线，它将 CPU 与 Cache 或与更多的局部设备连接。Cache 的控制机构不仅将 Cache 连到局部总线上，而且还直接连到系统总线上，这样 Cache 就可以通过系统总线与主存传输信息；而且 I/O 设备与主存之间的传输也不必通过 CPU。还有一条扩展总线，它将局域网、小型计算机接口（SCSI）、调制解调器（Modem）以及串行接口等都连接起来，并且通过这些接口又可与各类 I/O 设备连接，因此它可支持相当多的 I/O 设备。与此同时，扩展总线又通过扩展总线接口与系统总线相连，由此便可以实现这两种总线之间的信息传递，可见其系统的工作效率明显提高。

但是，从图 7-7 中可以看到，多种不同速度的 I/O 设备都连接到扩展总线上会影响 I/O 设备的工作速度。为了解决这个问题，可以采用四总线结构。

3. 四总线结构

图 7-8 所示是一种四总线结构。四总线包括局部总线、系统总线、高速总线和扩展总线。局部总线实现了 CPU 和 Cache/ 桥的连接，系统总线实现了 Cache/ 桥与主存的连接。通过系统总线和局部总线实现了 CPU 和主存间的信息交换。Cache/ 桥电路扩展出了一个高速总线，高速设备都可以连接到高速总线上；而所有的低速设备都连接到扩展总线上。这种结构的特点是把高速设备和低速设备进行分类组织，使数据传输的速率可以大大提高。

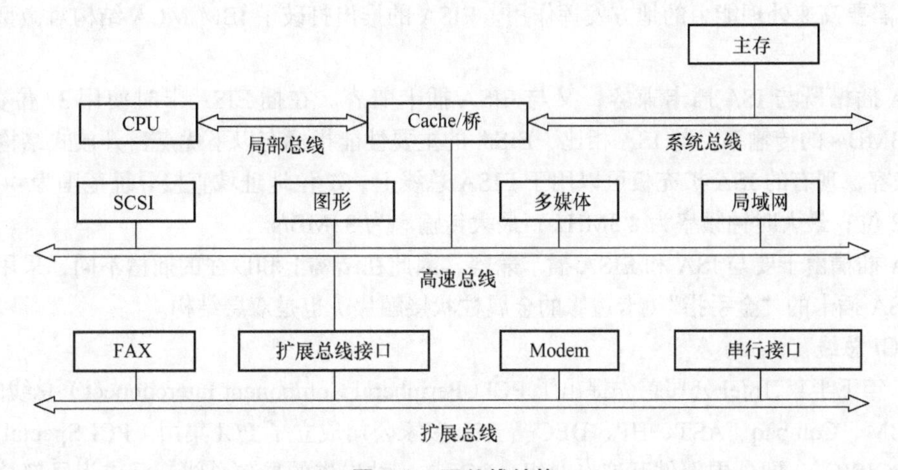

图 7-8　四总线结构

7.2.3 总线的标准化

总线是计算机系统模块化的产物，为了获得广泛的工艺和法律支持，要求总线支持众多性能不同的模块；支持批量生产，并要质量稳定、价格低廉；要可替换、可组合。这就要求解决总线的标准化问题。标准总线的种类很多，目前常用的总线标准有以下 5 种：

1. ISA 总线

最早的 PC 总线是 IBM 公司于 1981 年推出的基于 8 位机 PC/XT 的总线，称为 PC 总线。1984 年，IBM 公司推出了 16 位 PC 机 PC/AT，其总线称为 AT 总线。然而 IBM 公司从未公布过他们的 AT 总线规格。为了能够合理地开发外插接口卡，Intel 公司、IEEE 和 EISA 集团联合开发了与 IBM/AT 原装机总线意义相近的 ISA（Industry Standard Architecture）总线，即 8/16 位的工业标准结构总线。

8 位 ISA 扩展 I/O 插槽由 62 个引脚组成，用于 8 位的插卡；8/16 位的扩展 I/O 插槽除了具有一个 8 位 62 线的连接器外，还有一个附加的 36 线连接器，这种扩展 I/O 插槽既可支持 8 位的插卡，也可支持 16 位的插卡。

ISA 总线的主要性能指标为：I/O 地址空间为 0100H ~ 03FFH；24 位地址线可直接寻址的主存容量为 16MB；8/16 位数据线；62+36 引脚；最大位宽为 16 位；最高时钟频率为 8MHz；最大稳态传输率为 16MB/s；具有中断功能；具有 DMA 通道功能；开放式总线结构，允许多个 CPU 共享系统资源。

2. EISA 总线

ISA 总线对于 286 和 386SX 等微型机系统来说是方便的；但对于 386DX 以上档次具有 32 位地址和数据宽度的微型机系统来说，因其数据总线和地址总线宽度不够，影响了 32 位微处理器性能的发挥。为此，IBM 推出了 32 位微型机采用的 MCA 微通道总线技术。但由于 IBM 对 MCA 技术采用了严格的许可证制度，其他厂商无法采用；同时 MCA 与 PC/XT/AT 总线也不兼容，所以除了在 PS/2 计算机中采用 MCA 技术之外，在其他兼容机中没有得到推广。为了与 MCA 技术抗衡，Compaq、HP、AST、Epson、NEC、Olivetti、Tandy、Wyse、Zenith Data System（ZDS）9 家公司联合起来，于 1988 年在 ISA 的基础上推出了为 32 位微型机设计的"扩展工业标准结构"（Extended Industry Standard Architecture），即 EISA 总线。

EISA 在结构上与 ISA 有良好的兼容性，保护了厂商和用户巨大的软硬件投资；同时又充分发挥和利用了 32 位微处理器的功能，使之得以在图形技术、光存储器、分布处理、网络、数据处理等需要高速处理能力的地方发挥作用。EISA 的推出打破了 IBM MCA 结构对微型机发展的垄断。

EISA 插槽既与 ISA 插卡兼容，又与 EISA 插卡兼容。在插 EISA 卡时使用 32 位数据线，能达到 33MB/s 的传输率。与 ISA 相比，EISA 的主要性能指标有以下优点：开放式结构；EISA 和 ISA 兼容，现有的 ISA 扩充板可以用于 EISA 总线上；32 位地址域直接寻址范围为 4GB；数据线为 32 位；最大时钟频率为 8.3MHz；最大传输率为 33MB/s。

EISA 插槽由于要与 ISA 和 EISA 插卡兼容，因此在结构上和以往的插槽不同，采用了双层结构；EISA 插卡的"金手指"（卡边缘的金属柱状接触片）也是双层结构。

3. PCI 总线

1991 年下半年，Intel 公司首先提出了 PCI（Peripheral Component Interconnect）总线的概念，并联合 IBM、Compaq、AST、HP、DEC 等 100 多家公司成立了 PCI 集团（PCI Special Interest Group，PCISIG），即外围部件互连专业组。PCI 是一种先进的局部总线，已成为局部总线的新

标准。

PCI 总线是一种不依附于某个具体处理器的局部总线。从结构上看，PCI 是在 CPU 和原来的系统总线之间插入的一级总线，具体由一个桥接电路实现对这一层的管理，并实现上下之间的接口以协调数据的传送。管理器提供了信号缓冲，使之能支持 10 种 I/O 设备，并能在高时钟频率下保持高性能。PCI 总线也支持总线主控技术，允许智能设备在需要时取得总线控制权，以加速数据传送。

PCI 总线与 CPU 的连接不同于 VL-BUS 与 CPU 的连接。PCI 并未与 CPU 直接相连，而是通过 PCI 桥（PCI 控制器）与 CPU 局部总线相连。图 7-9 所示为 PCI 总线在主板上的连接位置。

PCI 总线的主要性能如下：支持 10 台 I/O 设备；总线时钟频率为 33.3MHz/66MHz；最大数据传输率为 133MB/s；时钟同步方式；与 CPU 及时钟频率无关；总线宽度为 32 位（5V）/64 位（3.3V）；能自动识别 I/O 设备；特别适合与 Intel 的 CPU 协同工作。

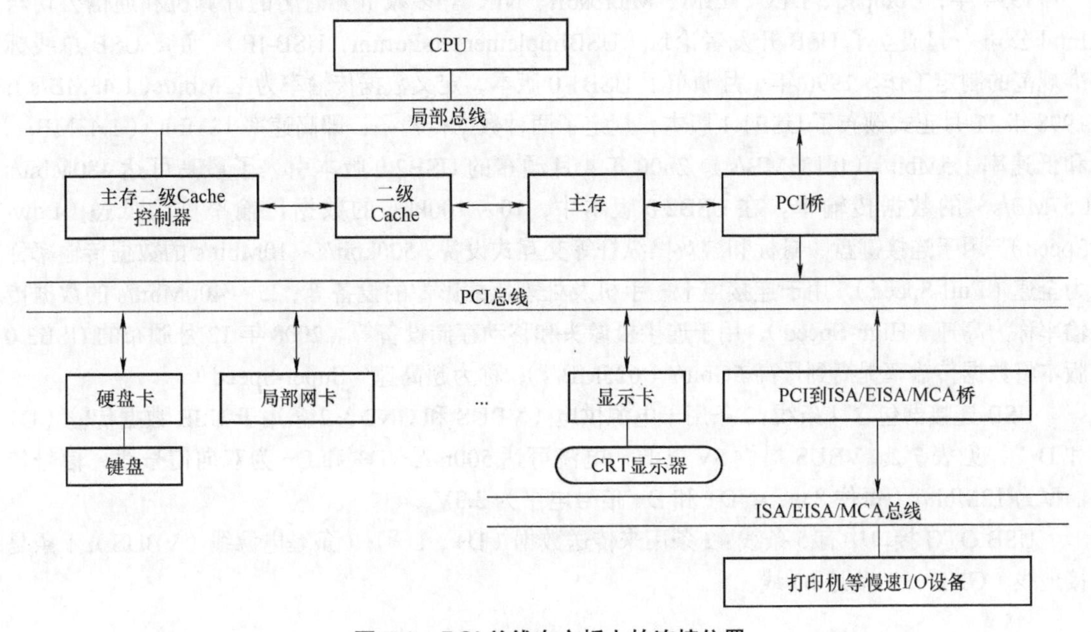

图 7-9　PCI 总线在主板上的连接位置

PCI 还具有与处理器和存储器子系统完全并行操作的能力；具有隐含的中央仲裁系统；采用多路复用方式（地址线和数据线），减少了引脚数；支持 64 位寻址；具有完全的多总线主控能力；提供地址和数据的奇偶校验；可以转换 5V 和 3.3V 的信号环境 。

4. AGP 总线

AGP（Accelerated Graphics Port，加速图形端口）是 Intel 公司推出的一种 3D 标准图像接口，能够提供 4 倍于 PCI 的效率。

随着多媒体的深入应用，三维技术的应用也越来越广。处理三维数据不仅要求有惊人的数据量，还要求有更宽广的数据传输带宽，PCI 总线已不能满足快速数据传输的需求。为了解决此问题，Intel 公司于 1996 年 7 月推出了 AGP 总线，这是显示卡专用的局部总线，基于 PCI 2.1 版本并进行扩充修改而成，以 66.6MHz 的频率工作，采用点对点通信方式，允许三维图形数据直接通过 AGP 总线进行传输。

AGP 总线的主要特点如下：以主存作为帧缓冲器，即将原来存于帧缓冲区中的纹理数据存入主存中；采用流水线操作，从而减少了主存的等待时间，提高了数据传输率；AGP 总线的数据线是32位；AGP总线有多种工作方式，包括基频工作（以66.6 MHz的频率工作）、2倍频工作、4倍频工作和8倍频工作，对应的数据传输率分别是266.4 MB/s、532.8 MB/s、1065.6 MB/s和2131.2 MB/s。

5. 通用串行总线（USB总线）

通用串行总线（Universal Serial Bus，USB）是为实现计算机主机与机箱外的I/O设备之间的连接而定义的基于电缆连接的串行外部总线。装有USB总线控制器的主机及操作系统的USB总线，使用调度协议软件模块控制连接到USB总线上的I/O设备共享USB总线带宽。在电器层面，USB总线允许在带电状态下向总线上添加设备或从总线上断开设备。USB总线还可通过添加USB集线器的方式扩充USB接口数量，也可以向I/O设备供电。USB总线基于通用连接技术，采用简单方式将I/O设备快速、方便地连接到计算机主机上，解决了计算机存在的I/O设备接口繁多且接口标准不统一等问题。

1994年，Compaq、DEC、IBM、Microsoft、NEC等多家世界著名的计算机和通信公司与Intel公司一起成立了USB开发者论坛（USBImplementersForum，USB-IF），负责USB总线标准规范的制定工作。1996年1月颁布了USB1.0版本，定义数据传输率为12Mbit/s（1.43MB/s）；1998年11月正式颁布了USB1.1版本，规定了两种数据传输率，即高速率12Mbit/s（1.43MB/s）和低速率1.5Mbit/s（0.183MB/s）。2000年4月颁布的USB2.0版本引入了最高可达480Mbit/s（57MB/s）的数据传输率。在USB2.0版本中，10～100kb/s的数据传输率称为低速（Low-Speed），用于连接键盘、鼠标和游戏操纵杆等交互式设备；500kbit/s～10Mbit/s的数据传输率称为全速（Full-Speed），用于连接声卡、手机及处理压缩影像的设备等；25～400Mbit/s的数据传输率称为高速（High-Speed），用于连接摄像头和移动存储设备等。2008年12月颁布的USB3.0版本将数据传输率提高到最高5Gbit/s（625MB/s），称为超高速（Super-Speed）。

USB连接器包含4条线：2条用于电源供电（VBUS和GND）；2条用于USB数据传输（D+和D−），见表7-2。VBUS提供5V电源，电流可达500mA。D+和D−为双向信号线，信号传输率为12Mbit/s（每位83ns）。D+和D−信号电平为3.3V。

USB OTG接口中有5条线：2条用来传送数据（D+、D−）；1条是电源线（VBUS）；1条是接地线（GND）；1条是ID线。

表7-2 USB连接器接口引脚

针脚	名称	说明	接线颜色
1	VCC	+5V VDC	红
2	D−	DATA−	白
3	D+	DATA+	绿
4	GND	ground	黑

USB总线是影响力最广泛的总线之一，其主要特点是：

1）可以热插拔，即插即用。

2）携带方便。USB设备大多以“小、轻、薄”见长，对用户来说，需要随身携带大量数据时，USB硬盘是首选。

3）标准统一。有了USB之后，IDE接口的硬盘，串口的鼠标、键盘，并口的打印机、扫描仪等应用I/O设备统统可以用同样的标准与计算机连接，这时就有了USB硬盘、USB鼠标、USB打印机等。

4）系统扩展方便。可以连接多个设备，最多可串接127个I/O设备。USB在个人计算机上往往具有多个接口，可以同时连接几个设备。例如，如果接上一个有4个端口的USB HUB，就可以再连上4个USB设备。

5）支持多种传输模式。USB提供了控制传输、中断传输、同步传输、块传输4种传输模式，以适应不同的传输目的，具有极强的通用性。

7.3 总线控制

由于总线是多个部件所共享的，因此为了正确地实现多个部件之间的通信，必须有一个总线控制机构。依赖于它，可对总线的使用进行合理的分配和管理。

总线控制要解决两类问题：一是总线判优控制问题，二是总线通信控制问题。因为总线是公共的，所以当总线上的一个部件要与另一个部件进行通信时，首先应该发出请求信号。在同一时刻，可能有多个部件发出请求信号，要求使用总线，总线控制部件根据一定的判定原则（即按一定的优先次序）来决定首先同意哪个部件使用总线，也就是总线判优控制问题。当设备占有总线后进行通信，如何完成通信并保证通信的正确性，这是总线通信控制问题。只有解决了这两类问题，使用总线的部件才能获得总线使用权，从而开始正确的数据通信。

7.3.1 总线的判优控制

根据是否能提出总线请求把总线上的设备分为主设备和从设备两类。主设备是指获得总线控制权的设备，它能提出总线占用请求，并且占用后可以控制和另一设备的通信。从设备是指被主设备访问的设备，它只能响应从主设备发来的各种总线命令。计算机系统中有一些设备既可以作为主设备又可以作为从设备，有些总线有多个主设备，有些总线有一个主设备。

总线的判优控制方式可以分成集中式和分散式两种。总线判优控制逻辑基本集中在一个部件上的（如集中在CPU上）称为集中式控制。总线判优控制逻辑分散在总线各部件中的称为分散式控制。

集中式总线判优控制方式通常分为3种，分别是链式查询方式、计数器定时查询方式和独立请求方式。

1. 链式查询方式

结构最简单的判优控制方式就是链式查询方式，采用链式查询方式来实现判优功能的连接如图7-10所示。

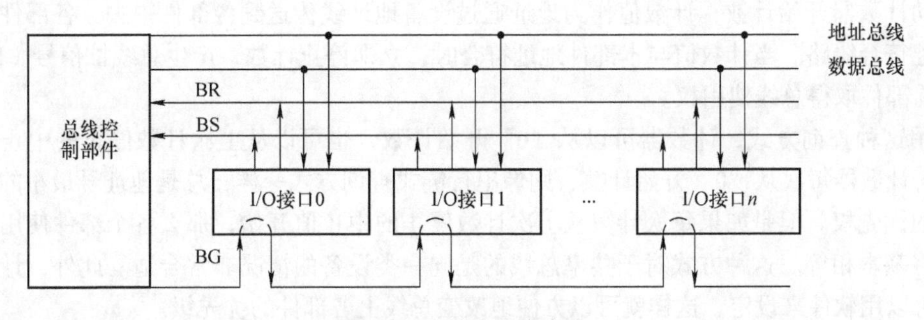

图7-10 链式查询方式

从图7-10可以看出，该总线上连接了多个部件，数据总线用于数据的传输，地址总线用于从设备的查找。对各个部件来说，除了共享数据总线和地址总线外，还共享3条控制线（构成控制总线）：总线请求信号线（BR）、总线忙信号线（BS）和总线同意信号线（BG）。由于BG对共享总线的多个部件来说形成了一条串行链，故链式查询方式也称为串行链式查询。平时，BR、BS和BG均无效。当某个或多个部件要求使用总线时，各部件通过BR向总线控制部件发出总线请求信号，总线控制部件得到请求后置BG有效，并首先进入“I/O接口0”。若“I/O接口0”有请求，则BG将终止向后传送，由“I/O接口0”发出总线忙（BR=1）信号，表示当前总线由“I/O接口0”占用；若“I/O接口0”无请求，则BG继续向后传送，进入“I/O接口1”。若“I/O接口1”有请求，则BG将终止向后传送，由“I/O接口1”发出总线忙（BR=1）信号，表示当前总线由“I/O接口1”占用；若“I/O接口1”无请求，则BG继续向后传送，一直传送到某个有总线请求的部件为止，这时总线控制部件将总线使用权交给该部件。

从上述查询过程可以看出，离总线控制部件最近的部件具有最高的优先权，最远的部件只有在它前面的所有部件均不请求使用总线时，才有可能得到总线的使用权。

这种查询方式控制简单，控制线数量少，从总线上增、删部件很容易，但是对串行查询链上的电路故障非常敏感。如果某个部件的查询链出了故障，那么该部件之后的所有部件都将无法得到总线的使用权。这种结构一般用于微型机或者简单的嵌入式系统中。

2. 计数器定时查询方式

计数器定时查询方式如图7-11所示。数据线用于数据的传输，地址线用于从设备的查找。

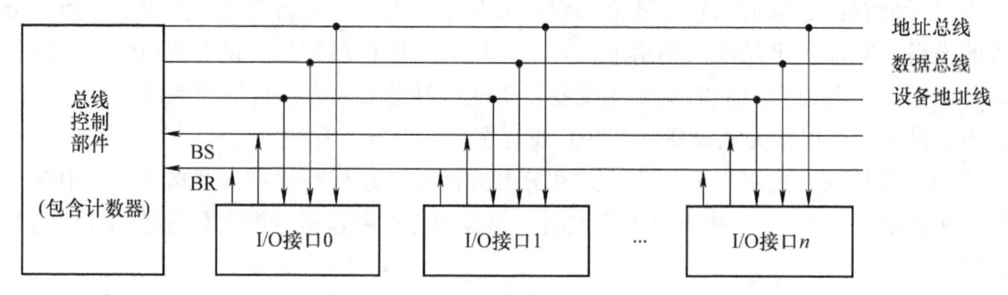

图7-11 计数器定时查询方式

从图7-11可以看出，共享总线的多个部件除共享地址总线和数据总线之外，还共享一条设备地址线。设备地址线上传输的地址是由一个计数器给出的，通过这个地址查找某个设备是否发出了总线请求。另外还需要两条控制线BR和BS，在总线不忙的情况下（BS=0），任何部件需要使用总线时，通过BR向总线控制部件发出总线请求，总线控制部件收到该请求信号后立即启动计数器开始计数，计数值作为地址通过设备地址线传送到各部件中去，各部件内部都设有地址符合线路。当计数值与本部件地址符合时，立即停止计数，产生总线忙信号（BS=1），表示当前部件取得总线使用权。

采用这种查询方式，计数器可以从“0”开始计数，也可以从上次计数停止的中止值开始计数。若计数器每次从“0”开始计数，则像串行链式查询方式一样，总是地址号最小的部件具有最高的优先权。但是如果每次计数从上次计数停止的中止值开始，那么各个部件使用总线的优先权将基本相等。这种方式对于共享总线的是同一类设备的情况非常合适。此外，计数器的初值还可以用软件来设定，这样就可以方便地改变总线上各部件的优先级。

计数器定时查询与链式查询相比少了1条BG，多了设备地址线。设备地址线的数目是由设备数决定的，如果设备数为N个，则需要的设备地址线条数为$\log_2 N$。显然，只要设备数N大于2，增加的地址线的条数就多于减少的那1条BG。可以看出，这种灵活性是以增加地址线条数为代价的。

3. 独立请求方式

链式查询和计数器定时查询都是按顺序进行总线请求查找的，速度比较慢。独立请求方式改变了这种模式，速度更快。独立请求方式的连接如图 7-12 所示。

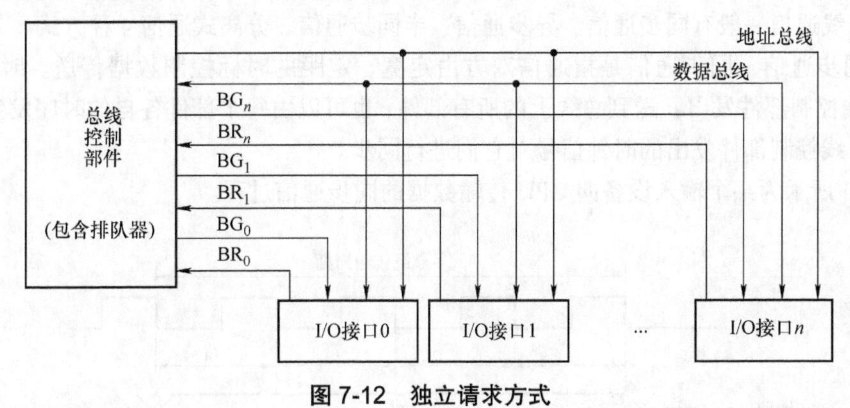

图 7-12 独立请求方式

在独立请求方式中，每一个共享总线的设备均有一对总线请求线 BR_i 和总线同意线 BG_i（i 为设备的序号）。当设备要求使用总线时，便发出该设备的请求信号。总线控制部件中一般有一个排队电路（排队器），可根据一定的优先次序决定首先响应哪个设备的请求，给设备以同意信号 BG_i。

独立请求方式对优先次序的控制也是相当灵活的。它可以预先设定，例如 BR_0 优先级最高，BR_1 次之……BR_n 最低；可以用自适应的方式，哪些设备在工作中比较重要就给予比较高的优先级；可以通过计数器的方式；可以用软件来改变优先次序；还可以用屏蔽（禁止）某个请求的方法，不响应来自无效设备的请求。

独立请求方式的优点是响应时间快，即确定优先响应的设备所花费的时间少，不需要逐个设备查询，然而这是以增加控制线数为代价的。在串行链式查询中，仅用两根线即可确定总线使用权属于哪个设备；在计数器定时查询方式中，大致用 $\text{Log}_2 N$ 根线，其中 N 是允许接纳的最大设备数；而独立请求方式需采用 $2N$ 根线。

7.3.2 总线的通信控制及信息传送方式

1. 总线通信控制

前面讲解了总线的判优控制，讨论了共享总线的各部件如何获得总线的使用权（即控制权）。现在来讨论共享总线的主设备和从设备之间如何进行通信，即如何实现数据传输。各部件在传送通信时间上只能按分时方式来解决，即哪一个部件获得使用权，此刻就由它传送，下一部件获得使用权，接着下一时刻传送。这样一个接一个轮流交替传送。

通常将完成一次总线操作所需的时间称为总线的传输周期，可分为 4 个阶段：

1）申请分配阶段。由需要使用总线的主设备（或主模块）提出申请，经总线仲裁机构决定下一传输周期的总线使用权授于某一申请者。

2）寻址阶段。取得了使用权的主设备通过总线发出本次打算访问的从设备（或从模块）的存储地址或设备地址及有关命令，启动参与本次传输的从设备。

3）传数阶段。主设备和从设备进行数据交换，数据由源模块发出，经数据总线流入目的模块。

4）结束阶段。主设备的有关信息均从系统总线上撤除，让出总线使用权。

对于仅有一个主设备的简单系统，就无须申请、分配和撤除了，总线使用权始终归其所有。对于包含中断、DMA 控制或多处理器的系统，还需要有某种分配管理机构来参与。

总线通信控制主要解决通信双方如何获知传输开始和传输结束，以及通信双方如何协调如何配合。总线通信一般有同步通信、异步通信、半同步通信、分离式通信 4 种方式。

（1）同步通信　同步通信是指通信双方由定宽、定距的时标控制数据传送。时标通常由 CPU 的总线控制部件发出，送到总线上的所有部件；也可以由每个部件各自的时序发生器产生，但必须由总线控制部件发出的时钟信号对它们进行同步。

图 7-13 所示为某个输入设备向 CPU 传输数据的同步通信过程。

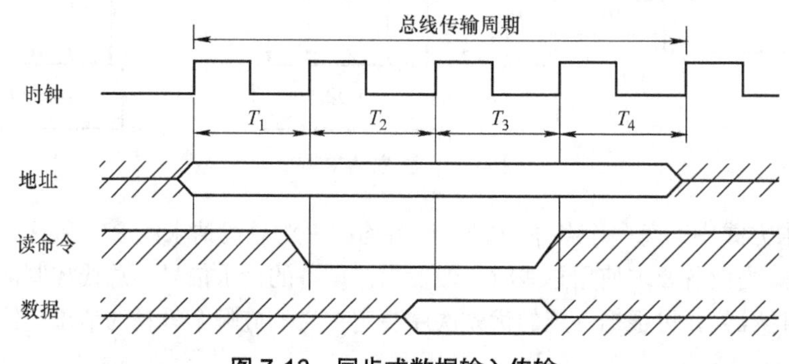

图 7-13　同步式数据输入传输

图 7-13 中的总线传输周期是总线上两个部件完成一次完整而可靠的信息传输时间，它包含 T_1、T_2、T_3、T_4 4 个时钟周期。

主设备在 T_1 时刻发出地址信息；在 T_2 时刻发出读命令；从设备按照所指定的地址和命令进行一系列内部动作，且必须在 T_3 时刻前找到 CPU 所需的数据，并送到数据总线上；CPU 从 T_3 时刻开始，一直维持到 T_4 时刻，可以从数据总线上获取信息并送到其内部寄存器中；T_4 时刻开始，输入设备不再向数据总线上传送数据，撤销它对数据总线的驱动。如果总线采用三态驱动电路，则从 T_4 时刻起，数据总线呈浮空状态。

同步通信在系统总线设计时，对 T_1、T_2、T_3、T_4 都有明确的、唯一的规定。

对于读命令，其传输周期为：T_1 主设备发地址；T_2 主设备发读命令；T_3 从设备提供数据；T_4 主设备撤销读命令。

图 7-14 所示为 CPU 向某个输出设备传输数据的同步通信过程。

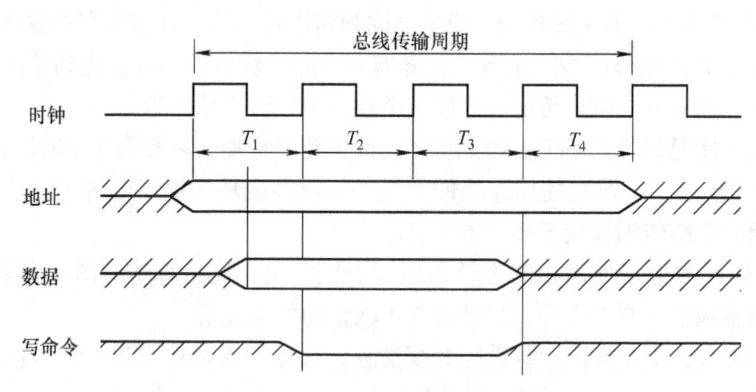

图 7-14　同步式数据输出传输

对于写命令，其传输周期为：T_1 主设备发地址；$T_{1.5}$ 主设备提供数据；T_2 主设备发出写命令，从设备接收命令后，必须在规定时间内将数据总线上的数据写到地址总线所指明的单元中；T_4 主设备撤销写命令和数据等信号。

这种通信的优点是规定明确、统一，设备间的配合简单一致。其缺点是主、从设备时间配合属强制性“同步”，必须在限定时间内完成规定的要求；并且对所有从设备都用同一限时，这就造成对各不相同速度的部件，必须按最慢速度部件来设置公共时钟，严重影响了总线的工作效率，也给设计带来了局限性，缺乏灵活性。

同步通信一般用于总线长度较短、各部件存取时间比较接近的场合，这种情况下一般具有较高的数据传输率。

（2）异步通信　异步通信是指通信的双方按照各自的时钟频率工作，在进行数据通信之前，双方必须通过联络信号（或称“握手”式）取得联系后方可进行正常通信。所以要增加两条线，一条是请求线发送 READY 信号，一条是应答线发送 ACK 信号。根据联络信号的相互关联程度，可分为非互锁、半互锁和全互锁 3 种方式。

1）非互锁方式。非互锁异步通信方式如图 7-15 所示。发送方为主设备，接收方为从设备。发送方先将数据送到总线上（DATA 有效），延迟 t_1 时间之后总线上数据达到稳定，于是向接收方发送数据准备好信号（READY=1）。接收方以 READY 信号作为接收脉冲将总线上的数据接收下来，并立即向发送方回送收到确认信号（ACK=1）。发送方收到 ACK 信号后，方可结束本次传送，并继续发送下一数据。显然，READY 和 ACK 成为数据通信中的一对联络信号。如果接收方发现数据有错，则以错误信息代替 ACK 信号回送到发送方。

采用这种通信方式不允许 READY 和 ACK 信号持续时间过长。主设备不管是否接收到 ACK 信号，延迟一段时间后都会取消 READY 信号；从设备不管主设备是否接收到 ACK 信号，延迟一段时间后都会取消 ACK 信号，否则将有可能丢失后续数据。

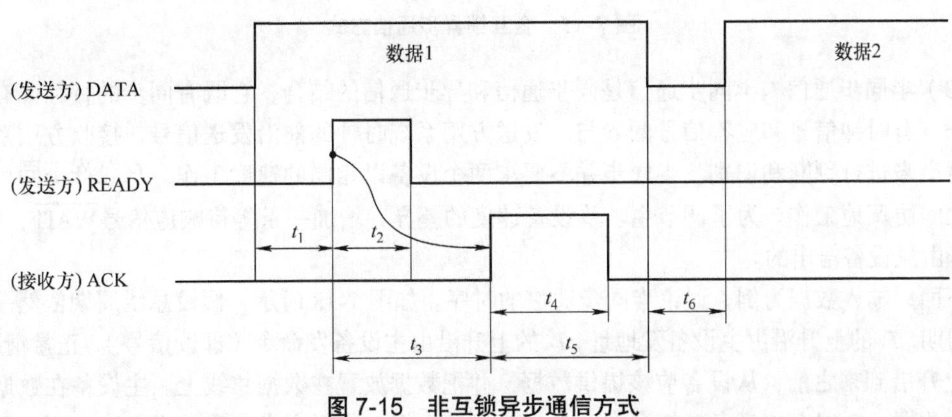

图 7-15　非互锁异步通信方式

2）半互锁方式。半互锁异步通信方式如图 7-16 所示。发送方为主设备，接收方为从设备。采用这种通信方式，接收方利用 ACK 信号将发送方的 READY 信号锁定为无效，保证下次继续发送的数据能可靠接收。由于只存在接收方对发送方的锁定，故称之为半互锁。这种方式下，如果 ACK 信号持续时间太长，也有可能影响对后续数据的接收。主设备如果没有接收到 ACK 信号，就会一直发送 READY 信号；而从设备不管主设备是否接收到 ACK 信号，延迟一段时间后都会取消 ACK 信号。这种情况有可能造成请求信号一直置位在高电平。

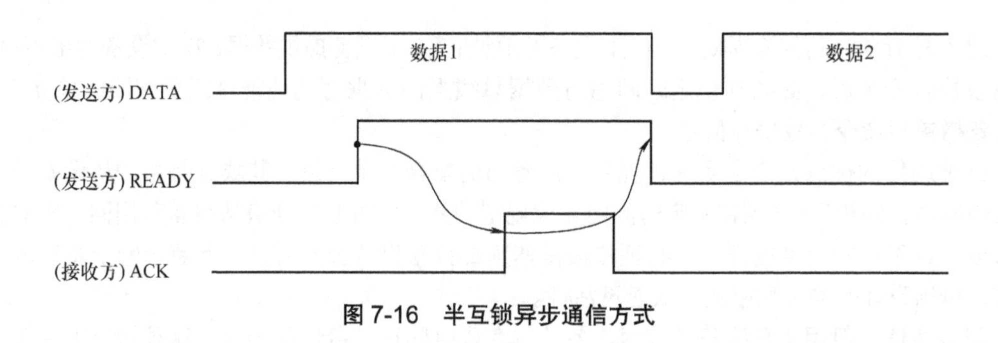

图 7-16 半互锁异步通信方式

3）全互锁方式。全互锁异步通信方式如图 7-17 所示。发送方为主设备，接收方为从设备。采用这种通信方式，接收方收到数据后，由收到确认信号（ACK）将发送方的 READY 信号锁定无效，发送方的 READY 信号无效后又将接收方的 ACK 信号锁定为无效。收发双方的控制信号相互锁定，所以称之为全互锁方式。主设备发出 READY 信号，从设备接收到 READY 信号后才会发出 ACK 信号，主设备接收到 ACK 信号后才会撤销 READY 信号。只有主设备撤销自己的 READY 信号后，从设备才能撤销自己的 ACK 信号，这种方式保证了收发双方经过总线传送的数据安全可靠。目前在异步通信中，广泛采用这种应答式全互锁通信控制方式。

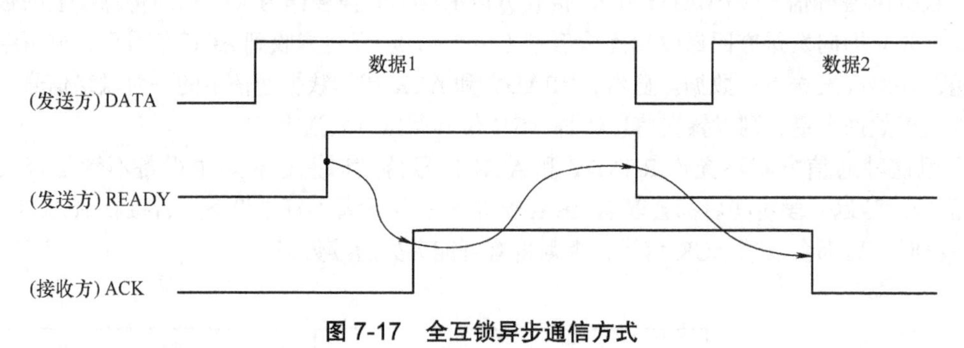

图 7-17 全互锁异步通信方式

（3）半同步通信　半同步通信是同步通信和异步通信的结合，它既有同步的特征又有异步的特征，有时钟信号和应答信号的参与。发送方用系统时钟的前沿发送信号，接收方用系统时钟的后沿来进行判断和识别。半同步并不要求两个设备以相同的速度工作，它允许不同速度的设备之间协调地工作。为了调节主、从设备速度的差异，增加一条等待响应信号$\overline{\text{WAIT}}$，$\overline{\text{WAIT}}$信号是由从设备给出的。

下面以输入数据为例，讨论半同步通信的时序。如图 7-18 所示，假设总线周期依然是 4 个时钟周期，T_1 的上升沿由主设备发地址，T_2 的上升沿由主设备发命令（即读信号）。正常情况下，T_3 的上升沿到来之前，从设备应该提供数据，并把数据放置在数据总线上。主设备在数据总线上接收数据。T_4 时刻主设备撤销命令，从设备撤销数据。如果主设备和从设备速度不一致，例如主设备是 CPU，从设备是存储器，CPU 的速度高于存储器的速度，那么在 T_3 时刻到来之前，从设备就无法提供数据。如果是同步通信，这种情况就会出错。在半同步通信中，若 T_3 到来之前从设备没有准备好数据，就发送出一个信号$\overline{\text{WAIT}}$，主设备检测到信号$\overline{\text{WAIT}}$后就会插入一个 T_W 周期等待数据信号到来。在下一个时钟周期到来之前，主设备还会检测$\overline{\text{WAIT}}$信号线，如果为低电平，还会插入一个 T_W 周期等待数据信号到来。直到某一个时钟周期到来之前主设备检测到$\overline{\text{WAIT}}$信号线为高电平，就是从设备已经准备好了发送数据，此时进入 T_3 周期，由从设备给出数据。

以输入数据为例的半同步通信时序描述如下：T_1 主设备发地址；T_2 主设备发命令；第一个 T_W 时钟周期，当 $\overline{WAIT}$ 为低电平时，等待一个 T；下一个 T_W 时钟周期，如果 $\overline{WAIT}$ 为低电平再等待一个 T，直到 $\overline{WAIT}$ 为高电平为止；T_3 从设备提供数据；T_4 从设备撤销数据，主设备撤销命令。

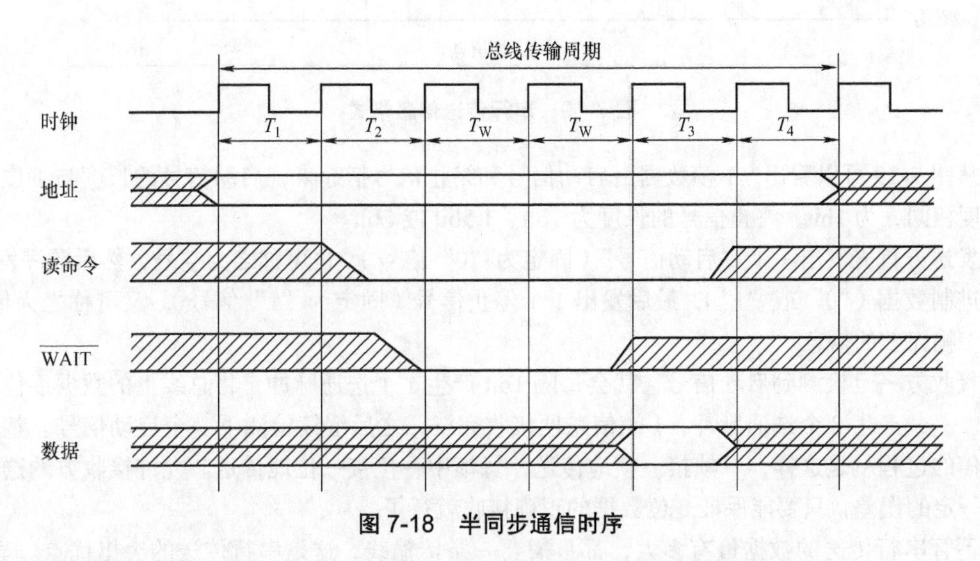

图 7-18 半同步通信时序

上述 3 种通信方式存在共同点，以输入数据为例，总线传输周期共分为 3 部分：第一部分主设备发地址 、命令，此时占用总线；第二部分从设备准备数据，此时不占用总线，总线空闲；第三部分从设备向主设备发数据。此时占用总线。由此可见在中间的过程中总线是空闲的，因为总线空闲是对总线资源的浪费，所以要想办法利用这部分空闲时间。

（4）分离式通信　为了充分挖掘系统总线每个瞬间的潜力，把一个总线的传输周期分成两个子周期。在第一个子周期中，主设备发出地址和命令，占用总线。发送地址和命令后主设备和总线断开连接，放弃总线的使用权。第一子周期结束，从设备准备数据接收，或者准备发送数据。如果从设备已经准备好接收或要发送的数据，则从设备发出占用总线的请求，此时从设备已经变为主设备，把各种信息传送到总线上。这样就避免了前 3 种通信方式中的数据准备过程对总线使用的浪费。

分离式通信的特点如下：

1）各设备有权申请占用总线。

2）采用同步方式通信，不等对方回答。

3）各设备准备数据时不占用总线。

4）总线被占用时无空闲。

分离式通信方式充分提高了总线的有效利用率。

2. 总线上信息的传送方式

通过总线传送信息的方式有串行和并行两种。

（1）串行传送方式　收发双方通过总线串行传送信息时，只需要一条传输线，任何信息按照一定的传送速率从最低位开始传送给对方。考虑到信息传送过程中误差的累积，若一次传送的位数太多，有可能造成数据出错，因此串行传送数据时，常常将待传送的数据按“帧”组织起来，每次传送 1 帧数据。例如，用 8 位数据组成 1 帧，那么 1 帧数据的传送过程如图 7-19 所示。

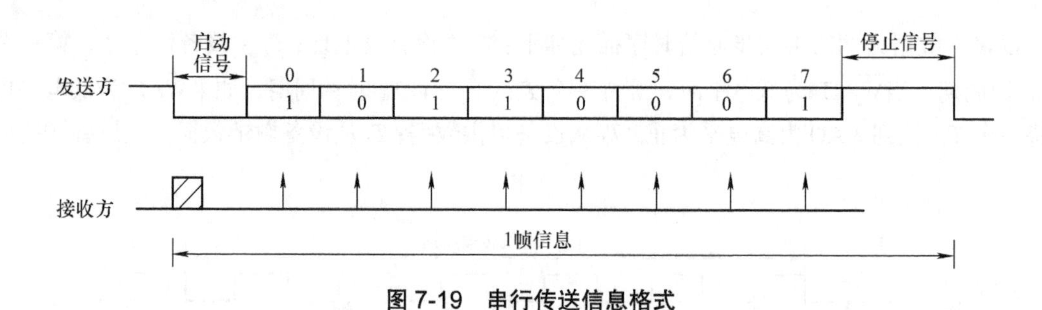

图 7-19 串行传送信息格式

从图 7-19 可以看出，1 帧数据由启动信号和终止信号括起来，启动信号的长度与 1 位数据的长度相同，为 1bit，终止信号的长度为 1bit、1.5bit 或 2bit。

发送方首先发出 1 个"启动信号"（固定为"0"信号），也可称之为空号，然后顺序发出 8 位二进制数据（"0"或"1"），最后发出 1 个停止信号（固定为"1"信号），又可称之为传号，构成 1 帧完整的信息。

接收方一旦检测到启动信号，就会每隔 1bit 产生 1 个选通脉冲，将总线上的数据逐位接收下来。一共产生 8 个选通脉冲，1 帧信息便接收完毕，之后继续检测下一个启动信号。整个串行通信的过程就是这样，一帧接一帧地传送，每帧中一位接一位地传送。允许接收方的选通脉冲有一定的误差，只要能保证 8 位数据的正确接收就行了。

不管串行传送的数据量有多大，都只需要一条传输线，这是串行传送的突出优点。显然，串行传送适用于远距离的数据传送，可以节省大量的线路费用。串行传送的缺点是传输速度慢，如果 1bit 持续 1ms，那么其数据传输率为 1000bit/s。

串行传送数据的过程中，如果传送结束，传输线上将保持停止信号不变。任何一帧信息总是以启动信号开始，只有连续传送数据时，停止信号的长度才会受到限制。

（2）并行传送方式 并行传送方式是指每次能并行传送多位数据，为每位数据设置一根独立的传输线。显然，并行传送方式的传输速率要比串行传送快很多。例如，利用 8 条传输线构成 8 位数据总线，每次能并行传送 8 位数据。这种方式适用于短距离的数据传送，否则线路费用过高。

无论是串行传送还是并行传送，为了节省传输线的数量，将不可能同时传送的信息，例如计算机中的地址信息和数据信息，用同一组总线来传输，通常称之为分时总线。

7.4 习题

1. 假设某系统总线在一个总线周期中并行传输 4 字节信息，一个总线周期占用 2 个时钟周期，总线时钟频率为 10MHz，则总线带宽是（ ）。

A. 10MB/s B. 20MB/s C. 40MB/s D. 80MB/s

2. 某同步总线的时钟频率为 100MHz，宽度为 32 位，地址 / 数据线复用，每传输一个地址或数据占用一个时钟周期。若该总线支持突发（猝发）传输方式，则一次"主存写"总线事务传输 128 位数据所需要的时间至少是（ ）。

A. 20ns B. 40ns C. 50ns D. 80ns

3. 一次总线事务中，主设备只需给出一个首地址，从设备就能从首地址开始的若干连续单元读出或写入多个数据。这种总线事务方式称为（ ）。

A. 并行传输 B. 串行传输 C. 猝发传输 D. 同步传输

4. 系统总线是用来连接（　　）。

A. 寄存器和运算器部件　　B. 运算器和控制器部件

C. CPU、主存和 I/O 设备部件　　D. 接口和 I/O 设备

5. 计算机使用总线结构便于增减 I/O 设备，同时（　　）。

A. 减少了信息传输量　　B. 提高了信息的传输速度

C. 减少了信息传输线的条数　　D. 提高了信息传输的并行性

6. 系统总线中地址线的功能是（　　）。

A. 用于选择主存单元地址　　B. 用于选择进行信息传输的设备

C. 用于选择外存地址　　D. 用于指定主存和 I/O 设备接口电路的地址

7. 在单机系统中，三总线结构计算机的总线系统组成是（　　）。

A. 片内总线、系统总线和通信总线　　B. 数据总线、地址总线和控制总线

C. DMA 总线、主存总线和 I/O 总线　　D. ISA 总线、VESA 总线和 PCI 总线

8. 主存通过（　　）来识别信息是地址还是数据。

A. 总线的类型　　B. 数据寄存器（MDR）

C. 地址寄存器（MAR）　　D. 控制单元（CU）

9. 在 32 位总线系统中，若时钟频率为 500MHz，传送一个 32 位字需要 5 个时钟周期，则该总线的数据传输率是（　　）。

A. 200MB/s　　B. 400MB/s　　C. 600MB/s　　D. 800MB/s

10. 某总线有 104 根信号线，其中数据线（DB）32 根。若总线工作频率为 33MHz，则其理论最大传输率为（　　）。

A. 33MB/s　　B. 64MB/s　　C. 132MB/s　　D. 164MB/s

11. 在计数器定时查询方式下，若每次计数从上一次计数的终止点开始，则（　　）。

A. 设备号小的优先级高　　B. 每个设备使用总线的机会相等

C. 设备号大的优先级高　　D. 无法确定设备的优先级

12.“总线忙”信号的建立者是（　　）。

A. 获得总线控制权的设备　　B. 发出“总线请求”信号的设备

C. 总线控制器　　D. CPU

13. 为了对 N 个设备使用总线的请求进行仲裁，在独立请求方式中需要使用的控制线数量约为（　　）。

A. N　　B. 3　　C. $[\log_2 N]+2$　　D. $2N+1$

14. 在计数器定时查询方式下，正确的描述是（　　）。

A. 总线设备的优先级可变　　B. 越靠近控制器的设备，优先级越高

C. 各设备的优先级相等　　D. 各设备获得总线控制权的机会均等

15. 在 3 种集中式总线控制中，（　　）方式响应速度最快，（　　）方式对电路故障最敏感。

A. 链式查询；独立请求　　B. 计数器定时查询；链式查询

C. 独立请求；链式查询　　D. 无正确选项

16. 在不同速度的设备之间传送数据（　　）。

A. 必须采用同步控制方式　　B. 必须采用异步控制方式

C. 可以选用同步控制方式，也可以选用异步控制方式　　D. 必须采用应答方式

17. 某机器 I/O 设备采用异步串行传送方式传送字符信息，字符信息格式为 1 位起始位、7 位数据位、1 位校验位和 1 位停止位。若要求每秒传送 480 个字符，那么该设备的数据传输率为（　　）。

A. 380bit/s　　B. 4800 B/s　　C. 480 B/s　　D. 4800 bit/s

18. 同步控制方式是（　　）。

A. 只适用于 CPU 控制的方式　　B. 只适用于 I/O 设备控制的方式

C. 由统一的时序信号控制的方式　　D. 所有指令执行时间都相同的方式

19. 同步通信之所以比异步通信具有较高的传输速率，是因为（　　）。

A. 同步通信不需要应答信号且总线长度较短

B. 同步通信用一个公共的时钟信号进行同步

C. 同步通信中，各部件的存取时间较接近

D. 以上各项因素的综合结果

20. 以下各项中，（　　）是同步传输的特点。

A. 需要应答信号　　B. 各部件的存取时间较接近

C. 总线长度较长　　D. 总线周期长度可变

21. 总线的异步通信方式是（　　）。

A. 既不采用时钟信号，也不采用"握手"信号

B. 只采用时钟信号，不采用"握手"信号

C. 不采用时钟信号，只采用"握手"信号

D. 既采用时钟信号，也采用"握手"信号

22. 某总线的时钟频率为 66MHz，在一个 64 位总线中，总线数据传输的周期是 7 个时钟周期传输 6 个字的数据块。

（1）总线的数据传输率是多少？

（2）如果不改变数据块的大小，而是将时钟频率减半，这时总线的数据传输率是多少？

23. 在异步串行传输方式下，起始位为 1 位，数据位为 7 位，偶检验位为 1 位，停止位为 1 位。如果波特率为 1200bit/s，这时有效数据传输率是多少？

24. 传输一张分辨率为 640 × 480 像素、65536 色的照片（采用无压缩方式），设有效数据传输率为 80kbit/s，大约需要的时间是多少？

第 8 章

输入输出系统

前面已经介绍了组成计算机系统的核心部件 CPU 和存储器，它们被称为“主机”，但仅有主机，系统仍然无法正常工作。本章介绍计算机硬件系统的另一个重要组成部分——输入输出系统。随着计算机系统的不断发展和应用范围的逐步扩大，I/O 设备的种类和数量不断增加，而且它们与主机的联络方式及信息交换方式也比较复杂。本章主要介绍各种常用的 I/O 设备及其基本工作原理，I/O 接口的组成与工作原理，以及输入输出系统与主机交换信息的方式。

8.1 I/O 设备

I/O 设备这个术语涉及相当广泛的计算机部件。事实上，除了 CPU 和主存外，计算机系统的大部分硬件设备都可以称作外部设备或外围设备（即 I/O 设备）。随着计算机技术的发展，I/O 设备在计算机系统中的地位越来越重要。在指标上，I/O 设备不断采用新技术，向低成本、小体积、高速、大容量、低功耗等方面发展。在结构上，由初级的串行操作 I/O 方式，发展到多种 I/O 装置、随机存取大容量外存、多种终端设备等。在性能上，信息交换速度大大提高，I/O 形态不仅有数字形式，还有直观的图形和声音等形式。

随着电子器件高度集成化水平的提高和价格的下降，主机的价格不断下降；而现代计算机系统的 I/O 设备向多样化和智能化方向发展，品种繁多，性能良好，因此使得其成本相对提高，占整个计算机系统的 50% 左右。

8.1.1 I/O 设备的分类

对I/O设备进行严格的分类是困难的，下面仅从使用的角度，把I/O设备大致分为如下3类：

1. 人 - 机交互设备

人 - 机交互设备就是用来实现人和计算机之间信息交流的设备，其功能是把人的五官等可以识别的信息媒体转换成机器可以识别的信息，如键盘、扫描仪、摄像机、鼠标、语音识别器、手写板等；或者把计算机处理的结果信息转换为人的五官可以识别的信息媒体，如打印机、显示器、绘图仪、语音合成器等。本章主要介绍人 - 机交互设备。

2. 机 - 机通信设备

机 - 机通信设备就是用来实现一台计算机与其他计算机或其他系统之间通信的设备，如两台相同型号或不同型号的计算机利用电话线进行通信所需的调制解调器（Modem），用计算机进行实时控制的数 / 模或模 / 数转换设备等。计算机与计算机及其他系统还可以通过各种设备实现远距离的信息交换。

3. 计算机信息的驻留设备

系统软件和各种计算机的有用信息量极大，需存储保留起来。计算机信息的驻留设备即计算机大批信息的驻留设备。这类设备多数可作为计算机系统的辅助存储器，如磁盘、光盘、磁带等。

8.1.2 输入设备

输入设备主要将外部信息输入主机，完成输入程序、数据、操作命令等功能。常用的计算机输入设备分为以下几类：

- 字符图形输入设备：如键盘、鼠标、光笔、游戏杆、触摸屏等。
- 图像输入设备：如摄像机、数字照相机等。
- 声音输入设备：如语音识别器等。

1. 键盘

键盘是最常用的字符输入设备之一，键盘上的按键包含字符键和控制功能键两类。字符键通常包括字母、数字和一些特殊符号键。控制功能键是产生控制字符的键。使用者可以通过键盘直接向主机输入信息。输入信息的过程主要包含 3 步（见图 8-1）：按下一个键；判定被按下的是哪个键；将该键转换成代码输入主机，并显示在屏幕上。

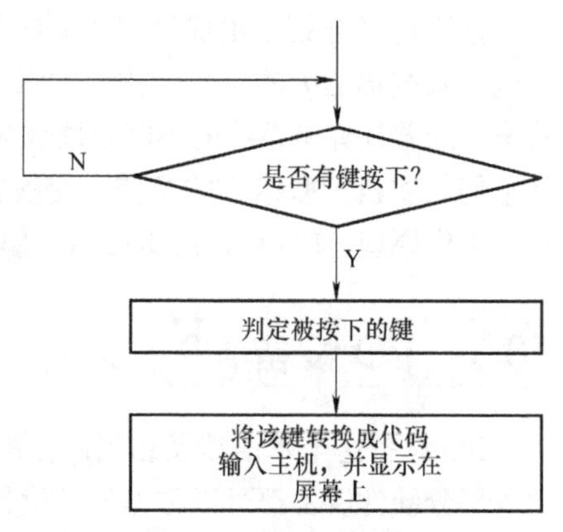

图 8-1 键盘输入过程

上述键盘识别的功能可由硬件或软件来完成。由硬件来完成识别功能的叫作全编码键盘，由软件来完成识别功能的叫作非编码键盘。

（1）全编码键盘　全编码键盘通过硬件来识别键是否被按下以及所按下键的位置，由编码电路产生按下的键相应的编码信息，输入主机。这种键盘的优点是响应速度快，但以复杂的硬件结构为代价，而且其复杂性随着键数的增加而增加，因此一般来说只适用于小键盘。

（2）非编码键盘　非编码键盘通过软件来判断键是否被按下，其利用简单的硬件和一套专用的键盘编码程序来判断按键的位置，然后由 CPU 将位置码经查表程序转换成相应的编码信息。非编码键盘中的按键一般排列成 $m \times n$ 的矩阵形式。

对非编码键盘的识别通常可以采用逐行扫描法和行列扫描法：

1）逐行扫描法对键的识别常用逐行扫描查询法，因此扫描次数取决于按下键在矩阵中的位置。如果位于第 1 行，则扫描 1 次就能完成识别功能；如果位于第 8 行，则需要扫描 8 次才能完成，显得有些烦琐。

2）行列扫描法又可称作反转扫描法，其具体做法是首先从行输出寄存器输出全“0”，然后从列输入寄存器输入 8 位数据。任何一键按下时，输入的 8 位数据中肯定有一位为“0”，且按下的键一定在这一列。将行方向的输出寄存器改为输入寄存器，将列方向的输入寄存器改为输出寄存器，并且将刚才输入的 8 位数据从列输出寄存器输出，再从行输入寄存器输入，则输入的 8 位数据中只有某一位为“0”，其他位均为“1”。这样就可判定某个交叉点上的键为当前按下的键，同样，经查表可得知当前的键值。行列扫描法任何时候只需要扫描一次，但是需要改变一次扫描方向。利用相关的接口芯片是完全可以做到的，实际中用这种方法更多一些。

2. 鼠标

鼠标是一种手持式的坐标定位部件，由于它拖着一根长线与接口相连，外形有点像老鼠，故取名为鼠标。

从接口上看，鼠标可以分为 COM 鼠标、USB 鼠标、PS/2 鼠标和无线鼠标 4 种。从定位方式上看，鼠标可以分为机械式、光机式、光电式和光学式 4 种（后来出现的网络鼠标实际上是在原有两键鼠标的基础上增加了一个滚轮键，因此不单独分类）。机械式和光电式鼠标现在基本上已经看不到了。判断鼠标类型最简单的方法就是观察鼠标底部，光机式鼠标底部有一个橡皮球，而光学式鼠标底部则是半透明工程塑料做成的平面，通电后中间的一个小凹槽会透出光线。

现在广泛使用的是光学式鼠标。光学式鼠标的内部使用了一个很精密的光学传感器（Optical Sensor），也就是俗称的光眼。目前，高档的光学式鼠标通常都采用安捷伦公司的光学传感器。光学传感器包含光学组件、CMOS 成像元件和专用图像分析处理芯片 DSP（Digital Signal Processor，即数字信号处理器）。光学组件由棱镜和透镜组成。鼠标工作时，发光二极管会发出一束光线，一般情况下为红色（因为红色光源的 LED 技术最早面世，技术最成熟，价格也最低，组织零件生产和控制成本相对容易），经棱镜反射后照射在鼠标操作平台（通常是鼠标垫）上，被照亮区域通过鼠标底部的光学透镜聚焦并投影到 CMOS 上拍摄下来，随后以黑白图片形式送给 DSP。每隔一段时间，CMOS 会根据这些反射光做一次快速拍照，所拍摄到的照片传送到处理芯片后，芯片会从照片中找到定位的关键点，并通过对比前后两次快照中关键点的位移大小和方向的变化，分析测量出它们的运动轨迹，最后将分析结果以数字信号的方式传达给计算机的相关设备，最终在显示器上呈现出相应的鼠标运动。归纳起来这个过程就是表面→镜头（组）→光学传感器→ CMOS → DSP → USB →接口→ PC 屏幕坐标。

3. 触摸屏

触摸屏是一种对物体的接触或靠近能产生反应的定位设备，其随着计算机的发展而日渐普及。按照触摸屏的工作原理和传输信息的介质，可以把触摸屏分为电阻式、电容式、红外线式以及表面声波式 4 种。

（1）电阻式触摸屏　电阻式触摸屏是一种传感器，屏体部分是一块与显示器表面非常配合的多层复合薄膜，由一层玻璃或有机玻璃作为基层，表面涂有一层透明的导电层（常用涂层材料是纳米铟锡金属氧化物，即 ITO）；上面再盖有一层外表面硬化处理、光滑防刮的塑料层，它的内表面也涂有一层涂层。两层导电层之间有许多细小（小于 0.001in）的透明隔离点来把它们隔开绝缘。当手指接触屏幕时，两层导电层之间出现一个接触点，因其中一面导电层接通 Y 轴方向的 5V 均匀电压场，使得侦测层的电压由 0 变为非 0。控制器侦测到这个接通后，进行模 / 数转换，并将得到的电压值与 5V 相比，即可得出触摸点的 Y 轴坐标。同理可得出 X 轴的坐标。

根据引出线数的多少，分为四线、五线等多线电阻式触摸屏。五线电阻式触摸屏使用的是导电玻璃，导电玻璃的工艺使其寿命得到了极大的提高，并且提高了透光率。

（2）电容式触摸屏　电容式触摸屏的构造主要是在玻璃屏幕上镀一层透明的薄膜体层，再在导体层外加上一块保护玻璃，双玻璃设计能彻底保护导体层及感应器。电容式触摸屏在触摸屏四边均镀上了狭长的电极，在导电体内形成一个低电压交流电场。用户触摸屏幕时，由于人体电场，手指与导体层间会形成一个耦合电容，四边电极发出的电流会流向触摸点，而电流强弱与手指到电极的距离成正比，位于触摸屏后的控制器便会计算电流的比例及强弱，准确算出触摸点的位置。

（3）红外线式触摸屏　红外线式触摸屏由装在触摸屏外框上的红外线发射与接收感测元件构成。红外线式触摸屏的原理很简单，只是在显示器上加上光点距架框，无须在屏幕表面加上涂层或接驳控制器。光点距架框的四边排列了红外线发射管及接收管，在屏幕表面形成一个红外线网。用户以手指触摸屏幕某一点，便会挡住经过该位置的横竖两条红外线，计算机便可即时算出触摸点位置。

（4）表面声波式触摸屏　表面声波是一种沿介质表面传播的机械波。表面声波式触摸屏由触摸屏、声波发生器、反射器和声波接收器组成。其中，声波发生器能发送一种跨越屏幕表面的高频声波，当手指触及屏幕时，触摸点上的声波即被阻止，由此可确定坐标位置。表面声波式触摸屏的触摸屏部分可以是一块平面、球面或柱面的玻璃平板，安装在 CRT、LED、LCD 或等离子显示器屏幕的前面。这块玻璃平板只是一块纯粹的强化玻璃，区别于其他触摸屏技术，其没有任何贴膜和覆盖层。触摸屏的左上角和右下角各固定了竖直和水平方向的超声波发射换能器，右上角则固定了两个相应的超声波接收换能器。触摸屏的四个周边则刻有 45° 的由疏到密间隔非常精密的反射条纹。

可见，任何一种触摸屏都是通过某种物理现象来测得人手触及屏幕的各点位置，从而通过 CPU 对此做出反应，由显示屏再现你所需的位置。

4. 其他输入设备

（1）光笔　光笔的外形与钢笔相似，头部装有一个透镜系统，能把进入的光汇聚成一个光点。光笔的后端用导线连到计算机的输入电路上；光笔头部附有开关，当按下开关时，进行光检测，光笔便可拾取显示屏上的绝对坐标。光笔与屏幕的光标配合，可使光标跟踪光笔移动，在屏幕上画出图形或修改图形，类似人们用钢笔画图的过程。光笔可输入绝对坐标，而鼠标只能输入相对坐标。

（2）图像输入设备　最直接的图像输入设备是摄像机，它可以摄取任何地点、任何环境的自然景物和物体，经数字化后变成数字图像存入磁带或磁盘。

当图像已经记录到某种介质上时，可利用读出装置读出图像。例如，记录在录像带上的图像要用录放机读出，再将视频信号经图像板量化后输入计算机。记录在数字磁带上的遥感图像可以直接从磁带输入计算机中。如果想把纸上的图像输入计算机中，则可用摄像机对着纸上的图像摄像输入，也可以利用装有 CCD（电荷耦合器件）的图文扫描仪或图文传真机。还有一种叫光机扫描鼓的专用设备，也可以直接将纸上的图像转换成数字图像。由于一帧数字图像要占用很大的存储空间，图像数据的传输与存储是一个十分重要的研究课题，目前普遍采用的方法是压缩 - 恢复技术。

（3）语音输入设备　利用人的自然语言实现人 - 机对话是新一代多媒体计算机的重要标志之一。毫无疑问，实现语音输入将会把计算机的输入变得极为轻松；但是这项技术本身却极为复杂。语音输入的实质是语音识别，就是让计算机能正确识别和理解自然语言。

8.1.3　输出设备

输出设备是计算机硬件系统的终端设备，用于把计算或处理的结果或中间结果以人能识别的各种形式输出，如显示、打印、声音等。输出设备的种类很多，常见的有显示设备、打印机、绘图仪、影像输出系统、语音输出系统、磁记录设备等。

1. 显示设备

显示设备是以可见光的形式传递和处理信息的设备，它是目前计算机系统中应用最广泛的人 - 机界面设备。显示设备屏幕上的字符、图形不能永久记录下来，一旦关机，屏幕上的信息也就消失了，所以显示器也称为“软拷贝”装置。

（1）显示设备的分类　显示设备种类繁多，按显示设备所用的显示器件，可分为以下几类：

1）阴极射线管（Cathode Ray Tube，CRT）显示器。CRT 显示器是靠电子束激发屏幕内表面的荧光粉来显示图像的。CRT 显示器的主体是 CRT 显像管，它是一种漏斗形电真空器件，由真空管、电子枪、聚焦系统、偏转线圈和荧光屏组成。CRT 显示器体积大、功耗大，目前只用在某些特殊的场合中。

2）液晶显示器（Liquid Crystal Display，LCD）。世界上第一台液晶显示设备出现在 20 世纪 70 年代初，被称为 TN-LCD（扭曲向列）液晶显示器。LCD 的工作原理是：在显示器内部有很多液晶粒子，它们有规律地排列成一定的形状，在电场的作用下，利用液晶分子排列方向的变化，使外光源透光率改变（调制），并且它们每一面的颜色都不同，分为红色、绿色和蓝色。再利用红、绿、蓝三基色信号的不同激励，通过红、绿、蓝三基色滤光膜来组合成不同的颜色和图像，完成时域和空间域的彩色重显。LCD 的优点是机身薄、占地小、辐射小。

3）LED（Light Emitting Diode）显示器。LED 显示器是一种通过控制半导体发光二极管的显示方式，来显示文字、图形、图像、动画、行情、视频、录像信号等各种信息的显示屏幕。LED 显示器已广泛应用于商业广告、新闻发布、证券交易行情显示等领域，可以满足不同环境的需要。

4）3D 显示器。现已开发出需佩戴立体眼镜和不需佩戴立体眼镜的两大立体显示技术体系。传统的 3D 电影在荧幕上有两组图像，观众必须戴上偏光镜才能消除重影，从而形成视差，产生立体感。

除上述分类外，按所显示的信息内容划分，有字符显示器、图形显示器、图像显示器；按显示器功能划分，有普通显示器和显示终端（终端是由显示器和键盘组成的一套独立完整的 I/O 设备，它可以通过标准接口接到远离主机的地方，其结构比显示器复杂很多）。在 CRT 显示器中，按扫描方式不同，可分为光栅扫描和随机扫描两种；按分辨率不同，又分为高分辨率和低分辨率两种；按显示器的颜色划分，有单色（黑白）显示器和彩色显示器；按 CRT 荧光屏对角线的长度划分，有 12in、14in、15in、17in、19in 等多种。

（2）显示设备的相关概念　显示设备的相关概念主要有分辨率、灰度级、刷新、刷新存储器、随机扫描和光栅扫描等。

1）分辨率。分辨率是指显示器所能表示的像素个数。像素越密，分辨率越高，图像越清晰。分辨率取决于显像管荧光粉的粒度、荧光屏的尺寸和 CRT 电子束的聚焦能力。同时，刷新存储器要有与显示像素数相对应的存储空间，用来存储每个像素的信息。例如，12in 彩色 CRT 的分辨率为 640 × 480 像素，每个像素的间距为 0.31mm，水平方向的 640 个像素所占显示长度为 198.4mm，垂直方向的 480 个像素按 4：3 的长宽比例分配（640 × 3/4=480）。

2）灰度级。灰度级是指黑白显示器中所显示的像素点的亮暗差别，在彩色显示器中则表现为颜色的不同。灰度级越多，图像层次越清晰逼真。灰度级取决于每个像素对应的刷新存储器单元的位数和 CRT 本身的性能。如果用 4 位表示一个像素，则只有 16 级灰度或颜色；如果用 8 位表示一个像素，则有 256 级灰度或颜色。字符显示器只用“0”“1”两级灰度就可表示字符的有无，故这种只有两级灰度的显示器称为单色显示器；具有多种灰度级的黑白显示器称为多灰度级黑白显示器。图像显示器的灰度级一般为 64 级或 256 级。

3）刷新和刷新存储器。CRT 荧光屏发光是由电子束打在荧光粉上引起的，电子束扫过之后其发光亮度只能维持几十毫秒。为了使人眼能看到稳定的图像，必须使电子束不断地重复扫描整个屏幕，这个过程叫作刷新。按照人的视觉生理，刷新频率大于 30 次 /s 时人眼才不会感到闪烁。显示设备通常选用电视机的标准，每秒刷新 50 帧（Frame）图像。

为了不断提供刷新图像的信号，必须把一帧图像信息存储在刷新存储器（也叫视频存储器）中。刷新存储器的容量由图像分辨率和灰度级决定，分辨率越高，灰度级越多，刷新存储器的容量越大。例如，分辨率为 1024 × 1024 像素、灰度级为 256 的图像，其刷新存储器的容量为 1024 × 1024 × 8bit=1MB。另外，刷新存储器的存取周期必须满足刷新频率的要求。容量和存取周期是刷新存储器的重要技术指标。

4）随机扫描。随机扫描是控制电子束在 CRT 屏幕上随机地运动，从而产生图形和字符。电子束只在需要作图的地方扫描，而不必扫描全屏幕，因此这种扫描方式画图速度快，图像清晰。高质量的图形显示器（如分辨率为 4096 × 4096 像素）采用随机扫描方式。由于这种扫描方式的偏转系统与电视标准不一致，其驱动系统较复杂，价格较高。

5）光栅扫描。光栅扫描是电视中采用的扫描方式。在电视中图形充满整个画面，因此要求电子束扫过整个屏幕。光栅扫描是从上至下顺序扫描，采用逐行扫描和隔行扫描两种方式。逐行扫描就是从屏幕顶部开始一行接一行扫描，一直到底，再从头开始。电视系统采用隔行扫描，它把一帧图像分为奇数场（行 1，3，5……）和偶数场（行 0，2，4，6……）。我国电视标准是 625 行，奇数场和偶数场各 312.5 行。扫描顺序是先偶后奇，交替传送，每秒显示 50 场（帧）。光栅扫描的缺点是冗余时间长，分辨率不如随机扫描方式；但由于电视技术业已成熟，计算机系统中除高质量图形显示器外，大部分字符、图形、图像显示器都采用光栅扫描方式。

（3）字符显示器　字符显示器是计算机系统中最基本的输出设备，主要用于显示文字、数字和符号。利用显示设备上附设的键盘，向计算机直接输入信息，将字符显示在荧光屏上。字符显示器能在屏幕上同时显示数字和曲线，所以兼有数字仪表示值精确易读和模拟仪表反映变化趋势的优点。它的反应速度比模拟仪表快，信息显示量比数字仪表大。最常用的显示器件是 CRT。

CRT 显示器的主体是 CRT 显像管，它是一种漏斗形电真空器件，由真空管、电子枪、聚焦系统、偏转线圈和荧光屏组成。电子枪包括灯丝、阴极、控制（栅）极、第一阳极（加速阳极）、第二阳极（聚焦极）和第三阳极。当灯丝加热后，阴极受热而发射电子，电子的发射量和发射速度受控制极控制。电子经加速、聚焦而形成电子束，在第三阳极形成的均匀空间电位作用下，使电子束高速射到荧光屏上；荧光屏上的荧光粉受电子束的轰击产生亮点，其亮度取决于电子束的轰击速度、电子束电流强度和荧光粉的发光效率。电子束在偏转系统控制下，在荧光屏的不同位置产生光点，由这些光点可以组成各种所需的字符、图形和图像。

彩色 CRT 与单色 CRT 的原理是相似的，只是对彩色 CRT 而言，通常用 3 个电子枪发射电子束，经定色机构，分别触发红、绿、蓝 3 种颜色的荧光粉发光，按三基色叠加原理形成彩色图像。

在显示屏幕上每个字符行一般要显示多个字符，最多可达到 80 个。为了在扫描过程中能及时获得各个字符窗口需显示的字符，应将这些欲显示字符的 ASCII 码预先存入一个存储器中，通常称它为刷新存储器或视频存储器（VRAM）。字符显示器中的 VRAM 通常分成两部分，一部分用来存放显示字符的 ASCII 码，每个字符占一个字节；另一部分用来存放显示属性。在单色显示器中，显示属性一般包括显示色、底色、是否增辉（加亮）、是否闪烁等。在彩色显示器中，显示属性还应表明颜色的类型等。如果每个字符的显示属性也需要一个字节的话，那么 VRAM 的容量应为 4kB。

由于荧光屏上的字符由光点组成，而 VRAM 中存放的是 ASCII 码，因此，必须有一个部件能将每个 ASCII 码转变为一组 5 × 7 或 7 × 9 的光点矩阵信息。具有这种变换功能的部件叫作字符发生器，它实质是一个 ROM。字符点阵的多少取决于对显示字符的质量要求和字符块的大小。字符块是指在显示屏幕上每个字符所占的点阵数，通常称作字符窗口，它应包含字符本身所占点阵和字符之间的间隔所占点阵。显然，每个字符窗口所占点阵数越多，显示的字符越清晰，显示质量越高。

CRT 控制器通常都做成专用芯片，它可接收来自 CPU 的数据和控制信号，并给出访问 VRAM 的地址和访问字符发生器的光栅地址，还能给出 CRT 所需的水平同步和垂直同步信号等。该芯片的定时控制电路要对显示每个字符的光点数、每排（字符行）字（7×9 点阵）数、每排行（光栅行）数和每场排数计数。因此，芯片中需配置点计数器、字计数器（水平地址计数器）、行计数器（光栅地址计数器）和排计数器（垂直地址计数器），这些计数器用来控制显示器的逐点、逐行、逐排、逐幕的刷新显示，还可以控制对 VRAM 的访问和屏幕间扫描的同步。

（4）图形显示器　图形显示器是用点、线（直线和曲线）、面（平面和曲面）组合而成的平面或立体图形的显示设备，并可作平移、比例变化、旋转、坐标变换、投影变换（把三维图形变为二维图形）、透视变换（由一个三维空间和另一个三维空间变换）、透视投影（把透视变换和投影变换结合在一起）、轴侧投影（三面图）、单点透视、两点或三点透视以及隐线处理（观察物体时把看不见的部分去掉）等操作。

目前图形显示器最常用的也是光栅扫描方式，其基本原理与字符显示器类似，只是图形显示器的 VRAM 中存放的不是字符的 ASCII 码。光栅扫描图形显示器主要包括程序缓冲存储器、VRAM 以及数据差分分析器（Digital Difference Analyses，DDA）。程序缓冲存储器用来存放由主机送来的显示文件和交互式图形操作命令。交互式图形操作命令用来接收由输入设备（如键盘）指定的对图形的操作性质和操作位置，如图形的局部放大、平移、旋转、比例变换及图形检索等。VRAM 用来存放一帧图形的形状信息，用以不断刷新屏幕，使输出连续。VRAM 的地址和屏幕的地址一一对应，例如，屏幕的分辨率为 1024×1024 像素，则 VRAM 就要有 1024×1024 个单元；屏幕上像素的灰度为 256 级，则 VRAM 的每个单元的字长就是 8 位。可见 VRAM 的容量直接取决于显示器的分辨率和灰度级。DDA 位于程序缓冲存储器和 VRAM 之间，它是一种进行数据插补的硬件，其作用是把显示文件变换为像素信息，即根据显示文件给出的曲线类型和坐标值，生成直线、圆、抛物线乃至更复杂的曲线。插补后的数据存入 VRAM 用于显示。此外，对于数字化的图像数据也可直接输入 VRAM，不经 DDA 等图形控制部分便可用来显示图像。

光栅扫描图形显示器的优点是通用性强，灰度层次多，色调丰富，显示复杂图形时无闪烁现象，所产生的图形有阴影效应、隐藏面消除、涂色等功能。它的出现使图形学的研究从简单的线条图扩展到丰富多彩、形象逼真的各种立体及平面图形，从而扩大了计算机图形学的应用领域。

（5）图像显示器　图像的概念与图形的概念不同。图形是用计算机表示和生成的图，称作主观图像。在计算机中表示图形，只需存储绘图命令和坐标点，没有必要存储每个像素点；而图像所处理的对象多半来自客观世界，即由摄像机摄取下来存入计算机的数字图像，这种图像称作客观图像。由于图像数字化后逐点存储，因此图像处理需要占用非常庞大的主存空间。

图像显示器通常采用光栅扫描方式，其分辨率为 256×256 像素或 512×512 像素；与图形显示器兼容的图像显示器可达 1024×1024 像素，灰度级可达 64～256。

图像显示器除了能存储从计算机输入的图像并在屏幕上显示外，还具有灰度变换、窗口技术、真彩色和伪彩色显示等图像增强技术功能。

• 灰度变换：可使原始图像的对比度增强或改变。

• 窗口技术：在图像存储器中，每个像素有 2048 级灰度值（11 位），而人的肉眼一般只能分辨到 40 级。但是如果从 2048 级中开一个小窗口，并把这一窗口范围内的灰度级取出，使之变换为 64 级显示灰度，就可以使原来被掩盖的灰度细节充分地显示出来。

• 真彩色和伪彩色：真彩色是指真实图像色彩显示，采用色还原技术，彩色电视即属这一类。肉眼对黑白的分辨只有几十级灰度，但却能分辨出上千种颜色。利用伪彩色处理技术可以人为地对黑白图像进行染色，如把水的灰度染为蓝色、把植被的灰度染为绿色、把土地的灰度染为黄色等，使图像增强。

图像显示器除了具有上述图像增强功能外，还具有几何处理功能，如：

• 图像放大：对图像可进行 2、4、8 倍放大。

• 图像分割或重叠：可在 CRT 的局部范围显示一幅图像的部分或全部，或进行图像重叠。

• 图像滚动：使图像显示的顺序发生变化，进行水平和垂直两个方向的滚动。

图 8-2 所示是一种简单的图像显示器原理框图，它仅显示由主机送来的数字图像，图像处理操作在主机中完成，显示器不做任何处理。其中接口、VRAM、模 / 数与数 / 模变换等组成单独的一个部分，称作图像输入控制板或视频数字化仪，其功能是实现连续的视频信号与离散的数字量之间的转换。图像输入控制板将接收摄像机的视频输入信号，经模 / 数变换为数字量存入 VRAM 用于显示，并可传送到主机进行图像处理操作。处理后的结果送回 VRAM，又经数 / 模变换成视频信号输出，由监视器进行显示输出（监视器只包括扫描、视频放大等与显示有关的电路及显像管），也可以接入电视机的视频输入端来代替监视器。显然，通用计算机配置一块图像输入控制板（又称图像卡）和监视器就能组成一个图像处理系统。

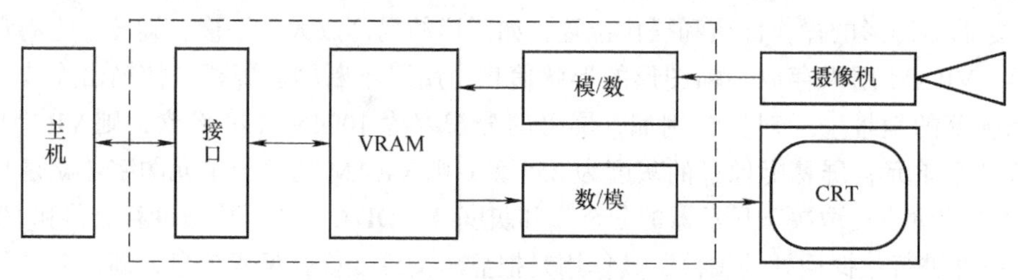

图 8-2 简单的图像显示器原理框图

（6）IBM PC 系列微型机的显示标准 IBM PC 系列微型机配套的显示系统有两大类：一类是基本显示系统，用于字符/图形显示；另一类是专用显示系统，用于高分辨率图形或图像显示。这里仅介绍几种基本的显示标准。

1）MDA 标准。MDA 是单色字符显示系统的显示控制接口板。MDA 显示标准采用 9 × 14 点阵的字符窗口，满屏显示 80 列 × 25 行字符，对应分辨率为 720 × 350 像素。MDA 不能兼容图形显示。

2）CGA 标准。CGA 是彩色图形 / 字符显示系统的显示控制板，其特点是可以兼容字符与图形两种显示方式。在字符方式下，字符窗口为 8 × 8 点阵，因而字符质量不如 MDA，但是字符的背景可以选择颜色；在图形方式下，可以显示 640 × 200 两种颜色或 320 × 200 四种颜色的彩色图形。

3）EGA 标准。EGA 标准的字符窗口为 8 × 14 点阵，字符显示质量优于 CGA 而接近 MDA。图形方式下分辨率为 640 × 350 像素，有 16 种颜色，彩色图形的质量优于 CGA，而且兼容原 CGA 和 MDA 的各种显示方式。

4）VGA 标准。VGA 本来是 IBM PS/2 系统的显示标准，后来把按照 VGA 标准设计的显示控制板用于 IBM PC/AT 和 386 等微型机系统。在字符方式下，字符窗口为 9 × 16 点阵；在图形方式下，分辨率为 640 × 480 像素、16 种颜色，或 320 × 200 像素、256 种颜色。改进型的 VGA 显示控制板（如 TVGA）的图形分辨率可达到 1024 × 768 像素、256 种颜色。

习惯上，将 MDA、CGA 称作 PC 机的第一代显示标准，EGA 是第二代，VGA 是第三代。

分辨率选择的主要依据是所需颜色深度和 VRAM 的容量。在不同分辨率下显示不同颜色深度所需的最小 VRAM 容量见表 8-1。

表 8-1　不同分辨率下显示不同颜色深度所需的最小 VRAM 容量

分辨率 / 像素	不同颜色深度所需的最小 VRAM 容量 /B			
	16	256	6400	16700000
640 × 480	150K	300K	600K	900K
800 × 600	234K	469K	938K	1.4M
1024 × 768	384K	768K	1.5M	2.3M
1280 × 1024	640K	1.3M	2.6M	3.8M
1600 × 1200	937K	1.9M	3.8M	5.6M

2. 打印设备

打印设备和显示器一样，是计算机系统中最常用的输出设备之一。打印设备可将计算机运行结果输出记录在纸上，并能长期保存，是一种硬拷贝设备。

各类计算机系统中使用的打印设备品种繁多，性能各异，结构上的差别也很大。根据打印设备的不同特点，可有多种不同的分类方法：

• 根据印字原理的不同，可分为击打式打印机和非击打式打印机。击打式打印机是利用机械动作使印字机构与色带和打印纸撞击而打印出字符的，其打印的速度慢、噪声大，但印字质量尚好，成本较低。非击打式打印机是利用电、磁、光、喷墨等物理或化学方法来实现印字功能的，如静电打印机、热敏打印机、喷墨打印机、激光打印机等，它们具有印字速度快、质量高和噪声低等优点，但结构复杂，大都需要特殊纸张，成本较高。

击打式打印机又分为活字式打印机和点阵针式打印机。活字式打印机将字符“刻”在印字机构表面，印字机构的形状有圆柱形、球形、菊花瓣形、鼓轮形、链形等。点阵针式打印机是利用打印钢针组成的点阵来表示字符的。与活字式打印机相比，点阵针式打印机的控制机构简单，字形变化多样，且能打印汉字，因而是应用最广泛的一类打印机。

• 按工作方式可分为串行打印机和行式打印机两种。串行打印机是逐字打印的，行式打印机是逐行打印的，因而行式打印机的速度比串行打印机快。

• 按打印纸的宽度可分为宽行打印机和窄行打印机。此外还有能够输出图形 / 图像的打印机，具有彩色效果的彩色打印机等。

目前，市面上常见的打印机有以下几种：

（1）点阵针式打印机　点阵针式打印机作为最早出现的一种打印设备，为我们的工作作出了很大的贡献。由于它只能打印点阵图形和字符，所以现在已经不被人们列入考虑范围之内了；但事实上，只要稍加留意就会发现，点阵针式打印机仍然在许多领域内发挥着巨大的作用，扮演着至少在现阶段还无可替代的角色。点阵针式打印机之所以仍有如此顽强的生命力，主要归功于其具有的一些特殊乃至独具的功能，如标签打印、票据与存折打印等，并且性能稳定、维护简便、耗材少、价格低，这些正符合银行、保险、邮政等行业的打印业务需求，因而也就在相关领域内得到了广泛的应用。

点阵针式打印机的印字原理是由打印针印出 $n \times m$ 个点阵来组成字符或图形。显然，点越多，印字质量越高。西文字符点阵通常有 5×7、7×7、7×9、9×9 几种，汉字点阵采用 16×16、24×24、32×32 和 48×48 多种。为了减少打印头制造的难度，串行点阵打印机的打印头中只装有一列 m 根打印针，每根针可以单独驱动（意味着最多可以并行驱动 m 根打印针），印完一列后打印头沿水平方向移动一步微小距离，n 步以后，可形成一个 $n \times m$ 点阵的字符。之后又照此逐个字符地进行打印。

点阵针式打印机由打印头、横移机构、输纸机构、色带机构和相应的控制电路组成，如图 8-3 所示。

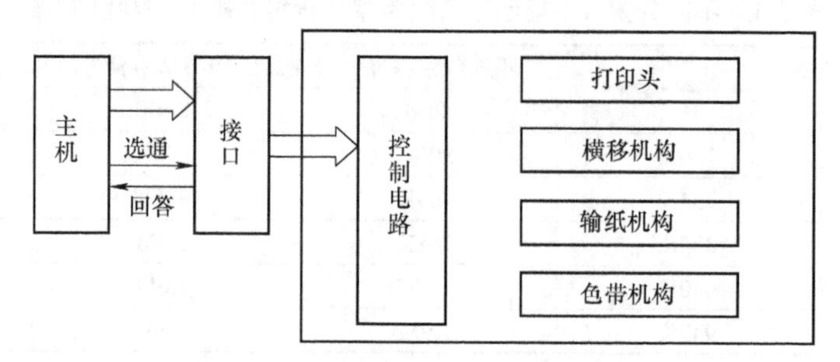

图 8-3　点阵针式打印机结构框图

打印头由打印针、永磁铁、衔铁等组成。图 8-4 所示是打印头和 7×9 点阵字符的打印格式。

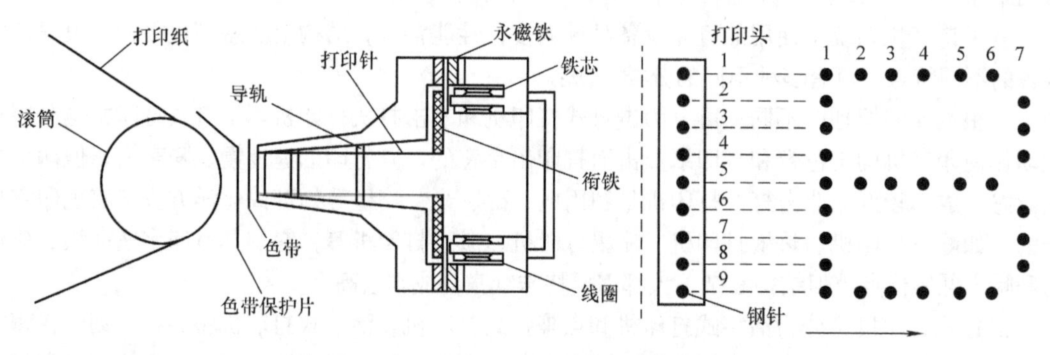

图 8-4　打印头和 7×9 点阵字符的打印格式

打印针由钢针或合金材料制成。钢针数与打印机型号有关，有 7 针、9 针，在打印位置垂直排列；也有双列 14（2×7）针或双列 24（2×12）针，交错排列，可同时打印两列点阵。打印头固定在托架上，托架可横向移动。

输纸机构由步进电动机驱动，每打印完一行字符，按所给的要求走纸，走纸的步距由字符行间距离决定。色带的作用是供给色源，同复写纸的作用一样，在打印过程中色带不断移动，以改变受击打的位置，避免破损。驱动色带不断移动的装置称为色带机构。点阵针式打印机中多用环形色带，装在一个塑料的带盒内，色带可以随打印头的动作自动循环。

打印控制器与显示控制器类似，主要包括字符缓冲存储器、字符发生器、时序控制电路和接口。打印机被主机启动后，在接收代码时序器控制下，功能码判别电路开始接收从主机送来的欲打印字符的字符代码（ASCII 码）。首先判断该字符是打印字符码还是控制功能码（如回车、换行、换页等），若是打印字符码，则送至缓冲存储器，直到把字符缓冲存储器装满；若是控制功能码，则打印控制器停止接收代码并转入打印状态。打印时首先启动打印时序器，并在它控制下，从字符缓冲存储器中逐个读出打印字符码，再以该字符码作为字符发生器 ROM 的地址码，从中选出对应的字符点阵信息（字符发生器可将 ASCII 码转换成打印字符的点阵信息）。然后在列同步脉冲计数器控制下，将一列列读出的字符点阵信息送至打印驱动电路，驱动电磁铁带动相应的钢针进行打印。每打印一列，固定钢针的托架就要横移一列距离，直到打印完最后一列，形成 $n \times m$ 点阵字符。当一行字符打印结束、换行打印或缓存内容全部打印完毕时，托架就返回到起始位置，并向主机报告，请求打印新的数据。

上面介绍的点阵针式打印机是串行点阵针式打印机，打印速度约每秒 100 个字符。在中、大型计算机中，为提高打印速度，通常配备行式点阵打印机。行式点阵打印机是将多根打印针沿横向（而不是纵向）排成一行，安装在一块梳形板上，每根针均由一个电磁铁驱动。例如，44 针行式打印机沿水平方向均匀排列 44 根打印针，每个针负责打印 3 个字符，则打印行宽为 $44 \times 3=132$ 列字符。在打印针往复运动中，当到达指定的打印位置时，激励电磁铁驱动打印针执行击打动作。梳形板向右或向左移动一次则打印出一行印点，当梳形板改变运动方向时，输纸机构使纸移动一个印点间距，再打印下一行印点。如此重复多次，即可打印出一行完整的字符。

（2）激光打印机　激光打印机是激光、微电子和机械技术的综合应用，它是一种将激光扫描技术与电子照相技术相结合的非击打式打印输出设备，其打印速度之快、打印质量之高是其他打印机所无法比拟的。

激光打印机的组成框图如图 8-5 所示，可以看出，激光打印机由接口部分、激光扫描系统和电子照相系统 3 部分组成。

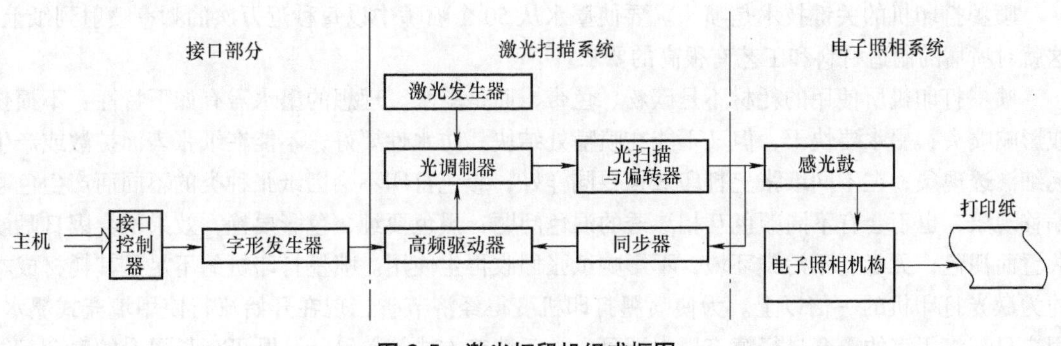

图 8-5　激光打印机组成框图

接口部分包含接口控制器和字形发生器。接口控制器接收由计算机输出的二进制字符编码及其他控制信号；字形发生器可将二进制字符编码转换成字符点阵脉冲信号。

激光扫描系统由激光发生器、光调制器、光扫描与偏转器、高频驱动器和同步器等几部分组成。激光发生器是激光打印机的光源。激光是某些物质在受激时发出的一种强辐射光，它不仅光强度极高，而且具有很好的单色性和方向性，经聚焦透镜可聚集成极细的激光束。光调制器有机械调制、电光调制和声光调制等多种方式，目前使用较多的是声光调制器。声光调制器利用声光效应，不同频率的超声波能使入射的激光束产生“0”级和“1”级衍射光。光扫描与偏转器控制光路系统，以便在感光体的指定位置上形成扫描光点。同步器利用“0”级衍射光控制高频驱动器的启停，以控制字符或图像间的距离等。

电子照相系统由感光鼓和电子照相机构组成。感应鼓也称受光器，或直接称为鼓。鼓通常呈圆柱体，表面极为光滑。在接触到激光前，鼓的表面被静电滚筒均匀地充电，当激光束投射到鼓的表面的某一个点时，这个点的静电便被释放掉，这样在鼓的表面便产生了一个不带电的点。鼓以一种相对缓慢但又绝对恒定的速度旋转，使激光能够在鼓的表面形成连续的、没有空隙的纵向投射。这样旋转镜的横向移动与鼓的纵向移动使激光在鼓的表面“写”出了一个人们看不见的、不带静电的图像。

（3）喷墨打印机　喷墨打印机是串行非击打式打印机，它已连续数年在市场上获得很高的销售增长率。喷墨打印机的主要优点是经济实惠，打印效果好，噪声低，使用低电压，不产生臭氧，有利于保护办公室环境等。特别是彩色喷墨打印机，其充分发挥了喷墨打印的最大优点，以其低廉的价格、缤纷绚丽的色彩，使彩色打印输出设备迅猛发展。据不完全统计，彩色输出设备中，彩色喷墨打印机已占有 80% 的市场。

由于各著名的生产厂所掌握的喷墨专利技术不同，喷墨打印机可分为以下 3 类产品：

- HP 喷墨打印机：其采用喷嘴后方加热设计，使在喷嘴管内的墨水能经由加热过程的体积变化所产生的推力而自行从喷嘴喷出。
- CANON 喷墨打印机：其采取气泡喷墨原理，经由喷嘴管壁上的加热器产生气泡，使气泡前端的墨水被膨胀的气泡挤出喷嘴。
- EPSON 喷墨打印机：其采取压电式喷墨技术，它以薄膜压电振荡器产生的高频振荡，激发墨水自喷嘴向外喷射。

以 HP 公司的喷墨打印机为例，它采用热感喷墨技术，墨水与打印头集成为一体。这种喷头底部有 50 个细微的小孔，分成两列，每个孔的直径约为头发丝直径的一半。墨水从这些微孔（喷嘴）中以每秒数千次的高频喷射，它具有 300DPI 的输出效果，对打印纸没有特殊要求，既可用一般的复印纸，也可以打印在透明的胶片上。

喷墨打印机的关键技术是喷头。要使墨水从 50 个喷嘴中以每秒近万次的频率喷射到纸上，这就对喷嘴的制造材料和工艺有很高的要求。

喷墨打印机所使用的耗材不是碳粉、色带，而是墨水。理想的墨水需有如下特性：不损伤或影响喷头；墨水要快干，但又不能在喷嘴处结块；防水性要好，不能在纸张表面扩散或产生毛细渗透现象；在不同纸张上打印效果要同样好；彩色打印不会因纸张种类的不同而产生色彩偏移现象，也不会有不同颜色互相渗透的混色问题；黑色要纯，色彩要艳，效果不会因日晒或久置而褪色；无毒、不污染环境、不影响纸张回收再生使用。喷墨打印机的不足是其耗材成本约为激光打印机的一倍以上。为使喷墨打印机变得经济节省，现在开始流行使用填充式墨水，用户只需将用完的墨盒自行填充墨水即可。由于填充方式简单易行，既可延长墨盒的寿命又能减少丢弃空盒造成的环境污染，并可将耗材的费用减少 1/2 以上，因而很受用户的欢迎。

3. 绘图仪

计算机不仅可以输出字符 / 汉字以及用字符或点阵组成的图形，而且还可以输出复杂、精确的线画图形，这种图形由直线、曲线所构成，在产品设计、建筑工程等领域的计算机辅助设计和辅助制造中有非常重要的应用。

（1）绘图仪的工作原理　绘图仪一般是采用增量法来生成图形的，计算机发出 X 和 Y 两个方向的走步线画，绘图仪上 X 和 Y 两个方向上的步进电动机接收到这种电脉冲信号后，产生一定的位移，这个位移称为一个步距，以此驱动绘图画笔绘出图形。

由于绘图画笔的运动是由 X 方向和 Y 方向的两个步进电动机驱动的，所以画笔有 4 个基本运动方向（$+X$；$-X$；$+Y$；$-Y$）和 4 个基本方向（$+X$，$+Y$；$+X$，$-Y$；$-X$，$-Y$；$-X$，$+Y$）。如果再加上抬笔和落笔 2 个动作，那么绘图仪共有 10 个基本动作。

符合 8 个基本方向的直线段可以由绘图仪画笔准确画出，不符合这 8 个基本方向的直线段和曲线段可由基本方向产生的小直线段的组合来逼近画出，这样绘制的直线或曲线自然不是一条光滑的线条，而是一条阶梯形的折线。如果使每次移动的步距很小，那么，人的肉眼看起来就会感到是光滑的。一般绘图笔笔尖直径在 0.1mm 以上，只要步距不超过 0.02mm，即保持笔尖直径为步距的 5 倍，则折线的棱角就能被线宽所遮盖，从而使线条保持光滑。通常使用插补算法来使画笔移动的步距所组成的折线尽量逼近直线和曲线。所谓插补算法，主要是根据所画图形的基本参数，计算出逼近该图形的一段段直线，一边计算结果，一边输出各个走向的步进脉冲信息。

（2）绘图仪的组成　绘图仪按其结构形式可分为滚筒式和平台式两种：

滚筒式绘图仪的绘图纸通过两端链轮固定在滚筒上，随滚筒旋转，由此来确定 X 方向的位置；绘图笔架沿滚筒轴向移动，从而确定 Y 方向的位置。滚筒的旋转和笔架的移动一般由两个步进电动机分别驱动。绘图笔装在笔架上，根据绘图命令，由控制电路控制笔的起落。这类绘图仪绘图幅面大，但速度慢，精度不高。

平台式绘图仪又叫 X-Y 绘图仪，如图 8-6 所示。平台式绘图仪绘图速度快，精度高，对绘图纸没有特殊要求，应用广泛。其组成可分成机械与控制电路两大部分：机械部分由绘图平台、传动机械、绘图笔及绘图纸固定装置等组成；控制电路接收主机的命令和数据，控制绘图仪的机械传动系统进行绘图操作。

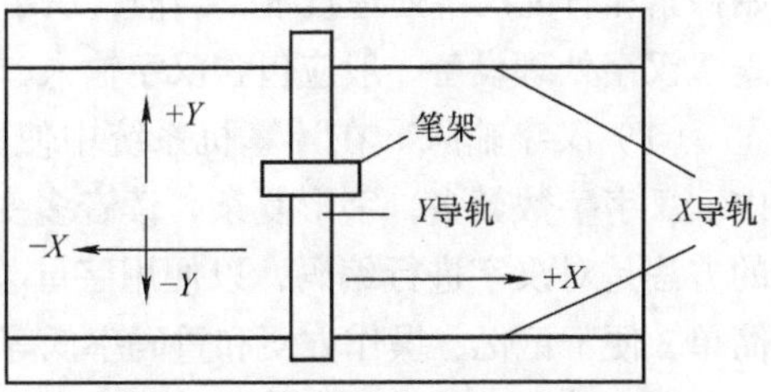

图 8-6　平台式绘图仪示意图

8.1.4　其他 I/O 设备

1. 调制解调器

（1）概述　目前使用的计算机一般是数字计算机，即在计算机中处理的是数字信号；而普通电话线上传输的是音频信号，用普通电话线传输数字信号的效率是很低的。为了能用普通电话线进行计算机通信，应当把要发送的数字信号先调制（Modula）成音频信号，送到目的地后再解调（Demodula）成数字信号，完成这一功能的设备称为调制解调器（Modulator-Demodulator，Modem）。由于一台计算机既要接收信号，又要发送信号，所以 Modem 既有调制功能，又有解调功能。Modem 是目前利用电话线路进行网络连接的重要设备。采用 Modem 进行计算机通信的示意如图 8-7 所示。

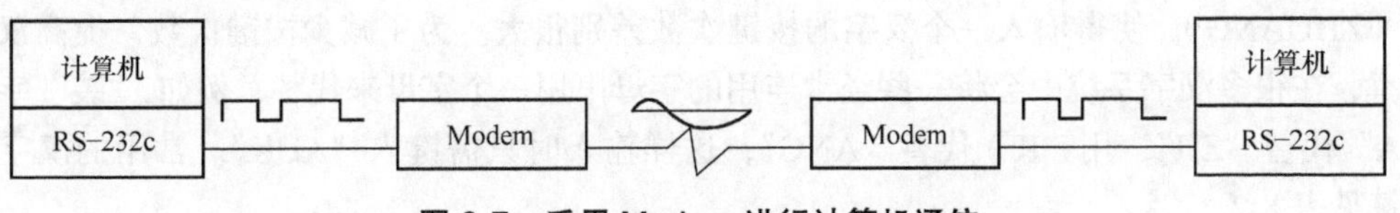

图 8-7　采用 Modem 进行计算机通信

采用 Modem 的另一个优点是可以实现多路复用，即把多路信号调制在一起，同时在一条线路上传送，到目的地后，通过解调将所需的信号分离出来。

（2）Modem 的技术性能和通信标准

1）传输速率是衡量 Modem 性能好坏的最重要指标。所谓传输速率，是指 Modem 发送或接收数据的速度，通常称为波特率（Baud Rate），其单位是 bit/s（每秒传送的位数）如一个 9600bit/s 的 Modem 每秒可以传送 9600 位（1200 字节）数据。

2）Modem 的通信标准一般可分为调制技术、差错控制和数据压缩 3 种。

调制技术是最重要的 Modem 通信标准。在通信过程中，通信双方使用的调制技术必须具有相同的标准。在众多的调制解调标准中，占主流的是美国标准和欧洲标准。美国标准是美国电话电报公司（AT&T）的贝尔实验室建立的标准。欧洲标准指的是 CCITT（国际电报电话咨询委员会，是一个颁布通信标准的国际标准委员会）指定的一系列通信标准，是全世界都遵循的主要标准。

任何通信过程都会受到线路噪声的干扰，传输速率越高所受干扰越大，从而造成无用信息（乱码）出现或信息丢失。差错控制是通信双方通过协议检测传送的信息，发送错误会进行重发并保证不会多次接收同一个信息。因此，通信双方的 Modem 必须支持相同的差错控制标准。目前被广泛使用的差错控制标准是 Microsoft 公司的网络协议 MNP（Microcom Networking Protocol）和 CCITT 标准。

多数 Modem 都支持某种数据压缩技术，以提高 Modem 的信息吞吐量。目前重要的数据压缩标准有 MNP 和 CCITT 的 V.42。

2. 汉字处理设备

汉字处理技术对于我国开拓计算机的应用领域是非常重要的，我国从 20 世纪 60 年代就开始探索和研究汉字处理技术，当前，汉字处理技术已成为一门新的学科。

汉字处理设备一般应包含汉字输入、汉字存储和汉字输出 3 部分：

（1）汉字输入　在计算机系统中使用汉字，首先遇到的问题是如何将汉字输入到计算机内。汉字字数繁多，字形复杂，读音多变，若像西文字符一样直接用键盘输入比较困难，可行的方法是对汉字进行编码，以便用字母、数字串替代汉字输入。对汉字编码的基本要求是规则简单、便于记忆、操作方便和重码率低等。

汉字编码方法主要有数字编码、拼音编码和字形编码 3 类：

1）数字编码就是用数字串代表一个汉字的输入，常用的是国标码和区位码，也有的用电报码。使用区位码输入汉字时，必须根据 GB 2312—1980《信息交换用汉字编码字符集—基本集》，先查出汉字对应的代码，然后才能输入。相关内容可参考 2.2.4 节。

数字编码的优点是无重码，但是每个汉字的编码都是一串等长的数字，很难记忆。

2）拼音编码是以汉语拼音为基础的，凡是掌握汉语拼音的用户，都可以方便地使用这种编码输入汉字，因此是一种比较受欢迎的编码方法。但是由于汉字中的同音字多，输入重码率比较高，因此按拼音输入后还必须进行同音字的选择，影响了汉字输入速度；而且各汉字的拼音码的长度不同，最短的拼音码只有 1 位，例如“鹅”（E），而最长的拼音码有 6 位，例如“装”（ZHUANG），使得输入一个汉字的按键次数差别很大。为了减少按键次数，提高汉字输入效率，在很多汉字系统中会将一些经常连用的字母串用一个字母来代替，例如，“装”字可以用“A”代替“ZH”，用“K”代替“ANG”，这样输入时只需键入“AUK”。常用的汉字拼音代替键见表 8-2。

表 8-2　汉字拼音代替键

拼音	代替键	拼音	代替键
AI	L	ENG	G
AN	J	ING	Y
ANG	K	SH	U
AO	H	UNG	S
CH	I	ZH	A
EN	F	IJ	Y

3）字形编码是根据汉字字形进行编码。由于汉字都是由一笔一画构成的，而笔画又是有限的，而且汉字的结构（又称部件）也可以归结为几类，因此，把汉字的笔画和部件用字母和数字编码后，再按笔画书写顺序依次输入，就能表示出一个汉字。目前最常用的是五笔字型编码。

五笔字型是按照汉字的笔画特征，将基本笔画分成 5 类，见表 8-3。再按照汉字结构特征，将汉字分成 4 种字形，见表 8-4。然后选用使用频率高的常用结构，如王、土、田等，构成汉字的基本结构，对它们进行编码，见表 8-5。

表 8-3 汉字笔画编码

笔画名称	横	竖	撇	捺	折
笔画形状	一	丨	丿	丶	乙
笔画编码	1	2	3	4	5

表 8-4 汉字字形编码

字形	左右型	上下型	包围型	单体型
编码	1	2	3	4

表 8-5 汉字基本构件编码

横类	竖类	撇类	捺类	折类
王千夫	目上止	禾久竹	言文方	心乙
士十于	日虫	白斤手	立广礻	子卩
大厂石	口	月用	水不	女刀九
木寸西	田四酉	人八亻	火小米	巳马尸
艹开丁	山贝门	金鸟勹	之又宀	纟弓七

于是利用汉字的 5 种笔画、4 种字形和 25 种基本构件，按照汉字的书写顺序，可以对汉字进行编码。

采用这种字形编码方法可使用普通的标准西文键盘。输入汉字时，首先将汉字拆成基本构件，然后按书写顺序找出各个基本构件和字形的编码，最多按 4 次键便可输入一个汉字。这是一种输入效率比较高的编码。

除此之外，还有字音编码法，其是将汉字的形、音相结合的混合编码方式。为了提高输入速度，又发展了词组输入、联想输入等输入方法。随着计算机技术的不断发展，利用语音或图像识别技术，可直接将汉语或文本输入计算机，使计算机既能识别汉字，又能听懂汉语，并将其自动转换成内码。

（2）汉字存储 汉字存储包括两个方面：一是汉字内码存储，二是汉字字形码存储。

1）汉字内码是汉字信息在机内存储、交换、检索等过程中所使用的机内代码，实际上是指汉字的国标码，它比字形码要短得多，每个汉字只需用两个字节来表示。使用汉字内码字符时，应该注意和英文字符区别开，否则将造成混乱。英文字符的机内代码是 7 位 ASCII 码，字节的最高位为“0”，而汉字内码的两个字节的最高位均为“1”。当使用编辑程序输入汉字时，存储到磁盘上的文件就是用内码表示汉字的。

2）汉字字形码是用点阵表示汉字字形的代码，也称为字模码，它是汉字输出时必须提供的编码。根据对汉字质量的不同要求，可有 16×16、24×24、32×32 或 48×48 的点阵结构。点阵越大，输出汉字的质量越高。存储每个汉字所需的字节数越多，存储国标码中包含的 6763 个汉字的字库容量越大，见表 8-6。

表 8-6 汉字字形码的存储容量比较

字形	点阵（行 × 列）	每个汉字的字节数	汉字库总容量 /KB
简易型	16 × 16	32	240
普通型	24 × 24	72	540
提高型	32 × 32	128	960
精密型	48 × 48	288	2150

汉字库用来存放汉字字形码，可用 ROM 构成的汉字库叫硬字库，它不占用主存空间；由磁盘构成的汉字库叫软字库，使用时需从磁盘调入主存中。汉字库存放汉字点阵字节的方式各不相同，以 16×16 的点阵为例，存放一个汉字就要占用 32 个字节，在汉字库中按行顺序存储，称作行点阵字节，每行两个字节。而 24×24 的点阵共 72 个字节，在汉字库中按列顺序存储，称作列点阵字节，每列 3 个字节。

（3）汉字输出　汉字输出有显示输出和打印输出两种形式。汉字输出时，从汉字库中找到该汉字的点阵字节，送至输出设备即可。由于 16×16 的点阵是按行排列的，适合于显示屏幕直接使用，如果需要打印，必须进行横向到纵向的转换后才能送入打印机打印输出。而 24×24 的点阵是按列排列的，专供打印机使用。

8.2 I/O 接口

8.2.1 接口的概念

主机与外界的信息交换是通过 I/O 设备进行的。一般的 I/O 设备都是机械的或机电相结合的，例如常规的 I/O 设备有键盘、显示器、打印机、扫描仪、鼠标等，它们相对于高速的 CPU 而言，速度要慢很多。此外，不同 I/O 设备的信号形式、数据格式也各不相同。因此，I/O 设备不能与 CPU 直接相连，而需要通过相应的电路来完成它们之间的速度匹配、信号转换，并完成某些控制功能。

通常把介于主机与 I/O 设备之间的一种缓冲电路称为 I/O 接口电路，简称 I/O 接口（Interface）。对于主机，I/O 接口提供了 I/O 设备的工作状态及数据；对于 I/O 设备，I/O 接口记忆了主机送给 I/O 设备的一切命令和数据，从而使主机与 I/O 设备之间可以协调一致地工作，如图 8-8 所示。

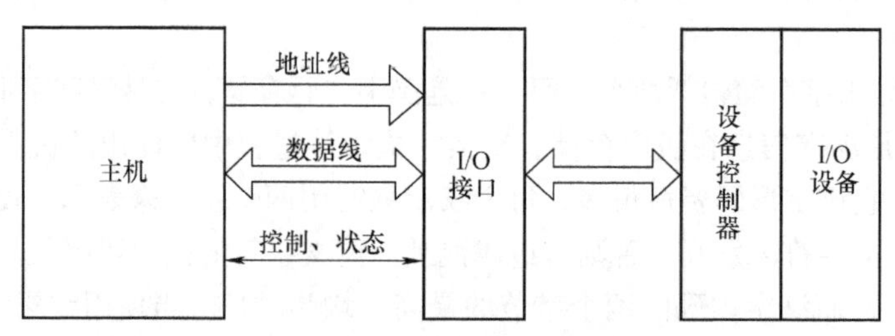

图 8-8　I/O 设备与主机的连接

8.2.2 主机与 I/O 设备的信息交换

1. 交换信息的类型

主机与 I/O 设备之间交换的信息可分为数据信息、状态信息和控制信息 3 类。

（1）数据信息　数据信息又分为数字量、模拟量和开关量 3 种形式：

1）数字量。数字量是计算机可以直接发送、接收和处理的数据，例如由键盘、显示器、打印机及磁盘等 I/O 设备与 CPU 交换的信息，它们是以二进制形式表示的数或以 ASCII 码表示的数符。

2）模拟量。当计算机应用于控制系统中时，输入的信息一般为来自现场的连续变化的物理量，如温度、压力、流量、位移、湿度等，这些物理量通过传感器并经放大处理得到模拟电压或电流，而且这些模拟量必须先经过模 / 数转换后才能输入计算机。反之，计算机输出的控制信号都是数字量，也必须先经过数 / 模转换，把数字量转换成模拟量才能进行现场控制。

3）开关量。开关量表示两个状态，如开关的断开与闭合、机器的运转与停止、阀门的打开与关闭等。这些开关量通常需要经过相应的电平转换才能与计算机相连接。开关量只用 1 位二进制数即可表示。

（2）状态信息　状态信息作为CPU与I/O设备之间交换数据时的联络信息，反映了当前I/O设备所处的工作状态，是 I/O 设备通过接口送往 CPU 的。CPU 通过对 I/O 设备状态信号的读取，可得知输入设备的数据是否准备好、输出设备是否空闲等情况。

对于输入设备，一般用准备就绪（READY）信号的高低来表示待输入数据是否准备好；对于输出设备，则用忙（BUSY）信号的高低来表示输出设备是否处于空闲状态，如为空闲状态，则可接收 CPU 输出的信息，否则 CPU 要暂停送数。因此，状态信息能够保障 CPU 与 I/O 设备正确地进行数据交换。

（3）控制信息　控制信息是 CPU 通过接口传送给 I/O 设备的，CPU 通过发送控制信息设置 I/O 设备（包括接口）的工作模式、控制 I/O 设备的工作。例如，I/O 设备的启动信号和停止信号就是常见的控制信息。实际上，控制信息往往随着 I/O 设备的具体工作原理不同而含义不同。

在接口中，这 3 种信息分别存放在不同的寄存器中。

2. 交换信息的方式

I/O 设备的工作过程是其与主机交换信息的过程。纵观各种计算机系统，主机与各种 I/O 设备之间交换信息的方式可归纳为以下 4 种：

（1）程序直接控制方式　程序直接控制方式通过程序来控制主机和 I/O 设备的数据交换。在程序中安排相应的 I/O 指令，直接向 I/O 接口传送控制命令，从 I/O 接口取得 I/O 设备和接口的状态，根据状态来控制 I/O 设备和主机的信息交换。

（2）程序中断控制方式　程序中断控制方式的基本思想是，当 CPU 需要进行输入输出时，先执行相应的 I/O 指令，将启动命令发送给相应的 I/O 接口和 I/O 设备，然后 CPU 继续执行其他程序。

（3）直接存储器访问方式　直接存储器访问（Direct Memory Access）方式简称为 DMA 方式，主要用于高速设备（如磁盘、磁带等）和主机的数据传送。这类高速设备采用成批数据交换方式，且单位数据之间的时间间隔较短。DMA 方式需用专门的硬件（DMA 控制器）来控制总线进行数据交换。

（4）通道和 I/O 处理器方式　对于大型计算机系统，为了获得 CPU 和 I/O 设备之间更高的并行性，也为了让种类繁多、物理特性各异的 I/O 设备能以标准的接口连接到系统中，通常采用自成独立体系的通道结构或 I/O 处理器。在进行主存和 I/O 设备之间的信息传送时，CPU 执行自己的程序，两者完全并行。

8.2.3　接口的功能

接口逻辑部件通常做成标准化部件，对应不同的输入 / 输出控制方式有不同的标准接口。当然，不同的 CPU，其标准接口也不同。

典型的接口通常具有如下功能：

1）识别设备并传送主存中的数据地址。

2）输入 / 输出功能。接口能按照读写信号从总线上接收 CPU 送来的数据和控制信息，或把数据和状态信息送到总线上。

3）数据缓冲功能。CPU 与 I/O 设备的速度往往不匹配，为消除速度差异，接口应提供数据缓冲功能。

4）数据转换功能。不同 I/O 设备的信息格式不同，与主机的信息格式也不同，接口可以完成任何要求的数据转换，例如并—串转换、串—并转换、正负逻辑的转换等，因此数据能在 I/O 设备和 CPU 之间正确地进行传送。

5）传送主机命令，反映设备的工作状态。

除上述功能外，接口还应具有检错纠错功能、中断功能、时序控制功能。

8.2.4 接口的结构

为实现上述功能，通用 I/O 接口应具有如图 8-9 所示的基本结构。

1. 设备地址识别电路

设备地址识别电路能识别出自身的设备地址，一旦某接口的设备选择电路有输出，它便可以控制这个设备，并通过命令线、状态线和数据线与主机交换信息。

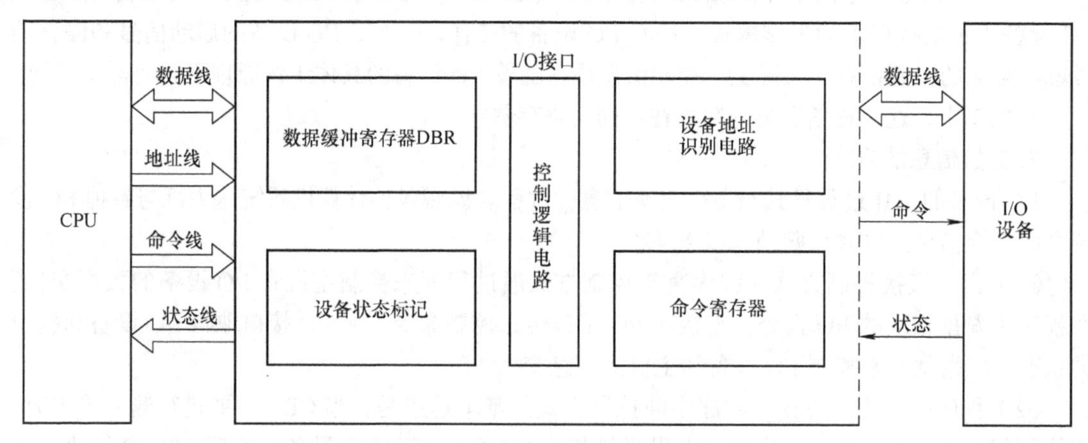

图 8-9 通用 I/O 接口的基本结构

2. 命令寄存器

命令寄存器用来存放 I/O 指令中的命令码，它受设备选中信号控制。命令线和所有接口电路的命令寄存器相连，只有被选中设备的设备选中信号有效，命令寄存器才可接受命令线上的命令码。

3. 数据缓冲寄存器

数据缓冲寄存器（Data Buffer Register，DBR）用来暂存 I/O 设备与主机准备交换的信息，它与 I/O 总线中的数据线是相连的。每个接口中的数据缓冲寄存器的位数可以各不相同，它取决于各类 I/O 设备的不同需要。

4. 设备状态标记

接口中需设置一些反映设备工作状态的触发器。例如，用完成触发器和工作触发器来标志设备所处的状态。接口电路中一般还设有中断请求触发器，当其为“1”时，表示该 I/O 设备向 CPU 发出中断请求。

所有状态标记触发器都与 I/O 总线中的状态线相连。此外，不同的 I/O 设备，其接口电路中还可根据需要增设一些其他状态标记触发器，如“出错”触发器，或配置一些校验电路等。

8.2.5 接口的编址方式

计算机控制系统中，CPU 与存储器和 I/O 接口进行数据交换时，涉及 CPU 与哪一个 I/O 接口芯片的哪一个端口联系，以及从存储器的哪一个单元联系的地址选择的问题，即寻址问题。这涉及 I/O 接口的编址方式，通常可以采用统一编址和单独编址两种方式进行编址。

1. 统一编址方式

统一编址是指把 I/O 接口当作存储器的单元进行地址分配，存储器和 I/O 接口共用统一的地址空间。在这种方式下，CPU 不需设置专门的 I/O 指令，用统一的访问存储器的指令就可访问 I/O 端口。该方式的优点是，主机可以采用完全相同的方式访问主存和 I/O 设备，使 CPU 访问 I/O 的操作更灵活、更方便。该方式的缺点是，端口占用了存储器地址，使主存容量变小，另外，利用存储器编址的 I/O 设备进行数据 I/O 操作的执行速度较慢。

2. 单独编址方式

单独编址是指 I/O 端口地址与存储器地址无关，它们在两个独立的地址空间中。在这种方式下，CPU 需要设置专门的 I/O 指令访问端口。其主要优点是，I/O 端口地址不占用存储器地址空间，主存的利用率高，用户可以使用主存空间而不受可连接 I/O 设备数量的影响，而且 I/O 指令与访存指令有明显区别，程序编制清晰、便于理解。其缺点是，指令系统中必须设置 I/O 指令来完成 I/O 操作功能，增加了控制的复杂性，程序设计的灵活性较差。

以上两种对 I/O 设备的编址方式各有利弊。一般来说，主存空间是非常宝贵的资源，对于允许连接的 I/O 设备不是很多的计算机系统，宜采用统一编址方式，它对主存空间的占用不会很多，而且能缩小指令系统的规模；而对于 I/O 设备足够多的计算机系统，宜采用单独编址方式。

8.3　程序直接控制方式

程序直接控制方式的特点是I/O过程完全处于CPU指令控制下，即I/O设备的有关操作（如启、停、传送开始等）都要由 CPU 指令指定。在典型情况下，I/O 操作在 CPU 寄存器与 I/O 设备（或接口）的数据缓冲寄存器间进行,I/O 设备不直接访问主存，而是采用程序直接控制方式。I/O 设备与 CPU 的数据传送通常有两种方式，一种是无条件传送方式，一种是条件传送方式。

8.3.1　无条件传送方式

无条件程序直接控制方式下的 I/O 传送时，CPU 像对存储器读写一样，完全不管 I/O 设备的状态如何。具体的操作步骤大致如下：

1）CPU 把一个地址送到地址总线上，经译码选择一台特定的 I/O 设备。

2）输入时，CPU 等待数据总线上出现数据；输出时，CPU 向数据总线送出数据。

3）输入时，CPU 发出读命令，从数据总线上将数据读入 CPU 的寄存器中；输出时，CPU 发出写命令，将数据总线上的数据写入 I/O 设备的数据缓冲寄存器。

这种传送方式一般适合于对采样点的定时采样或对控制点的定时控制等场合。可以根据 I/O 设备的定时，将 I/O 指令插入程序中，使程序的执行与 I/O 设备同步。因此，这种传送方式也称为程序定时传送方式或同步传送方式。

无条件程序直接控制方式是所有传送控制方式中最简单的，它需要的硬件和软件数量极少。

8.3.2　条件传送方式

对于一些较复杂的 I/O 接口，往往有多个控制、状态和数据寄存器，对 I/O 设备的控制必须在一定的状态条件下才能进行。通过在专门的查询程序中安排相应的 I/O 指令，由这些指令直接从I/O接口中取得I/O设备和接口的状态，如“就绪（READY）”“忙（BUSY）”“完成（DONE）”等，根据这些状态来控制I/O设备和主机的信息交换。这是一种通过程序查询接口中的状态来控制数据传送的方式，也被称为程序查询方式。

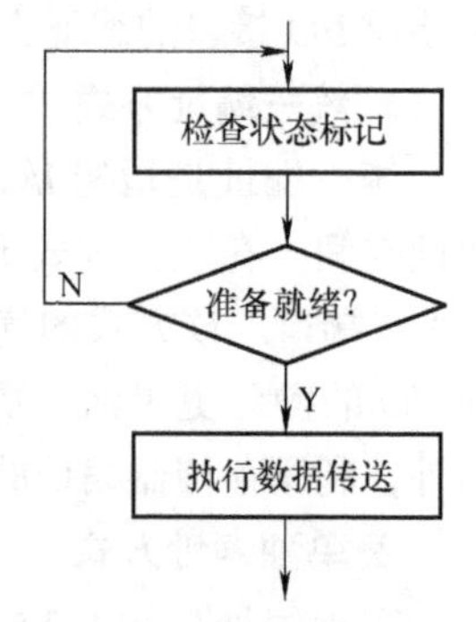

图 8-10 某个 I/O 设备的查询流程

1. 程序查询流程

在程序查询方式中，在执行一次有效的数据传送操作之前，必须对I/O设备的状态进行查询，如果I/O设备准备就绪，才能执行数据传送操作。图8-10所示为对某个I/O设备进行查询的流程。

当I/O设备较多时，CPU需要按照各个I/O设备在系统中的优先级别进行逐级查询。图8-11所示为对多个I/O设备的逐级查询流程，设备的优先级别是1～N降序排序。

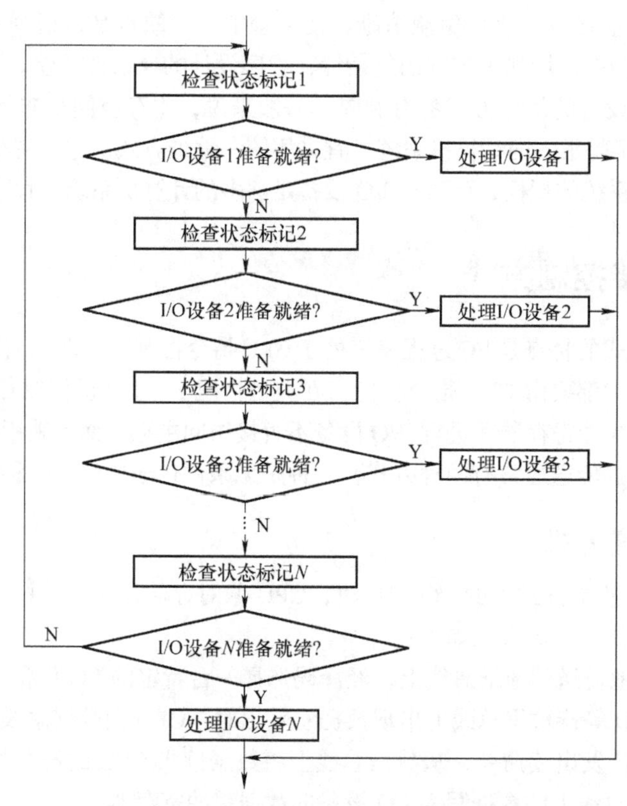

图 8-11 多个 I/O 设备的逐级查询流程

程序查询方式是利用程序控制实现CPU和I/O设备之间的数据传送的。程序执行的操作如下（其中第1项～第3项为准备工作）：

1）由于这种方式传送数据时要占用CPU中的寄存器，故首先需将寄存器原内容保护起来。

2）由于传送的常常是一组数据，因此需要预先设置主机与I/O设备交换数据的计数值。

3）设置欲传送数据在主存缓冲区的首地址。

4）启动I/O设备。

5）将I/O接口中的设备状态标记取至CPU，并测试I/O设备是否准备就绪。如未准备就绪，则等待，不断查询，直到准备就绪为止。当准备就绪时，就可实现传送。对输入而言，准备就绪意味着接口电路中的数据缓冲寄存器已装满欲传送的数据，称为输入缓冲满，CPU 即可从接口电路中取走数据；对输出而言，准备就绪意味着接口电路中的数据已被 I/O 设备取走，称为输出缓冲空，这样 CPU 可再次将数据送到接口，设备可再次从接口接收数据。

6）CPU 执行 I/O 指令，或从 I/O 接口的数据缓冲寄存器中读出一个数据，或把一个数据写入 I/O 接口中的数据缓冲寄存器内，同时把接口中的状态标记复位。

7）修改主存地址。

8）修改计数值。将计数值设置为负数补码，每传送一个数据自动加 1。

9）判断计数值。若计数值不为 0，表示该组数据尚未传送完毕，重新启动 I/O 设备继续传送；若计数值为 0，表示该组数据已经传送完毕。

10）结束 I/O 传送，继续执行其他操作。

图 8-12 所示为以光电输入机为例的程序查询方式的程序流程。

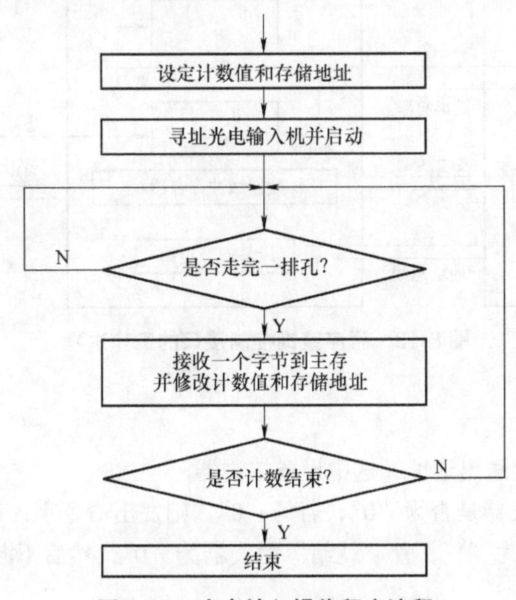

图 8-12　光电输入操作程序流程

程序查询方式的优点是控制简单，只需要很简单的硬件支持，有几个相关的寄存器和计数器就可以实现。然而，如图 8-12 所示，在整个数据块的输入过程中，CPU 约有 99% 的时间处于查询等待状态而不能进行任何其他操作，即主机与 I/O 设备处于串行工作状态。显然，这种传送控制方式对于 CPU 来说效率是很低的。

2. 程序查询方式的接口电路

如前面所述，接口是总线与 I/O 设备之间的一个逻辑部件，它作为一个转换器，用以保证 I/O 设备用计算机系统特性所要求的形式发送和接收信息。由于主机和 I/O 设备之间进行数据传送的方式不同，因而接口逻辑部件的结构也相应有所不同。程序查询方式的接口最简单。

（1）接口电路的组成　程序查询方式的接口电路应包括设备选择电路、数据缓冲寄存器和设备状态位 3 部分。

1）设备选择电路。连接到总线上的每个设备预先都给定了设备地址码。CPU 执行 I/O 指令时需要把指令中的设备地址送到地址总线上，用以指示 CPU 要选择的设备。每个设备接口电路都包含一个设备选择电路，用它来判别地址总线上呼叫的设备是不是本设备。如果是，本设备就进入工作状态；否则，不予理睬。设备选择电路实际上是设备地址的译码器。

2）数据缓冲寄存器。当输入操作时，用数据缓冲寄存器来存放从I/O设备读出的数据，然后送往CPU；当输出操作时，用数据缓冲寄存器来存放CPU送来的数据，以便送给I/O设备输出。

3）设备状态位（标志）。设备状态位是接口中的标志触发器，如“忙”“就绪”“错误”等，用以标志设备的工作状态，以便接口对I/O设备进行监视。一旦CPU用程序询问I/O设备，就将状态位信息取至CPU进行分析。

（2）程序查询控制接口的工作过程　下面以输入数据为例说明程序查询控制接口的工作过程，如图8-13所示。

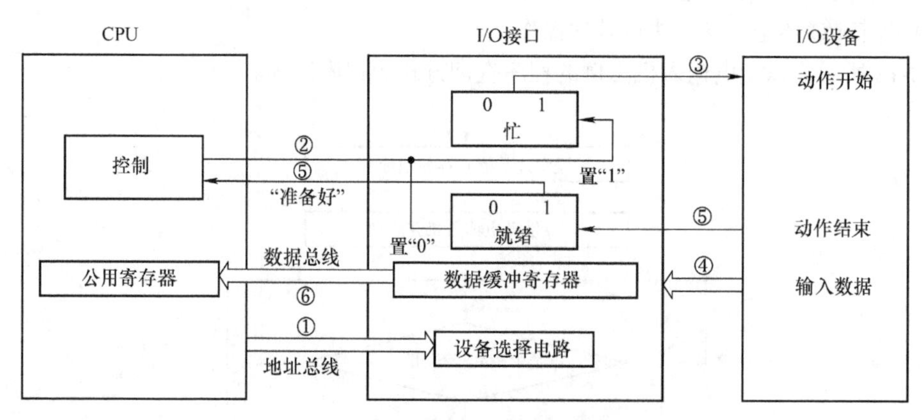

图8-13　程序查询控制接口的工作过程

该接口的工作步骤如下：

① CPU向地址总线上送出地址，选中设备控制器。

② CPU看“忙”触发器是否为“0”，若为“0”，则发出命令字，请求启动I/O设备进行数据输入，置“忙”触发器为“1”，置“就绪”触发器为“0”，然后不断检测“就绪”触发器何时变为“1”。

③ I/O接口接到CPU的命令字之后，立即启动I/O设备工作，开始输入数据。

④ I/O设备启动后将输入数据送入数据缓冲寄存器。

⑤ I/O设备完成数据输入后，置“就绪”触发器为“1”，通知CPU已经“READY”（准备好）。

⑥ CPU从I/O接口的数据缓冲寄存器中读入该输入数据，同时将状态标志位复位。

8.4　程序中断方式

8.4.1　中断的基本概念

“中断”概念的出现，是计算机技术发展史上的一个重大变革。在实际应用中，很多事件是非寻常或非预期的。当这样的紧要事件发生时，CPU应暂停当前正在执行的程序，先转去处理紧要事件的子程序；紧要事件处理结束后，恢复原来的状态，再继续执行原来的程序。这种对紧要事件的处理方式，称为程序中断（Interrupt）控制方式，简称中断控制或中断。通常把实现这种中断控制功能的软硬件技术称为中断技术。

中断的分类方式有很多：

1）按中断源是在主机之内还是主机之外分类，可分为内部中断和外部中断。内部中断是指中断源来自主机内部，如运算出错、程序调试和软件中断等；外部中断来自主机之外，如 I/O 设备、实时时钟和硬件故障产生的中断等。

2）按中断对 CPU 的打扰情况分类，可分为程序中断和简单中断。CPU 要用专门的中断服务程序为中断源服务，并且在服务前要进行断点和现场的保护，在服务后要进行现场和断点恢复的中断。这种中断就是一般所说的中断，是大多数中低速 I/O 设备以及内中断常用的中断方式。

当这种中断发生时，相应的请求源只是请求 CPU 的正常程序暂停一下，通常称为总线请求或 DMA 请求。暂停的目的是把主存和接口的数据通路让给请求源使用（即总线使用权），使得能在主存和请求源之间直接进行一次数据传送。当这次传送结束后，请求源立即把使用权归还给 CPU，接着运行刚才暂停的程序。这个暂停时间通常一次一个存取周期。

3）按寻找中断服务程序入口的实现方法分类，可分为向量中断和非向量中断。向量中断也称为矢量中断，中断服务程序入口由中断源自己提供。非向量中断的服务程序入口由 CPU 查询得到。

8.4.2 中断的处理过程

1. 中断请求

（1）中断源　能够引起 CPU 中断的原因就是中断源。以下是常见的中断源：

1）I/O 设备。系统中的 I/O 设备都可以设计为以中断方式与主机进行数据交换，从而作为系统的中断源。

2）故障与错误。系统运行中会出现诸如电源掉电、运算出错、非法指令等问题，它们也常采用中断方式请求 CPU 立即处理。

3）实时时钟。系统中的时钟定时电路是必不可少的，若定时时间到，时钟电路就可以通过中断告知主机。

4）程序调试和软件中断。程序调试中常常采用设置中断断点的方法来观察程序运行是否正确；有些机器的指令系统设计有软件中断指令，利用中断机制实现操作系统的功能调用以及程序调试。

（2）中断请求的提出　中断过程从中断源发出中断请求开始。为了让每个中断源都能发出中断请求信号，需要为每个中断源设置一个中断请求标记触发器 INTR。当紧要事件发生时，INTR 置“1”，表示该中断源有中断请求，并一直保持到 CPU 响应该中断请求，才可以将这个中断请求清除。

（3）中断排队的实现　由于中断请求的随机性，有可能出现多个中断源同时（一个指令周期内）发出中断请求的情况，而任何一个中断系统，在任一时刻只能响应一个中断源的中断请求。那么在这种情况下，CPU 究竟应该响应哪一个中断源的中断请求呢？这就需要根据中断源工作性质的重要性、紧迫性，把中断源分成若干等级，以便排出一个处理顺序（称为中断排队），让最紧迫、最重要、处理速度较高的事件优先处理。对于 I/O 设备，可按其速度高低安排，速度高的设备的等级比速度低的设备的等级高。

中断排队可以用硬件排队或软件排队两种方法来实现：

1）硬件排队方式。硬件排队的基本特点是，优先级别高的中断源提出中断请求后，就自动封锁优先级别较低的中断源的中断请求。图 8-14 所示为两种中断排队线路，其中 INTA 为中断响应信号，INT 为中断请求信号。

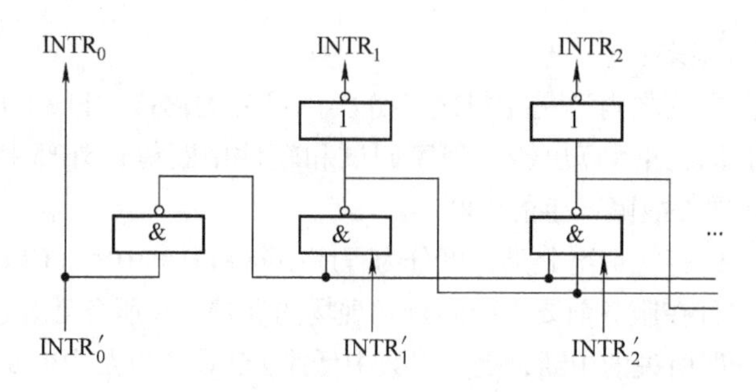

a) 独立请求线的中断排队线路

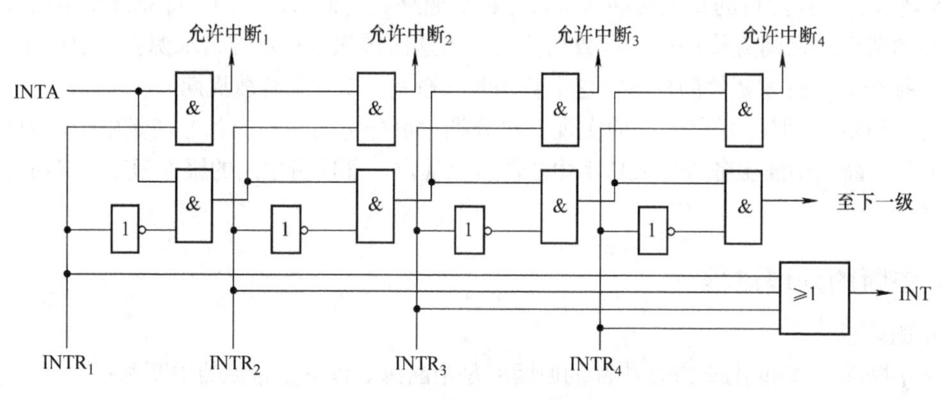

b) 串行优先链的中断排队线路

图 8-14 中断排队线路

2）软件排队方式。软件排队是通过编写查询程序实现的。软件排队的基本做法是，当 CPU 访问到有中断请求时，保留好中断断点后立即进入软件排队程序的入口。从最高优先级的中断请求开始，查询当前产生的是哪一级中断请求。如果查询到了是某一级中断请求，便不再查询其他较低优先级的中断请求，转而去执行这一级的中断服务程序。其软件排队过程如图 8-15 所示。

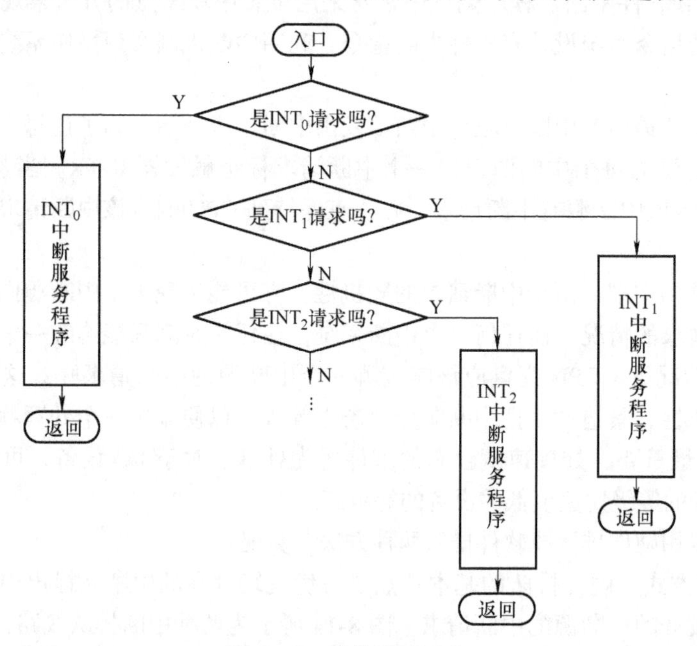

图 8-15 软件排队过程

软件排队方式控制简单，不需要附加硬件；当需要改变中断请求的优先级别时，只需改变一下查询的顺序，最先查询的一定是当前产生的最高级别的中断。但这种方式也存在明显的缺点，就是中断响应的速度慢，而且响应速度不一致。高级别的中断请求能较快地得到响应，而低级别的中断请求需要经过一系列的查询，并且在比它高级别的中断请求均不存在的时候，才能得到响应。因此当系统中的中断级别较多时，其影响更加突出。

（4）多重中断和中断屏蔽　多重中断处理方式是指 CPU 在处理一个中断请求期间，允许被其他优先级别更高的中断打断，从而形成中断嵌套的情况。中断系统若要具有处理多重中断的功能，必须具备两个条件：一是设置“开中断”；二是优先级别高的中断源可以中断优先级别低的中断源。

中断屏蔽就是 CPU 不受理某些中断，使这些中断信号暂不被 CPU“感觉”；但信号仍保留，以便条件允许时再响应。中断屏蔽的方法是在 I/O 设备的各中断线路中设一个屏蔽触发器 IM，CPU 可用指令将其置“1”或置“0”。置“1”时，表示被屏蔽，即封锁该中断源的中断请求；置“0”时，则表示未被屏蔽。

显然，对应每个中断请求触发器就有一个屏蔽触发器，将所有屏蔽触发器组合在一起，便构成一个屏蔽寄存器，屏蔽寄存器的内容称作屏蔽码。屏蔽码与中断源的优先级别是一一对应的，见表 8-7。

表 8-7 是对应 5 个中断源的屏蔽码，每个屏蔽码由左向右排序为第 1、2、3、4、5 位。在中断服务程序中设置适当的屏蔽码，能起到对优先级别不同的中断源的屏蔽作用。例如，1 级中断源的请求已经被 CPU 响应，若在其中断服务程序中设置一个全“1”的屏蔽码，便可保证在执行 1 级中断服务程序过程中，CPU 不再响应任何一个中断源的中断请求；如果在 3 级中断源的服务程序中设置一个屏蔽码 00111，由于第 1、2 位为 0，意味着第 1、2 级的中断源未被屏蔽，因此在开中断指令后，优先级别更高的 1、2 级中断源可以中断 3 级中断源的中断服务程序，实现多重中断。

表 8-7　屏蔽码与中断源优先级的关系

中断源	中断源优先级	屏蔽码				
		D_1	D_2	D_3	D_4	D_5
D_1	1	1	1	1	1	1
D_2	2	0	1	1	1	1
D_3	3	0	0	1	1	1
D_4	4	0	0	0	1	1
D_5	5	0	0	0	0	1

利用屏蔽码还可以任意地改变中断源的优先级别。例如，3 级中断源的中断级别高于 4 级中断源，但若在中断服务程序中设置一个屏蔽码 00101，这样，当 3、4 级中断源同时提出中断请求时，由于 3 级被屏蔽，而 4 级未被屏蔽，CPU 会优先响应 4 级中断源的请求。只有当处理完 4 级中断源的请求后，再设置一个屏蔽码 00011，CPU 才能响应 3 级中断源的请求。

（5）中断的禁止和开放　禁止中断就是 CPU 拒绝任何中断，拒绝的原因是系统处于两个程序的转换过程或正在执行某些不允许中断的程序。例如，CPU 刚响应了一个中断或刚处理完一个中断过程，寄存器内容还没有来得及保存，立即响应新的中断会造成混乱。为了控制是否响应中断，CPU 设置了一个中断允许触发器 EI。执行开中断指令可将 EI 置“1”，执行关中断指令可将 EI 置“0”。

- EI=1：称为中断开放，即 CPU 允许中断。
- EI=0：称为中断禁止，即 CPU 禁止中断。

2. 中断响应

CPU 响应中断的条件有两个：中断源有中断请求（即中断请求标记触发器 INTR=1）；CPU 允许接受中断请求（即中断允许触发器 EI=1）。

一旦 CPU 响应中断的条件得到满足，即开始响应中断，转入响应中断周期。中断响应实际上在计算机中是执行一条隐指令，在该隐指令中 CPU 完成两个功能：一是保存原程序的断点和现场状态；二是转入中断服务子程序。

（1）保存原程序的断点和现场状态　CPU 响应中断之前，需将要执行的下一条指令的地址保存起来，以便返回时能取出该地址，继续执行被中断的程序，这个地址称为断点。另外，CPU 响应中断后，它的累加器、标志寄存器以及一些通用寄存器开始转去为中断服务程序服务，因此，中断处理之前必须将这些寄存器的状态（中断前的现场）保存起来，以便在中断处理结束后，被中断的程序能在原来的现场状态下继续执行。通常，断点保护由中断隐指令完成，而各个寄存器内容的保护则由中断服务子程序开始时通过安排几条指令来完成。

断点和现场状态通常可以保存在 3 个地点：

1）把现场状态存入存储器内指定的地址单元。

2）用堆栈进行保存，如 M6800 就采用这种方式。用堆栈保存现场状态操作简单，允许多重中断。

3）在多组寄存器之间进行切换。例如，Z-80 的 CPU 中有两组寄存器，中断服务子程序和主程序可以各用一组。这种方法执行速度快，但不允许多重中断。

（2）转入中断服务子程序　针对不同的中断源，CPU 要进行的处理不尽相同，因此其对应的中断服务子程序的内容也不同。例如，打印机要求 CPU 将需打印的一行字符代码通过接口送入缓冲存储器中，以供打印机打印；显示设备要求 CPU 将需显示的一屏字符代码通过接口送入显示器的显示存储器中。这些中断服务子程序分别存放在主存的某些地址单元中，因此中断处理的关键是找出这些中断服务子程序的首地址（入口地址）。

寻找中断服务子程序入口地址的方法有很多，它们大多与中断判优结合进行。下面介绍两种常用的方法。

1）硬件向量法。硬件向量法就是利用硬件产生向量地址，再由向量地址找到中断服务子程序的入口地址，而且向量地址是由硬件电路产生的，这个电路可以分散设置在各个接口电路中，也可以设置在 CPU 中。

由向量地址寻找中断服务子程序的入口地址通常采用两种方法。一种如图 8-16 所示，在向量地址内存放一条无条件转移指令，CPU 响应中断，只要将向量地址（如 13H）送入程序计数器（PC），执行该指令，便可转向显示服务子程序的入口地址 300。另一种是设置中断向量表，如图 8-17 所示，在主存中开辟一个区域，将各个中断服务子程序的入口地址按顺序存放在该表中。其中存储单元的地址为向量地址，存储单元的内容为对应中断服务子程序的入口地址，只需访问向量地址所对应的存储单元，即可获得入口地址。

计算机系统中中断向量表的大小取决于 CPU 可接收的中断级别的多少。硬件向量法寻找中断服务子程序入口地址速度快，在现代计算机中被普遍采用。

2）软件查询法。用软件寻找中断服务子程序入口地址的方法称为软件查询法。采用这种方法时，由程序员事先把向量地址编为一段查询程序，即中断引导程序，存放在某一存储空间。每当 CPU 响应中断时，总是使程序转入该中断引导程序。中断引导程序根据一定的顺序查询哪个中断源有中断请求，然后由程序形成相应的中断服务子程序的入口地址，从而转去执行相应的中断服务子程序。

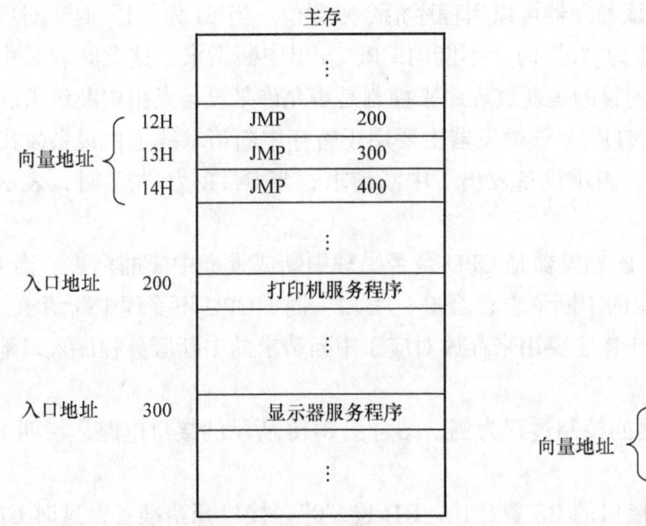

图 8-16　通过向量地址寻找入口地址

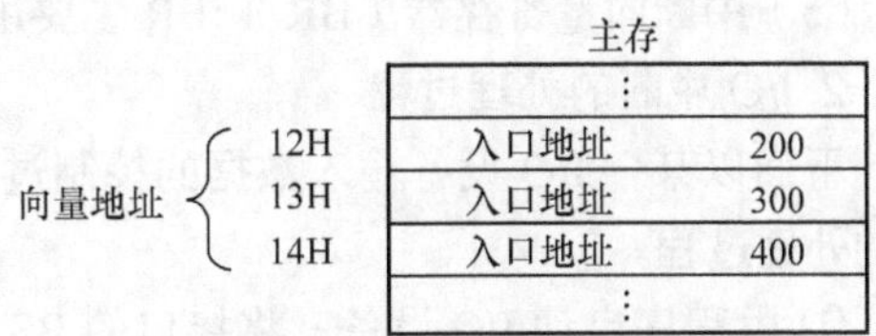

图 8-17　中断向量表

这种方法主要通过软件逐级查询，与硬件向量法相比，响应中断的时间较长，但无需硬件设备。

8.4.3　程序中断方式接口电路和 I/O 中断的处理过程

1. 程序中断方式接口电路

程序中断方式接口电路的基本组成如图 8-18 所示。与程序直接控制方式相比，程序中断控制器中增加了 4 个触发器和 1 个寄存器。

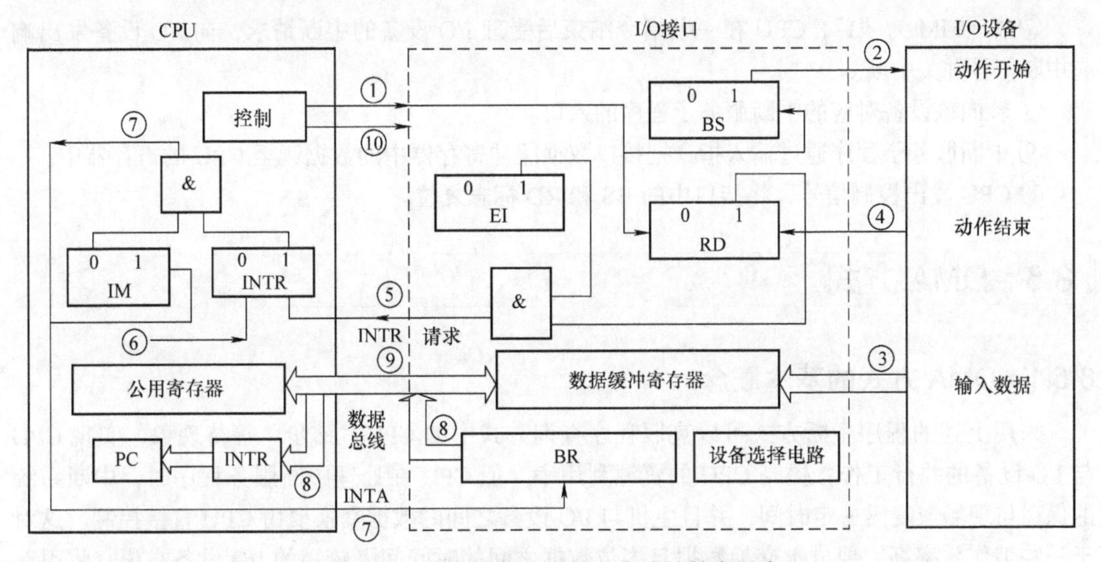

图 8-18　程序中断方式接口电路的基本组成

（1）准备就绪触发器（RD）　当 CPU 需要与 I/O 设备交换数据时，首先发出启动信号，然后 CPU 继续完成其他操作。一旦 I/O 设备做好数据的接收或发送准备工作，便发出一个动作结束信号，将 RD 置为“1”，这个标志实质上就是程序查询方式中的 READY（准备好）标志。在程序中断方式下，该标志主要用作中断源触发器，简称中断触发器。

（2）允许中断触发器（EI） 该触发器可以用程序指令来置位。当 EI 为“1”时，对应设备可以向 CPU 发出中断请求；当 EI 为“0”时，不能向 CPU 发出中断请求，这意味着某中断源的中断请求被禁止。设置 EI 标志的目的是通过程序来控制是否允许某设备发出中断请求。

（3）中断请求标记触发器（INTR） 该触发器主要用于暂存中断请求线上由设备发出的中断请求信号。当 INTR 为“1”时，表示设备发出了中断请求；当 INTR 为“0”时，表示设备没有发出中断请求。

（4）中断屏蔽触发器（IM） 该触发器是 CPU 是否受理中断或批准中断的标志。当 IM 为“0”时，CPU 可以受理与该位对应的中断请求；当 IM 为“1”时，CPU 不受理中断请求。

（5）中断向量寄存器（BR） BR 主要用来存放对应于中断请求的中断服务程序入口地址。

2. I/O 中断的处理过程

下面以某一 I/O 设备输入数据的控制过程为例，结合图 8-18 所示的接口电路，说明 I/O 中断的处理过程。

① 由程序启动 I/O 设备，将接口的 BS 置“1”，RD 置“0”，接口开始准备，这时 CPU 可以继续进行其他工作，实现 I/O 设备与 CPU 的并行工作。

② 接口向 I/O 设备发出启动信号。

③ I/O 设备启动，完成数据的输入，并将输入数据由 I/O 设备传送到接口中的数据缓冲寄存器中。

④ 当设备动作结束或数据缓冲寄存器已满时，I/O 设备向接口送出一个控制信号，将 RD 置“1”，BS 清“0”。

⑤ 当 EI 为“1”时，接口向 CPU 发出中断请求信号。

⑥ CPU 在一条指令执行结束后检查中断请求线，将中断请求线上的请求信号接收到 INTR 中。

⑦ 如果 IM 为“1”，CPU 在一条指令结束后受理 I/O 设备的中断请求，向 I/O 设备发出响应中断信号并关中断。

⑧ 转向该设备对应的中断服务子程序的入口。

⑨ 中断服务子程序通过输入指令把接口数据缓冲寄存器中的数据读至 CPU 的寄存器中。

⑩ CPU 发出控制信号，将接口中的 BS 和 RD 标志复位。

8.5 DMA 方式

8.5.1 DMA 方式的基本概念

采用上述的程序中断方式可以克服程序查询方式中的 CPU“踏步”等待现象，实现 CPU 与 I/O 设备的并行工作，提高 CPU 的资源利用率。但 CPU 在处理中断服务程序时，中断系统的保存与现场恢复需一定时间，并且主机与 I/O 设备之间的数据交换要由 CPU 直接控制。这对于一些工作效率高、要成批交换数据且多位数据之间的时间间隔较短的 I/O 设备来说，将引起 CPU 频繁干预，且 CPU 长时间为 I/O 设备服务，还可能引起数据丢失。

那么是否有可能在 I/O 操作过程中不要 CPU 控制，而在主存和 I/O 设备之间建立一条直接传送数据的通路呢？这种方式就是直接存储器访问（Direct Memory Access，DMA）方式。

采用 DMA 方式必须妥善地解决好一个问题，就是主存与 I/O 设备同是两个被控制对象，它们之间没有相互控制的能力，因此，必须设置一个可替代 CPU 完成控制功能的部件，这个部件就是 DMA 控制器。

DMA 方式是在主存与 I/O 设备之间开辟一条直接数据传送通路，并把传送过程交给 DMA 控制器进行管理。DMA 控制器从 CPU 完全接管对总线的控制，数据交换不经过 CPU，而直接在主存和 I/O 设备之间进行。

DMA 方式的主要优点是速度快。由于 CPU 根本不参与数据传送操作，因此就省去了 CPU 取指令、取操作数、存操作数等操作。在数据传送过程中，也不像程序中断方式那样，需要进行保存现场、恢复现场之类的工作，主存地址修改、传送计数等均由 DMA 控制器实现。所以，DMA 方式能够满足高速 I/O 设备的要求，也有利于 CPU 效率的发挥，因此在包括微型机在内的计算机中被广泛采用。

8.5.2 DMA 传送方式

DMA 技术的出现，使得 I/O 设备可以通过 DMA 控制器直接访问主存，与此同时，CPU 可以继续执行程序。这就需要 DMA 控制器和 CPU 分时使用主存，通常采用的方法如图 8-19 所示。

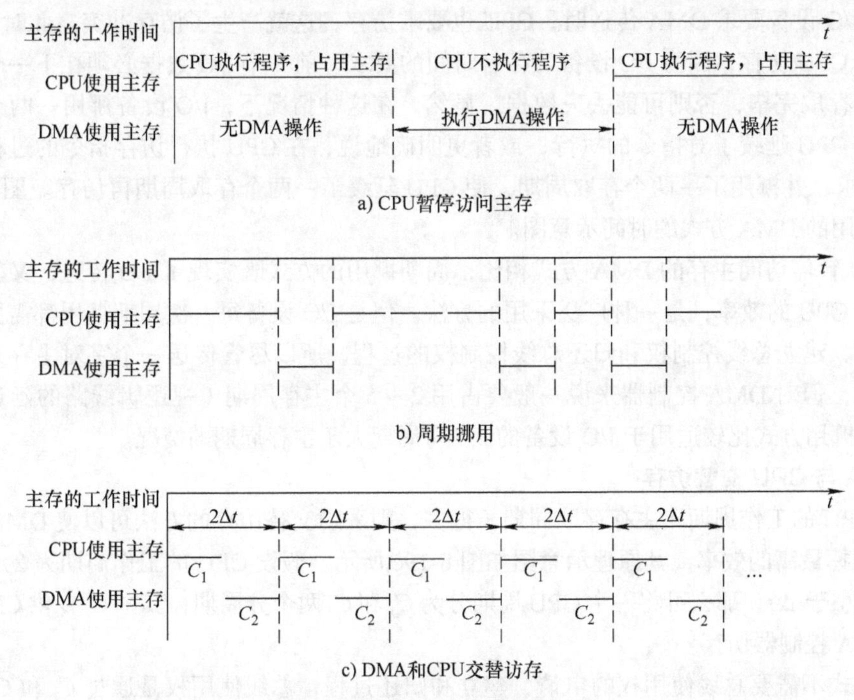

图 8-19　DMA 的 3 种传送方式

1. CPU 暂停访问主存

对 CPU 来说，一般 DMA 的优先级高于中断。CPU 暂停访问主存就是用 DMA 信号迫使 CPU 暂时让出对总线的控制权。具体地说，当 I/O 设备要求传送一批数据时，由 DMA 控制器向 CPU 发一个请求信号，请求 CPU 暂时放弃对地址总线、数据总线和有关控制总线的控制权，由 DMA 控制器来控制数据传送。一直到整个数据块交换完毕，DMA 控制器再把总线控制权归还给 CPU。图 8-19a 所示为该方式的时间示意图。

这种方式的优点是控制简单，适用于数据传输率很高的 I/O 设备进行成组数据的传送。缺点是在 DMA 控制器访存阶段，CPU 基本处于不工作或者保持状态。CPU 和主存的效能没有充分发挥，相当一部分主存工作周期是空闲的，这是因为 I/O 设备传送两个数据之间的间隔一般总是大于主存存储周期，即使高速 I/O 设备也是如此。例如，软盘读出一个 8 位二进制数大约需要 32μs，而半导体存储器的存取周期要远远小于 1μs。为此，在 DMA 控制器中，一般设有一个小容量存储器，使 I/O 设备首先同小容量存储器进行数据交换，然后由小容量存储器与主存交换数据。这可以减少 DMA 传送数据时占用总线的时间，即可减少 CPU 的暂停工作时间。

2. 周期挪用

周期挪用方式又称作周期窃取方式。在这种方式中，当 I/O 设备没有 DMA 请求时，CPU 按程序要求访问主存；一旦 I/O 设备有 DMA 请求，则由 I/O 设备挪用或窃取总线使用权一个或几个主存周期。

I/O 设备请求 DMA 传送时可能会遇到 3 种情况：

1）CPU 此时不需要访问主存。例如，CPU 正在执行乘法指令，由于乘法指令执行时间较长，故 I/O 设备访存与 CPU 访存没有冲突，即 I/O 设备挪用一两个存取周期对 CPU 执行程序没有任何影响。

2）I/O 设备要求 DMA 传送时，CPU 正在访存，此时必须待存取周期结束，CPU 才能将总线使用权让出。

3）当 I/O 设备要求 DMA 传送时，CPU 也要求访存，这就产生了访存冲突。此时 I/O 设备访存优先于 CPU 访存，因为 I/O 设备访存有时间的要求，前一个 I/O 数据必须在下一个访存请求到来之前存取完毕，否则可能丢失数据。显然，在这种情况下，I/O 设备挪用一两个存取周期，意味着 CPU 延缓了对指令的执行；或者更明确地说，在 CPU 执行访存指令的过程中插入了 DMA 请求，并挪用了一两个存取周期，使 CPU 延缓了一两个存取周期再访存。图 8-19b 所示为周期挪用的 DMA 方式的时间示意图。

与 CPU 暂停访问主存的 DMA 方式相比，周期挪用的方式既实现了 I/O 传送，又较好地发挥了主存和 CPU 的效率，是一种广泛采用的方法。但是 I/O 设备每一次周期挪用都需要有申请总线控制权、建立总线控制权和归还总线控制权的过程，所以尽管传送一个字对主存来说仅占用一个周期，但对 DMA 控制器来说一般要占用 2 ~ 5 个主存周期（视逻辑线路的延迟而定）。因此，周期挪用方式比较适用于 I/O 设备的读 / 写周期大于主存周期的情况。

3. DMA 与 CPU 交替访存

如果 CPU 的工作周期比主存存取周期长得多，则采用交替访存的方法可以使 DMA 传送和 CPU 同时发挥最高的效率，其原理示意图如图 8-19c 所示。假设 CPU 的工作周期为 $2\Delta t$，主存的存取周期小于 Δt，那么可将一个 CPU 周期分为 C_1 和 C_2 两个分周期，其中 C_1 专供 CPU 访存，C_2 专供 DMA 控制器访存。

这种方式不需要总线使用权的申请、建立和归还过程，总线使用权是通过 C_1 和 C_2 分时控制的。CPU 和 DMA 控制器各自有独立的访存地址寄存器、数据寄存器和读 / 写信号。事实上，总线变成了 C_1 和 C_2 控制下的一个多路转换器，其总线控制权的转移几乎不需要什么时间，所以对 DMA 传送来说效率是很高的。

这种传送方式又称为透明的 DMA 方式。在这种方式下工作，CPU 既不停止主程序的运行，也不进入等待状态，是一种高效率的工作方式。

8.5.3 DMA 控制器的组成及功能

1. DMA 控制器的基本组成

DMA 控制器实际上是采用 DMA 方式的 I/O 设备与系统总线之间的接口电路。这个接口电路是在中断接口的基础上再加上 DMA 机构组成的，习惯上将 DMA 方式的接口电路称为 DMA 控制器。

图 8-20 所示为一个最简单的 DMA 控制器的组成框图。它由以下逻辑部件组成：

（1）主存地址寄存器　主存地址寄存器主要用于存放主存中需要交换的数据的地址。在 DMA 传送前，须将传送的数据从主存中的起始地址（首地址）送到主存地址寄存器；而当 DMA 传送时，每交换一次数据，需将主存地址寄存器内容加“1”，从而以增量的方式给出主存中要交换的一批数据的地址，直到一批数据传送完毕。

（2）字计数器　字计数器主要用于记录传送数据块的长度（也就是传送多少字数）。其内容也是在数据传送之前由程序预置的，交换的字数通常以补码的形式表示。在 DMA 传送过程中，每传送一个字，字计数器加“1”，直到计数器为“0”，即最高位产生进位时，表示这批数据传送完毕。这将会引起 DMA 控制器向 CPU 发出中断请求信号。

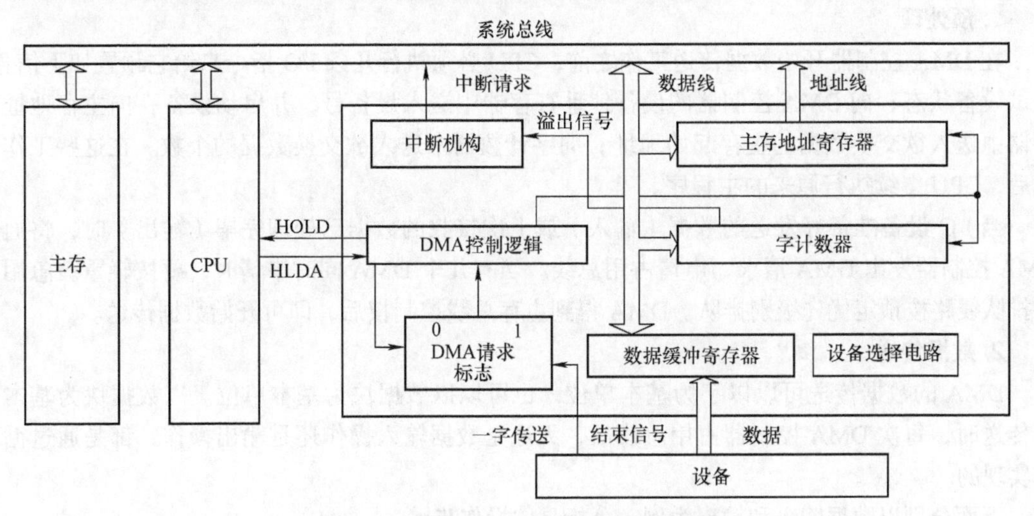

图 8-20　简单的 DMA 控制器组成框图

（3）数据缓冲寄存器　数据缓冲寄存器主要用于暂存每次传送的数据（一个字）。通常 DMA 接口与主存之间采用“字”传送，而 DMA 与 I/O 设备之间可能是“字节”或“位”传送。

（4）DMA 请求标志　每当 I/O 设备准备好一个数据字后给出一个控制信号，使 DMA 请求标志置“1”。该标志置位后向 DMA 控制逻辑发出 DMA 请求，DMA 控制器又向 CPU 发出总线使用权的请求（HOLD），CPU 响应此请求后发回响应信号（HLDA），DMA 控制逻辑接收此信号后发出 DMA 响应信号，使 DMA 请求标志复位，为交换下一个字做好准备。

（5）DMA 控制逻辑　由控制电路、时序电路和状态标志寄存器组成，用于负责管理 DMA 的传送过程。它是 DMA 控制器的指挥中心。

（6）中断机构　当字计数器溢出（全“0”）时，意味着一批数据交换完毕，由“溢出信号”触发中断机构，通过中断机构向 CPU 发送中断请求，请求 CPU 完成 DMA 操作的后处理。必须注意的是，这里的中断与之前介绍的 I/O 中断的技术相同，但中断的目的不同，前面是为了数据的输入或输出，而这里是为了报告一批数据传送结束。因此它们是 I/O 系统中不同的中断事件。

2. DMA 控制器的功能

DMA 控制器是独立于 CPU 的一个部件，随着各种超大规模集成电路的推广应用，DMA 控制器已经成为一个独立的集成电路芯片，广泛地应用于各种微型机系统中。利用 DMA 方式传送数据时，数据的传输过程完全由 DMA 控制器控制，因此 DMA 控制器应具有如下几个功能：

1）向 CPU 申请 DMA 传送。

2）在 CPU 允许 DMA 工作时，处理总线控制权的转交，避免因进入 DMA 工作而影响 CPU 正常活动或引起总线竞争。

3）在 DMA 期间管理系统总线，控制数据传送。

4）确定数据传送的起始地址和数据长度，修正数据传送过程中的数据地址和数据长度。

5）在数据块传送结束时，给出 DMA 操作完成的信号。

8.5.4 DMA 的工作过程

DMA 的数据传送过程可分为预处理、数据传送和传送后处理 3 个阶段。

1. 预处理

在 DMA 控制器开始数据传送工作之前，CPU 必须执行几条 I/O 指令来给它预置如下信息：测试设备状态；向 DMA 控制器的设备地址寄存器中送入设备号，并启动设备；向主存地址寄存器中送入欲交换数据的主存起始地址；向字计数器中送入欲交换数据的个数。在这些工作完成后，CPU 继续执行原来的主程序。

当 I/O 设备准备好发送的数据（输入）或上次接收的数据已处理完毕（输出）时，将通知 DMA 控制器发出 DMA 请求，申请占用总线。当有几个 DMA 同时申请时，要按轻重缓急用硬件排队线路按预定优先级别排队。DMA 得到主存总线控制权后，即可开始数据传送。

2. 数据传送

DMA 的数据传送可以以字为基本单位，也可以以数据块为基本单位。以数据块为基本单位传送时，每次 DMA 控制器占用总线后，无论是数据输入操作还是输出操作，都是通过循环来实现的。

下面分别以数据输入和输出为例，分析具体操作步骤。

（1）输入操作

1）首先从 I/O 设备读入一个字（设每字 16 位）到 DMA 数据缓冲寄存器中（如果设备是面向字节的，一次读入一个字节，需要将两个字节装配成一个字）。

2）I/O 设备发出选通脉冲，使 DMA 控制器中的 DMA 请求标志触发器置“1”。

3）DMA 控制器向 CPU 发出总线请求信号（HOLD）。

4）CPU 在完成现行机器周期后即响应 DMA 请求，发出总线允许信号（HLDA），并由 DMA 控制器发出 DMA 响应信号，使 DMA 请求标记触发器复位。此时，由 DMA 控制器接管系统总线。

5）将 DMA 主存地址寄存器中的主存地址送地址总线。

6）将 DMA 数据缓冲寄存器中的内容送数据总线。

7）在读 / 写控制信号线上发出写命令。

8）将 DMA 主存地址寄存器的内容加 1，从而得到下一个地址，字计数器减 1。

9）判断字计数器的值是否为“0”。若不为“0”，说明数据块没有传送完毕，返回第 5 步，传送下一个数据；若为“0”，说明数据块已经传送完毕，向 CPU 申请中断处理。

（2）输出操作

1）当 DMA 数据缓冲寄存器已将输出数据送至 I/O 设备后，表示数据缓冲寄存器为“空”。

2）I/O 设备发出选通脉冲，使 DMA 控制器中的 DMA 请求标志触发器置“1”。

3）DMA 控制器向 CPU 发出总线请求信号（HOLD）。

4）CPU 在完成现行机器周期后即响应 DMA 请求，发出总线允许信号（HLDA），并由 DMA 控制器发出 DMA 响应信号，使 DMA 请求标记触发器复位。此时，由 DMA 控制器接管系统总线。

5）将 DMA 主存地址寄存器中的主存地址送地址总线，在读 / 写控制信号线上发出读命令。

6）主存将相应地址单元的内容通过数据总线读入 DMA 数据缓冲寄存器中。

7）将 DMA 数据缓冲寄存器的内容送到输出设备。

8）将 DMA 主存地址寄存器的内容加 1，从而得到下一个地址，字计数器减 1。

9）判断字计数器的值是否为“0”。若不为“0”，说明数据块没有传送完毕，返回第 5 步，传送下一个数据；若为“0”，说明数据块已经传送完毕，向 CPU 申请中断处理。

3. 传送后处理

一旦 DMA 的中断请求得到响应，CPU 便暂停原来程序的执行，转去执行中断服务程序，做一些 DMA 的结束处理工作。这些工作包括校验送入主存的数据是否正确；决定是否继续用 DMA 传送其他数据块，若继续传送，则又要对 DMA 控制器进行初始化，若不需要继续传送，则停止外设；测试在传送过程中是否发生错误，若出错，则转到错误诊断及处理错误程序。

8.5.5　DMA 控制器与系统的连接方式

DMA 控制器与系统的连接方式有两种，如图 8-21 所示。

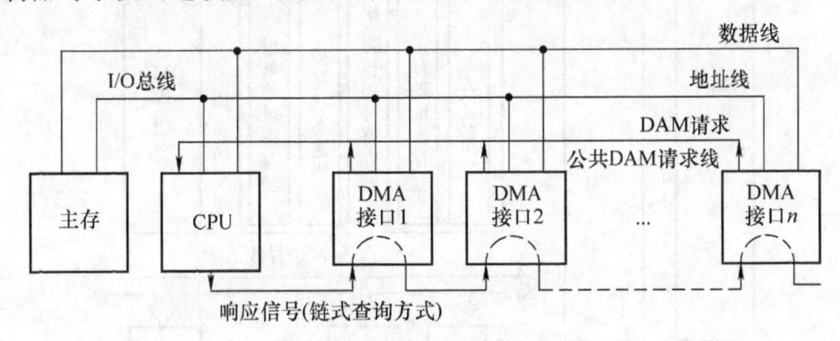

a) 具有公共请求线的DMA请求

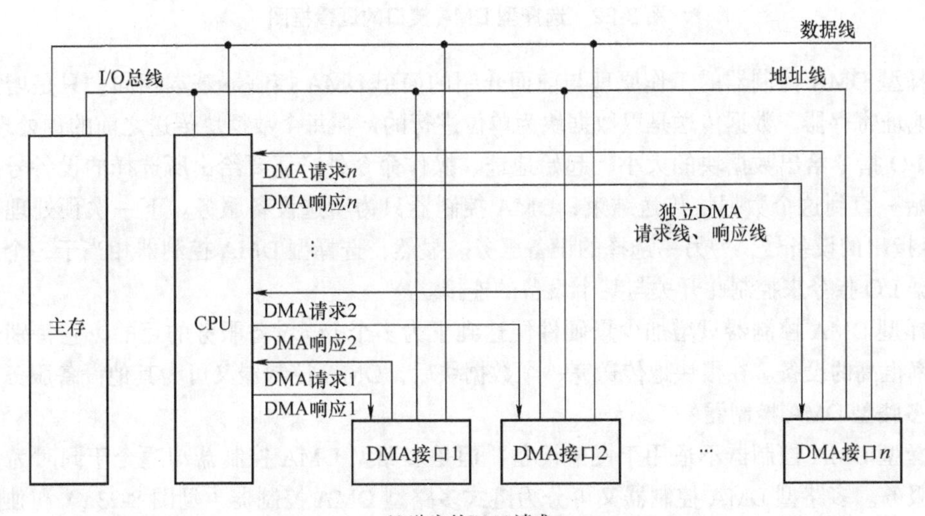

b) 独立的DMA请求

图 8-21　DMA 接口与系统的连接方式

图 8-21a 所示为具有公共请求线的 DMA 请求方式，所有的 DMA 接口通过同一条请求线向 CPU 发出控制总线的申请。CPU 收到请求后，发出响应信号，采用链式查询的方式查询请求 DMA 接口。首先选中的设备获得总线控制的权利，即可占用总线与主存交换信息。图 8-21b 所示为独立的 DMA 请求方式，所有的 DMA 接口都有自己的请求线和响应线，它们单独向 CPU 发出控制总线的申请，CPU 给出的响应信号也在单独的响应线上传送。CPU 的优先级判别机构决定首先响应哪个请求，获得响应信号的 DMA 接口获得总线控制的权利，占用总线与主存传送数据。

8.5.6 选择型和多路型 DMA 控制器

前面介绍的是最简单的 DMA 控制器，一个控制器只控制一个 I/O 设备。在实际中经常采用的是选择型 DMA 控制器和多路型 DMA 控制器，现代集成电路制作技术已经将它们制成芯片。

1. 选择型 DMA 控制器

图 8-22 所示是选择型 DMA 控制器的逻辑框图，它在物理上可以连接多个设备，而在逻辑上只允许连接一个设备，即在某一段时间内，该 DMA 控制器只能为一个设备服务。

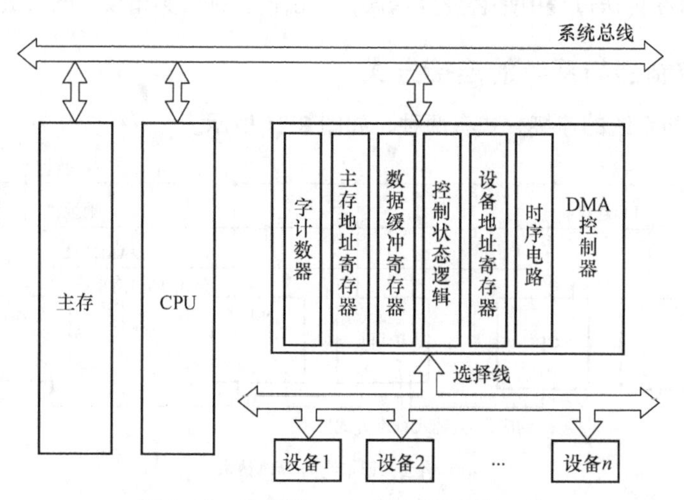

图 8-22　选择型 DMA 接口的逻辑框图

选择型 DMA 控制器的工作原理与前面介绍的简单 DMA 控制器基本相同，只是增加了一个设备地址寄存器。数据传送是以数据块为单位进行的，在每个数据块传送之前的预处理阶段，除了用 I/O 指令给出数据块的大小、起始地址、操作命令外，还要给出所选择的设备号。从预处理开始一直到这个数据块传送结束，DMA 控制器只为所选设备服务。下一次预处理再根据 I/O 指令指出的设备号，为另一选择的设备服务。显然，选择型 DMA 控制器相当于一个逻辑开关，根据 I/O 指令来控制此开关与某个设备的连接。

选择型 DMA 控制器只增加少量硬件便达到了为多个 I/O 设备服务的目的，它特别适合数据传输率很高的设备。在很快地传送完一个数据块后，DMA 控制器又可为其他设备服务。

2. 多路型 DMA 控制器

选择型 DMA 控制器不适用于慢速设备，但是多路型 DMA 控制器却适合于同时为多个慢速设备服务。多路型 DMA 控制器又可分为链式多路型 DMA 控制器（见图 8-23a）和独立请求多路型 DMA 控制器（见图 8-23b）。链式多路型 DMA 控制器采用链式查询的方式查询请求设备。而对于独立请求多路型 DMA 控制器，所有的设备都有自己的请求线和响应线，它们单独地向 DMA 控制器发出请求和接收响应。

多路型 DMA 控制器不仅在物理上可以连接多个 I/O 设备，而且在逻辑上也允许多个 I/O 设备同时工作，各个 I/O 设备以字节交叉方式通过 DMA 控制器进行数据传送。

图 8-24 所示是多路型 DMA 控制器的工作原理，假设仅有磁盘、磁带和打印机 3 个设备同时工作。磁盘、磁带和打印机分别以 30μs、45μs 和 150μs 的间隔向 DMA 控制器发出 DMA 请求，根据传输速率，磁盘的优先级最高，磁带次之，打印机最低。

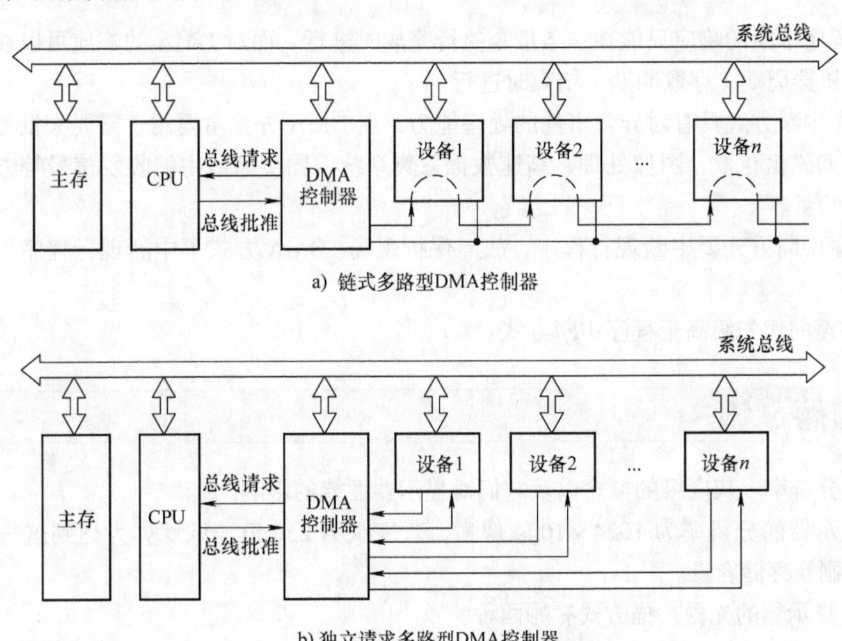

图 8-23 多路型 DMA 控制器的逻辑框图

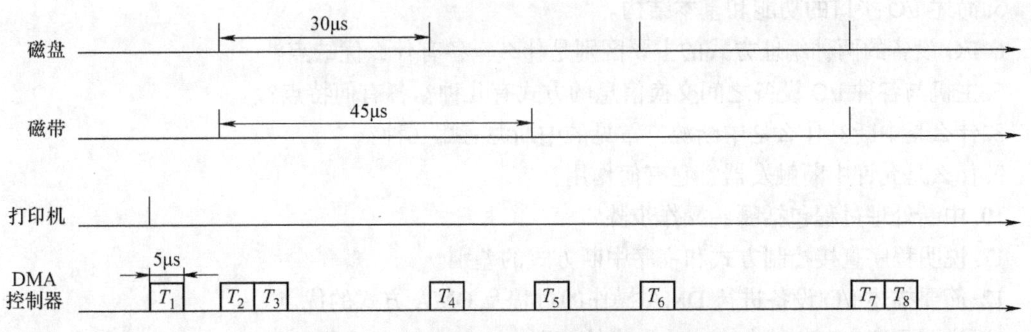

图 8-24 多路型 DMA 控制器的工作原理

假设 DMA 控制器每完成一次 DMA 传送所需的时间是 5μs。由图 8-24 可以看出，在 T_1 间隔前沿仅有打印机发出 DMA 请求，此时 DMA 控制器为打印机提供服务；在 T_2 间隔前沿，磁盘和磁带同时发出 DMA 请求，由于磁盘的优先级高于磁带，因此 DMA 控制器首先为磁盘服务，然后在 T_3 间隔为磁带服务；在 T_4 间隔前沿收到磁盘的 DMA 请求，因此为磁盘服务，每次服务传送一个字节；同理可知 T_5 间隔和 T_6 间隔分别为磁带和磁盘服务。可以看出，在图 8-24 显示的这段时间内，DMA 控制器为打印机服务只有 1 次（T_1），为磁盘服务 4 次（T_2、T_4、T_6、T_7），为磁带服务 3 次（T_3、T_5、T_8）。可见在这种情况下 DMA 控制器尚有很多空闲时间，说明其还可以容纳更多设备。

8.5.7 DMA 方式的特点

与程序中断方式相比，DMA 方式有如下特点：

1）程序中断方式是通过程序切换进行的，CPU 需要暂停执行现行程序转去执行中断服务子程序，在这段时间内，CPU 只为 I/O 设备服务。DMA 方式是硬件切换，CPU 不直接干预数据交换过程，只是在开始和结束时借用一些 CPU 的时间，大大提高了 CPU 的利用率，系统的并行性较高。

2）对程序中断的响应只能在一条指令执行完成时进行，而对 DMA 的响应可以在指令周期的任何一个机器周期（存取周期）结束时进行。

3）程序中断方式具有对异常事件的处理能力，而 DMA 方式主要用于需要大批量数据传送的系统中，如磁盘存取、图像处理、高速数据采集系统、同步通信中的收发信号等方面，可以提高数据吞吐量。

4）程序中断方式要中断现行程序，故需保护现场；DMA 方式不中断现行程序，无须保护现场。

5）DMA 的优先级高于程序中断方式。

8.6 习题

1. 简述分辨率、灰度级的概念以及它们对显示器性能的影响。

2. 某显示器的分辨率为 1024×1024 像素，灰度级为 256 色，试计算为达到这一显示效果需要多大的刷新存储容量。

3. CRT 显示器的光栅扫描方式有哪两种？

4. 为什么要对 CRT 屏幕不断进行刷新？要求的刷新频率是多少？为达到此目的，必须设置什么样的硬件？

5. 简述 I/O 接口的功能和基本结构。

6. I/O 设备的两种编址方式的主要区别是什么？各有什么优缺点？

7. 主机与各种 I/O 设备之间交换信息的方式有几种？各有何特点？

8. 什么是中断？什么是中断源？常见的中断源有哪几种？

9. 什么是允许中断触发器？它有何作用？

10. 中断处理过程包括哪些操作步骤？

11. 说明程序直接控制方式和程序中断方式的差别。

12. 简要描述 I/O 设备进行 DMA 操作的过程及 DMA 方式的优点。

13. 说明程序中断方式与 DMA 方式的差别。

14. 在输入输出系统中，DMA 方式是否可以替代程序中断方式？

15. 在 DMA 方式中，CPU 和 DMA 控制器分时使用主存有几种方法？简述其优缺点。

16. 解释“周期挪用”，分析周期挪用可能会出现的几种情况。

17. 简述中断系统中采用屏蔽的作用。

18. 什么是多重中断？实现多重中断的必要条件是什么？

19. 某计算机系统共有 5 级中断，其中断响应优先级从高到低依次为 1、2、3、4、5。现按如下规定修改：各级中断处理时均屏蔽本级中断，且处理 1 级中断时屏蔽 2、3、4 和 5 级中断；处理 2 级中断时屏蔽 3、4、5 级中断；处理 3 级中断时屏蔽 4 级和 5 级中断；处理 4 级中断时不屏蔽其他级中断；处理 5 级中断时屏蔽 4 级中断。试问中断处理优先级（从高到低）顺序如何排列？各级中断处理程序的中断屏蔽字是什么？

20. 设某机有 4 级中断 A、B、C、D，其硬件排队优先次序为 A > B > C > D，现要求将中断处理次序改为 D > B > A > C。

（1）根据表 8-8 所列格式，写出每个中断源的屏蔽码（设“0”为允许，“1”为屏蔽，CPU 状态时屏蔽码为 0000）。

表 8-8　习题 20 用表

中断源	屏蔽码			
	A	B	C	D
A				
B				
C				
D				

（2）请按图 8-25 所示时间轴给出的设备中断请求时刻，画出 CPU 执行程序的轨迹。各中断服务程序的执行时间均为 20μs。

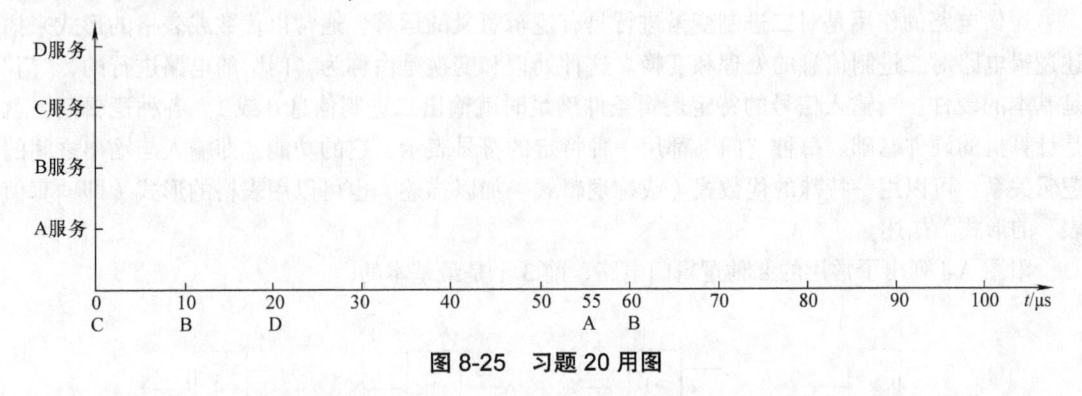

图 8-25　习题 20 用图

21. 假设硬盘传输数据以 32 位的字为单位，数据传输速率为 1MB/s，CPU 的时钟频率为 50MHz。

（1）采用程序查询方式，一个查询操作需要 100 个时钟周期。假设进行足够的查询以避免数据丢失，求 CPU 为 I/O 查询所花费的时间比率。

（2）采用程序中断方式，每次传输的开销（包括中断处理）为 100 个时钟周期，求 CPU 为传输硬盘数据花费的时间比率。

（3）采用 DMA 方式，假设 DMA 的启动操作需要 1000 个时钟周期，DMA 完成时处理中断需要 500 个时钟周期。如果平均传输的数据长度为 4KB（此处，1MB=1000KB），试问在硬盘工作时处理器将用多少时间比率进行输入输出操作（忽略 DMA 申请使用总线的影响）。

22. 设有一磁盘存储器，转速为 3000r /min，分 8 个扇区，每个扇区存储 1KB，主存与磁盘传送数据的宽度为 16 位（即每次传送 16 位）。假设一条指令最长执行时间为 30μs，是否可采用在指令结束时响应 DMA 请求的方案？假如不行，应采用什么方案？

附　录

附录 A　基本逻辑门电路

逻辑电路是指完成逻辑运算的电路。这种电路一般有若干个输入端和一个或几个输出端，当输入信号之间满足某一特定逻辑关系时，电路就开通，有输出；否则电路就关闭，无输出。

逻辑电路的作用是对二进制变量进行具有逻辑意义的运算。通常以代数或表格的形式来描述逻辑电路对二进制信息的处理和变换。这种处理和变换是由称为“门”的电路进行的，“门”是基本的硬件。当输入信号的特定逻辑条件满足时就输出二进制信息 0 或 1。各种逻辑门，就是计算机的硬件基础。每种“门”都用一种特定的符号表示，它的功能，即输入与输出之间的逻辑关系，可以用一特殊的代数式（或称逻辑式）加以描述，也可以用表格的形式（即“真值表”的形式）描述。

附图 A-1 列出了常用的 8 种逻辑门电路，前 3 个是最基本的。

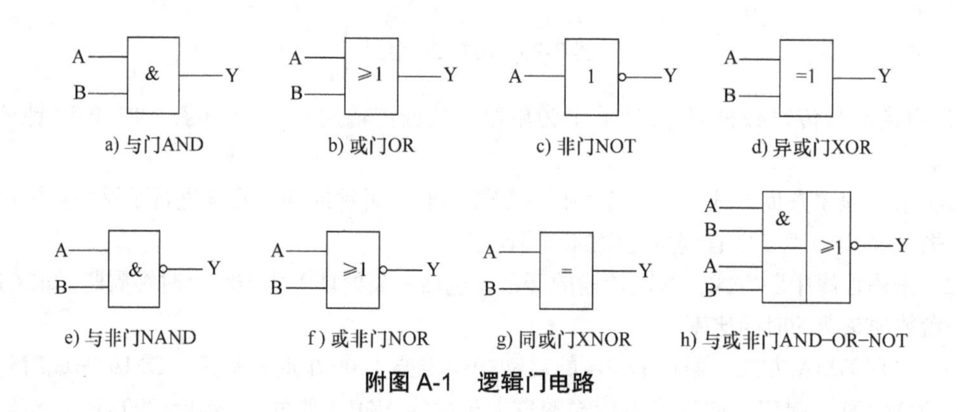

附图 A-1　逻辑门电路

附录 B　组合逻辑器件

1. 半加器

所谓半加器是只对两个二进制 1 位数相加，而不考虑低位进位的加法器。

（1）逻辑符号　如附图 B-1 所示，A_i 和 B_i 是两个二进制数的 i 位值；S_i 是 A_i 和 B_i 的相加之和，叫作本位和；C_i 是本位向高位的进位。

（2）真值表　真值表见附表 B-1。

附表 B-1 半加器的真值表

输入		输出	
A_i	B_i	S_i	C_i
0	0	0	0
0	1	1	0
1	0	1	0
1	1	0	1

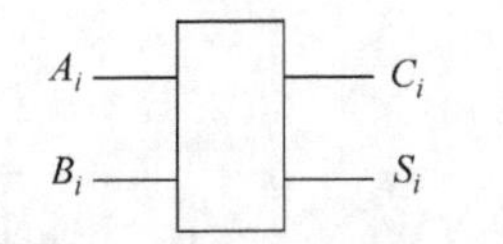

附图 B-1 半加器逻辑符号

（3）逻辑表达式 由真值表可得出半加器的逻辑表达式：

$$S_i = \overline{A}_i B_i + A_i \overline{B}_i = A_i \oplus B_i$$

$$C_{i-1} = A_i B_i$$

（4）电路图 由逻辑表达式可得到半加器的电路图，如附图 B-2 所示。

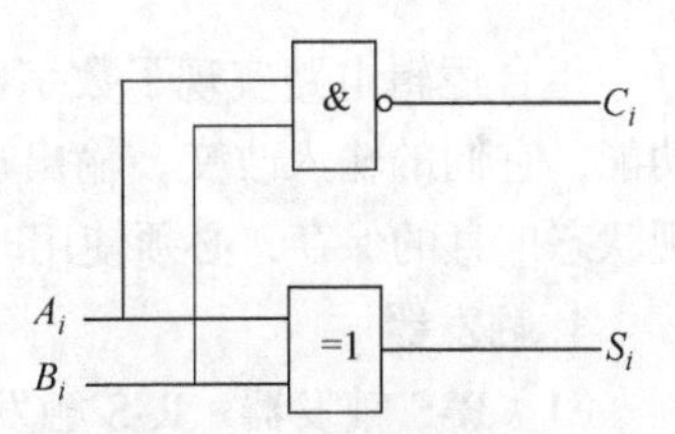

附图 B-2 半加器的电路图

2. 全加器

全加器有 3 个输入端，是考虑低位向本位进位的加法器。

（1）逻辑符号 如附图 B-3 所示，A_i 和 B_i 是两个二进制数的 i 位值；S_i 是 A_i 和 B_i 的相加之和，叫作本位和；C_i 是本位向高位的进位。

（2）真值表 真值表见附表 B-2。

附表 B-2 全加器的真值表

输入	输出
A_i B_i C_{i-1}	S_i C_i
0 0 0	0 0
0 0 1	1 0
0 1 0	1 0
0 1 1	0 1
1 0 0	1 0
1 0 1	0 1
1 1 0	0 1
1 1 1	1 1

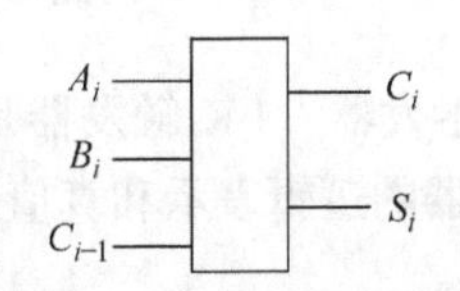

附图 B-3 全加器逻辑符号

（3）逻辑表达式 由真值表可得出半加器的逻辑表达式：

$$S_i = \overline{A}_i \overline{B}_i C_{i-1} + \overline{A}_i B_i \overline{C}_{i-1} + A_i \overline{B}_i \overline{C}_{i-1} + A_i B_i C_{i-1}$$

$$= (\overline{A}_i B_i + A_i \overline{B}_i)\overline{C}_{i-1} + (\overline{A}_i \overline{B}_i + A_i B_i) C_{i-1}$$

$$= (A_i \oplus B_i)\overline{C}_{i-1} + (\overline{A_i \oplus B_i}) C_{i-1}$$

$$= A_i \oplus B_i \oplus C_{i-1}$$

$$C_i = \overline{A}_i B_i C_{i-1} + A_i \overline{B}_i C_{i-1} + A_i B_i \overline{C}_{i-1} + A_i B_i C_{i-1}$$

$$= A_i B_i + (A_i + B_i) C_{i-1}$$

（4）电路图　由逻辑表达式可得到全加器的电路图，如附图 B-4 所示。

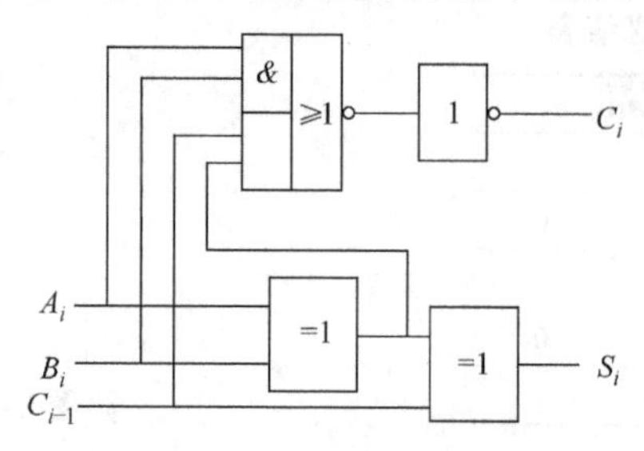

附图 B-4　全加器的电路图

附录 C　基本时序电路

组合逻辑电路实现了数字电子计算机的基本功能，但是它们不具备存储或提供状态信息的功能，它们的输入改变，输出也会跟着改变；而状态信息对数字电路的操作是必需的。为了实现状态信息的保存，必须使用时序电路。

1. 触发器

（1）R-S 触发器　R-S 触发器有 2 个输入端（S、R）和 1 个时钟输出端，状态由 Q 值来定义。附图 C-1 所示为 R-S 触发器的逻辑表示和真值表。

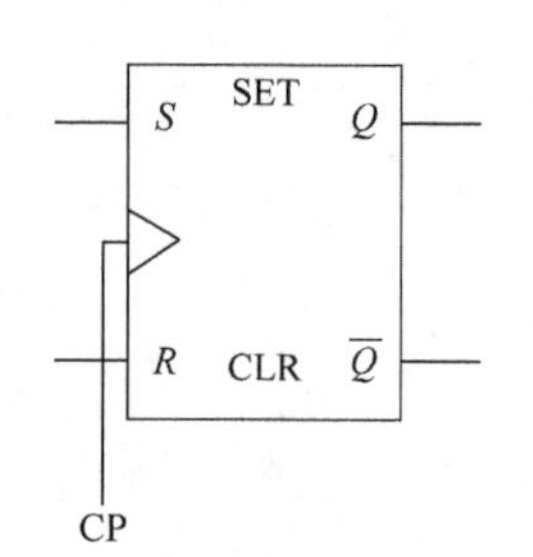

S	R	Q
0	0	Q_0
0	1	1
1	0	0
1	1	不确定

附图 C-1　R-S 触发器的逻辑表示和真值表

（2）J-K 触发器　J-K 触发器是另一种有用的触发器，4 个输入组合都有输出。附图 C-2 所示为 J-K 触发器的逻辑表示和真值表。

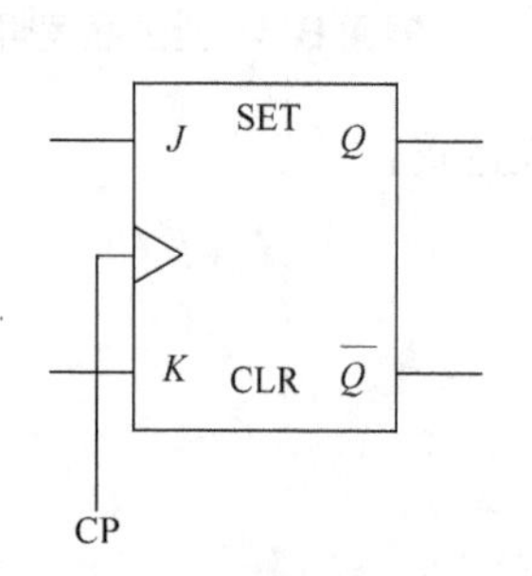

J	K	Q
0	0	Q_0
0	1	1
1	0	0
1	1	$\overline{Q_0}$

附图 C-2　J-K 触发器的逻辑表示和真值表

（3）D 触发器　为了克服 R-S 触发器的 R=1、S=1 的情况下输出值不确定的问题，采用单输入的形式即形成了 D 触发器。附图 C-3 所示为 D 触发器的逻辑表示和真值表。

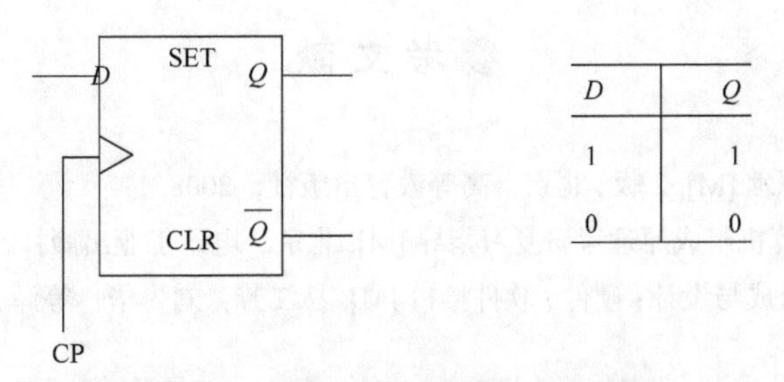

D	Q
1	1
0	0

附图 C-3 D 触发器的逻辑表示和真值表

2. 移位寄存器

触发器只能存储 1 位数据。在 CPU 内部有一种能够存储多个数据的器件，称为寄存器，它是由多个触发器构成的。下面介绍一种常用的寄存器——移位寄存器。

一个移位寄存器会串行地接收来自与门 / 或门的信息。附图 C-4 所示为一个由 R-S 触发器构成的 4 位移位寄存器。数据只从触发器的最左端输入，当输入一个时钟脉冲时，数据向右移一个位置；数据从最右端输出。

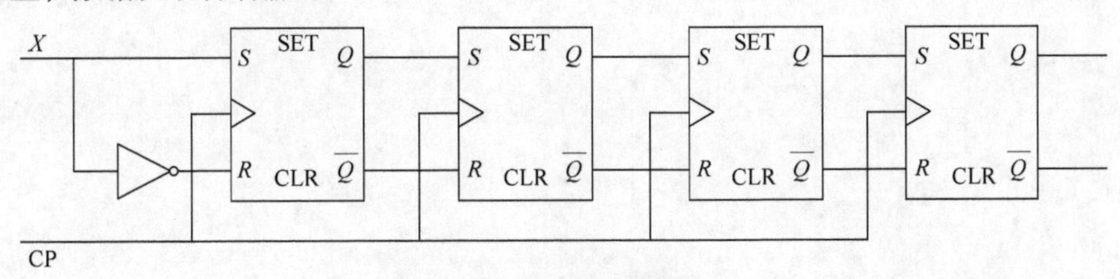

附图 C-4 4 位移位寄存器

参 考 文 献

[1] 唐朔飞 . 计算机组成原理 [M]. 2 版 . 北京：高等教育出版社，2008.
[2] 王道论坛 . 2019 年计算机组成原理考研复习指导 [M]. 北京：电子工业出版社，2018.
[3] 戴维，约翰 . 计算机组成与设计：硬件 / 软件接口 [M]. 易江芳，刘先华，等译 . 北京：机械工业出版社，2020.
[4] 琳达，朱莉娅 . 计算机组成与体系结构 [M]. 张钢，魏继增，李雪威，等译 . 北京：机械工业出版社，2019.
[5] 张功萱，顾一禾，邹建伟，等 . 计算机组成原理 [M]. 2 版 . 北京：清华大学出版社，2016.
[6] 蒋本珊 . 计算机组成原理 [M]. 4 版 . 北京：清华大学出版社，2019.